人工智能 前沿技术丛书

总主编 焦李成

现代机器学习

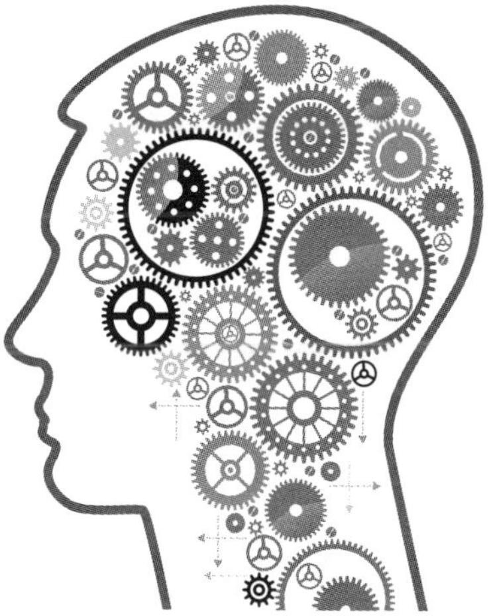

主编 王佳宁 毛莎莎 李玲玲
陈璞花 古 晶 刘 芳

西安电子科技大学出版社
http://www.xduph.com

内 容 简 介

机器学习为信息类学科的重要分支。本书作为机器学习入门、进阶与本硕博一体式培养教材，系统论述了机器学习研究的基本内容、概念、算法、应用以及最新发展。

本书共18章，分为机器学习基础、经典机器学习方法与现代机器学习方法三大部分。机器学习基础部分为第1、2章，内容为机器学习概述和数学基础知识；经典机器学习方法部分为第3～10章，内容分别为线性回归与分类模型、特征提取与选择、决策树与集成学习、支持向量机、贝叶斯决策理论、神经网络、聚类方法和半监督学习等；现代机器学习方法部分为第11～18章，内容涵盖了近年来新兴的与不断发展的前沿算法，如深度学习、深度强化学习、生成对抗网络、胶囊网络、图卷积神经网络、自监督学习、迁移学习以及自动机器学习等。

本书可作为高等院校通信、电子信息、计算机、信息科学、自动化技术等相关专业本科生与研究生的教材与参考用书，也可作为人工智能、计算机科学、模式识别、控制科学、信息与通信工程、集成电路系统设计等领域研究人员的参考用书。

图书在版编目(CIP)数据

现代机器学习/王佳宁等主编. 一西安：西安电子科技大学出版社，2022.4(2024.7重印)

ISBN 978-7-5606-6326-5

Ⅰ. ①现…　Ⅱ. ①王…　Ⅲ. ①机器学习—高等学校—教材　Ⅳ. ①TP181

中国版本图书馆CIP数据核字(2022)第045967号

策　　划　人工智能前沿技术丛书项目组
责任编辑　马晓娟　王　瑛　许青青
出版发行　西安电子科技大学出版社(西安市太白南路2号)
电　　话　(029)88202421　88201467　　邮　　编　710071
网　　址　www.xduph.com　　电子邮箱　xdupfxb001@163.com
经　　销　新华书店
印刷单位　陕西天意印务有限责任公司
版　　次　2022年4月第1版　2024年7月第2次印刷
开　　本　787毫米×960毫米　1/16　印 张　20
字　　数　408千字
定　　价　66.00元
ISBN 978-7-5606-6326-5

XDUP 6628001-2

如有印装问题可调换

前言 PREFACE

从20世纪50年代图灵测试提出至今，人工智能在不断发展的过程中，经历了高潮、低谷、再高潮的起伏，而人工智能领域研究的终极目标是实现拥有知识，具有认知、判断、推理能力的智慧机器。纵观人类成长、进化与发展的交互过程，这些能力的习得无不是通过对知识、经验、环境等的不断学习与总结来获得的，因此，是否具有学习能力以及学习与感知能力的强弱已成为人工智能能否实现的决定因素。正因如此，机器学习作为研究如何模拟和实现人类学习行为，不断获取新知识与新技能，重新组织已有知识结构，设计并研究可实现算法，并不断改善自身性能的一门学科，成为了信息与人工智能领域的重要组成部分，得到了越来越多研究者的关注。随着人工智能领域与机器学习领域科技的不断发展，除经典机器学习理论外，结合传统机器学习方法并融合现代机器学习发展新理论、新趋势与新内容的机器学习方法层出不穷，本书在介绍经典机器学习方法的同时，对近年来新兴的现代机器学习方法的理论、发展与应用进行了较全面的介绍。使读者在学习经典机器学习方法的同时掌握最新的趋势与发展，在了解机器学习基础理论的基础上，能够持续关注机器学习领域的最新发展与趋势，是本书整体内容安排与章节安排的目的和基础。

本书共18章，分为机器学习基础、经典机器学习方法与现代机器学习方法三大部分。

机器学习基础部分围绕机器学习的定义、基本类别、常见评价指标、近年来机器学习在各领域中的应用发展，以及矩阵论、最优化基础与概率统计基础等数学基础内容进行了阐述与复习。

经典机器学习方法主要有回归与分类，因此在经典机器学习方法部分重点介绍了当数据具有线性特性时的线性回归与分类方法。随着数值类数据特征维度的增加与特征的多样化，数据的特征降维、特征选择以及具有学习与更新能力的特征工程方法对机器学习后续任务的实现产生了重要的影响。对于非数值类数据以及单一分类与学习模型不能应对更复杂的数据分布的问题，经典的决策树方法以及基于集成学习的多个数据子集与多个基础学习器的集成方法是有效的。对于更高维的非线性特性数据，支持向量机方法在解决小样本、非线性以及高维模式问题中均实现了较好的表现与应用。除此之外，基于统计决策理论的方法与基于模仿动物神经网络行为特征的神经网络方法的提出，均为后续基于深度学习的现代机器学习方法的发展奠定了基础。除经典的有监督学习问题外，在机器学习研究中，实际上面临着大量的无标记数据的情况，以及在实际应用中标记样本数十分有限的情况。针对这些情况，无监督学习方法以及半监督学习方法被提出。本部分重点介绍了有监督学习、无监督学习、半监督学习方法等经典的机器学习理论与方法以及具有代表性的经典机器学习与特征工程方法。

近年来机器学习方法与应用不断发展，因此在现代机器学习方法部分主要介绍了不断涌现的新兴深度学习网络技术，如最常见的深度卷积神经网络、受限玻耳兹曼机、深度信念网络、深度自编码器，以及具有时序记忆功能的循环神经网络与长短期记忆网络；统一神经网络的感知能力和强化学习的决策能力的深度强化学习；利用结构化概率模型，通过生成器与判别器两个模型进行博弈，实现真实数据分布的数据扩充技术的生成对抗网络；以神经元向量代替单个神经元节点的方式，利用动态路由方式进行全新的网络训练的胶囊网络；能够学习具有非欧式图数据的图卷积神经网络。同时，随着深度神经网络应用的不断发展，新的问题与思想不断涌现，产生了如何从未标记的数据中学习更有效的特征并快速应用于实际任务的自监督学习的思想与方法；如何实现事半功倍的深度学习，使深度学习网络实现具有举一反三功能的迁移学习的思想与方法。多种多样的任务类型与多种多样的网络结构设计，也为机器学习的发展带来了设计挑战，因此对如何从诸多的方法、操作与网络结构中挑选与实现最能针对某项任务与数据特性的自动机器学习方法与前沿发展也在该部分进行了涵盖与展望。

本书每章末都安排了相应的习题，并提供了相关参考文献，供读者(学生)课后练习、思考，以及为拓展学习提供便利及参考。

本书是西安电子科技大学人工智能学院多年来教学与研究内容的总结与凝练，前半部分(前10章)可作为本科生教学过程中的重点讲授内容，后半部分(后8章)可作为本科生能力拓展与研究生教学过程中的重点讲授与可延拓学习内容。本书也是西安电子科技大学人工智能学院本硕博一体化培养建设工作的重要内容之一。

本书的完成有赖于西安电子科技大学人工智能学院、智能感知与图像理解教育部重点实验室、智能感知与计算国际合作联合实验室、智能感知与计算国际联合研究中心、国家“111”计划创新引智基地、国家“2011”信息感知协同创新中心、“大数据智能感知与计算”陕西省2011协同创新中心每一位同仁的支持。本书第1、6、8章由李玲玲撰写；第2章由李玲玲、毛莎莎、古晶与王佳宁共同撰写；第3、4章由陈璞花撰写；第7、9、10章由古晶撰写；第5、11、12、17章由毛莎莎撰写；第13～16及18章由王佳宁撰写。本书的出版离不开团队多位老师和研究生的支持与帮助，感谢团队中侯彪、杨淑媛、王爽、刘静、公茂果、张向荣、李阳阳、吴建设、缑水平、尚荣华、田小林、刘若辰、刘波、马文萍、王晗丁、韩红、朱虎明等老师对本书编写与出版工作的关心支持与辛勤付出，感谢侯晓慧老师、李霞老师、田臻老师、屈娇老师、路童老师、刘梦琨博士、孙其功博士、孙龙博士，以及郭思颖、黄润虎、杨攀泉、李林昊、石光辉、杨谨瑗、齐梦男、闫丹丹、郭晓惠、梁普江、孙钰凯、孙新凯等研究生在此书完成过程中的辛苦付出。

在本书出版之际，特别感谢郑南宁院士、徐宗本院士、谭铁牛院士、包为民院士、郝跃院士、韩崇昭教授、管晓宏院士、周志华教授、高新波教授、石光明教授、姚新教授、张青富教授、金耀初教授、屈嵘教授、张艳宁教授、李军教授、陈莉教授等多年来的关怀、帮助与指导。同时，本书的撰写工作也得到了国家自然科学基金(61801353、61836009、61621005、61871310)等科研项目的支持，以及西安电子科技大学研究生精品教材建设项目、西安电子科技大学教材建设基金的资助与支持，还要特别感谢西安电子科技大学出版社副总编毛红兵、副社长高维岳以及相关编辑的辛勤劳动与付出，同时感谢书中所有被引文献作者以及为本书出版付出辛勤劳动的其他工作人员。

人工智能领域与机器学习领域的发展日新月异，很多新概念与新知识本书也是第一次涉及，限于本书作者水平，书中难免存在不妥之处，殷切希望读者在阅读此书时不吝指正。

作　者

2021年12月

目录 CONTENTS

第1章 机器学习概述

1.1 机器学习的基本概念

机器学习是指根据生理学、认知科学等对人类学习机理的了解，建立人类学习过程的计算模型，研究通用的学习算法并建立面向任务的具有特定应用的学习系统。这些研究目标相互影响，相互促进。

机器学习致力于研究如何利用代表某现象的样本数据构建算法，以此实现“学习”。同时，机器学习也可定义为一套解决实际问题的流程，具体步骤包括收集数据、利用算法对收集到的数据进行统计建模以及利用构建好的统计模型解决具体问题。

1.2 机器学习的基本类别

机器学习可以分为经典(传统)机器学习和现代机器学习两大类。

1.2.1 经典机器学习

在经典的机器学习方法研究中，机器学习主要有四种类别：有监督学习、无监督学习、半监督学习和强化学习。

1. 有监督学习

有监督学习是指可以从训练集中学到或建立一个模式，并依此模式推测新的实例，其中训练集同时有输入和输出数据(标签)。有监督学习问题可以分为两类：一类是分类问题，另一类是回归问题。在有监督学习中，输入变量 x 可以是连续的，也可以是离散的；当输出变量 y 为有限个离散值时，预测问题便成为分类问题。分类问题的关键就是找到决策边界，用于对数据进行分类。回归问题主要是预测自变量和因变量间的关系。回归模型正是表示从输入变量到输出变量之间映射的函数，其目的是找到最优拟合函数；这个拟合函数可以最好地接近数据集中的各个点，故名回归。

常见的有监督学习有线性模型、决策树、神经网络、支持向量机、朴素贝叶斯等。下面对线性模型、决策树、神经网络进行简单的介绍。

1）线性模型

线性模型的基本形式如下：给定由 d 个属性描述的示例 $x=(x_1, x_2, \cdots, x_i, \cdots, x_d)$，其中 x_i 是 x 在第 i 个属性上的取值，$i=1, 2, \cdots, d$。线性模型试图得到一个通过属性的线性组合来进行预测的函数，即

$$f(x)=w_1x_1+w_1x_2+\cdots+w_dx_d+b \tag{1-1}$$

一般用向量形式写成

$$f(\boldsymbol{x})=\boldsymbol{w}^{\mathrm{T}}\boldsymbol{x}+b \tag{1-2}$$

其中，$\boldsymbol{w}=(w_1, w_2, \cdots, w_d)$，$\boldsymbol{w}$ 和 b 学得之后，模型就得以确定。

线性模型形式简单、易于建模，许多功能更为强大的非线性模型可在线性模型的基础上通过引入层级结构或高维映射而得。此外，由于 $\boldsymbol{w}$ 直观表达了各属性在预测中的重要性，因此线性模型有很好的可解释性。

2）决策树

决策树是一类常见的机器学习方法。以二分类任务为例，从给定训练数据集学得一个模型，用以对新示例进行分类，分类的过程即“决策”或“判定”过程。顾名思义，决策树是基于树结构来进行决策的，这恰恰是人类在面临决策问题时的一种很自然的处理机制。

例如，我们要对“能否偿还贷款债务”这样的问题进行决策时，通常会进行一系列的判断或“子决策”：我们先看“年收入”，如果是“大于 97.58 万”，答案是“是”，则判断可以偿还；否则，我们再看“是否拥有房产”，答案是“是”，则判断可以偿还；否则，我们再看“婚姻状况”，答案是“已婚”，则判断可以偿还；否则判断无法偿还。这个决策过程如图 1.1 所示。

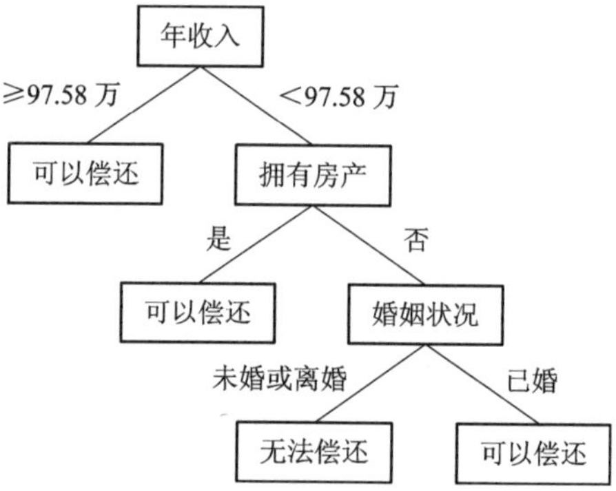

图 1.1　“能否偿还贷款债务”决策树

一般地，一棵决策树包含一个根节点和若干个子节点与若干个叶节点。根节点即树的最顶端的节点；子节点是指除根节点之外，并且本身下面还连接有节点的节点；叶节点是指本身下面不再连接有节点的节点，即末端节点。叶节点对应于决策结果，其他每个节点则对应于一个属性测试；每个节点包含的样本集合根据属性测试的结果被划分到下一级子节点中；根节点包含样本全集。从根节点到每个叶节点的路径对应了一个判定测试序列。决策树学习的目的是为了产生一棵泛化能力强的决策树。

3）神经网络

神经网络最基本的组成成分是神经元。在生物神经网络中，每个神经元与其他神经元相连。当神经元“兴奋”时，就会向相连的神经元发送化学物质，从而改变这些神经元内的

电位；如果某神经元电位超过了一个“阈值”，那么此神经元就会被激活，即“兴奋”起来，向其他神经元发送化学物质。将上述情形抽象即为图 1.2 所示的简单模型，这就是一直沿用至今的“M-P 神经元模型”。在这个模型中，神经元接收 n 个其他神经元传递过来的输入信号，这些输入信号通过带权重的连接进行传递，神经元接收到的总输入值将与神经元的阈值进行比较，然后通过“激活函数”处理以产生神经元的输出。

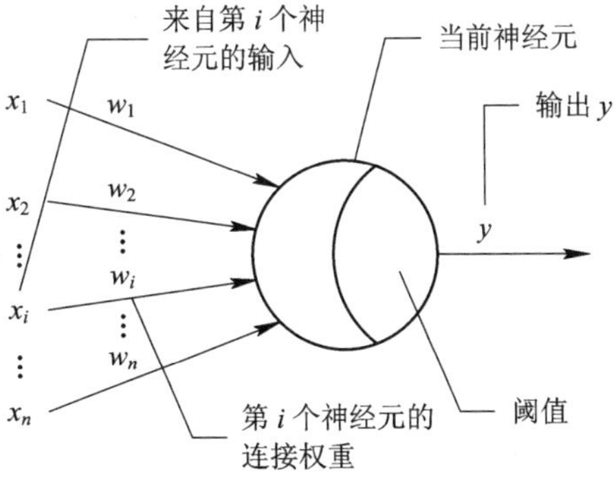

图 1.2　M-P 神经元模型

2. 无监督学习

有监督学习非常依赖数据，需要大量准确的数据来进行训练，而在实际应用中，很多情况下无法预先知道样本的标签，即没有训练样本对应的类别，因此只能根据样本间的相似性对样本集进行分类，并试图使类内差距最小化、类间差距最大化，即无监督学习。

无监督学习与有监督学习的最大差别在于：无监督学习训练时训练集数据只有输入而没有标签，在没有任何进一步指导的情形下，直接对输入数据集进行建模，通过对数据的观察归纳找出其潜在的类别规律，即在缺乏外界所提供的任何形式的反馈的条件下进行学习。在这种学习程序中，权重不受任何外来因素的影响，只在内部进行自适应调节。无监督学习强调的是内部各单元之间的协调。

常见的无监督学习有聚类、降维、密度估计，其中研究最多、应用最广的就是聚类。聚类是指将数据集中的样本划分为若干个通常不相交的子集，每个子集称为一个“簇”。通过这样的划分，每个簇可能对应于一些潜在的概念，但这些概念对聚类算法而言是未知的。聚类过程仅能自动形成簇结构，簇所对应的概念语义需要使用者来把握和命名。

聚类算法可分为分区聚类、层次聚类、基于密度的聚类、基于模型的聚类和基于网格的聚类。

1）分区聚类算法

该类算法根据点的相似性在单个分区中基于距离来划分数据集。该类算法缺点是需要用户预定义一个参数，而该参数通常具有不确定性。代表性算法包括 K-means、K-methods、K-modes 和 PAM 等。

2）层次聚类算法

该类算法将数据划分成不同的层次，并提供了可视化。该类算法基于相似性或距离将数据自底向上或自顶向下进行分层划分，划分结果表示为一种层次分类树。该类算法的主要缺点是：一旦完成了某个划分阶段，就无法撤销。代表性算法有 BIRCH、CURE、ROCK 和 Chameleon 等。

3）基于密度的聚类算法

该类算法能够以任意一种方式发现簇。簇定义为由低密度区域分开的密集区域。基于密度的聚类算法不适用于大型的数据集。代表性算法包括 DBSCAN、OPTICAL DBCLASD 和 DENCLUE，常用来过滤噪音。

4）基于模型的聚类算法

该类算法基于多元概率分布规律，可以测量划分的不确定性，其中，每个混合物代表一个不同的簇。该类算法对大数据集的处理较慢。代表性算法有 EM、COBWEB、CLASSTT 和 SOM 等。

5）基于网格的聚类算法

该类算法的计算过程分为三个阶段：首先，将空间划分为矩形方格以获取一个具有相同大小方格的网格；然后，删除低密度的方格；最后，将相邻的高密度的方格进行结合以构成簇。该类算法最明显的优点在于其复杂度显著减少。代表性算法有 CRIDCLUS、STING、CLICK 和 WaveCluster 等。

3. 半监督学习

半监督学习是有监督学习与无监督学习相结合的一种学习方法，是综合利用有标签数据和无标签数据的机器学习方法。在有标签的样本数据相对较少，而无标签的样本数据相对较多的情况下，半监督学习方法可以获得更好的学习效果。

在半监督学习方法中，一般需要一些假设支撑。目前，有两个比较常用的基本假设：聚类假设和流形假设。

聚类假设是指当样本数据间的距离比较近时，属于相同的类别。根据该假设，分类边界就必须尽可能地通过数据较为稀疏的地方，以避免将密集的数据点分为两类。在这一假设的前提下，学习算法可以利用大量无标签的样本数据来分析样本空间中样本数据的分布情况，从而指导学习算法对分类边界进行调整，使分类边界尽量通过样本数据点分布比较稀疏的区域。

流形假设的主要思想是同一个局部邻域内的样本数据具有相似的性质，因此其标签也应该是相似的。这一假设体现了决策函数的局部平滑性。流形假设和聚类假设的主要不同是，流形假设主要考虑的是模型的局部特性，而聚类假设主要关注的是整体特性。在该假设下，无标签的样本数据能够让数据空间变得更加密集，从而有利于更加标准地分析局部区域的特征，也使得决策函数能够比较完满地进行数据拟合。

4. 强化学习

强化学习用回报函数来区分是否越来越接近目标，可以在必要时随时间适应环境，以便长期获得最大的回报。经典的儿童游戏“hotter or colder”就是这个概念的一个很好的例证。游戏的目标是找到一个隐藏的目标物件，游戏过程中可以知道是否越来越接近(hotter)

或越来越远离(colder)目标物件。“hotter/colder”就是回报函数，而算法的目标就是最大化回报函数，可以把回报函数近似为一种延迟的标签数据形式，而不是在每个数据点中获得特定的“right/wrong”答案，它只会提示是否在强化学习，即最佳的行为或行动是由积极的回报来强化的。

标准的强化学习框架如图 1.3 所示，Agent 通过感知和动作与环境交互。在 Agent 与环境每一次的交互过程中，Agent 接受环境状态 s 的输入，并映射为 Agent 的感知 x。Agent 选择动作 a 作为对应环境状态的输出，动作 a 将导致环境状态由 s 变迁到 s'，同时 Agent 接受环境的奖赏信号 r，Agent 的目标是在每次选择动作时，尽量选择能够获得最大价值的动作，也就是最大限度地逼近目标。如果 Agent 的某个行为策略可以获得环境的较高奖赏，Agent 选择这个策略进行行动的趋势便会加强，反之，Agent 选择此策略的趋势便会减弱。从效果上看，此过程是一个正反馈过程，与巴普洛夫的条件反射原理是一致的。

如图 1.3 所示，标准的 Agent 强化学习框架由三个模块组成：输入模块 I、强化(奖赏)模块 R 和策略模块 P。其中输入模块 I 将环境状态 s 映射为 Agent 的感知 x，强化模块 R 根据环境状态 s 到 s' 的迁移来赋予 Agent 奖赏值 r；策略模块 P 根据感知 x 和环境状态的奖赏值 r 更新 Agent 的内部知识，同时使 Agent 根据某种策略选择一个动作 a 作用于环境 W；W 在动作 a 的作用下将状态变迁到 s'。

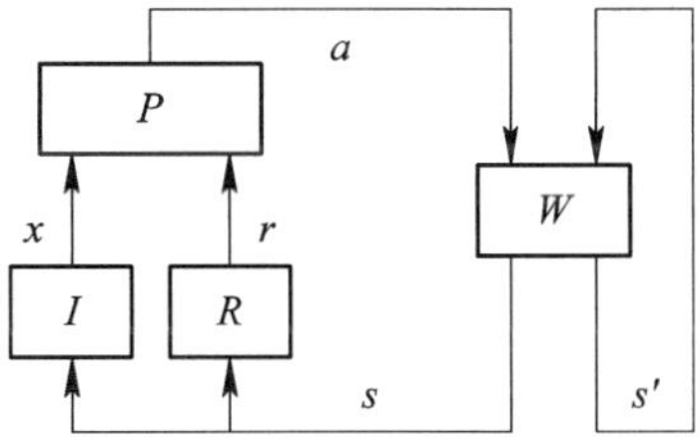

图 1.3　强化学习基本框架

若定义 S 为环境所有可能状态的集合，X 为 Agent 所有感知的集合，A 为 Agent 的行为集合，R 为所有奖赏的集合，则 Agent 可以用三元组(I，R，P)描述。其中

$$I: S\to X;\ R: S\to R;\ P: X\times R\to A$$

环境状态转移函数 W 可定义为

$$W: S\times A\to S$$

目标函数用来评估从长远看哪种策略可以获得最优效果(即选择哪个动作较好)，通常以状态的值函数或状态—动作对的值函数来体现此目标函数。一般目标函数的形式有以下三种：

$$V=\sum_{i=0}^{\infty}\gamma^{i}r_{t+i} \tag{1-3}$$

$$V=\sum_{t=0}^{h}r_{t} \tag{1-4}$$

$$V=\lim_{h\to\infty}\left(\frac{1}{h}\sum_{t=0}^{h}r_{t}\right) \tag{1-5}$$

其中，$0\leqslant\gamma\leqslant1$，称为折扣因子；$r_t$ 是从状态 t 到 $t+1$ 转移后 Agent 获得的奖赏值，可以是正值、负值或者零。

式(1－3)～式(1－5)分别称为无限折扣模型、有限折扣模型和平均奖赏模型。无限折扣模型表示未来的奖赏，有限折扣模型仅表示未来 h 步的奖赏，平均奖赏模型则着重表示其长期平均的奖赏。

1.2.2 现代机器学习

虽然目前有着众多机器学习算法，但没有一种算法能够适用所有问题，针对不同的应用场景，监督学习、无监督学习、强化学习都有各自合适的选择。各种类别的机器学习算法均有擅长的领域和难以克服的缺陷，因此衍生了很多新型的机器学习方法，比如说迁移学习、自监督学习、自动机器学习、量子机器学习等。

1. 迁移学习

顾名思义，迁移学习是指将已学习训练好的模型参数迁移到新的模型中以帮助新模型训练。由于大部分数据或任务是存在相关性的，所以通过迁移学习可以将已经学到的模型参数(也可理解为模型学到的知识)通过某种方式分享给新模型，从而加快新模型的学习效率，使其不用从零学习。迁移学习是运用已有的知识对不同但相关领域问题进行求解的一种新的机器学习方法。迁移学习放宽了传统机器学习中的两个基本假设：① 用于学习的训练样本与新的测试样本满足独立同分布的条件；② 必须有足够可利用的训练样本才能学习得到一个好的分类模型。迁移学习的目的是迁移已有的知识来解决目标领域中仅有少量有标签样本数据，甚至没有标签样本数据的学习问题。近几年来，已经有相当多的研究者投入到迁移学习领域中，每年在机器学习和数据挖掘的顶级会议中都有关于迁移学习的文章发表，比如 ICML、SIGKDD、NIPS、ICDM 以及 CIKM 等。

2. 自监督学习

自监督学习本质上是一种无监督学习的方法。深度学习方法出现以后，为了使得特征学习获得更好的性能，通常使用大量的有标签数据来训练深度神经网络。然而收集和注释大规模的标记样本成本过于高昂，为了在无需任何人工注释标签的情况下从未标记数据中学习特征，逐渐产生了自监督学习的思想。自监督学习通常会设置一个前置任务，希望通过前置任务学习到和高层语义信息相关联的特征，根据数据的一些相关特点，构造伪标签来训练网络模型，在前置任务训练完成后，学习到的参数将用于预训练的模型，并通过微调转移到其他后续下游任务，如目标分类、目标识别、语义分割和实例分割等。这些下游任务的性能可用于评估学习到的特征质量。在下游任务的知识转移过程中，仅前几层的一般特征会转移到下游任务。因此，自监督学习也可以看作是学习数据的通用表示特征的学习方法。

3. 自动机器学习

自动机器学习(Automated Machine Learning，AutoML)技术的提出结合了自动化与机器学习的思想，目的是减少专家针对不同场景进行配置与优化的繁重开发成本，从而实现整个机器学习流程自动化。为特定任务构造一个高质量的机器学习或深度学习系统不仅需要耗费大量时间和资源，而且在很大程度上需要专业领域的知识，而自动机器学习可使机器学习技术更易于应用，减少了对经验丰富的领域专家的需求。如何设计一个更通用、更灵活且没有人为偏差的搜索空间，以及如何基于该搜索空间发现新颖的神经网络架构是一项十分具有挑战性的研究工作。近年来，许多关于 AutoML 的论文出现在各种会议和期刊上。在工业界，也出现了许多 AutoML 产品，例如将神经架构搜索方法内置于 Google 的 Cloud 中，用于设计计算机视觉应用程序深度网络，以减少为实际应用机器学习方法而开展的工作。近年来自动机器学习技术已逐步成为工业界和学术界关注的热点。

4. 量子机器学习

量子机器学习是量子计算与人工智能研究相交叉形成的一个新领域，其目标主要是设计从数据中学习的量子算法，通过利用量子态的叠加和纠缠等特性，实现对现有机器学习算法的加速。当前，作为实现人工智能最核心的技术手段，机器学习已经影响到了科技、社会及人类生活的各个方面。无论是数据挖掘、生物特征识别、自然语言处理还是医疗诊断辅助，乃至自动驾驶和智力竞技游戏等新产品和新技术的开发和进步都与机器学习密切相关。然而，随着各行业信息化程度的提升，技术数据也呈现出急速增长的趋势。这种增长既表现为数据量的指数式扩张，又表现为数据类型、数据结构的爆发式增长。这种增长态势既为机器学习提供了足够的数据支持，也对其处理速度提出了挑战。一些以经典物理学为基础的机器学习算法已经表现出难以及时处理和分析海量数据的问题。由于量子计算在物理原理上就具有“并行运算”的特性，因此人们期望借助量子计算来改进机器学习算法，以解决运算效率问题。量子机器学习正是在这样的背景下逐渐发展起来的。经典机器学习中的聚类算法、有监督分类算法、决策树模型等多种算法都已经出现了相应的量子版本。这些算法都属于目前主流的量子机器学习，其思路是沿用经典机器学习的整体框架设计，仅在特定的计算阶段调用或设计一些利用量子特性实现加速数据处理的量子算法，来提高传统算法的整体运算效率。

1.3 机器学习的评估指标

对学习器的泛化性能进行评估，需要有衡量模型泛化能力的评价标准，即评估指标。评估指标反映了任务需求，在对比不同模型的能力时，使用不同的评估指标往往会得到不同的评判结果。这意味着模型的“好坏”是相对的，什么样的模型是好的，不仅取决于算法和数据，还取决于任务需求。

在预测任务中，给定数据集 $D=\{(x_1, y_1), (x_2, y_2), \cdots, (x_m, y_m)\}$，其中 y_i 是示例 i 的真实标记，要评估学习器 f 的性能，就要把学习器预测结果 $f(x)$ 与真实标记 y 进行比较。

回归任务最常用的评估指标是“均方误差”，公式如下：

$$E(f;D)=\frac{1}{m}\sum_{i=1}^{m}(f(x_i)-y_i)^2 \tag{1-6}$$

对于数据分布 D 和概率密度函数 $p(\cdot)$，均方误差可描述为

$$E(f;D)=\int_{x\sim D}(f(x)-y)^2 p(x)\mathrm{d}x \tag{1-7}$$

1.3.1 机器学习三要素

机器学习包括三个要素：模型、策略、算法。模型表示的是所要学习的条件概率分布或者决策函数，模型的假设空间包含所有可能的决策函数。策略是指依照什么样的规则来从假设空间中选择最优的一个决策函数。策略的具体实现即第三个要素算法。

1. 机器学习的目的——模型

模型就是用来描述客观世界的数学模型，是从数据里抽象出来的。在进行数据分析时，通常只有数据，从中找寻规律，找到的规律就是模型。类似于猜数字游戏：1，4，16，…，(　)，…，256，括号里是什么数？只有把这串数抽象成模型，才能知道括号里是什么数。举个例子，购买产品的顾客到达服务台的时间是什么模型？也许是一个泊松分布。文本中某个项出现的概率是什么模型？也许是隐含狄利克雷分布。股票的价格与时间之间是什么关系？是基于布朗运动的二项随机分布，还是……

模型可以是确定的，也可以是随机的，只要数学可以描述，就可以进行预测分析。所以学习的根本目的是找一个模型去描述我们已经观测到的数据。

2. 如何构造模型——策略

利用一个正态分布去描述一组数据，需要构造这个正态分布，即预测这个分布的参数，如均值、方差……但是需要有一系列的标准去选择合适的模型，去证明一个模型比另一个模型好，这些标准就是策略。不同的策略，对应不同的模型的比较标准和选择标准。最终的模型由两个部分来决定：数据和选择模型的策略。

经验风险最小化是常用的策略。经验风险最小是指用这个模型在已有的观测数据上进行评估，可以达到较好的结果。经验风险最小化是一个参数优化的过程，即我们需要构造一个损失函数来描述经验风险，而损失函数可以理解为一个数据错了给我们带来的损失。对损失函数的定义不同，优化出来的结果不同，最终学习到的模型也会有很大差别。

3. 模型的实现——算法

模型和策略确定之后，现实问题转化为优化问题，需要寻找合适的算法来解决优化问题。如果优化问题具有显式的解析解，通过简单的优化模型参数即可实现最优；如果没有，则需要借助最优化理论和数值计算来解决。优化过程往往是复杂的，面对复杂的数学优化

问题，通常难以通过简单的求解获得最终的结果，所以就要构造一系列的算法。最终目标是让算法尽量高效，以更少的计算机内存代价，获得更快的运算速度、更有效的参数优化结果。

1.3.2 评估方法

通常，我们可通过实验测试来对学习器的泛化误差进行评估并进而做出选择。为此，需使用一个“测试集”来测试学习器对新样本的判别能力。我们假设测试样本是从样本真实分布中独立同分布采样而得，然后以测试集上的“测试误差”作为泛化误差的近似。构建测试集的方法通常称为评估方法，计算测试误差的方法通常称为评价指标。构建的测试集应该尽可能与训练集互斥，即测试样本尽量不在训练集中出现，且未在训练过程中使用过。下面介绍几种常见做法。

1. 留出法

“留出法”直接将数据集 D 划分为两个互斥的集合，其中一个集合作为训练集 S，另一个集合作为测试集 T，即 $D=S\cup T$，$S\cap T=\varnothing$。在 S 上训练出模型后，用 T 来评估其测试误差，作为对泛化误差的评估。以二分类任务为例，假定 D 包含 1000 个样本，将其划分为 S 包含 700 个样本，T 包含 300 个样本，用 S 进行训练后，如果模型在 T 上有 90 个样本分类错误，那么其错误率为 $(90/300)\times100\%=30\%$，相应地，精度为 $1-30\%=70\%$。

需注意的是，训练/测试集的划分要尽可能保持数据分布的一致性，避免因数据划分过程引入额外的偏差而对最终结果产生影响，例如在分类任务中至少要保持样本的类别比例相似。如果从采样的角度来看待数据集的划分过程，则保留类别比例的采样方式通常称为“分层采样”。例如通过对 D 进行分层采样而获得含 70%样本的训练集 S 和含 30%样本的测试集 T，若 D 包含 500 个正例、500 个反例，则分层采样得到的 S 应包含 350 个正例、350 个反例，而 T 则包含 150 个正例和 150 个反例；若 S、T 中样本类别比例差别很大，则误差估计将由于训练/测试数据分布的差异而产生偏差。

另一个需注意的问题是，即便在给定训练/测试集的样本比例后，仍存在多种划分方式对初始数据集 D 进行分割。例如在上面的例子中，可以把 D 中的样本排序，然后把前 350 个正例放到训练集中，也可以把最后 350 个正例放到训练集中……这些不同的划分将得出不同的训练/测试集；相应地，模型评估的结果也会有差别。因此，单次使用留出法得到的估计结果往往不够稳定可靠。在使用留出法时，一般要采用若干次随机划分，重复进行实验评估后取平均值作为留出法的评估结果。例如进行 100 次随机划分，每次产生一个训练/测试集用于实验评估，100 次后就得到 100 个结果，而留出法返回的则是这 100 个结果的平均。

此外，我们希望评估的是用 D 训练出的模型的性能，但留出法需划分训练/测试集，这就会导致一个窘境：若令训练集 S 包含绝大多数样本，则训练出的模型可能更接近于用 D 训练出的模型，但由于 T 比较小，因而评估结果的稳定性较差；若增加测试集 T 的样本，

则训练集 S 与 D 的差距较大，被评估的模型与用 D 训练出的模型相比可能有较大差别，从而降低了评估结果的保真性。这个问题没有完美的解决方案，常见做法是将大约 2/3～4/5 的样本用于训练，剩余样本用于测试。

2. 交叉验证法

“交叉验证法”先将数据集 D 划分为 k 个大小相似的互斥子集，即 $D=D_1\cup D_2\cdots\cup G_k$，$D_i\cap D_j=\varnothing(i\neq j)$。每个子集 D_i 都尽可能保持数据分布的一致性，即从 D 中通过分层采样得到，每次用 $k-1$ 个子集的并集作为训练集，余下的那个子集作为测试集。这样就可获得 k 组训练/测试集，从而可进行 k 次训练和测试，最终返回的是 k 次测试结果的均值。显然，交叉验证法评估结果的稳定性和保真性在很大程度上取决于 k 的取值。为强调这一点，通常把交叉验证法称为“k 折交叉验证”。最常用的 k 值是 10，此时称为 10 折交叉验证；其他常用的 k 值有 5、20 等。图 1.4 给出了 10 折交叉验证的示意图。

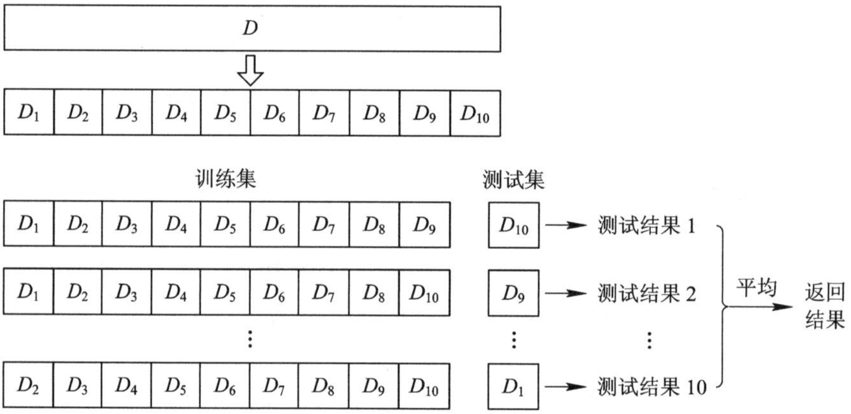

图 1.4　10 折交叉验证示意图

假定数据集 D 中包含 m 个样本，若令 $k=m$，则得到了交叉验证法的一个特例——留一法(Leave-One-Out，LOO)。显然，留一法不受随机样本划分方式的影响，因为 m 个样本只有唯一的方式划分为 m 个子集(每个子集包含一个样本)；留一法使用的训练集与初始数据集相比只少了一个样本，这就使得在绝大多数情况下，被实际评估的模型与期望评估的用 D 训练出的模型很相似。因此，留一法的评估结果往往被认为比较准确。然而，留一法也有其缺陷：在数据集比较大时，训练 m 个模型的计算开销会非常大(例如数据集包含 100 万个样本，则需训练 100 万个模型)。另外，留一法的评估结果也未必永远比其他评估方法准确，“没有免费的午餐”定理对实验评估方法同样适用。

3. 自助法

我们希望评估的是用 D 训练出的模型，但在留出法和交叉验证法中，由于保留了一部分样本用于测试，因此实际评估的模型所使用的训练集比 D 小，这必然会引入一些因训练样本规模不同而导致的评估偏差。留一法受训练样本规模变化的影响较小，但计算复杂度又太高了。有没有什么办法可以减少训练样本规模不同造成的影响，同时还能比较高效地进行实验评估呢？

“自助法”是一个比较好的解决方案，它直接以自助采样法为基础，给定包含 m 个样本的数据集 D，首先进行采样，产生数据集 D'：每次随机从 D 中挑选一个样本，将其拷贝放入 D'，然后将该样本放回初始数据集 D 中，使得该样本在下次采样时仍有可能被采到；这个过程重复执行 m 次后，就得到了包含 m 个样本的最终的数据集 D'。显然，D 中有一部分样本会在 D' 中多次出现，而另一部分样本不会出现。可以做一个简单的评估，样本在 m 次采样中始终不被采到的概率是 $(1-1/m)^m$，取极限得到

$$\lim_{m\to\infty}\left(1-\frac{1}{m}\right)^m \to \frac{1}{\mathrm{e}}\approx 0.368 \tag{1-8}$$

即通过自助采样，初始数据集 D 中约有 36.8% 的样本未出现在采样数据集 D' 中。于是我们可将 D' 用作训练集，D/D' 用作测试集；这样，实际评估的模型与期望评估的模型都使用 m 个训练样本，而我们仍有数据总量约 1/3 的、没在训练集中出现的样本用于测试，这样的测试结果，亦称“包外估计”。

自助法在数据集较小、难以有效划分训练/测试集时很有用。此外，自助法能从初始数据集中产生多个不同的训练集，这对集成学习等方法有很大的好处。然而，自助法产生的数据集改变了初始数据集的分布，这会引入评估误差。因此，在初始数据量足够时，留出法和交叉验证法更常用一些。

1.4 机器学习典型应用

在过去 20 年中，人类收集、存储、传输、处理数据的能力取得了飞速提升，人类社会的各个角落都积累了大量数据，急需能有效地对数据进行分析利用的计算机算法，而机器学习恰好顺应了这个迫切需求，因此该学科领域很自然地取得了巨大发展，受到广泛关注。

如今，在计算机科学的诸多分支学科领域中，无论是多媒体、图形学，还是网络通信、软件工程，乃至体系结构、芯片设计，都能找到机器学习技术的身影，尤其是在计算机视觉、自然语言处理等计算机应用技术领域，机器学习已成为最重要的技术进步源泉之一。下面对机器学习常用的领域进行简单的介绍。

1.4.1 专家系统

专家系统是一种智能的计算机程序，这种程序使用知识和推理过程，求解那些需要杰

出人物的专门知识才能求解的高难度问题。专家系统使用的知识主要是定义和规则，而推理是在已有规则基础上发现新知识。与传统计算机相比，专家系统＝推理引擎＋知识。

其中，知识的获取是专家系统建造过程中最困难的一部分，也是最重要的一个阶段。专家系统的性能在很大程度上取决于所获知识的质量。基于机器学习的混合知识获取方法可以从历史数据中挖掘出有用规律，帮助解决专家系统的知识获取“瓶颈”问题。比如在科技项目的评估过程中，需要根据申请项目的类型和具体的专业领域，对专家评估结果进行综合，得出最终评估结果，这一过程需要大量的资源，并且需要经过很长一段时间。科技成果评估专家系统通过运用机器学习的原理对已有数据进行分析，产生知识库和规则库，然后对需要评估的项目进行分析并输出评估结果，供用户参考，从而节省了很多的资源和时间。

1.4.2 语音识别

所谓语音识别，就是指让机器通过识别和理解，把语音信号转变为相应的文本信息或命令信息。在过去，人类只能依靠复杂且专业的指令码与机器进行交流，而在今天，语音识别已经可以代替上述过程，并且大量运用到了人们的生活中。谷歌成立20周年之际，戈麦斯说：“语音识别和对语言的理解是未来搜索和信息的核心，这是发展中国家的又一个机会。”由此可见，针对语音识别技术的投入和深入研究是不可或缺的。

传统的语音识别声学建模方式基于隐马尔科夫框架，采用混合高斯模型（Gaussian Mixture Model，GMM）来描述语音声学特征的概率分布。由于隐马尔科夫模型属于典型的浅层学习结构，仅含单个将原始输入信号转换为特定问题空间特征的简单结构，因而在海量数据下其性能受到限制。人工神经网络是一种模拟人类大脑存储及处理信息的计算模型，近年来，微软利用上下文相关的深层神经网络进行声学模型建模，并在大词汇连续语音识别上取得了相对于经鉴别性训练隐马尔科夫系统的语句错误率下降23.2%的性能改善，掀起了深层神经网络在语音识别领域复兴的热潮。目前包括微软、IBM和Google在内的许多国际知名语音研究机构都投入了大量的精力开展深层神经网络的研究。

1.4.3 机器翻译

机器翻译是指由机器实现不同自然语言之间的翻译，涉及语言学、机器学习、认知语言学多个学科。目前基于规则的机器翻译方法需要人工设计和编纂翻译规则，而基于统计的机器翻译方法能够自动获取翻译规则。最近几年流行的端到端的神经网络机器翻译方法可以直接通过编码网络和解码网络自动学习语言之间的转换算法。

2012年11月，微软在第十四届“二十一世纪的计算”学术研讨会上，公开演示了全自动同声传译系统——演讲者用英文发言，后台的计算机即时自动完成语音识别、英中机器翻译和中文语音合成，运行非常流畅，其中的关键支撑技术就是深度学习。2016年9月，谷歌公布基于网页和APP的神经网络机器翻译，结束了始于1989年的IBM基于短语的机器翻译模式。与谷歌先前基于短语的机器翻译相比，基于神经网络的机器翻译将错误率减少约60%。

1.4.4 自动驾驶

自动驾驶是指通过自动驾驶系统，部分或完全地代替人类驾驶员，安全地驾驶汽车。车祸已成为社会公害，全世界每年有上百万人丧生车轮，仅我国每年就有约十万人死于车祸。由计算机来实现汽车自动驾驶是一个比较理想的避免车祸的方案。自动驾驶中最大的困难是无法事先把汽车上路后所会遇到的所有情况都考虑到，设计出处理规则并加以编程实现，只能根据上路时遇到的情况即时处理。若把车载传感器接收到的信息作为输入，把方向、刹车、油门的控制行为作为输出，则这里的关键问题可抽象为一个机器学习任务。

2004年3月，在美国DARPA(Defense Advanced Research Projects Agency)组织的自动驾驶车比赛中，斯坦福大学机器学习专家研制的参赛车用6小时53分钟成功走完了132英里赛程，获得冠军，比赛是在内华达州西南部的山区和沙漠中进行的，路况相当复杂，在这样的路段上行车即使对经验丰富的人类司机来说也是一个挑战。自动驾驶车在近几年取得了飞跃式发展，除谷歌外，通用、奥迪、大众、宝马等传统汽车公司均投入巨资进行研发，目前已开始有产品进入市场。2011年6月，美国内华达州议会通过法案，成为美国第一个认可自动驾驶车的州，此后，夏威夷州和佛罗里达州也先后通过类似法案。自动驾驶汽车可望在不久的将来出现在普通人的生活中。

1.4.5 人脸检测

人脸检测是指在输入图像中确定所有人脸(如果存在)的位置、大小、姿态的过程，其中包含了检测和特征定位两个方面。人脸检测要在图像或图像序列的给定区域内检测是否有人脸存在，并给出人脸位置和轮廓线。人脸检测技术作为人脸信息处理中的一项关键技术，近年来成为模式识别和计算机视觉领域内受到普遍重视、研究十分活跃的课题。由于人脸图像的检测所包含的模式是隐性的，在模式识别领域中，其检测、特征定位比较困难，因此可以自我改进提高性能的机器学习方法被逐步引入到人脸检测的理论与实践中。

深度卷积神经网络模型是最有效的、应用最广泛的深度学习方法之一，在人脸识别领域也取得了优秀的成绩。相比于传统的神经网络，它在识别效果上有了巨大的提高，比如最早的Facebook的DeepFace神经网络，将3D对齐后的人脸通过神经网络进行特征学习，在LFW (Labeled Faces in the Wild) 人脸数据库上获得了95.9%的准确率(单个网络)；香港中文大学的DeepID、DeepID2(25个图片Patch)就是利用多个卷积神经网络来提取人脸特征的，在LFW上获得了98.97%的准确率；之后Google的FaceNet在LFW数据库上面获得了99.63%的准确率。

本章小结

本章主要介绍了机器学习的基本概念、类别、评估指标以及典型应用。对经典机器学习的四个基本类别，即有监督学习、无监督学习、半监督学习以及强化学习和现代机器学习中的迁移学习、自监督学习、自动机器学习和量子机器学习进行了详细介绍。在使用机器学习算法过程中，针对不同的问题需要使用不同的模型评估标准，本章列举了常见的模型评估和选择方法。随着大数据时代的到来以及并行计算技术的发展，机器学习在工业界也得到了越来越多的研究和应用，本章对其在专家系统、语音识别、机器翻译、自动驾驶以及人脸检测等领域的应用和发展进行了简单介绍。

习　题

1. 随机生成一组数字，用机器学习方法实现其线性回归。
2. 简述神经网络工作流程。
3. 随机生成一组坐标，用无监督学习方法实现分类。
4. 用 10 折交叉验证的方法评估 mnist 数据。
5. 机器学习有哪些常用的领域？试举例说明。
6. 简述目前机器学习应用中存在的主要问题。

参考文献

[1] 周志华. 机器学习[M]. 北京：清华大学出版社，2016.

[2] 安德烈·布可夫. 机器学习精讲[M]. 北京：人民邮电出版社，2020.

[3] 海沫. 大数据聚类算法综述[J]. 计算机科学，2016(S1 期)：380－383.

[4] 陈武锦. 半监督学习研究综述[J]. 电脑知识与技术，2011，07(16)：3887－3889.

[5] KAELBLING L P，LITTMAN M L，MOORE A W. Reinforcement learning：A survey[J]. Journal of Artificial Intelligence Research，1996，4：237－285.

[6] 庄福振，等. 迁移学习研究进展[J]. 软件学报，2015，26(1)：26－39.

[7] 王凯宁. 量子机器学习与人工智能的实现[J]. 中国社会科学文摘，2020，000(003)：15－16.

[8] 井超，陈立潮. 机器学习在科技成果评估专家系统中的应用[J]. 科技情报开发与经济，2006(07)：181－182.

[9] 张晴晴，刘勇，潘接林，等. 基于卷积神经网络的连续语音识别[J]. 工程科学学报，2015，37(009)：1212－1217.

[10] 王连柱. 机器学习应用于语言智能的研究综述[J]. 现代教育技术，2018，28(09)：67－73.

[11] 万士宁. 基于卷积神经网络的人脸识别研究与实现[D]. 成都：电子科技大学，2016.

第2章 数学基础知识

本章对机器学习算法中常使用的矩阵论知识、最优化理论以及统计学知识进行复习与回顾，以便后续章节的学习。

2.1 矩阵论基础

随着计算机科学和人工智能的发展，矩阵运算在数值计算、最优化理论、机器学习、计算机视觉、数据挖掘中的基础性作用越来越大，因此，掌握好矩阵论基础知识对理解和运用机器学习算法十分重要。

2.1.1 矩阵代数基础

矩阵就是一种矩形数表，如日常生活中的学生成绩登记表、产品产量表等都可以抽象地使用矩阵的形式进行表示。由 $m\times n$ 个数构成的 m 行 n 列的矩形数表就称为 $m\times n$ 矩阵，通常采用黑斜体的大写字母来表示，具体如下：

$$\boldsymbol{A}=\begin{pmatrix} a_{11} & a_{12} & \cdots & a_{1n} \\ a_{21} & a_{22} & \cdots & a_{2n} \\ \vdots & \vdots & & \vdots \\ a_{m1} & a_{m2} & \cdots & a_{mn} \end{pmatrix} \tag{2-1}$$

记作 $\boldsymbol{A}_{m\times n}$，也可记作 $\boldsymbol{A}=(a_{ij})_{m\times n}$，矩阵中的元素 a_{ij} 称为矩阵的元。为了简化实际计算，通常定义一些具有独特特性的矩阵。下面介绍几种常用的特殊矩阵：

(1) 零矩阵：矩阵的元都为 0 的矩阵称为零矩阵，记为 $\boldsymbol{O}$。从定义中可以看出，零矩阵没有固定的行数与列数，其内部的每个元均为 0。

(2) 行(列)向量：只有一行(列)的矩阵被称为行(列)矩阵或者行(列)向量，通常采用小写黑体字母表示，如 $\boldsymbol{a}$，$\boldsymbol{b}$，…。值得注意的是，在一般计算中列向量和行向量均可被使用，两者并无明显的差别，如

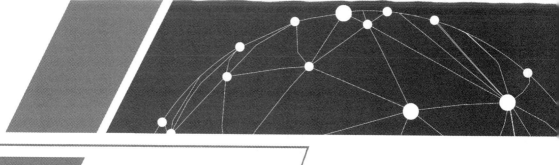

$$a=\begin{pmatrix}a_1\\a_2\\\vdots\\a_m\end{pmatrix} \quad 或 \quad a=(a_1, a_2, \cdots, a_m)^T \tag{2-2}$$

(3) n 阶方阵：行数与列数均为 n 的矩阵被称为 n 阶矩阵，也称为 n 阶方阵，如 $A_{n\times n}$。方阵的左上角到右下角的连线，形似多边形的对角线，称为方阵的主对角线。根据主对角线对矩阵进行划分，若主对角线及其以下的元全为 0，则称该矩阵为上三角形矩阵；若主对角线及其以上的元全为 0，则称该矩阵为下三角形矩阵；若主对角线以外的元全为 0，则称该矩阵为对角矩阵。

(4) 单位矩阵：当对角矩阵中主对角线上的元都为 1 时，称这样的矩阵为单位矩阵，记为 E。单位矩阵对于矩阵的运算来说有着重要的意义，任何矩阵与其相乘都等于该矩阵本身。

1. 矩阵运算

矩阵的运算主要包括矩阵的线性运算与矩阵的乘法。矩阵的线性运算即矩阵的加法与数乘，矩阵的加法只能用于两个同型矩阵相加，其结果为两个矩阵中对应的元相加，而矩阵的数乘是指与其相乘的数值分别与矩阵中的每个元相乘。通常，矩阵的线性运算均满足以下规律：

(1) $A+B=B+A$；

(2) $(A+B)+C=A+(B+C)$；

(3) $A+O=A$；

(4) $A+(-A)=O$；

(5) $1\times A=A$；

(6) $(kl)A=k(lA)$；

(7) $(k+l)A=kA+lA$；

(8) $k(A+B)=kA+kB$。

其中，A，B，C 为矩阵，k，l 为常数。

矩阵的乘法指两个矩阵相乘，假设有两个矩阵 $A_{m\times p}$ 和 $B_{p\times n}$，则其乘积为 $C_{m\times n}=AB$，矩阵 $C_{m\times n}$ 的每个元素可通过下式计算获得：

$$c_{ij}=\sum_{k=1}^{p} a_{ik}b_{kj} \tag{2-3}$$

其中，a_{ij}，b_{ij}，c_{ij} 分别代表了矩阵 A，B，C 中第 i 行第 j 列的元。式(2-3)表明了乘积矩阵的第 i 行第 j 列的元等于左边矩阵第 i 行的各元与右边矩阵第 j 列的对应元乘积之和。所谓对应元，是指第 i 行的列号与第 j 列的行号相同的元。值得注意的是，两个矩阵可乘的充要条件是矩阵 A 的列数需与矩阵 B 的行数相等。矩阵的乘法满足结合律、分配律，但不满足交换律。另外，两个同型的矩阵还有一种特殊的乘积叫作哈达玛积，它表示两个相乘的矩阵中的对应元分别相乘，记为 $\boldsymbol{A}\odot\boldsymbol{B}$。

2. 矩阵的常用变换

矩阵的幂：对一个方阵 $\boldsymbol{A}$ 进行幂的运算是将 k 个方阵 $\boldsymbol{A}$ 连续相乘，称为 $\boldsymbol{A}$ 的 k 次幂，记作 $\boldsymbol{A}^k$，如下所示：

$$\boldsymbol{A}^k=\overbrace{\boldsymbol{A}\boldsymbol{A}\cdots\boldsymbol{A}}^{k} \tag{2-4}$$

矩阵的转置：将一个矩阵 $\boldsymbol{A}$ 的行与同序数的列对应的元素值进行交换，得到的矩阵称为 $\boldsymbol{A}$ 的转置，记作 $\boldsymbol{A}^{\mathrm{T}}$。已知矩阵 $\boldsymbol{A}$ 为

$$\boldsymbol{A}_{m\times n}=\begin{pmatrix} a_{11} & a_{12} & \cdots & a_{1n} \\ a_{21} & a_{22} & \cdots & a_{2n} \\ \vdots & \vdots & & \vdots \\ a_{m1} & a_{m2} & \cdots & a_{mn} \end{pmatrix} \tag{2-5}$$

则其转置矩阵为

$$\boldsymbol{A}_{m\times n}{}^{\mathrm{T}}=\begin{pmatrix} a_{11} & a_{21} & \cdots & a_{m1} \\ a_{12} & a_{22} & \cdots & a_{m2} \\ \vdots & \vdots & & \vdots \\ a_{1n} & a_{2n} & \cdots & a_{mn} \end{pmatrix} \tag{2-6}$$

根据式(2-5)和式(2-6)可知，n 阶矩阵的转置是将矩阵元素值沿着主对角线进行元素翻转交换，其在矩阵的推理和运算中有着重要的意义。

矩阵的转置满足以下几个运算规律：

(1) $(\boldsymbol{A}^{\mathrm{T}})^{\mathrm{T}}=\boldsymbol{A}$；

(2) $(\boldsymbol{A}+\boldsymbol{B})^{\mathrm{T}}=\boldsymbol{A}^{\mathrm{T}}+\boldsymbol{B}^{\mathrm{T}}$；

(3) $(\lambda\boldsymbol{A})^{\mathrm{T}}=\lambda\boldsymbol{A}^{\mathrm{T}}$，其中 λ 是数；

(4) $(\boldsymbol{A}\boldsymbol{B})^{\mathrm{T}}=\boldsymbol{B}^{\mathrm{T}}\boldsymbol{A}^{\mathrm{T}}$。

对于方阵 $\boldsymbol{A}$，若 $\boldsymbol{A}$ 的转置等于 $\boldsymbol{A}$，即 $\boldsymbol{A}^{\mathrm{T}}=\boldsymbol{A}$，则方阵 $\boldsymbol{A}$ 称为*对称矩阵*；若方阵 $\boldsymbol{A}$ 的转置等于 $-\boldsymbol{A}$，即 $\boldsymbol{A}^{\mathrm{T}}=-\boldsymbol{A}$，则方阵 $\boldsymbol{A}$ 称为*反对称矩阵*。若 $\boldsymbol{A}$ 为一个 n 阶方阵，且存在 n 阶方阵 $\boldsymbol{B}$，使得

$$\boldsymbol{A}\boldsymbol{B}=\boldsymbol{B}\boldsymbol{A}=\boldsymbol{E} \tag{2-7}$$

其中，$\boldsymbol{E}$ 表示 n 阶单位矩阵，则称矩阵 $\boldsymbol{A}$ 是可逆的，且 $\boldsymbol{B}$ 是 $\boldsymbol{A}$ 的*逆矩阵*。需要强调的是，对于可逆矩阵而言，它的逆是唯一的，该性质对于证明矩阵的唯一性、矩阵相等以及矩阵求逆都有着重要的意义。

初等行变换与初等列变换统称为*初等变换*，且初等变换具有对称性与传递性。

初等变换的三种基本操作：

(1) 互换矩阵第 i 行(列)与第 j 行(列)的位置。

(2) 用一个非零常数 k 乘以矩阵第 i 行(列)的每一个元。

(3) 将矩阵第 j 行(列)所有的元的 k 倍分别加到第 i 行(列)的对应元上。

2.1.2 矩阵方程求解

矩阵方程即未知数为矩阵的方程。最常见的矩阵方程如下：

$$\mathbf{A}\boldsymbol{x}=\boldsymbol{b} \tag{2-8}$$

其中，$\mathbf{A}$ 为 $m\times n$ 矩阵，$\boldsymbol{x}$ 是 $n\times 1$ 的列向量，$\boldsymbol{b}$ 为 $m\times 1$ 的列向量。式(2-8)一般表示一个线性方程组，该方程组中每一个方程都是线性的：

$$\begin{cases} a_{11}x_1+a_{12}x_2+\cdots+a_{1n}x_n=b_1 \\ a_{21}x_1+a_{22}x_2+\cdots+a_{2n}x_n=b_1 \\ \vdots \\ a_{m1}x_1+a_{m2}x_2+\cdots+a_{mn}x_n=b_m \end{cases} \tag{2-9}$$

其中：

$$\mathbf{A}=\begin{pmatrix} a_{11} & a_{12} & \cdots & a_{1n} \\ a_{21} & a_{22} & \cdots & a_{2n} \\ \vdots & \vdots & & \vdots \\ a_{m1} & a_{m2} & \cdots & a_{mn} \end{pmatrix} \tag{2-10}$$

$$\boldsymbol{x}=(x_1, x_2, \cdots, x_n)^{\mathrm{T}} \tag{2-11}$$

$$\boldsymbol{b}=(b_1, b_2, \cdots, b_n)^{\mathrm{T}} \tag{2-12}$$

在该线性方程组中向量 $\boldsymbol{x}$ 被视为未知量，$\boldsymbol{x}$ 中的每一个元 x_i 作为一个未知数，同时矩阵 $\mathbf{A}$ 被称为线性方程组的系数矩阵，$(\mathbf{A}, \boldsymbol{b})$为增广矩阵，记为 $\widetilde{\mathbf{A}}$。若有一个列向量作为 $\boldsymbol{x}$ 代入之后能够使其成立，那么该列向量就是该矩阵方程或线性方程的一个解，所有符合条件的解的集合称为它的解集合。

矩阵方程 $\mathbf{A}\boldsymbol{x}=\boldsymbol{b}$ 的求解步骤：

(1) 根据方程获得其对应的增广矩阵 $\widetilde{\mathbf{A}}$，对其进行初等行变换，获得如下的变换后矩阵：

$$\begin{pmatrix} 1 & 0 & \cdots & 0 & b_{1,r+1} & \cdots & b_{1,n} & d_1 \\ 0 & 1 & \cdots & 0 & b_{2,r+1} & \cdots & b_{2,n} & d_2 \\ \vdots & \vdots & & \vdots & \vdots & & \vdots & \vdots \\ 0 & 0 & \cdots & 1 & b_{r,r+1} & \cdots & b_{r,n} & d_r \\ 0 & 0 & \cdots & 0 & 0 & \cdots & 0 & d_{r+1} \\ 0 & 0 & \cdots & 0 & 0 & \cdots & 0 & 0 \\ \vdots & \vdots & & \vdots & \vdots & & \vdots & \vdots \\ 0 & 0 & \cdots & 0 & 0 & \cdots & 0 & 0 \end{pmatrix} \tag{2-13}$$

（2）根据初等变换后获得的矩阵可知：当 $d_{r+1}=0$ 时，该方程有解，否则无解。

（3）当方程有解时，若 $r=n$，则方程有唯一解，解为

$$\begin{cases} x_1=d_1 \\ x_2=d_2 \\ \quad\vdots \\ x_r=d_r \end{cases} \tag{2-14}$$

若 $r<n$，则有

$$\begin{cases} x_1+b_{1,\,r+1}x_{r+1}+\cdots+b_{1,\,n}x_n=d_1 \\ \qquad\vdots \\ x_r+b_{r,\,r+1}x_{r+1}+\cdots+b_{r,\,n}x_n=d_r \end{cases} \tag{2-15}$$

方程有无穷解，解为

$$\begin{pmatrix} x_1 \\ \vdots \\ x_r \\ x_{r+1} \\ \vdots \\ x_n \end{pmatrix} = \begin{pmatrix} d_1-b_{1,\,r+1}C_1-\cdots-b_{1,\,n}C_{n-r} \\ \vdots \\ d_r-b_{r,\,r+1}C_1-\cdots-b_{r,\,n}C_{n-r} \\ C_1 \\ \vdots \\ C_{n-r} \end{pmatrix} \tag{2-16}$$

其中，给定任意一组 C_1，…，C_{n-r}，就能唯一确定方程的一组解。式(2-16)称为方程的通解，而 C_1，…，C_{n-r} 为自由未知量，其解为无穷解。

2.1.3 矩阵分析

矩阵分析就是以矩阵的一些性质、规律为基础，对其运算、表示的意义进行严谨的分析总结，从而更有利于去解决实际的问题。

1. 行列式

由于行列式的一般计算公式均是依据排列的相关概念定义的，因此在介绍行列式的定义之前先介绍排列的概念。排列是指将 n 个不同的正整数按一定的规则排成有序的一列，从而构成一个 n 元排列。在 n 元排列中，若有一个较大的数排在一个较小的数之前，那么这两个数就构成了一个逆序，排列中所包含的逆序的总个数称为该排列的逆序数，记为

$$\tau(i_1,\ i_2,\ \cdots,\ i_n) \tag{2-17}$$

其中，i_1，i_2，…，i_n 表示一个排列。假设有一个 n 阶矩阵 $\boldsymbol{A}$：

$$\boldsymbol{A}=\begin{pmatrix} a_{11} & a_{12} & \cdots & a_{1n} \\ a_{21} & a_{22} & \cdots & a_{2n} \\ \vdots & \vdots & & \vdots \\ a_{n1} & a_{n2} & \cdots & a_{nn} \end{pmatrix} \tag{2-18}$$

该矩阵的行列式表示为

$$A=\begin{vmatrix} a_{11} & a_{12} & \cdots & a_{1n} \\ a_{21} & a_{22} & \cdots & a_{2n} \\ \vdots & \vdots & & \vdots \\ a_{n1} & a_{n2} & \cdots & a_{nn} \end{vmatrix} \tag{2-19}$$

记作 $|\boldsymbol{A}|$ 或 $\det\boldsymbol{A}$，它等于所有取自不同行不同列的 n 个元的乘积的代数和，即

$$\begin{vmatrix} a_{11} & a_{12} & \cdots & a_{1n} \\ a_{21} & a_{22} & \cdots & a_{2n} \\ \vdots & \vdots & & \vdots \\ a_{n1} & a_{n2} & \cdots & a_{nn} \end{vmatrix}=\sum_{i_1 i_2 \cdots i_n}(-1)^{\tau(i_1 i_2 \cdots i_n)} a_{1 i_1} a_{2 i_2} \cdots a_{n i_n} \tag{2-20}$$

其中，i_1，i_2，…，i_n 表示 1，2，…，n 的一个排列。需要注意的是，只有 n 阶方阵才有行列式。

行列式本质上是一个数值，但需要依据特殊的运算规则对矩阵进行计算获得，它代表了矩阵的某种性质，且其转置矩阵同样具有该性质。矩阵的行列式对矩阵求逆、求矩阵的秩及求解线性方程组具有重要的意义。

在矩阵方程求解过程中，若方程 $\boldsymbol{Ax}=\boldsymbol{b}$ 中的系数矩阵 $\boldsymbol{A}$ 是方阵，则可以先求其行列式，若其行列式不为零，则证明方阵 $\boldsymbol{A}$ 可逆，此时只需求出 $\boldsymbol{A}^{-1}$，等式两边同时左乘 $\boldsymbol{A}^{-1}$ 即可得到 $\boldsymbol{x}=\boldsymbol{A}^{-1}\boldsymbol{B}$，这是个常用的简洁解法。行列式还有许多运算规则，有兴趣的读者可以翻阅线性代数相关教材进行参考学习。

2. 矩阵的秩

矩阵的秩是矩阵的一个重要数值特征，它能够反映矩阵特性，然而，其与行列式不同的是任意矩阵都存在秩。在介绍矩阵的秩之前，我们先了解一些相关基础概念。已知矩阵 $\boldsymbol{A}_{m\times n}$，任意取其 k 行与 l 列($k\leqslant m$ 且 $l\leqslant n$)，矩阵中位于这些行与列交叉处的元按原先的相对顺序可以构成一个新的矩阵，称这样的矩阵为矩阵 $\boldsymbol{A}$ 的 $k\times m$ 子矩阵。当 $k=m$ 时，此子矩阵就有了行列式，该行列式称为矩阵 $\boldsymbol{A}$ 的一个 k 阶子式。在矩阵 $\boldsymbol{A}_{m\times n}$ 中，如果存在一个不为 0 的 r 阶子式，且其所有的 $r+1$ 阶子式全为 0，则称 r 为矩阵 $\boldsymbol{A}$ 的秩，记为 $R(\boldsymbol{A})$。矩阵的秩代表着矩阵中最大的不为零的子式的阶数。值得注意的是，零矩阵的秩为 0，即 $R(\boldsymbol{O})=0$。

实际上，矩阵的秩可用于判断线性方程组解的情况，对于式(2-8)所列出的线性方程组来说，根据系数矩阵 $\boldsymbol{A}$ 的秩 $R(\boldsymbol{A})$和增广矩阵 $\widetilde{\boldsymbol{A}}$ 的秩 $R(\widetilde{\boldsymbol{A}})$可以对解的状况进行如下判断：

(1) 有解$\Leftrightarrow R(\boldsymbol{A})=R(\widetilde{\boldsymbol{A}})$。

(2) 有唯一解$\Leftrightarrow R(\boldsymbol{A})=R(\widetilde{\boldsymbol{A}})=n$。

(3) 有无穷多个解$\Leftrightarrow R(\boldsymbol{A})=R(\tilde{\boldsymbol{A}})<n$。

3. 特征值与特征向量

矩阵的特征值与特征向量，对于方程组的求解、微分方程的运算、简化高次矩阵等都有着重要的意义。

已知一个 n 阶方阵 $\boldsymbol{A}$，如果存在数 λ 和 n 维非零列向量 $\boldsymbol{x}$，使得

$$\boldsymbol{A}\boldsymbol{x}=\lambda\boldsymbol{x} \tag{2-21}$$

则称 λ 为矩阵 $\boldsymbol{A}$ 的特征值，非零列向量 $\boldsymbol{x}$ 称为矩阵 $\boldsymbol{A}$ 属于特征值 λ 的特征向量。假设有 m 个 n 维向量$\{\boldsymbol{\alpha}_1, \boldsymbol{\alpha}_2, \cdots, \boldsymbol{\alpha}_m\}$，且存在一组不全为 0 的数$\{k_1, k_2, \cdots, k_m\}$，使得

$$k_1\boldsymbol{\alpha}_1+k_2\boldsymbol{\alpha}_2+\cdots+k_m\boldsymbol{\alpha}_m=0 \tag{2-22}$$

则称 $\boldsymbol{\alpha}_1, \boldsymbol{\alpha}_2, \cdots, \boldsymbol{\alpha}_m$ 线性相关；否则，称 $\boldsymbol{\alpha}_1, \boldsymbol{\alpha}_2, \cdots, \boldsymbol{\alpha}_m$ 线性无关。若一个向量 $\boldsymbol{\beta}$ 等于多个向量的线性组合 $\boldsymbol{\alpha}_1, \boldsymbol{\alpha}_2, \cdots, \boldsymbol{\alpha}_m$，则称向量 $\boldsymbol{\beta}$ 可由这些向量线性表示。根据式(2-21)可知，矩阵的特征向量是一个列向量，且该向量能够使矩阵与其乘积和该向量线性相关。

2.2 最优化基础

最优化问题的研究先后经历了从线性到非线性，连续到离散，确定到不确定，静态到动态，随机和模糊的发展过程。

2.2.1 最小二乘与线性规划

线性回归作为最常见的一种回归，可用于预测和分类。线性回归的主要目的是通过训练样本找到一个与样本数据最为吻合的线性函数，以解决线性问题。目前，最常用的线性回归方法是最小二乘法和梯度下降法。最小二乘法(又称最小平方法)作为一种求解无约束最优化问题的常用方法，通过最小化误差的平方和寻找数据的最佳函数匹配。最小二乘法的核心思想是通过最小化求得未知的数据与实际数据之间误差的平方和，使得拟合对象最大限度逼近目标对象。最小二乘法可用于曲线拟合，解决回归问题，其目标函数由若干个函数的平方和构成。当每个构成函数为线性函数时，即为线性最小二乘问题；当构成函数含有非线性函数时，称为非线性最小二乘问题。

最小二乘问题是回归分析、最优控制、参数估计等问题的基础，具有一系列统计方面的解释。例如向量的最大似然估计和受高斯测量误差影响的线性测量。识别一个优化问题是否是最小二乘问题是比较直观的，只需要验证目标函数是否是一个二次函数即可。此外还有一些常用方法来增加最小二乘问题的灵活性，如加权最小二乘法以及最小二乘法的正则化。当极小化的代价函数不能很好实现时，引入额外项可以对较大的变量值起到约束作用，从而得到更敏感的解决方案。

2.2.2 凸优化

凸优化(又称为凸最小化)是最优化问题中非常重要的一个子领域，是指求取最小值的目标函数为凸函数的一类优化问题。同时满足目标函数为凸函数，且优化变量的可行域为凸集的最优化问题为凸优化问题。

对于机器学习来说，如果优化的问题被证明是凸优化问题，则该问题比较容易解决。许多最优化问题都可以转化成凸优化问题，例如求凹函数 f 最大值的问题就等同于求凸函数 $-f$ 最小值的问题。

1. 凸集的定义

对于 N 维空间中点的集合，如果对集合中的任意两个点 x 和 y，以及实数 $0\leqslant\theta\leqslant 1$ 都有 $\theta x+(1-\theta)y\in C$，则该集合称为凸集，即凸集包含两个不同点之间直线上的所有点。图 2.1 是凸集和非凸集的例子。

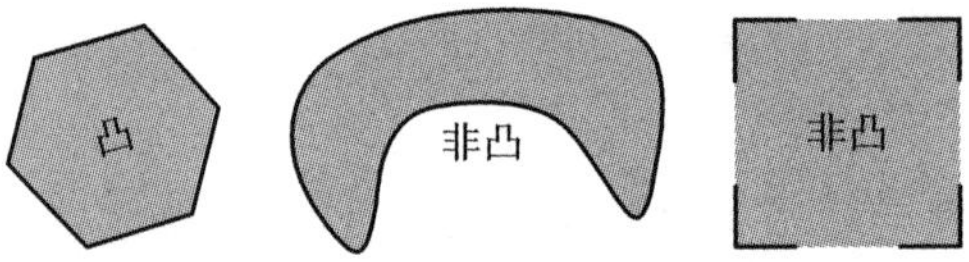

图 2.1　凸集与非凸集

2. 凸函数的定义

在函数的定义域内，如果对于任意 x 和 y，满足条件 $f(\theta x+(1-\theta)y)\leqslant\theta f(x)+(1-\theta)f(y)$，则该函数为凸函数。如图 2.2 所示的一元函数就是凸函数。从几何角度可以看到，凸函数在任何点的切线都位于函数的下方。

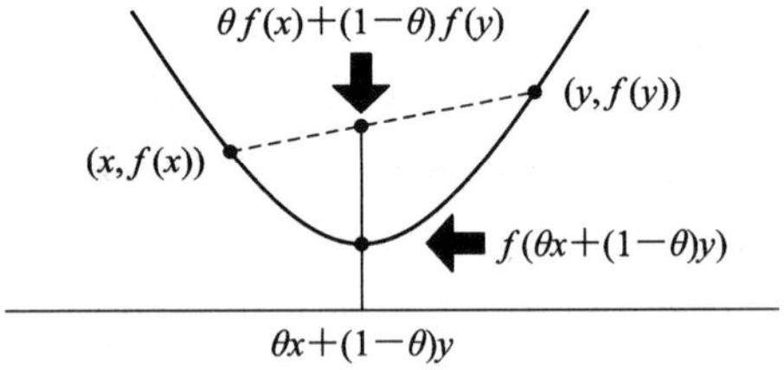

图 2.2　凸函数

对于一元函数，凸函数的判定规则为其二阶导数大于等于 0，即 $f''(x)\geqslant 0$。对于多元函数，如果它是凸函数，则其 Hessian 矩阵为半正定矩阵。若二次型 $f(x_1, x_2, \cdots, x_n)=\sum_{i=1}^{n}\sum_{j=1}^{n}a_{ij}x_ix_j=\boldsymbol{X}^{\mathrm{T}}\boldsymbol{A}\boldsymbol{X}$ 对于任意一组不全为零的数 $x_1, x_2, \cdots, x_n$，恒有 $f(x_1, x_2, \cdots, x_n)=\boldsymbol{X}^{\mathrm{T}}\boldsymbol{A}\boldsymbol{X}>0$，则称 $f(x_1, x_2, \cdots, x_n)$ 正定，其中 $\boldsymbol{A}$ 为正定矩阵。类似地，若有 $f(x_1, x_2, \cdots, x_n)=\boldsymbol{X}^{\mathrm{T}}\boldsymbol{A}\boldsymbol{X}\geqslant 0$，则 $\boldsymbol{A}$ 为半正定矩阵；若有 $f(x_1, x_2, \cdots, x_n)=\boldsymbol{X}^{\mathrm{T}}\boldsymbol{A}\boldsymbol{X}\leqslant 0$，则 $\boldsymbol{A}$ 为负正定矩阵。$\boldsymbol{A}$ 正定的充要条件是 $\boldsymbol{A}$ 的特征值都大于 0 或者 $\boldsymbol{A}$ 的所有顺序主子式都大于 0。

2.2.3 非线性优化

非线性优化问题的研究核心是最优解的存在及其结构性质、求解算法及性能分析。非线性优化问题广泛存在于决策、调度、系统运行等各个领域，并且在实际工程中往往存在多解，增加了求解难度，如何精确、快速、鲁棒地通过计算得到高质量局部最优解，甚至全局最优解一直是各种求解算法面临的挑战。目前，代表性的非线性优化算法主要有：非线性最小二乘法、一阶梯度和二阶梯度法、高斯牛顿法、Levenberg-Marquardt (LM)算法等。

1. 非线性最小二乘法

简单的非线性最小二乘问题可以定义为 $\min\limits_{x}\frac{1}{2}\|f(x)\|_2^2$，其中自变量 $\boldsymbol{x}\in\mathbf{R}^n$，$f(x)$是任意的非线性函数，并设它的维度为 m，即 $f(x)\in\mathbf{R}^m$，可通过对目标函数求导并令导数为 0 直接求解 x。导函数为复杂的非线性方程时，一般采用迭代法来求解，具体步骤可以表示为：

（1）给定一个初始值 x_0；

（2）对于第 k 次迭代，寻找一个增量 Δx_k，使得 $\|f(x_k+\Delta x_k)\|$ 达到极小值；

（3）若 Δx_k 足够小，则停止迭代；

（4）否则，令 $x_{k+1}=x_k+\Delta x_k$，返回第(2)步。

这个其实是通过迭代让目标函数一步步下降，直到最终达到收敛为止。一般而言，增量 Δx 可通过一阶梯度或二阶梯度法来确定。

2. 一阶梯度和二阶梯度法

首先，我们将目标函数在 $\boldsymbol{x}$ 附近进行泰勒展开，即

$$\|f(\boldsymbol{x}+\Delta\boldsymbol{x})\|_2^2\approx\|f(\boldsymbol{x})_2^2+\boldsymbol{J}(\boldsymbol{x})\Delta\boldsymbol{x}+\frac{1}{2}\Delta\boldsymbol{x}^{\mathrm{T}}\boldsymbol{H}(\boldsymbol{x})\Delta\boldsymbol{x}$$

其中 $\boldsymbol{J}(\boldsymbol{x})$是 $f(\boldsymbol{x})$关于 $\boldsymbol{x}$ 的导数(雅可比矩阵)，$\boldsymbol{H}(\boldsymbol{x})$是二阶导数(海森矩阵)。我们可以选择保留泰勒公式的一阶导数和二阶导数，如果保留一阶导数，则增量的解就是 $\Delta\boldsymbol{x}^*=-\boldsymbol{J}^{\mathrm{T}}(\boldsymbol{x})$，即沿着梯度相反的方向前进，目标函数下降得最快。

通常会在这个方向上计算一个步长 λ，迭代公式表示为 $x_{k+1}=x_k-\lambda\boldsymbol{J}^{\mathrm{T}}(x_k)$，该方法称为最速梯度下降法。如果保留二阶梯度信息，增量可以表示为

$$\Delta x_k=\underset{\Delta\boldsymbol{x}}{\arg\min}\|f(\boldsymbol{x})\|_2^2+\boldsymbol{J}(\boldsymbol{x})\Delta\boldsymbol{x}+\frac{1}{2}\Delta\boldsymbol{x}^{\mathrm{T}}\boldsymbol{H}(\boldsymbol{x})\Delta\boldsymbol{x}$$

对 $\Delta\boldsymbol{x}$ 求导数并令它等于 0，则 $\boldsymbol{J}^{\mathrm{T}}+\boldsymbol{H}\Delta\boldsymbol{x}=0$。于是增量的解为 $\boldsymbol{H}\Delta\boldsymbol{x}=-\boldsymbol{J}^{\mathrm{T}}$。这种方法称为牛顿法，它的迭代公式可以表示为 $x_{k+1}=x_k-\boldsymbol{H}^{-1}\boldsymbol{J}$。

牛顿法和最速梯度下降法思想比较简单，只需要将函数在迭代点附近展开，对增量求最小化，然后通过线性方程直接求得增量的解。这两种方法的主要缺点为：最速梯度下降

过于"贪心"，容易走出锯齿状，反而增加了迭代次数；牛顿法则需要计算函数的 $\boldsymbol{H}$ 矩阵，这在问题规模较大时非常困难(通常的做法是避免去计算 $\boldsymbol{H}$)。

3. 高斯牛顿法

高斯牛顿法的思想是对 $f(x)$进行一阶泰勒展开，注意不是目标函数 $\| f(\boldsymbol{x}) \|_2^2$。$f(\boldsymbol{x}+\Delta\boldsymbol{x})\approx f(\boldsymbol{x})+\boldsymbol{J}(\boldsymbol{x})\Delta\boldsymbol{x}$，即 $\Delta\boldsymbol{x}^* = \underset{\Delta x}{\arg\min} \| f(\boldsymbol{x})+\boldsymbol{J}(\boldsymbol{x})\Delta\boldsymbol{x} \|_2^2$。对 $\Delta\boldsymbol{x}$ 求导并令导函数等于 0，则 $\boldsymbol{J}^{\mathrm{T}}\boldsymbol{J}\Delta\boldsymbol{x}=-\boldsymbol{J}^{\mathrm{T}}f(\boldsymbol{x})$，记 $\boldsymbol{H}=\boldsymbol{J}^{\mathrm{T}}\boldsymbol{J}$，$\boldsymbol{g}=-\boldsymbol{J}^{\mathrm{T}}f(\boldsymbol{x})$，则 $\boldsymbol{H}\Delta\boldsymbol{x}=\boldsymbol{g}$，该方程称为高斯牛顿方程或正规方程。

相比于牛顿法，高斯牛顿法采用 $\boldsymbol{J}^{\mathrm{T}}\boldsymbol{J}$ 牛顿法作为牛顿法 $\boldsymbol{H}$ 矩阵的近似，从而避免了复杂的计算。原则上，它要求近似的矩阵 $\boldsymbol{H}$ 是可逆且正定的，而实际计算中得到的 $\boldsymbol{J}^{\mathrm{T}}\boldsymbol{J}$ 却是半正定的。也就是使用高斯牛顿法会出现 $\boldsymbol{J}^{\mathrm{T}}\boldsymbol{J}$ 为奇异或者病态的情况，此时增量的稳定性较差，导致算法不收敛。即使 $\boldsymbol{H}$ 非奇异也非病态，如果求得的 $\Delta\boldsymbol{x}$ 非常大，也会导致我们采用的局部近似不够正确，可能会不收敛，甚至还有可能让目标函数更大。

许多非线性优化可以看作是高斯牛顿法的一个变种，这些算法结合了高斯牛顿法的优点并修正其缺点。例如 LM 算法，尽管它的收敛速度可能比高斯牛顿法更慢，但是该方法鲁棒性更强，也被称为阻尼牛顿法。

4. LM 算法

高斯牛顿法采用二阶泰勒展开来近似，只有在展开点附近才会有比较好的近似效果。LM(Levenberg-Marquard)算法中给变化量 $\Delta\boldsymbol{x}$ 添加一个信赖区域来限制 $\Delta\boldsymbol{x}$ 大小，并认为在信赖区域内近似是有效的，否则近似不准确。

确定信赖区域的一个好的办法是通过比较近似模型和实际模型的差异来确定，如果差异小，我们就让范围尽可能增大；如果差异太大，就缩小这个范围。考虑实际模型和近似模型变化量的比值 $\rho=\dfrac{f(\boldsymbol{x}+\Delta\boldsymbol{x})-f(\boldsymbol{x})}{\boldsymbol{J}(\boldsymbol{x})\Delta\boldsymbol{x}}$，可以通过 ρ 的值来判断泰勒近似的好坏。当 ρ 接近 1 时表明近似模型是非常好的，如果 ρ 较小，则实际模型的变化量小于近似模型的变化量，认为近似模型较差，需要缩小近似范围；反之，当 ρ 较大时，说明实际模型变化量更大，需要放大近似范围。

采用拉格朗日乘子将上述问题转化为一个无约束问题 $\min\limits_{\Delta x k} \dfrac{1}{2} \| f(\boldsymbol{x})+\boldsymbol{J}(\boldsymbol{x})\Delta\boldsymbol{x} \|^2 + \dfrac{1}{2}\lambda \| \boldsymbol{D}\Delta\boldsymbol{x} \|^2$，对 Δx_k 求梯度，得到增量方程 $(\boldsymbol{H}+\lambda\boldsymbol{D}^{\mathrm{T}}\boldsymbol{D})\Delta\boldsymbol{x}=\boldsymbol{g}$。如果令 $\boldsymbol{D}=\boldsymbol{I}$，则简化表示为 $(\boldsymbol{H}+\lambda\boldsymbol{I})\Delta\boldsymbol{x}=\boldsymbol{g}$。当 λ 较小时，说明 $\boldsymbol{H}$ 占主导地位，说明二次近似在该范围内是比较好的，LM 方法更接近于高斯牛顿法；当 λ 较大时，λ 占主导地位，LM 算法更接近一阶梯度下降算法，这说明二次近似不够好。LM 算法的求解方式可以避免线性方程组的矩阵非奇异和病态等问题，提供更稳定、更准确的解法。

2.3 统计学习基础

为了便于理解机器学习课程中将会遇到的基础理论，本节将介绍几个在之后的学习中经常会用到的统计学基本概念。

2.3.1 条件概率

条件概率是统计学中的一个重要概念，其意义是在某个事件 A 已经发生的条件下，另一个事件 B 发生的概率，记为 $P(B|A)$。

定义：假设有 A，B 两个事件，且 $P(A)>0$，则

$$P(B|A)=\frac{P(AB)}{P(A)} \tag{2-23}$$

表示在事件 A 发生的条件下，事件 B 发生的条件概率。$P(AB)$为事件 A 和事件 B 同时发生的概率。

推广该公式，设事件总数为 a，事件 A 所包含的事件数量为 b，事件同时发生所包含的事件数量为 c，可得

$$P(B|A)=\frac{c}{b}=\frac{\frac{c}{a}}{\frac{b}{a}}=\frac{P(AB)}{P(A)} \tag{2-24}$$

我们一般将上述公式作为条件概率的定义，且条件概率一定满足以下三个条件：

(1) 非负性：对于任意事件，$P(B|A)\geqslant 0$；

(2) 规范性：对于必然事件，$P(B|A)=1$；

(3) 可列可加性：设 B_1，B_2，…是两两互不相容的事件，则

$$P(\bigcup_{i=1}^{\infty} B_i \mid A)=\sum_{i=1}^{\infty}P(B_i \mid A) \tag{2-25}$$

2.3.2 期望与方差

在实际问题中，除了概率，人们也会需要用到另一些数字特征，本节将介绍其中的数学期望与方差两个常用的基本概念。

数学期望，简称期望，也被称为均值。

定义：设离散型随机变量 X 的分布律为

$$P\{X=x_i\}=p_i,\ i=1,\ 2,\ \cdots \tag{2-26}$$

若级数 $\sum_{i=1}^{\infty}x_i p_i$ 绝对收敛，则称级数 $\sum_{i=1}^{\infty}x_i p_i$ 为随机变量 X 的数学期望，记为 $E(X)$，即

$$E(X) = \sum_{i=1}^{\infty} x_i p_i \tag{2-27}$$

设连续型随机变量 X 的概率密度为 $f(x)$，若积分 $\int_{-\infty}^{\infty} x f(x) \mathrm{d}x$ 绝对收敛，则称积分 $\int_{-\infty}^{\infty} x f(x) \mathrm{d}x$ 的值为随机变量 X 的数学期望，记为 $E(X)$，即

$$E(X) = \int_{-\infty}^{\infty} x f(x) \mathrm{d}x \tag{2-28}$$

数学期望有如下几个性质：

(1) 常数 C 的期望是 C，即 $E(C)=C$。

(2) 设 X 是一个随机变量，C 是常数，则有

$$E(CX)=CE(X) \tag{2-29}$$

(3) 设 X，Y 是两个随机变量，则有

$$E(X+Y)=E(X)+E(Y) \tag{2-30}$$

(4) 设 X，Y 是两个相互独立的随机变量，则有

$$E(XY)=E(X)E(Y) \tag{2-31}$$

接下来，我们将进一步介绍另一个常用的数学特征——方差。方差是用来度量随机变量 X 与其期望 $E(X)$ 的偏离程度的一个数学特征。

定义：设 X 是一个随机变量，若 $E\{[X-E(X)]^2\}$ 存在，则称 $E\{[X-E(X)]^2\}$ 为 X 的方差，记为 $D(X)$，即

$$D(X)=E\{[X-E(X)]^2\} \tag{2-32}$$

从上式不难看出，如果 $D(X)$ 的值比较小，则说明随机变量 X 的取值与其数学期望的偏离程度不大，也就是说，X 的取值集中在其数学期望 $E(X)$ 周围。相反，如果 $D(X)$ 的值比较大，则说明随机变量 X 的取值与其数学期望的偏离程度较大，即 X 的取值不集中在其数学期望 $E(X)$ 周围。

另外，为了方便计算，方差还可以按照下面的公式来进行计算：

$$D(X)=E(X^2)-E(X)^2 \tag{2-33}$$

2.3.3 最大似然估计

最大似然估计将求解似然函数取得最大值时的参数值 θ 作为估计量，且此处的参数 θ 是一个未知的确定量，而不是一个随机量。

从概率密度为 $p(x|\theta)$ 的总体中独立抽取 N 个独立的随机样本，组成样本集 $X=\{x_1, x_2, \cdots, x_N\}$，则其联合密度为

$$p(x \mid \theta) = p(x_1, x_2, \cdots, x_N \mid \theta) = \prod_{i=1}^{N} p(x_i \mid \theta) \tag{2-34}$$

它表示当参数 θ 取不同的值时获得样本集 X 的概率，所以称 $p(x|\theta)$ 为样本集 X 的似然函

数，记为 $L(\theta)$，即

$$L(\theta)=p(x_1, x_2, \cdots, x_N \mid \theta)=\prod_{i=1}^{N} p(x_i \mid \theta) \tag{2-35}$$

最大似然估计的基本原理是：为了最大可能地获得样本集 X，且 $L(\theta)$代表获得样本集 X 的概率，只有当 $L(\theta)$取得最大值时，才能使得该可能性最大，此时使得 $L(\theta)$取得最大值的 $\hat{\theta}$ 就是 θ 的最大似然估计。

最大似然估计量 θ 可通过求解

$$\frac{\partial L(\theta)}{\partial \theta}=0 \tag{2-36}$$

获得。

为了简便地计算，也可以将似然函数定义为

$$H(\theta)=\ln L(\theta)=\sum_{i=1}^{N} \ln p(x_i \mid \theta) \tag{2-37}$$

因为对数函数是一个单调递增的函数，所以容易证明在对数函数取得最大值时，似然函数也能取得最大值，故也可通过求解

$$\frac{\partial H(\theta)}{\partial \theta}=0 \tag{2-38}$$

获得。

本章小结

本章围绕机器学习与阅读中需要掌握的数学基础，如矩阵论基础、最优化基础与统计学习基础三个主要数据基础领域进行了数学知识的基础介绍与回顾。在矩阵论基础内容中主要围绕矩阵论中的常见特殊矩阵、矩阵线性运算的规律、常用变换、矩阵求解以及矩阵的分析等基础知识进行了详尽的介绍。随后围绕最优化基础介绍了最小二乘与线性规划、凸优化、非线性优化等基础优化算法。最后基于统计学习基础的概念与方法，如条件概率、期望与方差、最大似然估计等进行了回顾与介绍。本章主要为基本数学知识的回顾与铺垫，以便更好地进行后续章节内容的学习。

习　题

1. 计算下列乘积。

(1) $(a_1 \cdots a_n)\begin{pmatrix} b_1 \\ \vdots \\ b_n \end{pmatrix}$　　　　(2) $\begin{pmatrix} a_1 \\ \vdots \\ a_n \end{pmatrix}(b_1 \cdots b_n)$

(3) $\begin{pmatrix} 4 & 3 & 1 \\ 1 & -2 & 3 \\ 5 & 7 & 0 \end{pmatrix}\begin{pmatrix} 7 \\ 2 \\ 1 \end{pmatrix}$　　　　(4) $\begin{pmatrix} 2 & 1 & 4 & 0 \\ 1 & -1 & 3 & 4 \end{pmatrix}\begin{pmatrix} 1 & 3 & 1 \\ 0 & -1 & 2 \\ 1 & -3 & 1 \\ 4 & 0 & -2 \end{pmatrix}$

2. 设 $\boldsymbol{A}=\begin{pmatrix} 1 & 0 \\ \lambda & 1 \end{pmatrix}$，求 $\boldsymbol{A}^k$。

3. 设 $\boldsymbol{A}=\begin{pmatrix} 1 & 2 \\ 4 & 3 \end{pmatrix}$，$\boldsymbol{B}=\begin{pmatrix} x & 1 \\ 2 & y \end{pmatrix}$，求 x 与 y 满足何种关系时，可使 $\boldsymbol{A}$ 与 $\boldsymbol{B}$ 可交换。

4. 设 $\boldsymbol{A}$，$\boldsymbol{B}$ 均为 n 阶矩阵，且 $\boldsymbol{A}$ 为对称矩阵，证明 $\boldsymbol{B}^{\mathrm{T}}\boldsymbol{A}\boldsymbol{B}$ 也是对称矩阵。

5. 设列向量 $\boldsymbol{X}=(x_1, x_2, \cdots, x_n)^{\mathrm{T}}$，满足 $\boldsymbol{X}^{\mathrm{T}}\boldsymbol{X}=1$，$\boldsymbol{E}$ 为 n 阶单位矩阵，令 $\boldsymbol{H}=\boldsymbol{E}-2\boldsymbol{X}\boldsymbol{X}^{\mathrm{T}}$，证明 $\boldsymbol{H}$ 是对称矩阵且 $\boldsymbol{H}\boldsymbol{H}^{\mathrm{T}}=\boldsymbol{E}$。

6. 解线性方程组：

$$\begin{cases} x_1+x_2+x_3+x_4+x_5=7 \\ 3x_1+2x_2+x_3+x_4-3x_5=-2 \\ x_2+2x_3+2x_4+6x_5=23 \\ 5x_1+4x_2+3x_3+3x_4-x_5=12 \end{cases}$$

7. 行列式 $\begin{vmatrix} a & 1 & 1 \\ 0 & -1 & 0 \\ 4 & a & a \end{vmatrix}>0$ 的充分必要条件是什么？

8. 请概述牛顿法的原理与流程。

9. 假设甲、乙两人从写有 1，2，3，…，20 的数字卡中分别随机抽取一张，已知甲抽取的卡片个位数是 6，求乙抽取的卡片上的数字大于甲的概率。

参考文献

[1] ABADI M, BARHAM P, CHEN J M, et al. Tensorflow: A system for large-scale machine learning [J]. 12th USENIX, 2016, 16: 265 - 283.

[2] 王宜举，修乃华. 非线性最优化理论与算法[M]. 北京：科学出版社，2012.

[3] 袁亚湘. 非线性优化计算方法[M]. 北京：科学出版社，2008.

[4] 张光澄. 非线性最优化计算方法[M]. 北京：高等教育出版社，2005.

[5] 韦增欣，路莎. 非线性优化算法[M]. 北京：科学出版社，2016.

[6] 盛骤，谢式千，潘承毅.概率论与数理统计[M]. 北京：高等教育出版社，2008.

[7] 张学工.模式识别[M]. 北京：清华大学出版社，2000.

[8] 李弼程，邵美珍，黄洁.模式识别原理与应用[M]. 西安：西安电子科技大学出版社，2008.

第3章 线性回归与分类模型

在有着广泛应用的机器学习方法中，一个重要并且普遍的问题就是学习或者推断属性变量与相应的响应变量或目标变量之间的函数关系，该函数关系可使得对任何一个属性集合，我们都可以预测其响应。

例如，我们在由已知疾病状态（响应，健康或患病）的患者中得到的测量（属性，如血压、心率、体重等）的样本所组成的一个数据集上去建立一个疾病诊断模型，通过测量的值来预测患者是否患病。或者，建立一个关于某个顾客以前买过物品的描述（属性）和该顾客可能喜欢的物品，从而对顾客的购买行为进行预测和推荐。对于以上问题可以选择的模型有很多，其中最简单直接的就是线性模型。

线性模型（Linear Model）是假设属性与响应之间存在的关系是线性的，通过不同方法对线性模型中的未知参数进行学习，从而得到属性与响应之间的映射函数。其形式简单、易于建模，在具有线性特性的数据上可以取得较好结果。但是线性模型在非线性数据上的结果并不是很好，主要由于线性假设与实际问题特性不符合。但是，为了在一定程度上满足非线性的要求，我们通常可以通过在线性模型的基础上加入非线性的转换操作，例如核化、局部结构等，使得模型具有一定处理非线性数据的能力。

线性模型还有多种推广形式，常见的有广义线性模型：逻辑回归、岭回归等。此处我们只介绍几种常见的线性回归及其基本思想。

3.1 线性回归模型

线性回归属于机器学习中的监督学习两大任务之一的回归任务。回归的目的是为了预测，比如预测明天的天气温度，预测股票的走势、物体的类别等。回归之所以能预测是因为通过历史数据摸透了“规律”，然后通过规律来得到预测结果。回归分析本质上是一个函数估计问题，即找出因变量和自变量之间的因果关系。若回归分析的变量是连续变量（房价、疾病发生概率等），则是一般所说的回归预测；若因变量是离散变量（类别），则是回归分类。总的来说，回归分析是一种有监督的学习方法。

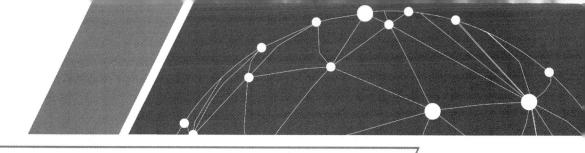

统计学中，线性回归（Linear Regression）是利用“线性回归方程”的最小误差平方函数，对一个或多个自变量和因变量之间的线性相关关系进行建模的一种回归分析方法。只有一

个自变量的情况称为简单回归，大于一个自变量的情况称为多元回归。

线性回归模型经常用最小二乘逼近来拟合，也可以使用别的方法来拟合，比如用最小化“拟合缺陷”在一些其他规范(比如最小绝对误差回归)里最小化最小二乘损失函数的惩罚。除了线性模型，最小二乘逼近还可以用来拟合非线性的模型。尽管“最小二乘法”和“线性模型”是紧密相连的，但两者并不相等。

线性回归有很多实际用途，最常见的有以下两大类：

(1) 基于观测或历史数据进行预测。在已有数据上对观测数据和历史数据进行回归分析，得到线性模型，利用该模型对新数据进行预测。

(2) 变量相关性分析。线性模型中因变量与多个自变量间的相关性是有区别的，使用线性回归方法进行分析，可以了解哪些因素对最终结果影响最大。

3.1.1 线性函数模型

给定有 d 个属性描述的示例 $\boldsymbol{x}=(x_1, x_2, \cdots, x_i, \cdots, x_d)^{\mathrm{T}}$，其中 x_i 是第 i 个属性的取值，线性模型就是通过一个属性的线性组合来拟合属性与预测值间的关系的，即

$$f(\boldsymbol{x})=w_1x_1+w_2x_2+\cdots+w_dx_d+b \tag{3-1}$$

在线性代数中表述为

$$f(\boldsymbol{x})=\boldsymbol{w}^{\mathrm{T}}\boldsymbol{x}+b \tag{3-2}$$

其中，$\boldsymbol{w}=(w_1, w_2, w_3, \cdots, w_d)^{\mathrm{T}}$。在训练数据上学习得到 $\boldsymbol{w}$ 和 b 之后，模型就得以确定。实际上，线性模型参数求解的本质就是对线性方程组的求解：

$$\begin{gathered} y_1=w_1x_{11}+w_2x_{12}+\cdots+w_dx_{1d}+b \\ \vdots \\ y_n=w_1x_{n1}+w_2x_{n2}+\cdots+w_dx_{nd}+b \end{gathered} \tag{3-3}$$

其中，$\{(x_1, y_1), \cdots, (x_n, y_n)\}$是训练样本集合，每个样本带入线性模型得到线性方程组的一行。而求解线性模型的参数向量$(\boldsymbol{w}, b)$就是在求解线性方程组的一个方程解，所有线性方程组的解组成的集合称为线性方程组解的集合。

根据线性方程组理论，线性方程组存在唯一解或无穷多解。在大多数场景和数据集下，解空间都是无限的，因而机器学习算法设计的目标就是：基于一种特定的归纳偏置，选择一个特定的超参数$(\boldsymbol{w}, b)$，使得模型具备最好的泛化能力，

线性模型形式简单、易于建模，在机器学习中非常重要，因为线性模型的多层级结构或高维映射可以实现非线性数据拟合的功能。同时，线性模型具有很好的可解释性，例如权重向量 $\boldsymbol{w}$ 直观表示了各个属性在预测中的重要性，误差偏置 b 表示了从物理世界到数据表示存在的不确定性。

下面将以一元线性回归为例具体介绍线性回归模型。对于一元线性回归，其模型如下：

$$y=\beta_0+\beta_1x+\varepsilon, \ \varepsilon\sim N(0, \sigma^2) \tag{3-4}$$

一元线性回归模型可借助条件数学期望等价地写为 $E[\boldsymbol{y}|\boldsymbol{x}]=\beta_0+\beta_1\boldsymbol{x}$。也就是说，在给定的条件下，$y$ 的条件数学期望为 x 的线性变换。

一元线性回归模型的直观意义可总结为如下的四点：

(1) β_0，β_1 为未知参数。

(2) β_0 为 $x=0$ 时的应变量的均值(回归直线在 y 轴上的截距)。

(3) β_1 为 x 增加一个单位时应变量的平均变化率(回归直线的斜率)。若 $\beta_1>0$，则 y 与 x 正相关；若 $\beta_1<0$，则 y 与 x 负相关；若 $\beta_1=0$，则 y 与 x 不相关。

(4) $\beta_0+\beta_1 x$ 为自变量取值 x 时应变量的均值。

设$(x_i, y_i)(i=1, 2, \cdots, n)$为自变量 x 与应变量 y 的 n 对观测值，由此可绘出图 3.1 所示的散点图。

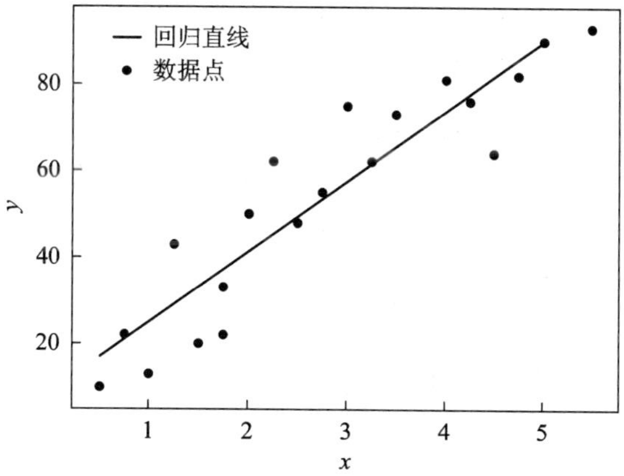

图 3.1　自变量 x 与应变量 y 的散点图和回归直线示意图

下面我们将由散点图(见图 3.1)所示的自变量 x 与应变量 y 对应的观测值来选取(估计)参数 $\hat{\beta}_0$ 和 $\hat{\beta}_1$，使得观测值与直线上点的均方误差(亦称残差平方和，SSE)达到最小，这就是所谓的最小二乘法。

$$\mathrm{SSE}=\sum_{i=1}^{n}(y_i-\hat{y}_i)^2=\sum_{i=1}^{n}[y_i-(\hat{\beta}_0+\hat{\beta}_1 x_i)]^2 \qquad (3-5)$$

如果残差平方和为 0，则得到一条直线，且所有点都在该直线上；如果残差平方和不为 0，则所有点(x_i, y_i)不会落在同一条直线上，所以不得不移动直线，使其离某些点较近而离其他点较远。因此，拟合直线的过程为，先计算出各点的残差，进而算出残差平方和，再通过最小化残差平方和选出最好的拟合直线(确定截距和斜率)。

可将最小二乘估计的过程分成两个步骤，即先画出应变量的均值点，再以该点为支点，旋转直线使残差达到最小。

1. 模型的参数估计

对于预测变量的取值$(x_1, x_2, \cdots, x_n)$及相应的应变量 $y_i=\beta_0+\beta_1 x_i+\varepsilon_i$，$i=1, 2, \cdots, n$ 的观测值$(y_i, y_2, \cdots, y_n)$，记

$$Q(\beta_0, \beta_1)=\sum_{i=1}^{n}[y_i-(\beta_0+\beta_1 x_i)]^2 \tag{3-6}$$

则对参数 β_0 和 β_1 的最小二乘估计就是求 $Q(\beta_0, \beta_1)$的最小值点所对应的 $\hat{\beta}_0$ 和 $\hat{\beta}_1$，令式(3-6)右端对 β_0、β_1 的偏导数均为 0，有

$$\begin{cases} n\beta_0+(\sum_{i=1}^{n} x_i)\beta_1=\sum_{i=1}^{n} y_i \\ (\sum_{i=1}^{n} x_i)\beta_0+(\sum_{i=1}^{n} x_i^2)\beta_1=\sum_{i=1}^{n}(x_i y_i) \end{cases} \tag{3-7}$$

解未知数为 β_0 和 β_1 的二元一次方程式(3-7)，得到

$$\begin{cases} \beta_1=\dfrac{\sum_{i=1}^{n}[(x_i-\bar{x})(y_i-\bar{y})]}{\sum_{i=1}^{n}(x_i-\bar{x})^2}=\dfrac{S_{xy}}{S_{xx}} \\ \beta_0=\bar{y}-\beta_1\bar{x} \end{cases} \tag{3-8}$$

其中，$\bar{x}=\dfrac{1}{n}\sum_{i=1}^{n} x_i$，$\bar{y}=\dfrac{1}{n}\sum_{i=1}^{n} y_i$，由于$\sum_{i=1}^{n}[(x_i-\bar{x})(y_i-\bar{y})]=\sum_{i=1}^{n}[(x_i-\bar{x})y_i]$，可以得到 β_1 的最小二乘估计量为

$$\begin{cases} \hat{\beta}_1=\dfrac{\sum_{i=1}^{n}[(x_i-\bar{x})y_i]}{\sum_{i=1}^{n}(x_i-\bar{x})^2} \\ \hat{\beta}_0=\bar{y}-\hat{\beta}_1\bar{x} \end{cases} \tag{3-9}$$

为得到 σ^2 的估计，记 $S_e=\sum_{i=1}^{n}[Y_i-(\hat{\beta}_0+\hat{\beta}_1 x_i)]^2$，经简单计算知 $E[S_e]=(n-2)\sigma^2$，从而得到

$$\hat{\sigma}^2=\frac{S_e}{n-2} \tag{3-10}$$

为 σ^2 的无偏估计。

由于假定误差项 $\varepsilon_i \sim N(0, \sigma^2)$，$i=1, 2, \cdots, n$ 且不相关，故 $y_1, y_2, \cdots, y_n$ 相互独立且方差相等，从而可知式(3-9)给出的估计量 $\hat{\beta}_0$ 和 $\hat{\beta}_1$ 也分别是 β_0 和 β_1 的最大似然估计。另

外，还可以证明 S_e，$\overline{Y}$，$\hat{\beta}_1$相互独立，且$\frac{S_e}{\sigma^2}\sim\chi^2(n-2)$。

2. 参数估计量的性质

为了对模型的线性假设进行检验，我们需要探讨估计量 $\hat{\beta}_0$，$\hat{\beta}_1$及 $\hat{\sigma}^2$ 的分布。注意到式(3-9)中$(x_1, x_2, \cdots, x_n)$为确定数值，所以，$\hat{\beta}_1$是独立正态随机变量$y_1, y_2, \cdots, y_n$的线性组合，从而 $\hat{\beta}_1$服从正态分布，其均值和方差如下：

$$E[\hat{\beta}_1]=E\left[\frac{\sum_{i=1}^{n}(x_i-\bar{x})y_i}{\sum_{i=1}^{n}(x_i-\bar{x})^2}\right]=\frac{\sum_{i=1}^{n}(x_i-\bar{x})E[y_i]}{\sum_{i=1}^{n}(x_i-\bar{x})^2}=\frac{\sum_{i=1}^{n}(x_i-\bar{x})(\beta_0+\beta_1 x_i)}{\sum_{i=1}^{n}(x_i-\bar{x})^2}=\beta_1 \tag{3-11}$$

$$\mathrm{Var}[\hat{\beta}_1]=\mathrm{Var}\left[\frac{\sum_{i=1}^{n}(x_i-\bar{x})y_i}{\sum_{i=1}^{n}(x_i-\bar{x})^2}\right]=\frac{\sum_{i=1}^{n}(x_i-\bar{x})^2\mathrm{Var}[y_i]}{[\sum_{i=1}^{n}(x_i-\bar{x})]^2}=\frac{[\sum_{i=1}^{n}(x_i-\bar{x})^2]\sigma^2}{[\sum_{i=1}^{n}(x_i-\bar{x})^2]^2}=\frac{\sigma^2}{S_{xx}} \tag{3-12}$$

$\hat{\beta}_1$服从如下分布：

$$\hat{\beta}_1\sim N\left(\beta_1, \frac{\sigma^2}{S_{xx}}\right) \tag{3-13}$$

再来求 $\hat{\beta}_0$的分布。首先，由于$y_1, y_2, \cdots, y_n$相互独立，容易推得 $\mathrm{Cov}(\bar{y}, \hat{\beta}_1)=0$，从而 $\bar{y}$ 与 $\hat{\beta}_1$相互独立，所以 $\hat{\beta}_0$服从正态分布，其均值为

$$\begin{aligned}E[\hat{\beta}_0]&=E[\bar{y}-\hat{\beta}_1\bar{x}]=E[\bar{y}]-\bar{x}E[\hat{\beta}_1]=\frac{1}{n}\sum_{i=1}^{n}E[y_i]-\bar{x}\hat{\beta}_1\\&=\frac{1}{n}\sum_{i=1}^{n}(\beta_0+\beta_1 x_i)-\bar{x}\beta_1=\beta_0\end{aligned} \tag{3-14}$$

方差为

$$\begin{aligned}\mathrm{Var}[\hat{\beta}_0]&=\mathrm{Var}[\bar{y}-\hat{\beta}_1\bar{x}]=\mathrm{Var}[\bar{y}]+\bar{x}^2\mathrm{Var}[\hat{\beta}_1]\\&=\frac{1}{n}\sigma^2+\bar{x}^2\frac{\sigma^2}{\sum_{i=1}^{n}(x_i-\bar{x})^2}=\left(\frac{1}{n}+\frac{\bar{x}^2}{S_{xx}}\right)\sigma^2\end{aligned} \tag{3-15}$$

总之，有

$$\hat{\beta}_0\sim N\left(\beta_0, \left(\frac{1}{n}+\frac{\bar{x}^2}{S_{xx}}\right)\sigma^2\right) \tag{3-16}$$

3. 模型的统计推断

模型的统计推断包括参数的假设检验(双边或单边)和置信区间。

1) 关于β_1的统计推断

双边检验$H_0: \beta_1=0$, $H_A: \beta_1\neq 0$;统计量:$t_{obs}=\dfrac{\hat{\beta}_1}{\hat{\sigma}(\hat{\beta}_1)}$;拒绝域:$|t_{obs}|\geqslant t_{1-\frac{a}{2}}(n-2)$;观察样本出现概率值(P):$2P(t\geqslant|t_{obs}|)$。

单边检验$H_0: \beta_1=0$, $H_A: \beta_1>0$(或$H_A: \beta_1<0$);统计量:$t_{obs}=\dfrac{\hat{\beta}_1}{\hat{\sigma}(\hat{\beta}_1)}$;正半轴拒绝域 $\mathbf{R.R}^+$:$t_{obs}\geqslant t_{1-a}(n-2)$(或负半轴拒绝域 $\mathbf{R.R}^-$:$t_{obs}\leqslant -t_{1-a}(n-2)$);正半轴 P 值:$P(t\geqslant t_{obs})$(或负半轴 P 值:$P(t\leqslant t_{obs})$)。

其中,$\hat{\sigma}(\hat{\beta}_1)=\sqrt{\dfrac{S_e}{S_{xx}(n-2)}}$,$\beta_1$的置信度等于 $1-a$ 的置信区间为

$$\hat{\beta}_1\pm t_{1-\frac{a}{2}}(n-2)\hat{\sigma}(\hat{\beta}_1)\equiv\hat{\beta}_1\pm t_{1-\frac{a}{2}}(n-2)\frac{\sqrt{S_e}}{\sqrt{n-2}\sqrt{S_{xx}}} \tag{3-17}$$

如果整个置信区间包含在正半轴内,则表示自变量与应变量正相关;如果整个置信区间包含在负半轴内,则表示解释变量与应变量负相关;如果整个置信区间包含 0,则无法判别自变量与应变量的相关性。基于置信区间的推断结论与双边检验的结论相同。

2) 关于β_0的统计推断

由式(3-16)和式(3-10)可知

$$\sqrt{n-2}\frac{\hat{\beta}_0-\beta_0}{\sqrt{S_e}\left(\dfrac{1}{n}+\dfrac{\bar{x}^2}{S_{xx}}\right)}\sim t(n-2) \tag{3-18}$$

从而可知β_0的置信度等于 $1-a$ 的置信区间为

$$\beta_0\pm t_{1-\frac{a}{2}}(n-2)\frac{\sqrt{S_e\left(\dfrac{1}{n}+\dfrac{\bar{x}^2}{S_{xx}}\right)}}{\sqrt{n-2}} \tag{3-19}$$

设检验问题为

$$H_0: \beta_1=0, \ H_A: \beta_1\neq 0 \tag{3-20}$$

其拒绝域为

$$\sqrt{n-2}\frac{|\hat{\beta}_0|}{\sqrt{S_e\left(\dfrac{1}{n}+\dfrac{\bar{x}^2}{S_{xx}}\right)}}\geqslant t_{1-\frac{a}{2}} \tag{3-21}$$

一般来说，对于β_0的统计推断并不十分重要，因为β_0与自变量 x 的坐标选取有关。比如，对 x 的坐标变换$x'=x+a$，不影响因变量 y 与 x 之间的相关关系，即 $\hat{\beta}_1$不改变，但会改变 $\hat{\beta}_0$的值。比如，做变换$x'=x-\bar{x}$ 之后，可以证明 $\hat{\beta}_0=0$。

3）关于 σ^2 的统计推断

由$\dfrac{S_e}{\sigma^2}\sim\chi^2(n-2)$可知，$\sigma^2$ 的置信度等于 $1-a$ 的置信区间为

$$\left[\frac{S_e}{\chi^2_{1-\frac{a}{2}}(n-2)},\ \frac{S_e}{\chi^2_{\frac{a}{2}}(n-2)}\right] \tag{3-22}$$

假设 H_0：$\sigma^2=\sigma_0^2$ 的显著性水平为 a 的拒绝域为

$$\frac{S_e}{\sigma_0^2}\geqslant\chi^2_{1-\frac{a}{2}}(n-2)\ \text{或}\ \frac{S_e}{\sigma_0^2}\leqslant\chi^2_{\frac{a}{2}}(n-2) \tag{3-23}$$

4）关于估计值的统计推断

得到回归方程的参数估计后，通常有两个目的，一是研究因变量 y 与自变量 x 之间的相关关系；二是对给定自变量 x 的取值 x_0，使用这个模型来估计因变量的取值y_0。

回归方程：

$$\hat{y}_0=\hat{\beta}_0+\hat{\beta}_1x_0 \tag{3-24}$$

中 $\hat{y}_0$是给y_0定 x_0 时的数学期望 $E[y_0]$的无偏估计，即

$$E[\hat{y}_0]=E[\hat{\beta}_0]+E[\hat{\beta}_1]x_0=\beta_0+\beta_1x_0 \tag{3-25}$$

$$\begin{aligned}\mathrm{Var}[\hat{y}_0]&=\mathrm{Var}[\hat{\beta}_0]+x_0^2\mathrm{Var}[\hat{\beta}_1]+2x_0\mathrm{Cov}(\hat{\beta}_0,\hat{\beta}_1)\\&=\left(\frac{1}{n}+\frac{\bar{x}^2}{S_{xx}}\right)\sigma^2+\frac{x_0^2}{S_{xx}}\sigma^2-2x_0\frac{\bar{x}}{S_{xx}}\sigma^2\\&=\left[\frac{1}{n}+\frac{(x_0-\bar{x})^2}{S_{xx}}\right]\sigma^2\end{aligned} \tag{3-26}$$

由于 σ^2 未知，用$\dfrac{S_e}{n-2}$代替，得到 $E[y_0]$的区间估计为

$$\hat{\beta}_0+\hat{\beta}_1x_0\pm t_{1-\frac{a}{2}}(n-2)\sqrt{\frac{S_e}{n-2}\left[\frac{1}{n}+\frac{(x_0-\bar{x})^2}{S_{xx}}\right]} \tag{3-27}$$

由于数学期望 $E[y_0]$ 是在x_0处做多次观测的平均值，如果仅考虑一次性预测，还需考虑回归方程的误差，即$y_0-E[y_0]=y_0-\hat{y}_0$。显然，该误差的均值为 0，方差为

$$\mathrm{Var}[y_0-\hat{y}_0]=\mathrm{Var}[y_0]+\mathrm{Var}[\hat{y}_0]=\sigma^2+\left[\frac{1}{n}+\frac{(x_0-\bar{x})^2}{S_{xx}}\right]\sigma^2 \tag{3-28}$$

因为 $\hat{y}_0$为$(y_1, y_2, \cdots, y_n)$的线性组合，而y_0为新点x_0处的对应值，所以y_0与 $\hat{y}_0$相互

独立，进而 $\mathrm{Cov}(y_0, \hat{y}_0)=0$，因此，

$$\mathrm{Var}[y_0-\hat{y}_0]=\mathrm{Var}[y_0]+\mathrm{Var}[\hat{y}_0]=\sigma^2+\left[\frac{1}{n}+\frac{(x_0-\bar{x})^2}{S_{xx}}\right]\sigma^2 \tag{3-29}$$

由此可得新点 x_0 处对应 y_0 值的置信度为 $1-a$ 的区间估计为

$$\hat{\beta}_0+\hat{\beta}_1 x_0 \pm t_{1-\frac{a}{2}}(n-2)\sqrt{\frac{S_e}{n-2}\left[1+\frac{1}{n}+\frac{(x_0-\bar{x})^2}{S_{xx}}\right]} \tag{3-30}$$

各种统计软件都能给出这两种置信区间，一种是对预测值的数学期望的区间估计，另一种是对单独观测点的预测值的区间估计。两种估计的点估计相同，置信区间的长短不同。

5）关于相关系数的统计推断

相关系数度量两个变量之间(线性)相关的程度，相关系数的正负号与回归直线的斜率的正负号相同。自变量 x 或因变量 y 的线性变换不改变相关系数的值，相关系数既可以刻画两个独立变化的量之间的相关程度，也可以刻画相互依赖的量(如体重与身高)之间的相关程度。

一元线性回归分析中，自变量 x 与因变量 y 之间的相关系数 r 的估计量为皮尔逊(Pearson)相关系数：

$$\hat{r}_{xy}=\frac{S_{xy}}{\sqrt{S_{xx}S_{yy}}},\ -1\leqslant\hat{r}_{xy}\leqslant 1 \tag{3-31}$$

$\hat{r}_{xy}$ 的标准差为 $\mathrm{SE}=\sqrt{\frac{1-r^2}{n-2}}$。借助 Pearson 相关系数临界值表，可对相关系数做假设检验和区间估计。

6）一元线性回归分析中的方差分析

方差分析的想法是将因变量 y 的全变差分解为自变量 x 导致的变差与随机因素导致的变差之和。

$$\mathrm{SST}=\sum_{i=1}^{n}(y_i-y)^2=\sum_{i=1}^{n}(y_i-\bar{y}_i)^2+\sum_{i=1}^{n}(\hat{y}_i-\bar{y})^2=\mathrm{SSE}+\mathrm{SSR} \tag{3-32}$$

式中，总平方和(Sum of Squares for Total，SST)的自由度为 $\mathrm{d}f_{\text{total}}=n-1$；残差平方和(Sum of the Squared Errors，SSE)的自由度为 $\mathrm{d}f_{\text{error}}=n-2$；回归平方和(the Sum of Squares due to Regression，SSR)的自由度为 $\mathrm{d}f_{\text{model}}=1$。

由于 $\beta_1=0$ 时，$F=\frac{\mathrm{SSR}}{\frac{\mathrm{SSE}}{N-2}}\sim F(1,\ n-2)$。因此，对于原假设为 $\beta_1=0$ 的显著性检验的拒绝域为 $F\geqslant F_{1-a}(1,\ n-2)$。

另外，定义：

$$R^2=\frac{\mathrm{SSR}}{\mathrm{SST}} \tag{3-33}$$

则 $1 \geqslant R^2 \geqslant 0$。

如果 $R^2=0$，即 SST=SSE，则此时 x 与 y 独立，也就是 y 变化与 x 无关，不可能用真 x 的变化来解释 y 的变化，此时也有 $\beta_1=0$。

如果 $R^2=1$，即 SST=SSR，则此时 x 与 y 存在完全的线性关系，也就是 y 的取值完全由 x 的取值确定。

如果 R^2 较小，这说明 x 与 y 之间的线性关系不成立，但 x 与 y 还存在某种关系，只是它们之间的关系不是线性的。在一元回归模型中，R^2 为 Pearson 相关系数的平方。

3.1.2 偏置与方差分解

偏置-方差分解（Bias-Variance Decomposition）是统计学派表达模型复杂度的一种方式，也是机器学习中一种重要的分析技术（解释学习算法泛化性能的一种重要工具）。给定学习目标和训练集规模，它可以把一种学习算法的期望误差分解为三个非负项的和，即 noise（本真噪音）、bias 和 variance。

noise（本真噪音）是任何学习算法在该学习目标上的期望误差的下界（任何方法都克服不了的误差）。

bias 度量了某种学习算法的平均估计结果所能逼近学习目标的程度（独立于训练样本的误差，刻画了匹配的准确性和质量：一个高的偏置意味着一个坏的匹配）。

variance 度量了在面对同样规模的不同训练集时，学习算法的估计结果发生变动的概率（相关于观测样本的误差，刻画了一个学习算法的精确性和特定性：一个高的方差意味着一个弱的匹配）。

$$\text{期望误差} = \text{bias}^2 + \text{variance} + \text{noise} \tag{3-34}$$

偏置-方差分解试图对学习算法的期望泛化错误率进行拆解，因为算法在不同的训练集上学得的结果很可能不同，即便这些训练集来自同一个分布。对测试样本 x，令 y_D 为 x 在数据集中的标记，$f(x; D)$ 为在训练集 D 上学得的模型 f 在 x 上的预测输出。以回归任务为例，学习算法的期望预测为

$$\bar{f}(x)=\mathbb{E}_D[f(x; D)] \tag{3-35}$$

使用样本数相同的不同训练集产生的方差为

$$\mathrm{Var}(x)=\mathbb{E}_D[(f(x; D)-\bar{f}(x))^2] \tag{3-36}$$

噪声为

$$\varepsilon^2=\mathbb{E}_D[(y)_D-y)^2] \tag{3-37}$$

期望输出与真实标记的差别称为偏置（bias），即

$$\mathrm{bias}^2(x)=[\bar{f}(x)-y]^2 \tag{3-38}$$

当我们假定噪声期望为零时，通过简单的多项式展开合并可对算法的期望误差进行

分解：

$$E(f;D)=\mathbb{E}_D[(f(x;D)-y_D)^2]$$
$$=\mathbb{E}_D[(f(x;D)-\bar{f}(x))^2]+\mathbb{E}_D[(\bar{f}(x)-y)^2]+\mathbb{E}_D[(y_D-y)^2] \tag{3-39}$$

于是

$$E(f;D)=\text{bias}^2(x)+\text{Var}(x)+\varepsilon^2 \tag{3-40}$$

也就是说式(3-40)是式(3-34)的数学表达形式。

偏置度量了学习算法期望预测与真实结果的偏离程度，即刻画了学习算法本身的拟合能力；方差度量了同样大小的训练集的变动所导致的学习性能的变化，即刻画了数据扰动所造成的影响；噪声表达了在当前任务上任何学习算法所能达到的期望泛化误差的下界，即刻画了学习问题本身的难度。偏置-方差分解说明泛化性能是由学习算法的能力、数据的充分性以及学习任务本身的难度所共同决定的。给定学习任务，为了取得好的泛化性能，则需使偏置较小，即能够充分拟合数据，并且使方差较小，使得数据扰动产生的影响小。

3.2 贝叶斯线性回归

贝叶斯线性回归是20世纪60～70年代贝叶斯理论兴起时得到发展的统计方法之一，其早期工作包含于回归模型中对权重先验和最大后验密度的研究、贝叶斯视角下发展的随机效应模型研究以及贝叶斯统计中可交换性概念的引入。

贝叶斯线性回归由英国统计学家 Dennis Lindley 和 Adrian Smith 正式提出，在他们1972年分别发表的两篇论文中，对贝叶斯线性回归进行了系统论述，并通过数值试验将之与其他线性回归方法进行了比较，为贝叶斯线性回归的应用奠定了基础。

贝叶斯线性回归是在统计方法中使用贝叶斯推断的简单实现之一，因此常作为贝叶斯理论或数值计算教学的重要例子。除典型的线性回归应用外，贝叶斯线性回归模型还可被用于观测数据较少但要求提供后验分布的应用问题上，例如对物理常数的精确估计。此外，还有将贝叶斯线性回归的性质用于变量筛选和降维的。

3.2.1 问题定义

前面章节中介绍了线性回归模型，确定线性回归模型就是要确定模型中的参数($\boldsymbol{w}$与b)，其关键在于如何衡量$f(x)$与y的差别。均方误差正是回归任务中最常用的度量函数。均方误差有非常好的几何意义，它对应了常用的欧几里得距离。但是，这种方法很容易导致过拟合现象。贝叶斯线性回归不仅可以解决极大似然估计中存在的过拟合问题，而且，它对数据样本的利用率为100%，仅仅使用训练样本就可以有效而准确地确定模型的复杂度。

贝叶斯线性回归将线性模型的参数视为随机变量，并通过模型参数的先验计算其后验概率。贝叶斯线性回归可以使用数值方法求解，在一定条件下，也可得到解析形式的后验概率或其有关统计量。

给定相互独立的 N 组学习样本 $\boldsymbol{X}=\{X_1, X_2, \cdots, X_N\}\in\mathbf{R}^N$，$\boldsymbol{y}=\{y_1, y_2, \cdots, y_N\}$，贝叶斯线性回归使用如下的多元线性回归模型 $f(\boldsymbol{X})$：

$$f(\boldsymbol{X})=\boldsymbol{X}^{\mathrm{T}}\boldsymbol{w},\ \boldsymbol{y}=f(\boldsymbol{X})+\varepsilon \tag{3-41}$$

这里，$\boldsymbol{w}$ 为权重系数，ε 为残差。由于学习样本相互独立，因此 ε 为独立同分布。贝叶斯线性回归假设残差服从正态分布，其方差服从逆 Gamma 分布：

$$P(\varepsilon)=N(\varepsilon\,|\,\mu_n, \sigma_n^2) \tag{3-42}$$

$$\sigma_n^2=\mathrm{Inv\_Gamma}(\sigma_n^2\,|\,a, b) \tag{3-43}$$

正态分布的均值 μ_n 和逆 Gamma 分布的系数(a, b)要求预先指定。通常设定均值 $\mu_n=0$，对应白噪声残差，因此贝叶斯线性回归的模型本身至少包含 2 个超参数。以上的贝叶斯线性回归也可推广至广义线性模型，得到贝叶斯广义线性模型。

3.2.2 问题求解

根据线性模型的定义，权重系数 $\boldsymbol{w}$ 与观测数据 $\boldsymbol{X}$ 相互独立，也与残差的方差 σ_n^2 相互独立。由贝叶斯定理可推出，贝叶斯线性回归中权重系数的后验概率表示如下：

$$P(\boldsymbol{w}\,|\,\boldsymbol{X}, \boldsymbol{y}, \sigma_n^2)=\frac{P(\boldsymbol{y}\,|\,\boldsymbol{X}, \boldsymbol{w}, \sigma_n^2)P(\boldsymbol{w})}{P(\boldsymbol{y}\,|\,\boldsymbol{X}, \sigma_n^2)} \tag{3-44}$$

式中，$P(\boldsymbol{y}\,|\,\boldsymbol{X}, \boldsymbol{w}, \sigma_n^2)$称为似然概率，由线性回归模型完全决定，以模型残差服从 0 均值正态分布为例，这里似然也服从独立同分布(Independently Identically Distribution，IID)的正态分布：

$$\begin{aligned}P(\boldsymbol{y}\mid\boldsymbol{X}, \boldsymbol{w}, \sigma_n^2)&=P(\boldsymbol{y}\mid\boldsymbol{X}^{\mathrm{T}}\boldsymbol{w}+0, \sigma_n^2)=\prod_{i=1}^{N}P(y_i\mid X_i.\boldsymbol{w})\\&=\prod_{i=1}^{N}\frac{1}{\sqrt{2\pi}\,\sigma_n}\exp\frac{(y_i-\boldsymbol{x}_i^{\mathrm{T}}\boldsymbol{w})^2}{2\sigma_n^2}\\&=\frac{1}{\sqrt{2\pi}\,\sigma_n}\exp\frac{|\boldsymbol{y}-\boldsymbol{X}^{\mathrm{T}}\boldsymbol{w}|^2}{2\sigma_n^2}\end{aligned} \tag{3-45}$$

式(3-44)中的 $P(\boldsymbol{y}\,|\,\boldsymbol{X}, \sigma_n^2)$是 $\boldsymbol{y}$ 的边缘似然，在贝叶斯推断中也被称为模型证据，仅与观测数据有关，与权重系数相互独立。

求解式(3-44)要求预先给定权重系数的先验概率 $P(\boldsymbol{w})$，即一个连续概率分布，通常的选择为 0 均值的正态分布：

$$P(\boldsymbol{w})=N(\boldsymbol{w}|0,\ \sigma_w^2)=\frac{1}{\sqrt{2\pi}\sigma_w}\exp(-\frac{\boldsymbol{w}^{\mathrm{T}}\boldsymbol{w}}{2\sigma_w^2}) \tag{3-46}$$

式中，σ_w^2为预先给定的超参数。和其他贝叶斯推断一样，根据似然和先验的类型，用于求解贝叶斯线性回归的方法可分为三类，即极大后验估计、共轭先验求解和数值方法，前两者要求似然或先验满足特定条件，后者没有特定要求，可以通过迭代逼近任意形式的后验分布。

在权重系数没有合理先验假设的问题中，贝叶斯线性回归可使用无信息先验，即一个平均分布，此时权重系数按均等的机会取任意值。

接下来我们对上述求解贝叶斯线性回归的三类方法进行详细介绍。

1. 极大后验估计(MAP)

在贝叶斯线性回归中，MAP 可以被视为一种特殊的贝叶斯估计，其求解步骤与极大似然估计类似。对给定的先验，MAP 将式(3-35)转化为求解 $\boldsymbol{w}$ 使后验概率最大的优化问题，并求得后验的众数。由于正态分布的众数即是均值，因此 MAP 通常被应用于正态先验。

这里以 0 均值正态先验为例介绍 MAP 的求解步骤。首先给定权重系数 $\boldsymbol{w}$ 的 0 均值正态分布先验：$P(\boldsymbol{w})=N(\boldsymbol{w}|0,\ \sigma_w^2)$。由于边缘似然与 $\boldsymbol{w}$ 相互独立，此时求解后验概率的极大值等价于求解似然概率和先验概率乘积的极大值：

$$\arg\max_{\boldsymbol{w}} P(\boldsymbol{w}|\boldsymbol{X},\ \boldsymbol{y},\ \sigma_n^2)\Leftrightarrow\arg\max_{\boldsymbol{w}} P(\boldsymbol{y}|\boldsymbol{X},\ \boldsymbol{w},\ \sigma_n^2)P(\boldsymbol{w}) \tag{3-47}$$

对以上问题取自然对数并考虑正态分布的解析形式，式(3-47)可转换为下面的目标函数：

$$\arg\max_{\boldsymbol{w}}\ \log P(\boldsymbol{y}|\boldsymbol{X},\ \boldsymbol{w},\ \sigma_n^2)+\log P(\boldsymbol{w}) \tag{3-48}$$

其中：

$$\begin{aligned}\log P(\boldsymbol{y}|\boldsymbol{X},\ \boldsymbol{w},\ \sigma_n^2)+\log P(\boldsymbol{w})&=\log\left(\frac{1}{\sqrt{2\pi}\sigma_n}\exp\frac{|\boldsymbol{y}-\boldsymbol{X}^{\mathrm{T}}\boldsymbol{w}|^2}{2\sigma_n^2}\right)+\log\left[\frac{1}{\sqrt{2\pi}\sigma_w}\exp\left(-\frac{\boldsymbol{w}^{\mathrm{T}}\boldsymbol{w}}{2\sigma_w^2}\right)\right]\\&=-\frac{1}{2\sigma_n^2}\|\boldsymbol{y}-\boldsymbol{X}^{\mathrm{T}}\boldsymbol{w}\|^2-\frac{1}{2\sigma_w^2}\|\boldsymbol{w}\|^2\end{aligned} \tag{3-49}$$

由于式(3-49)中各项的系数均为负数，因此该极大值问题可转化为仅与 $\boldsymbol{w}$ 有关的极小值问题，并可通过线性代数得到 $\boldsymbol{w}$ 的解：

$$\arg\min_{\boldsymbol{w}}\|\boldsymbol{y}-\boldsymbol{X}^{\mathrm{T}}\boldsymbol{w}\|^2+\lambda\ \|\boldsymbol{w}\|^2,\ \lambda=\frac{\sigma_n^2}{\sigma_w^2}\Rightarrow\boldsymbol{w}=(\boldsymbol{X}^{\mathrm{T}}\boldsymbol{X}+\lambda\boldsymbol{I})^{-1}\boldsymbol{X}^{\mathrm{T}}\boldsymbol{y} \tag{3-50}$$

式中，λ 为模型残差和权重系数方差的比值，由超参数直接计算，$\boldsymbol{I}$ 为单位矩阵。

2. 共轭先验求解

由于贝叶斯线性回归的似然是正态分布，因此在权重系数的先验存在共轭分布时可利用共轭性求解后验。这里以正态先验为例介绍其求解步骤。

首先引入权重系数的 0 均值正态先验：$P(\boldsymbol{w})=N(\boldsymbol{w}|0,\ \sigma_w^2)$，随后由式(3-44)可知，后验正比于似然和先验的乘积：

$$P(\boldsymbol{y}|\boldsymbol{X},\boldsymbol{w})P(\boldsymbol{w})=\frac{1}{2\pi\sigma_n^2}\exp\left(-\frac{|\boldsymbol{y}-\boldsymbol{X}^{\mathrm{T}}\boldsymbol{w}|^2}{2\sigma_n^2}\right)\exp\left(-\frac{\boldsymbol{w}^{\mathrm{T}}\boldsymbol{w}}{2\sigma_w^2}\right)$$

$$=\exp\left[-\frac{1}{2}\left(\boldsymbol{w}-\frac{1}{\sigma_n^2}\boldsymbol{\Lambda}^{-1}\boldsymbol{X}\boldsymbol{y}\right)^{\mathrm{T}}\left(\frac{1}{\sigma_n^2}\boldsymbol{X}\boldsymbol{X}^{\mathrm{T}}+\frac{1}{\sigma_w^2}\right)\left(\boldsymbol{w}-\frac{1}{\sigma_n^2}\boldsymbol{\Lambda}^{-1}\boldsymbol{X}\boldsymbol{y}\right)\right] \quad (3-51)$$

其中，$\boldsymbol{\Lambda}=\sigma_n^{-2}\boldsymbol{X}\boldsymbol{X}^{\mathrm{T}}+\sigma_w^{-2}$。

在正态似然下，方差已知的正态先验的共轭分布是正态分布，因此将式(3－51)按正态分布的解析形式进行整理如下：

$$P(\boldsymbol{w}|\boldsymbol{y},\boldsymbol{X})=N\left(\boldsymbol{w}\,|\,\frac{1}{\sigma_n^2}\boldsymbol{\Lambda}^{-1}\boldsymbol{X}\boldsymbol{y},\ \boldsymbol{\Lambda}^{-1}\right)$$

式中，$\boldsymbol{\Lambda}$ 定义与先前相同。以式(3－51)作推导，可以得到权重系数的均值和置信区间，完成对贝叶斯线性回归的求解。

除正态先验外，共轭先验求解也适用于对数正态分布、Beta 分布、Gamma 分布等的先验。

3. 数值方法

一般地，贝叶斯推断的数值方法都适用于贝叶斯线性回归，其中最常见的是马尔可夫链蒙特卡罗。这里以马尔可夫链蒙特卡罗(Markov Chain Monte Carlo，MCMC)方法中的吉布斯采样算法为例介绍。

给定均值为 μ，方差为σ_w^2的正态先验 $P(\boldsymbol{w})=N(\boldsymbol{w}|\mu,\sigma_w^2)$和权重系数 $\boldsymbol{w}=\{w_1,w_2,\cdots,w_m\}$，吉布斯采样是一个迭代算法，每个迭代都依次采样所有的权重系数：

(1) 随机初始化权重系数$\boldsymbol{w}^i$和残差的方差$\sigma_n^2(i)$。

(2) 采样w_1^{i+1}：

$$w_1^{i+1}=N[w_1^{i+1}|\boldsymbol{X},\boldsymbol{y},w_2^i,\cdots,w_m^i,\sigma_n^2(i),\mu_1,\sigma_{w1}^2]$$

(3) 使用w_1^{i+1}采样w_2^{i+1}：

$$w_2^{i+1}=N[w_2^{i+1}|\boldsymbol{X},\boldsymbol{y},w_1^{i+1},w_3^i,\cdots,w_m^i,\sigma_n^2(i),\mu_2,\sigma_{w2}^2]$$

(4) 采样$\sigma_n^2(i+1)$：

$$\sigma_n^2(i+1)=\mathrm{Inv\_Gamma}[\sigma_n^2(i+1)|\boldsymbol{X},\boldsymbol{y},\boldsymbol{w}^{i+1},a,b]$$

(5) 重复(1)～(4)至迭代完成/分布收敛。

除吉布斯采样外，Metropolis-Hastings 算法和数据增强算法(Data Augmentation Algorithm)也可用于贝叶斯线性回归的 MCMC 计算。

3.3 正则化线性回归

线性回归的一个很重要的问题就是过拟合(overfitting)问题。所谓过拟合，就是模型的训练误差极小，而检验误差很大。一个好的学习器不仅能够很好地拟合训练数据，而且能够对未知样本有很强的泛化能力，即泛化误差低。

通常有以下解决过拟合问题的方法：

（1）丢弃一些不能帮助我们正确预测的特征。可以手工完成，也可以使用一些模型选择的算法(例如 PCA、LDA)来完成。缺点是丢弃特征的同时，也丢弃了相应的信息。

（2）正则化。保留所有的特征，但是减少参数的大小。当我们有大量的特征，每个特征都对目标值有一点贡献的时候，此方法比较有效。

（3）增加数据量。因为导致过拟合的原因就是过度拟合测试数据集，那么增加数据集就可以提高泛化性。

正则化是一种常见的防止过拟合的方法，一般是在代价函数后面加上一个对参数的约束项，这个约束项叫作正则化项。正则化项一般是模型复杂度的单调递增函数。模型越复杂，正则化项的值就越大。一般正则化项采用模型参数向量的范数。在线性回归模型中，经常使用的两种正则化项是岭回归和 Lasso 回归。通过对最小二乘估计加入惩罚约束，使某些系数的估计值非常小，接近于 0。Lasso 回归使用l_1范数作为正则约束项。岭回归使用l_2范数的平方作为正则约束项。

3.3.1 岭回归

如果所有有关线性模型的假设均成立，那么由最小二乘法得到的参数估计是无偏的和有效的。但是，如果是这些假设不成立，特别是当在多维回归模型中时或当多个预测值变量高度相关时，最小二乘法的解就会出现偏差，如果多重共线性完全成立，其标准误差会无限大，虽然回归系数可以从数据中估计出.但其估计值具有大的标准误差，这表明该系数无法准确估计。

有许多方法可用于检测多重共线性，如最小特征值接近于 0，则多重共线性存在。由于存在多重共线性是一个严重问题，因此当需要做出有关预测变量的结论或寻找适当的预测模型时，找到一个更好的方法来处理多重共线性尤其重要，岭回归(Ridge Regression)就是其中之一。本节主要介绍用岭回归处理多重共线性问题的方法，并与普通最小二乘法模型进行比较。

假设回归模型表达为

$$\boldsymbol{Y}=\boldsymbol{X\beta}+\varepsilon \tag{3-52}$$

那么它的普通最小二乘法解为

$$\hat{\boldsymbol{\beta}}=(\boldsymbol{X}^{\mathrm{T}}\boldsymbol{X})^{-1}\boldsymbol{X}^{\mathrm{T}}\boldsymbol{X} \tag{3-53}$$

不失一般性，假设所有的矩阵 $\boldsymbol{X}$ 中包含的向量及 $\boldsymbol{Y}$ 都是标准化的，即样本均值为 0 样本方差为 1，那么存在正交矩阵 $\mathbf{V}$，满足：

$$\mathbf{V}^{\mathrm{T}}(\boldsymbol{X}^{\mathrm{T}}\boldsymbol{X})\mathbf{V}=\boldsymbol{\Lambda}=\begin{bmatrix}\lambda_1 & \cdots & 0\\ \vdots & & \vdots\\ 0 & \cdots & \lambda_p\end{bmatrix} \tag{3-54}$$

由于$\boldsymbol{V}^{\mathrm{T}}\boldsymbol{V}=\boldsymbol{V}\boldsymbol{V}^{\mathrm{T}}=\boldsymbol{I}$，而且$\lambda_1 \geqslant \lambda_2 \geqslant \cdots \geqslant \lambda_p$，回归系数的总方差和为

$$E[(\hat{\beta}-\beta)^{\mathrm{T}}(\hat{\beta}-\beta)]=\sigma^2\sum_{j=1}^{p}\frac{1}{\lambda_j} \tag{3-55}$$

因此，如果有一个特征值为 0，那么总方差和为无穷大，最小二乘法估计的精确度将很低。岭回归的核心是将回归估计做改变，使得总方差和减小。

Hoerl 和 Kennard 提出回归方程系数可以由下式估计：

$$\hat{\boldsymbol{\beta}}(k)=(\boldsymbol{X}^{\mathrm{T}}\boldsymbol{X}+k\boldsymbol{I})^{-1}\boldsymbol{X}^{\mathrm{T}}\boldsymbol{Y} \tag{3-56}$$

其中，k 称为脊。$\hat{\boldsymbol{\beta}}(k)$的数学期望为

$$E[\hat{\boldsymbol{\beta}}(k)]=(\boldsymbol{X}^{\mathrm{T}}\boldsymbol{X}+k\boldsymbol{I})^{-1}\boldsymbol{X}^{\mathrm{T}}\boldsymbol{X}\boldsymbol{\beta} \tag{3-57}$$

方差为

$$\mathrm{Var}[\hat{\boldsymbol{\beta}}(k)]=(\boldsymbol{X}^{\mathrm{T}}\boldsymbol{X}+k\boldsymbol{I})^{-1}\boldsymbol{X}^{\mathrm{T}}\boldsymbol{X}\ (\boldsymbol{X}^{\mathrm{T}}\boldsymbol{X}+k\boldsymbol{I})^{-1}\sigma^2 \tag{3-58}$$

用$\hat{\boldsymbol{\beta}}(k)$作回归系数的误差平方和为

$$\begin{aligned}\mathrm{SSE}(k)&=(\boldsymbol{Y}-\boldsymbol{X}\hat{\boldsymbol{\beta}}(k))^{\mathrm{T}}(\boldsymbol{Y}-\boldsymbol{X}\hat{\boldsymbol{\beta}}(k))\\&=(\boldsymbol{Y}-\boldsymbol{X}\hat{\boldsymbol{\beta}}+\boldsymbol{X}\hat{\boldsymbol{\beta}}-\boldsymbol{X}\hat{\boldsymbol{\beta}}(k))^{\mathrm{T}}(\boldsymbol{Y}-\boldsymbol{X}\hat{\boldsymbol{\beta}}+\boldsymbol{X}\hat{\boldsymbol{\beta}}-\boldsymbol{X}\hat{\boldsymbol{\beta}}(k))\\&=(\boldsymbol{Y}-\boldsymbol{X}\hat{\boldsymbol{\beta}})^{\mathrm{T}}(\boldsymbol{Y}-\boldsymbol{X}\hat{\boldsymbol{\beta}})+(\hat{\boldsymbol{\beta}}(\boldsymbol{k})-\hat{\boldsymbol{\beta}})^{\mathrm{T}}\boldsymbol{X}^{\mathrm{T}}\boldsymbol{X}(\hat{\boldsymbol{\beta}}(\boldsymbol{k})-\hat{\boldsymbol{\beta}})\end{aligned} \tag{3-59}$$

$\hat{\boldsymbol{\beta}}(k)$与真值 $\boldsymbol{\beta}$ 的误差平方和为

$$\begin{aligned}\mathrm{TSSE}(k)&=E[(\hat{\boldsymbol{\beta}}(k)-\boldsymbol{\beta})^{\mathrm{T}}(\hat{\boldsymbol{\beta}}(k)-\boldsymbol{\beta})]\\&=\sigma^2\,\mathrm{trace}[(\boldsymbol{X}^{\mathrm{T}}\boldsymbol{X}+k\boldsymbol{I})^{-1}\ \boldsymbol{X}^{\mathrm{T}}\boldsymbol{X}\ (\boldsymbol{X}^{\mathrm{T}}\boldsymbol{X}+k\boldsymbol{I})^{-1}]+k^2\ \boldsymbol{\beta}^{\mathrm{T}}\ (\boldsymbol{X}^{\mathrm{T}}\boldsymbol{X}+k\boldsymbol{I})^{-2}\boldsymbol{\beta}\\&=\sigma^2\sum_{j=1}^{p}\frac{\lambda_j}{(\lambda_j+k)^2}+k^2\ \boldsymbol{\beta}^{\mathrm{T}}\ (\boldsymbol{X}^{\mathrm{T}}\boldsymbol{X}+k\boldsymbol{I})^{-2}\boldsymbol{\beta}\end{aligned} \tag{3-60}$$

注意到上式右边包括了两项，前一项为$\hat{\beta}(k)$的预测误差平方和，后一项为$\hat{\beta}(k)$的偏差平方和。Hoerl 和 Kennard 证明了存在 $k>0$，使得

$$E[(\hat{\boldsymbol{\beta}}(k)-\boldsymbol{\beta})^{\mathrm{T}}(\hat{\boldsymbol{\beta}}(k)-\boldsymbol{\beta})]<E[(\hat{\boldsymbol{\beta}}-\boldsymbol{\beta})^{\mathrm{T}}(\hat{\boldsymbol{\beta}}-\boldsymbol{\beta})] \tag{3-61}$$

也就是说，岭回归估计的平均误差可以小于最小二乘法得到的估计平均误差。另外，可以看到岭回归实际上是最小二乘法的解的线性变换。

岭回归提供了一个估计方法，可以克服共线性造成的问题。岭回归方法的实现有多种方法。岭回归中非常关键的问题就是参数 k 的选择，常用的选取 k 值的方法有以下几种：

(1) 固定 k 值。k 的值由下式决定：

$$k=\frac{p\hat{\sigma}^2(0)}{\sum_{j=1}^{p}(\hat{\beta}_j(0))^2} \tag{3-62}$$

式中，p 为预测变量个数，$\hat{\beta}_j(0)(j=1, 2, \cdots, p)$为使用最小二乘法得到的回归系数估计，$\hat{\sigma}^2(0)$为回归方程的误差平方和。

(2) 迭代法。以式(3-62)中定义的 k 为初始值k_0，假设k_i已知，那么由下式定义k_{i+1}：

$$k_{i+1}=\frac{p\hat{\sigma}^2(0)}{\sum_{j=1}^{p}(\hat{\beta}_j(k_i))^2} \tag{3-63}$$

如果k_i和k_{i+1}相差很小，则停止迭代。

(3) 岭迹作图。给出一系列的k_i值，求出相应的$\hat{\beta}_j(k_i)$和方差膨胀因子$\mathrm{VIF}_j(k_i)$。当估计值$\hat{\beta}_j(k_i)$稳定及$\mathrm{VIF}_j(k_i)$小于 10 时，k_i选为脊 k。

岭回归与最小二乘回归在目标函数上的差别非常明显。岭回归的代价函数如下：

$$J(\boldsymbol{\theta})=\frac{1}{m}\sum_{i=1}^{m}\|\boldsymbol{y}^{(i)}-(\boldsymbol{w}\boldsymbol{x}^{(i)}+\boldsymbol{b})\|_2^2+k\|\boldsymbol{w}\|_2^2=\mathrm{MSE}(\boldsymbol{\theta})+k\sum_{i=1}^{n}\theta_i^2 \tag{3-64}$$

为了方便计算导数，通常也写成下面的形式：

$$J(\boldsymbol{\theta})=\frac{1}{2m}\sum_{i=1}^{m}\|\boldsymbol{y}^{(i)}-(\boldsymbol{w}\boldsymbol{x}^{(i)}+\boldsymbol{b})\|_2^2+\frac{k}{2}\|\boldsymbol{w}\|_2^2=\frac{1}{2}\mathrm{MSE}(\boldsymbol{\theta})+\frac{k}{2}\sum_{i=1}^{n}\theta_i^2 \tag{3-65}$$

式(3-65)中的 $\boldsymbol{w}$ 是长度为 n 的向量，不包括截距项的系数为θ_0；$\boldsymbol{\theta}$ 是长度为 $n+1$ 的向量，包括截距项的系数θ_0；m 为样本数；n 为特征数。

岭回归的代价函数中多了一个正则项 $k\|\boldsymbol{w}\|_2^2$，但是岭回归的代价函数仍然是一个凸函数，因此可以利用梯度等于 0 的方式求得全局最优解(正规方程)：

$$\boldsymbol{\theta}=(\boldsymbol{X}^{\mathrm{T}}\boldsymbol{X}+k\boldsymbol{I})^{-1}(\boldsymbol{X}^{\mathrm{T}}\boldsymbol{y}) \tag{3-66}$$

上述正规方程与一般线性回归的正规方程相比，多了一项 $k\boldsymbol{I}$，其中 $\boldsymbol{I}$ 表示单位矩阵。假如$\boldsymbol{X}^{\mathrm{T}}\boldsymbol{X}$ 是一个奇异矩阵(不满秩)，添加这一项后可以保证该项可逆。由于单位矩阵的形状是对角线上为 1 其他地方都为 0，看起来像一条山岭，因此而得名。

3.3.2 Lasso 回归

Lasso 回归与岭回归非常相似，都是通过约束参数防止过拟合的，它们的差别在于使用了不同的正则化项。Lasso 能够将一些作用比较小的特征的参数训练为 0，从而获得稀疏解，也就是说在训练模型的过程中实现了降维(特征筛选)的目的。

Lasso 回归的代价函数为

$$J(\boldsymbol{\theta})=\frac{1}{2m}\sum_{i=1}^{m}[\boldsymbol{y}^{(i)}-(\boldsymbol{w}\boldsymbol{x}^{(i)}+b)]^2+\lambda\|\boldsymbol{w}\|_1=\frac{1}{2}\mathrm{MSE}(\boldsymbol{\theta})+\lambda\sum_{i=1}^{n}|\theta_i| \tag{3-67}$$

式中，$\boldsymbol{w}$ 是长度为 n 的向量，不包括截距项的系数 b_0；$\boldsymbol{\theta}$ 是长度为 $n+1$ 的向量，包括截距项的系数 b_0 和 $\boldsymbol{w}$，m 为样本数；n 为特征数。$\|\boldsymbol{w}\|_1$ 表示参数 $\boldsymbol{w}$ 的 l_1 范数。假设 t 表示三维

空间中的一个点(t_1, t_2, t_3)，那么 t 的 l_1 范数$\|t\|_1=|t_1|+|t_2|+|t_3|$，即各个方向上的绝对值(长度)之和。式(3-67)的梯度为

$$\nabla_{\boldsymbol{\theta}} \mathrm{MSE}(\boldsymbol{\theta})+\lambda\begin{pmatrix}\operatorname{sign}(\theta_1)\\ \operatorname{sign}(\theta_2)\\ \vdots\\ \operatorname{sign}(\theta_n)\end{pmatrix} \tag{3-68}$$

3.3.3 逻辑回归

逻辑回归又称 Logistic 回归，在周志华老师的《机器学习》中被称为对数几率回归，是一种广义的线性回归分析模型，因此与多重线性回归分析有很多相同之处，都具有 $\boldsymbol{wx}+b$，其中 $\boldsymbol{w}$ 和 b 是待求参数。其区别在于它们的因变量不同，多重线性回归直接将 $\boldsymbol{wx}+b$ 作为因变量，即 $\boldsymbol{y}=\boldsymbol{wx}+b$，而 Logistic 回归则通过函数 L 将 $\boldsymbol{wx}+b$ 对应一个隐状态 p，即 $p=L(\boldsymbol{wx}+b)$，然后根据 p 与 $1-p$ 的大小决定因变量的值。如果 L 是 Logistic 函数，就是 Logistic 回归；如果 L 是多项式函数，就是多项式回归。Logistic 回归常用于数据挖掘、疾病自动诊断、经济预测等领域。例如，探讨引发疾病的危险因素，并根据危险因素预测疾病发生的概率等。以胃癌病情分析为例，选择两组人群，一组是胃癌组，一组是非胃癌组，两组人群必定具有不同的体征与生活方式等。因此因变量就为是否胃癌，值为“是”或“否”。自变量就可以包括很多了，如年龄、性别、饮食习惯、幽门螺杆菌感染等。自变量既可以是连续的，也可以是分类的。然后通过 Logistic 回归分析，得到自变量的权重，从而可以大致了解到底哪些因素是胃癌的危险因素。同时依据该权值可以根据危险因素预测一个人患癌症的可能性。

Logistic 回归的因变量可以是二分类的，也可以是多分类的，但是二分类的更为常用，也更加容易解释，多分类可以使用 softmax 方法进行处理。实际中最为常用的就是二分类的 Logistic 回归模型。

Logistic 回归模型的适用条件：

(1) 因变量为二分类的分类变量或某事件的发生率，并且是数值型变量。但是需要注意，重复计数现象指标不适用于 Logistic 回归。

(2) 残差和因变量都要服从二项分布。二项分布对应的是分类变量，所以不是正态分布，进而不是用最小二乘法，而是用最大似然法来解决方程估计和检验问题。

(3) 自变量和 Logistic 概率是线性关系。

(4) 各观测对象间相互独立。

如果直接将线性回归模型对应到 Logistic 回归中，会造成方程二边取值区间不同和普遍的非直线关系。因为 Logistic 中因变量为二分类变量，某个概率作为方程的因变量估计

值取值范围为 0～1，但是，方程右边取值范围是无穷大或者无穷小。

Logistic 回归模型通过使用其固有的 Logistic 函数估计概率，以衡量因变量(我们想要预测的标签)与一个或多个自变量(特征)之间的关系。然后这些概率必须二值化才能真地进行预测，这就是 Logistic 函数的任务。Logistic 函数也称为 Sigmoid 函数(见图 3.2)。Sigmoid 函数是一个 S 形曲线，它可以将任意实数值映射到介于 0 和 1 之间的值，但并不能取到 0 或 1。然后使用阈值分类器将 0 和 1 之间的值转换为 0 或 1。Logistic 回归是在线性回归的基础上加了一个 Sigmoid 函数(非线性)映射，使得其成为一个优秀的分类算法。本质上来说，两者都属于广义线性模型，但它们要解决的问题不一样，Logistic 回归解决的是分类问题，输出的是离散值；线性回归解决的是回归问题，输出的是连续值。

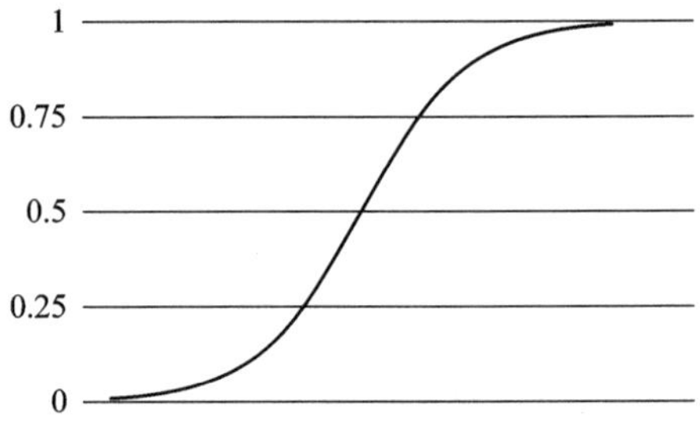

图 3.2　Logistic 函数

Logistic 回归算法是一种被人们广泛使用的算法，因为它非常高效，不需要太大的计算量，又通俗易懂，不需要缩放输入特征，不需要任何调整，并且输出的是校准好的预测概率(0～1)。与线性回归一样，当去掉与输出变量无关的属性以及相似度高的属性时，Logistic 回归效果确实会更好。因此特征处理在 Logistic 回归和线性回归的性能方面起着重要的作用。Logistic 回归的一个缺点就是不能用来解决非线性问题，因为它的决策边界是线性的。

3.4　线性分类模型

在前面我们了解了线性回归模型，本节的主要内容是线性分类模型。线性回归与线性分类的共同之处在于都要根据训练样本训练出一个实值函数 $g(x)$，$g(x)$也叫映射函数；不同之处在于回归模型给定一个新的输入特征，推断它所对应的输出 y(连续值实值)是多少，也就是使用 $y=g(x)$来推断任一个输入 x 所对应的输出值，而分类模型是给定一个新的输入特征，推断它所对应的类别(大多数情况是二分类，如+1、-1，也可以基于二分类扩展出多分类)，也就是使用 $y=\mathrm{sign}(g(x))$来推断任一个输入 x 所对应的类别。(注意：模型的输出类别结果是有限的。)

在机器学习领域，分类的目标是将具有相似特征的对象聚集在一起。线性分类器一般是通过特征的线性组合来做出分类决定的。主要有以下四种不同的线性分类方法：生成式模型、判别式模型、线性判别分析以及贝叶斯观点下的 Logistic 回归。接下来我们来了解其中几种典型的理论方法。

3.4.1 生成式模型与判别式模型

生成式模型(Generative Model)：由数据学习联合概率密度分布 $p(x, y)$，然后生成条件概率分布 $P(y|x)$，或者直接学得一个决策函数 $Y=f(x)$，用作模型预测。

判别式模型(Discriminative Model)：由数据直接学习决策函数 $f(x)$或者条件概率分布 $P(y|x)$作为预测。

生成式模型和判别式模型都属于监督学习的模型，生成式模型可以根据贝叶斯公式得到条件概率分布 $P(y|x)$，但反过来不行，即判别方法不能还原出联合概率密度分布 $p(x, y)$。生成方法学习联合概率密度分布 $p(x, y)$，所以就可以从统计的角度表示数据的分布情况，能够反映同类数据本身的相似度，但它不关心划分各类的那个分类边界到底在哪儿；判别方法不能反映训练数据本身的特性，但它寻找不同类别之间的最优分类面，反映的是异类数据之间的差异。

常见的生成式模型有：判别式分析、朴素贝叶斯、混合高斯模型、隐马尔可夫模型(Hidden Markov Model，HMM)、贝叶斯网络(Sigmoid Belief Networks)、马尔可夫随机场(Markov Random Fields)、深度信念网络(Deep Belief Nets，DBN)等。常见的判别式模型有：线性回归(Linear Regression)、逻辑回归(Logistic Regression)、K 近邻(k-Nearest Neighbor，KNN)、感知机、神经网络(Neural Network)、支持向量机(Support Vector Machine，SVM)、决策树、最大熵模型(Maximum Entropy Model，MaxEnt)、高斯过程(Gaussian Process)、条件随机场(Conditional Random Field，CRF)等。

3.4.2 线性判别分析

线性判别分析(Linear Discriminant Analysis，LDA)是一种经典的线性学习方法，因为最早由 Fisher 于 1936 年提出，亦称 Fisher 判别分析。

LDA 的思想非常朴素：给定训练样本集，设法将样本投影到一条直线上，使得同类样本的投影点尽可能接近，异类样例的投影点尽可能远离；在对新样本进行分类时，将其投影到同样的这条直线上，再根据投影点的位置来确定新样本的类别。

给定数据集 $D=\{(\boldsymbol{x}_i, y_i)\}_{i=1}^m$，$y_i\in\{0, 1\}$，令$\boldsymbol{X}_i$，$\boldsymbol{\mu}_i$，$\boldsymbol{\Sigma}_i$ 分别表示第 $i\in\{0, 1\}$类实例的集合、均值向量、协方差矩阵。若将数据投影到直线上($\boldsymbol{w}$ 是该直线对应的投影向量)，则两类样本的中心在直线上的投影分别为$\boldsymbol{w}^{\mathrm{T}}\boldsymbol{\mu}_0$和$\boldsymbol{w}^{\mathrm{T}}\boldsymbol{\mu}_1$；若将所有样本点都投影到直线上，则两类样本的协方差分别为$\boldsymbol{w}^{\mathrm{T}}\boldsymbol{\Sigma}_0\boldsymbol{w}$ 和$\boldsymbol{w}^{\mathrm{T}}\boldsymbol{\Sigma}_1\boldsymbol{w}$。由于直线是一维空间，因此$\boldsymbol{w}^{\mathrm{T}}\boldsymbol{\mu}_0$、$\boldsymbol{w}^{\mathrm{T}}\boldsymbol{\mu}_1$、$\boldsymbol{w}^{\mathrm{T}}\boldsymbol{\Sigma}_0\boldsymbol{w}$ 和$\boldsymbol{w}^{\mathrm{T}}\boldsymbol{\Sigma}_1\boldsymbol{w}$ 均为实数。数据投影到一维空间中，可以通过简单的阈值方法对两类目标进行分类，但是必须保证每类数据样本集中于不同的区域。

欲使同类样本的投影点尽可能接近，可以让同类样本的投影点的协方差尽可能小，即$\boldsymbol{w}^{\mathrm{T}}\boldsymbol{\Sigma}_0\boldsymbol{w}+\boldsymbol{w}^{\mathrm{T}}\boldsymbol{\Sigma}_1\boldsymbol{w}$ 尽可能小；而欲使异类样本的投影点尽可能远离，可以让类中心之间的距

离尽可能大，即$\|\boldsymbol{w}^{\mathrm{T}}\boldsymbol{\mu}_0-\boldsymbol{w}^{\mathrm{T}}\boldsymbol{\mu}_1\|_2^2$尽可能大。同时考虑二者，则可得到最大化的目标：

$$J=\frac{\|\boldsymbol{w}^{\mathrm{T}}\boldsymbol{\mu}_0-\boldsymbol{w}^{\mathrm{T}}\boldsymbol{\mu}_1\|_2^2}{\boldsymbol{w}^{\mathrm{T}}\boldsymbol{\Sigma}_0\boldsymbol{w}+\boldsymbol{w}^{\mathrm{T}}\boldsymbol{\Sigma}_1\boldsymbol{w}}=\frac{\boldsymbol{w}^{\mathrm{T}}(\boldsymbol{\mu}_0-\boldsymbol{\mu}_1)(\boldsymbol{\mu}_0-\boldsymbol{\mu}_1)^{\mathrm{T}}\boldsymbol{w}}{\boldsymbol{w}^{\mathrm{T}}(\boldsymbol{\Sigma}_0+\boldsymbol{\Sigma}_1)\boldsymbol{w}} \tag{3-69}$$

定义类内散度矩阵：

$$\boldsymbol{S}_w=\boldsymbol{\Sigma}_0+\boldsymbol{\Sigma}_1=\sum_{\boldsymbol{x}\in\boldsymbol{X}_0}(\boldsymbol{x}-\boldsymbol{\mu}_0)(\boldsymbol{x}-\boldsymbol{\mu}_0)^{\mathrm{T}}+\sum_{\boldsymbol{x}\in\boldsymbol{X}_1}(\boldsymbol{x}-\boldsymbol{\mu}_1)(\boldsymbol{x}-\boldsymbol{\mu}_1)^{\mathrm{T}} \tag{3-70}$$

以及类间散度矩阵：

$$\boldsymbol{S}_b=(\boldsymbol{\mu}_0-\boldsymbol{\mu}_1)(\boldsymbol{\mu}_0-\boldsymbol{\mu}_1)^{\mathrm{T}} \tag{3-71}$$

则式(3－69)可写为

$$J=\frac{\boldsymbol{w}^{\mathrm{T}}\boldsymbol{S}_b\boldsymbol{w}}{\boldsymbol{w}^{\mathrm{T}}\boldsymbol{S}_w\boldsymbol{w}} \tag{3-72}$$

这就是 LDA 的最大化目标函数，即 $\boldsymbol{S}_b$ 与 $\boldsymbol{S}_w$ 的广义瑞利商(Generalized Rayleigh Quotient)。通过广义特征之分解方法，最大化目标函数式(3－72)得到最佳投影 $\boldsymbol{w}$，在该投影上，两类样本分布分散，较容易区分，一般可以通过设置阈值 $\boldsymbol{\theta}$ 来对样本进行类别判断。多分类问题可以转化为多个二分类问题，同样可以使用二分类 Fisher 分类器实现分类的目的。

3.4.3 广义线性判别分析

广义线性判别分析是将线性判别分析推广，应用到多分类任务中的线性分类方法。假定存在 N 个类，且第 i 类样本数为 m_i。我们先定义全局散度矩阵：

$$\boldsymbol{S}_{\mathrm{t}}=\boldsymbol{S}_b+\boldsymbol{S}_w=\sum_{i=1}^{m}(\boldsymbol{x}_i-\boldsymbol{\mu})(\boldsymbol{x}_i-\boldsymbol{\mu})^{\mathrm{T}} \tag{3-73}$$

其中，$\boldsymbol{\mu}$ 是所有样本的均值向量。将类内散度矩阵 $\boldsymbol{S}_w$ 重定义为每个类别的散度矩阵之和，即 $\boldsymbol{S}_w=\sum_{i=1}^{N}\boldsymbol{S}_{wi}$，其中

$$\boldsymbol{S}_{wi}=\sum_{\boldsymbol{x}\in\boldsymbol{X}_i}(\boldsymbol{x}-\boldsymbol{\mu}_i)(\boldsymbol{x}-\boldsymbol{\mu}_i)^{\mathrm{T}} \tag{3-74}$$

由式(3－73)与式(3－74)可得

$$\boldsymbol{S}_b=\boldsymbol{S}_{\mathrm{t}}-\boldsymbol{S}_w=\sum_{i=1}^{N}m_i(\boldsymbol{\mu}_i-\boldsymbol{\mu})(\boldsymbol{\mu}_i-\boldsymbol{\mu})^{\mathrm{T}} \tag{3-75}$$

显然多分类 LDA 可以有多种实现方法：使用 $\boldsymbol{S}_b$，$\boldsymbol{S}_{\mathrm{t}}$，$\boldsymbol{S}_w$ 三者中的任何两个即可。常见的一种是采用优化目标：

$$\max_{\boldsymbol{W}}\frac{\mathrm{tr}(\boldsymbol{W}^{\mathrm{T}}\boldsymbol{S}_b\boldsymbol{W})}{\mathrm{tr}(\boldsymbol{W}^{\mathrm{T}}\boldsymbol{S}_w\boldsymbol{W})} \tag{3-76}$$

其中，$\boldsymbol{W}\in\mathbf{R}^{d\times(N-1)}$，tr(·)表示矩阵的迹(trace)。式(3－76)可通过如下广义特征值问题求解：

$$S_b W = \lambda S_w W \tag{3-77}$$

W 的闭式解则是由 $S_w^{-1} S_b$ 的 $N-1$ 个最大非零广义特征值所对应的特征向量组成的矩阵。

若将 W 视为一个投影矩阵，则多分类 LDA 将样本投影到 d 维空间，d 通常远小于数据原有的属性数 N。于是，可通过这个投影来减少样本点的维数，且投影过程中使用了类别信息(样本标签)，因此 LDA 也常被视为一种经典的有监督降维技术。

本章小结

本章我们学习了线性模型相关知识，从线性回归模型到线性分类模型，从狭义线性模型到广义线性模型，详细介绍了这些形式简单，易于建模，但却蕴含着机器学习中的一些重要基本思想的线性模型。许多功能更为强大的非线性模型可在线性模型的基础上通过引入层级结构或高级映射得的，所以线性模型是我们在学习机器学习的过程中不可缺少的基础知识，它不只是一个基础模型，更是一个根本的思想，通过学习线性模型我们将建立起机器学习的思维之路。

习　题

1. 简述线性回归分析的核心思想。
2. 在 MINIST 数据集上利用广义线性判别分析方法实现手写数字体的分类。
3. 概述岭回归和 Lasso 回归的区别。
4. 选择一元线性函数 $y=f(x_1, x_2)$，随机选择曲线上的部分点并加上随机噪声作为训练数据，在该训练数据集上实施本章介绍的线性回归方法，并分析噪声对回归分析方法性能的影响。

参考文献

[1] 周志华. 机器学习[M]. 北京：清华大学出版社，2016.

[2] 康琦，吴启迪. 机器学习中的不平衡分类方法[M]. 上海：同济大学出版社，2017.

[3] 陈海虹. 机器学习原理及应用[M]. 成都：电子科技大学出版社，2017.

[4] 雷明. 机器学习原理、算法与应用[M]. 北京：清华大学出版社，2019.

[5] 李元章，何春雄. 线性回归模型应用及判别[M]. 广州：华南理工大学出版社，2016.

[6] 王惠文，孟洁. 多元线性回归的预测建模方法[J]. 北京航空航天大学学报，2007.33(004)：500-504

[7] 许震，沙朝锋，王晓玲，等. 基于 KL 距离的非平衡数据半监督学习算法[J]. 计算机研究与发展，2010(01)：81-87.

[8] 王松桂. 线性模型引论[M]. 北京：科学出版社，2004.

[9] 张雷. 多层线性模型应用[M]. 北京：教育科学出版社，2003.

[10] 杜喆，刘三阳. 最小二乘支持向量机变型算法研究[J]. 西安电子科技大学学报(自然科学版)，2009，36(2)：331-337

[11] 李文波，孙乐，张大鲲. 基于Labeled-LDA模型的文本分类新算法[C]. 全国信息检索与内容安全学术会议，2007：620-627.

[12] RAUDENBUSH S W，BRYK A S. 分层线性模型：应用与数据分析方法：applications and data analysis methods[M]. 北京：社会科学文献出版社，2016.

[13] 王晓慧. 线性判别分析与主成分分析及其相关研究评述[J]. 中山大学研究生学刊(自然科学.医学版)，2007，028(004)：50-61.

[14] 杨国鹏，余旭初. 高光谱遥感影像的广义判别分析特征提取[J]. 测绘科学技术学报，2007(02)：130-132.

[15] 李元章，何春雄. 线性回归模型应用及判别[M]. 广州：华南理工大学出版社，2016.

第4章 特性提取与选择

特征工程是指通过自动的方式从原始数据中获取有利于后期应用问题的特征的过程。特征工程承接数据获取环节与应用问题环节，对于后期应用问题的最终处理结果会产生很大的影响。因此，特征工程也是机器学习中非常重要的一个环节，目前特征提取的方法很多，但是并没有完全通用的方法，必须根据实际问题或数据选择不同的方法。在实际应用中，特征工程包含从特征使用方案的设计到特征处理方法的选择以及特征的评价等多个具体环节，如图 4.1 所示。本章略去了前期的特征使用方案部分，主要介绍特征处理方法，系统地讲解了不同类型的特征处理方法。

- 特征工程
  - 特征使用方案
    - 实现目标需要哪些数据？
    - 可用性评估
      - 获取难度
      - 覆盖率
      - 准确率
  - 特征获取方案
    - 如何获取特征？
    - 如何存储？
  - 特征处理
    - 特征清洗
      - 清洗异常样本
      - 采样
    - 预处理
      - 单个特征
      - 多个特征
        - 降维
        - 特征选择
      - 衍生变量：对原始数据加工
  - 特征监控
    - 特征有效性分析：特征重要性、权重
    - 特征监控：监控重要特征

图 4.1　特征工程结构图

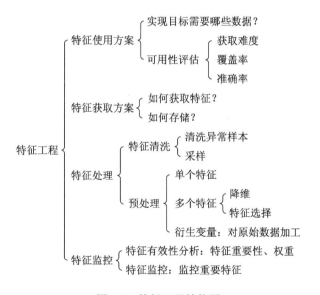

我们并不一定能从原始获取的特征数据上对一个实际问题进行直接判断。例如对于胖瘦，并不一定能简单从体重信息来进行判断，因为我们忽略了身高信息。胖瘦的判定应该由体重、身高两项特征信息来决定，如果要给出一个简单直接的胖瘦判断标准，在这两项特征空间中并不是很容易的事，因此才提出了 BMI 指数（BMI＝体重/身高^2），这就是一个典型的特征处理过程。特征处理可以得到更利于特定问题分析的特征，同时还可以删除掉

与问题不相关的冗余特征，提高问题求解的效率，是特征工程中极其重要的一环。

4.1 经典特征提取方法

特征提取是机器学习、模式识别和图像处理中不可缺少的一个步骤。通过数据采集过程，我们可以获得未经处理的数据资料，这些数据中会存在多种问题，典型问题是信息冗余、利用率低。当一个算法的输入数据太过于庞大以至于不便处理(比如，同一测量数据但是分别使用英尺和米表示，或是影像中像素图像的重复性高)时，可以通过转换得到简化后的特征集合，获取新的特征集合的过程称为特征提取。特征提取可以简化后续的学习过程和归纳步骤，在某些情况下可以让人更容易对数据做出较好的判断。特征提取除了有提取出更有价值的特征这个目标之外，还有降低维度的目标。通过特征提取，初始的高度冗余的数据的维度被降低到更容易管理的较低特征维度，降低后续学习过程的复杂度的同时，保持了原始数据集的精准性与完整性。

4.1.1 主成分分析法

主成分分析(Principle Component Analysis，PCA)是一种高效的特征提取方法，通过正交变换将一组可能存在的相关性变量转换为一组线性不相关的变量，转换后的这组变量叫主成分。PCA 最初是由 Karl Pearson 针对非随机变量引入的，Harold Hotelling 将此方法推广到随机向量的情形中。

PCA 算法在运算时要用到协方差及协方差矩阵。在概率论和统计学中协方差用于衡量两个变量的总体误差，计算公式为

$$\mathrm{Cov}(\boldsymbol{X}, \boldsymbol{Y})=E[(\boldsymbol{X}-E[\boldsymbol{X}])(\boldsymbol{Y}-E[\boldsymbol{Y}])]=E[\boldsymbol{XY}]-E[\boldsymbol{X}]E[\boldsymbol{Y}] \tag{4-1}$$

在进行多维数据分析时，不同维度之间的相关程度需要协方差矩阵来描述，维度之间的两两相关程度就构成了协方差矩阵，而协方差矩阵主对角线上的元素即为每个维度上的数据方差。这是从标量随机变量到高维度随机变量的自然推广。

对于二维的数据，任意两个维度之间求其协方差，得到的 4 个协方差就构成了协方差矩阵：

$$\boldsymbol{\Sigma}=\begin{bmatrix}\mathrm{Cov}(x, x) & \mathrm{Cov}(x, y)\\ \mathrm{Cov}(y, x) & \mathrm{Cov}(y, y)\end{bmatrix} \tag{4-2}$$

对于正交属性空间的样本点，构造一个超平面来表达，使得所有样本点到该超平面的距离都足够近，样本点在这个超平面上的投影尽可能分散。

PCA 的主要思想是极大化投影方差，为了使得在投影后的空间中数据的方差最大，依次选择数据方差最大的方向作为主分量进行投影，最大化数据的差异性，从而保留更多的原始数据信息；同时，每次选择主分量时必须保证主分量间正交(不相关)。假设输入空间

$\chi \in \mathbf{R}^n$ 为 n 维向量的集合，特征向量 $\boldsymbol{x}^{(i)} \in \chi$，投影向量为 $\boldsymbol{u} \in \mathbf{R}^n$ 且限制 $\boldsymbol{u}$ 的模长为 1，即 $\boldsymbol{u}^{\mathrm{T}}\boldsymbol{u}=1$，对原始特征向量 $\boldsymbol{x}^{(i)}$ 进行去中心化处理，使得去中心化后的特征向量 $\boldsymbol{z}^{(i)}$ 各特征分量的均值为 0，如图 4.2 所示。

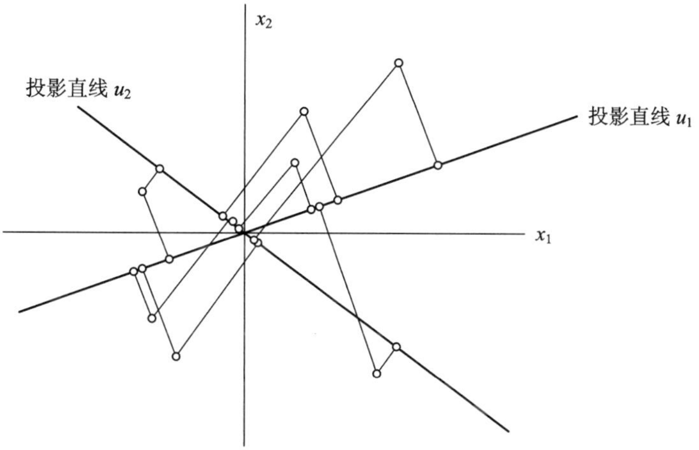

图 4.2　PCA 方法中样本点投影方向示意图

令 $\bar{\boldsymbol{x}}=(\bar{x}_1, \bar{x}_2, \cdots, \bar{x}_n)$，$\bar{x}_i$ 为第 i 个特征的均值，故有

$$\mathbf{O}_n^{\mathrm{T}}=\frac{1}{m}\boldsymbol{z}^{(i)}=\frac{1}{m}\sum_{i=1}^{m}(\boldsymbol{x}^{(i)}-\bar{\boldsymbol{x}})=\frac{1}{m}\sum_{i=1}^{m}\boldsymbol{x}^{(i)}-\frac{1}{m}\cdot m\cdot\bar{\boldsymbol{x}}=\bar{\boldsymbol{x}}-\bar{\boldsymbol{x}} \tag{4-3}$$

为什么限制 $\boldsymbol{u}$ 的模长为 1？因为

$$(\boldsymbol{z}^{(i)})^{\mathrm{T}}\boldsymbol{u}=|\boldsymbol{z}^{(i)}|^{\mathrm{T}}\cdot|\boldsymbol{u}|\cdot\cos\theta \tag{4-4}$$

这样特征向量 $\boldsymbol{z}^{(i)}$ 在 $\boldsymbol{u}$ 上的投影可以表示为内积的形式。

样本投影后的方差为

$$\begin{aligned}\sigma(\boldsymbol{X}, \boldsymbol{u}) &= \frac{1}{m}\sum_{i=1}^{m}[(\boldsymbol{z}^{(i)})^{\mathrm{T}}\boldsymbol{u}-\mathbf{O}]^2 \\ &= \frac{1}{m}\sum_{i=1}^{m}[(\boldsymbol{z}^{(i)})^{\mathrm{T}}\boldsymbol{u}]^{\mathrm{T}}[(\boldsymbol{z}^{(i)})^{\mathrm{T}}\boldsymbol{u}] \\ &= \frac{1}{m}\sum_{i=1}^{m}\boldsymbol{u}^{\mathrm{T}}\boldsymbol{z}^{(i)}(\boldsymbol{z}^{(i)})^{\mathrm{T}}\boldsymbol{u} \\ &= \boldsymbol{u}^{\mathrm{T}}\boldsymbol{S}\boldsymbol{u}\end{aligned} \tag{4-5}$$

因此优化函数为

$$\begin{cases}\arg\max\limits_{\boldsymbol{u}}\boldsymbol{u}^{\mathrm{T}}\boldsymbol{S}\boldsymbol{u} \\ \text{s.t. } \boldsymbol{u}^{\mathrm{T}}\boldsymbol{u}=1\end{cases} \tag{4-6}$$

通过拉格朗日方法转换为无约束问题(其中 λ 为拉格朗日乘子):

$$\arg\max_{\boldsymbol{u}} \boldsymbol{u}^{\mathrm{T}}\boldsymbol{S}\boldsymbol{u}+\lambda(1-\boldsymbol{u}^{\mathrm{T}}\boldsymbol{u}) \tag{4-7}$$

对式(4-7)求导,可得

$$\boldsymbol{S}\boldsymbol{u}=\lambda\boldsymbol{u} \tag{4-8}$$

从式(4-8)可知,$\boldsymbol{u}$ 是协方差矩阵 $\boldsymbol{S}$ 的特征向量,λ 为特征值。同时有

$$\sigma(\boldsymbol{X},\ \boldsymbol{u})=\boldsymbol{u}^{\mathrm{T}}\boldsymbol{S}\boldsymbol{u}=\boldsymbol{u}^{\mathrm{T}}\lambda\boldsymbol{u}=\lambda \tag{4-9}$$

λ 也是投影后样本的方差。因此,主成分分析可以转换成一个矩阵特征值分解问题,投影向量 $\boldsymbol{u}$ 为矩阵的最大特征值 λ 对应的特征向量。

PCA 算法的主要步骤如下:

(1) 获取数据,假设每一个数据为一个 m 维的列向量,对于 PCA 算法中使用的数据,需要限定。假设数据结构都是线性的,这也就决定了它能进行的主元分析之间的关系也是线性的。

(2) 求出数据平均值 $\bar{x}=\frac{1}{n}\sum_{i=1}^{n}x_i$,并用原数据减去均值得到:$x_i'=x_i-\bar{x}$。

(3) 计算协方差矩阵。

(4) 计算协方差矩阵的特征值与特征向量。

(5) 由小到大依次排列特征值及其对应的特征向量,选取需要的维数,组成变换矩阵。特征值大对应的对角线上的元素就越大,重要性就越高,因此将特征值最大的特征向量排在最前面。

(6) 计算降维后的新样本矩阵。

PCA 算法求解简单,运算速度非常快,常在各种需要降低数据特征维度的应用问题中应用,使用率非常的高。但是,PCA 方法仅从数据的整体分布来进行特征表示学习,并未考虑到数据的类别分布影响,因此,PCA 方法能够最大限度地保留数据中的信息,但是并不能保证新的特征空间有利于后面的分类任务。

4.1.2 线性判别方法

线性判别分析(Linear Discriminant Analysis, LDA)是一种监督学习的特征降维方法(PCA 是一种无监督的特征降维方法),是在降维的基础上考虑了类别的因素,希望得到的投影类内方差最小,类间方差最大。

我们知道,即使在训练样本上提供了类别标签,在使用 PCA 模型时,也不会利用这些类别标签,而 LDA 在进行数据降维时要利用数据的类别标签提供信息。从几何的角度来

看，PCA 和 LDA 都是将数据投影到新的相互正交的坐标轴上，不过在投影的过程中它们使用的约束是不同的，也可以说目标是不同的。

LDA 算法既可以用来降维，又可以用来分类，但就目前来说，主要还是应用于降维。在进行图像识别相关的数据分析时，LDA 是一个有力的工具。对比来说，在降维过程中，LDA 可以使用类别的先验知识经验，而像 PCA 这样的无监督学习则无法使用类别的先验知识经验。LDA 在样本分类信息依赖均值而不是方差时，比 PCA 之类的算法较优。但是，LDA 不适合对非高斯分布样本进行降维，PCA 也有这个问题。LDA 降维最多降到 $k-1$(k 为类别数)维，如果我们降维的维度大于 $k-1$，则不能使用 LDA；在样本分类信息依赖方差而不是均值时，降维效果不好，且可能过度拟合数据。

4.1.3　流形学习方法

2000 年，Seung 等发现整个细胞群的触发率可以由少量变量组成的函数来描述，如眼的角度和头的方向，这表明神经元群体活动性是由其内在的低维结构所控制的。据此，Seung 等认为感知以流形方式存在，这为基于流形的学习算法提供了合理的生物学解释。

“流形”是局部具有欧几里得空间性质的空间，是欧几里得空间中的曲线、曲面等概念的推广。一个流形好比是一个 d 维的空间在一个 m 维的空间中($m>d$)被扭曲之后的结果。需要注意的是，流形并不是一个形状，而是一个空间。例如一块布，将其展平可以把它看成一个二维的空间，将它进行扭曲，它就变成了一个新的流形(三维空间)。当然在展平的状态下，它也是一个流形，欧几里得空间是流形的一种特殊情况，如图 4.3 所示。

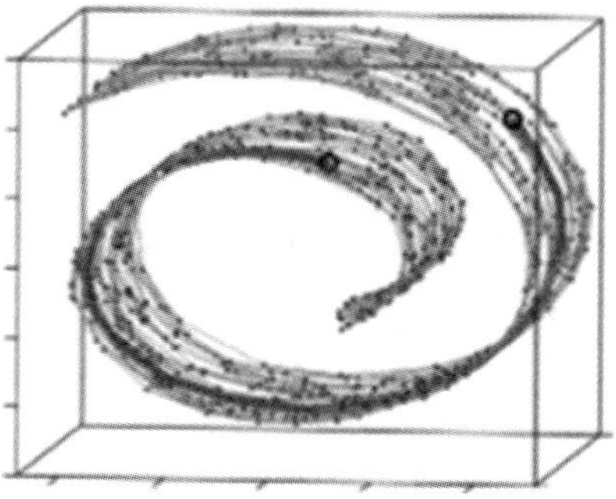

图 4.3　流形数据示意图

基于流形学习的降维方法是非线性降维方法的一个研究热点。样本数据在高维空间的分布虽然看上去非常复杂，但在局部上仍具有欧氏空间的性质，因此可以容易地在局部建立降维映射关系，然后再设法将局部映射关系推广到全局。当维数被降至二维或三维时，能对数据进行可视化展示，因此流形学习也被用于可视化。

那么这种嵌入在高维空间的低维流形结构如何提取呢？近年来大量的谱方法被用来进行流形学习的降维，代表性的算法包括等度量映射(Isometric Mapping，ISOMAP)算法，局部线性嵌入(Locally Linear Embedding，LLE)算法，拉普拉斯映射方法(Laplacian Eigaps，LE)算法和局部保留投影(Locality Preseving Projection，LPP)算法等。这些算法能通过对度量矩阵的谱分析得到高维数据中隐含的低微结构，因此这些算法也被称为流形学习谱算法。流形学习的非线性降维算法可分为全局算法和局部算法，全局算法有等度量映射算法和最大方差展开算法，局部算法有局部线性嵌入算法和拉普拉斯特征映射算法等。

下面介绍两种基本的基于流形学习的降维算法。

1. 等度量映射算法

等度量映射认为高维空间的直线距离在低维嵌入流形中是不可达的，因此，高维空间映射到低维空间以后，应该用样本间的测地线距离代替欧氏距离来保持样本间的流形结构，样本之间邻近的点依然邻近，较远的点仍然相隔较远。如图 4.4 所示，高维空间中的 AB 直线距离并不准确，反而 AB 曲线的长度作为长度看起来更靠谱。这个低维嵌入流行上两点的距离是"测地线"距离。测地线距离是流形上的两点沿流形曲面的最短距离。

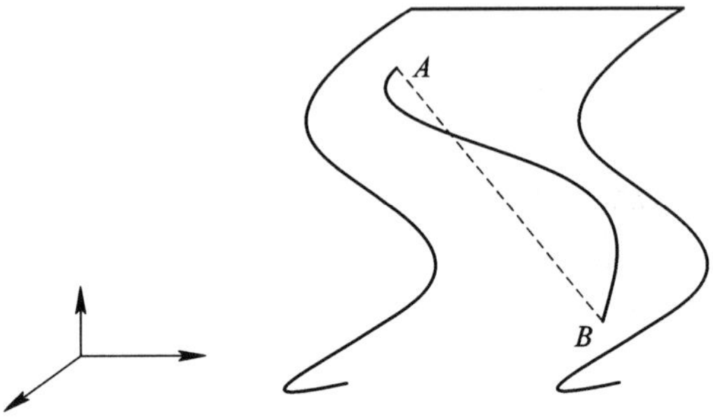

图 4.4　测地线距离示意图

因为流形局部上具有欧氏空间的性质，所以计算两点之间测地线的距离可以转变成计算近邻连接图上两点之间的最短路径问题。基于近邻距离逼近能获得低维流形上测地线距离的很好近似。在近邻连接图上计算两点间的最短路径可以用著名的 Dijkstra 算法或 Floyd 算法。

等度量映射算法步骤：

已知有样本集 $D=\{x_1, x_2, \cdots, x_m\}$，近邻参数 k 和低维空间维数d'。

(1) 对每个样本 x_i 寻找它的k 近邻，将 x_i 与k 近邻之间的距离设置成欧氏距离，与其他点的距离设置成无穷大。

(2) 使用最短路径算法计算任意两样本之间的距离 $\mathrm{dist}(x_i, x_j)$。

(3) 分别计算 $\mathrm{dist}_{i\cdot}^2=\frac{1}{m}\sum_{j=1}^{m}\mathrm{dist}_{ij}^2$，$\mathrm{dist}_{\cdot j}^2=\frac{1}{m}\sum_{i=1}^{m}\mathrm{dist}_{ij}^2$，$\mathrm{dist}_{\cdot\cdot}^2=\frac{1}{m^2}\sum_{i=1}^{m}\sum_{j=1}^{m}\mathrm{dist}_{ij}^2$；根据 $b_{ij}=-\frac{1}{2}(\mathrm{dist}_{ij}^2-\mathrm{dist}_{i\cdot}^2-\mathrm{dist}_{\cdot j}^2+\mathrm{dist}_{\cdot\cdot}^2)$计算矩阵 $\boldsymbol{B}$，并对矩阵 $\boldsymbol{B}$ 做特征值分解。

(4) 取 $\boldsymbol{\Lambda}$ 为d'个最大特征值所构成的对角矩阵，$\boldsymbol{V}$ 为相应的特征向量矩阵。

最终得到的 $\boldsymbol{V}\boldsymbol{\Lambda}^{\frac{1}{2}}\in\mathbf{R}^{m\times d'}$，每行是一个样本的低维坐标。如此就可以得到训练样本在低维空间的坐标，把训练样本的高维空间坐标作为输入，低维空间坐标作为输出，训练一个回归学习器来对新样本的低维空间坐标进行预测。

2. 局部线性嵌入

局部线性嵌入与等度量映射试图保持近邻样本之间距离不同，局部线性嵌入目的是保持邻域内样本之间的线性表示关系。假定样本点 $\boldsymbol{x}_i$ 的坐标能够通过它的邻域样本 $\boldsymbol{x}_j$，$\boldsymbol{x}_k$，$\boldsymbol{x}_l$ 的坐标通过线性组合而重构出来，即

$$\boldsymbol{x}_i = w_{ij}\boldsymbol{x}_j + w_{ik}\boldsymbol{x}_k + w_{il}\boldsymbol{x}_l \tag{4-10}$$

局部线性嵌入希望式(4-10)的线性表示关系在低维空间中得以保持。

局部线性嵌入先为每个样本 $\boldsymbol{x}_i$ 找到其近邻下标集合 Q_i，然后计算出基于 Q_i 中的样本点对 $\boldsymbol{x}_i$ 进行线性重构的系数 $\boldsymbol{w}_i$：

$$\begin{cases} \min\limits_{\boldsymbol{w}_1, \boldsymbol{w}_2, \cdots, \boldsymbol{w}_m} \sum\limits_{i=1}^{m} \left\| \boldsymbol{x}_i - \sum\limits_{j \in Q_i} w_{ij}\boldsymbol{x}_j \right\|_2^2 \\ \text{s.t. } \sum\limits_{j \in Q_i} w_{ij} = 1 \end{cases} \tag{4-11}$$

其中，$\boldsymbol{x}_i$ 和 $\boldsymbol{x}_j$ 均为已知。令 $C_{jk} = (\boldsymbol{x}_i - \boldsymbol{x}_j)^{\mathrm{T}}(\boldsymbol{x}_i - \boldsymbol{x}_k)$，$w_{ij}$ 有闭式解 $w_{ij} = \dfrac{\sum\limits_{k \in Q_i} C_{jk}^{-1}}{\sum\limits_{l, s \in Q_i} C_{ls}^{-1}}$，局部线性嵌入在低维空间中保持 $\boldsymbol{w}_i$ 不变，于是 $\boldsymbol{x}_i$ 对应的低维空间坐标 $\boldsymbol{z}_i$ 可通过下式求解：

$$\min_{\boldsymbol{z}_1, \boldsymbol{z}_2, \cdots, \boldsymbol{z}_m} \sum_{i=1}^{m} \left\| \boldsymbol{z}_i - \sum_{j \in Q_i} w_{ij}\boldsymbol{z}_j \right\|_2^2 \tag{4-12}$$

式(4-11)和式(4-12)的优化目标同形，唯一的区别是式(4-11)中需确定的是 $\boldsymbol{w}_i$，而式(4-12)中需确定的是 $\boldsymbol{x}_i$ 对应的低维空间坐标 $\boldsymbol{z}_i$。

令 $\boldsymbol{Z} = (\boldsymbol{z}_1, \boldsymbol{z}_2, \cdots, \boldsymbol{z}_m) \in \mathbf{R}^{d' \times m}$，$(\boldsymbol{W})_{ij} = w_{ij}$，$\boldsymbol{M} = (\boldsymbol{I} - \boldsymbol{W})^{\mathrm{T}}(\boldsymbol{I} - \boldsymbol{W})$，则式(4-12)可重写为

$$\begin{cases} \min\limits_{\boldsymbol{Z}} \operatorname{tr}(\boldsymbol{ZMZ}^{\mathrm{T}}) \\ \text{s.t. } \boldsymbol{ZZ}^{\mathrm{T}} = \boldsymbol{I} \end{cases} \tag{4-13}$$

式(4-13)可通过特征值分解求解，$\boldsymbol{M}$ 最小的 d' 个特征值对应的特征向量组成的矩阵即为 $\boldsymbol{Z}^{\mathrm{T}}$。

局部线性嵌入算法步骤：

(1) 对每个样本 $\boldsymbol{x}_i$ 寻找它的 k 近邻集合 Q_i，对于属于 Q_i 的近邻样本通过式(4-11)计算 w_{ij}，否则，权重 w_{ij} 为 0。

(2) 令 $(\boldsymbol{W})_{ij} = w_{ij}$，计算 $\boldsymbol{B} = (\boldsymbol{I} - \boldsymbol{W})^{\mathrm{T}}(\boldsymbol{I} - \boldsymbol{W})$。

(3) 对矩阵 $\boldsymbol{B}$ 做特征值分解。

(4) 取 $\boldsymbol{\Lambda}$ 为 d' 个最小特征值所构成的对角矩阵，$\boldsymbol{Z}^{\mathrm{T}}$ 为相应的特征向量矩阵，则矩阵 $\boldsymbol{Z}$ 为样本集在低维空间的投影。

4.2 经典特征选择算法

在机器学习中，将数据的属性称为特征。对原始数据进行处理以后，有时数据的维度会特别大，但是有些维度对当前问题没有帮助，甚至会产生巨大的计算量；无关特征和冗余特征对模型的精度也产生影响，导致维数灾难，所以需要对数据进行降维。

特征选择是从数据的原始特征集中，选择一个"重要"的子集，以改进下游任务的性能或者降低下游任务的计算复杂度，是机器学习中重要的降维方法，具体见图 4.5。特征选择提取的特征子集与原始特征集是从属关系，没有改变原数据里特征的意义。

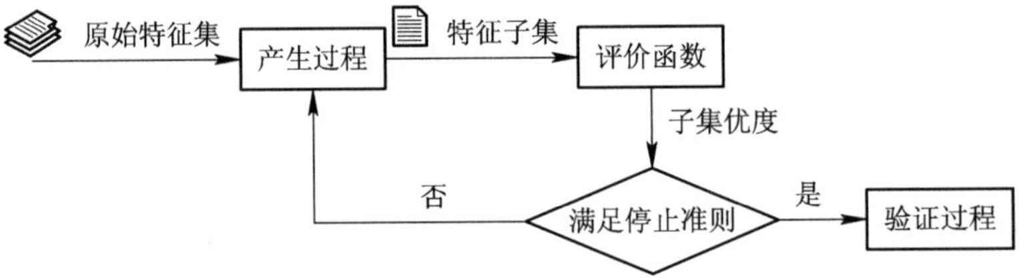

图 4.5 特征选择框架

产生过程是使用原始特征集构造选择出特征子集；选择的特征子集通过评价函数评价优劣性，当子集优度达到停止准则时，停止子集搜索，验证过程验证选择的特征子集在下游任务中的有效性。

4.2.1 特征选择基本步骤

从初始的特征集合中选取一个包含了所有重要信息的特征子集，若没有任何领域知识作为先验假设，最简单直接的方法就是遍历所有可能的子集。然而这在计算上是不可行的，因为这样做会遭遇组合爆炸，特征个数稍多就无法进行。可行的做法是首先产生一个"候选子集"，评价出它的好坏，给予评价结果，然后再产生下一个候选子集，再对其进行评价……这个过程持续进行下去，直至无法找到更好的候选子集为止。显然，这里涉及两个关键环节：

(1) 如何根据评价结果获取下一个候选特征子集。

(2) 如何评价候选子集的好坏。

特征选择方法包括两个环节：第一个环节是特征子集搜索，第二个环节是特征子集评价。特征选择方法必须将特征子集搜索机制与特征子集评价机制相结合才能达到期望的效果。常见的特征选择方法大致可以分为三类：过滤式、包裹式和嵌入式。

1. 过滤式选择

过滤式选择先对数据集进行特征选择，然后再训练学习器，特征选择过程与后续学习器无关。这相当于先用特征选择对初始特征进行“过滤”，再用过滤后的特征来训练模型。

Relief 是一种典型的过滤式特征选择算法，该算法设计了一个“相关统计量”来度量特征的重要性。该统计量是一个向量，其每个分量分别对应一个初始特征，而特征子集的重要性则是由子集中每个特征所对应的相关统计量分量之和来决定的。于是，最终只需要指定一个阈值 τ，然后选择比 τ 大的相关统计量分量所对应的特征即可；也可指定预选取的特征个数 k，然后选择相关统计量分量最大的 k 个特征。

显然，Relief 算法的关键是如何确定相关统计量。给定训练集 $\{(x_1, y_1), (x_2, y_2), \cdots, (x_m, y_m)\}$，对每个示例 x_i，Relief 算法先在 x_i 的同类样本中寻找其最近邻 $x_{i,nh}$，称为“猜中近邻”(near-hit)，再从 x_i 的异类样本中寻找其最近邻 $x_{i,nm}$，称为“猜错近邻”(near-miss)，然后，相关统计量对应于属性 j 的分量为 σ^j：

$$\sigma^j = \sum_i -\operatorname{diff}(x_i^j, x_{i,nh}^j)^2 + \operatorname{diff}(x_i^j, x_{i,nm}^j)^2 \qquad (4-14)$$

说明：x_i^j 表示样本 x_i 在属性 j 上的取值。$\operatorname{diff}(x_a^j, x_b^j)$ 取决于属性 j 的类型：若属性 j 为离散型，则 $x_a^j = x_b^j$ 时 $\operatorname{diff}(x_a^j, x_b^j)=0$，否则为 1；若属性 j 为连续型，则 $\operatorname{diff}(x_a^j, x_b^j) = |x_a^j - x_b^j|$。注意：$x_a^j$，$x_b^j$ 已经规范化到[0，1]区间。

从式(4－14)可以看出，若 x_i 与其猜错近邻 $x_{i,nm}$ 在属性 j 上的距离大于 x_i 与猜中近邻 $x_{i,nh}$ 的距离，则说明属性 j 对区分同类与异类样本是有益的，于是增大属性 j 所对应的统计量分类；反之，若 x_i 与其猜中近邻 $x_{i,nh}$ 的距离大于 x_i 与其猜错近邻 $x_{i,nm}$ 的距离，则说明属性 j 起负面作用，于是减少属性 j 所对应的统计量分量。最后，对基于不同样本得到的估计结果进行平均，就得到各属性的相关统计分量，分量值越大，对应属性的分类能力就越强。

实际上，Relief 算法只需在数据集的采样上而不必在整个数据集上估计相关统计量。显然，Relief 算法的时间开销随采样次数以及原始特征数线性增长，因此是一个运行效率很高的过滤式特征选择算法。

Relief 算法是为了二分类问题设计的，其拓展变体 Relief-F 算法能处理多分类问题。假定数据集 D 中的样本来自 $|y|$ 个类别。对示例 x_i，若它属于第 k 类($k \in \{1, 2, \cdots, |y|\}$)，则 Relief-F 算法先在第 k 类的样本中寻找 x_i 的最近邻示例 $x_{i,nh}$，并将其作为猜中近邻，然后在第 k 类之外的每个类中找到一个 x_i 的最近邻示例作为猜错近邻，记为 $x_{i,l,nm}$($l=1, 2, \cdots, |y|$；$l \neq k$)。于是，相关统计量对应于属性 j 的分量为

$$\sigma^j = \sum_i -\operatorname{diff}(x_i^j, x_{i,nh}^j)^2 + \sum_{l \neq k}[p_l \times \operatorname{diff}(x_i^j, x_{i,l,nm}^j)] \qquad (4-15)$$

其中，p_l 为第 l 类样本在数据集 D 中所占的比例。

2. 包裹式选择

与过滤式选择不考虑后续学习器不同，包裹式选择直接把最终将要使用的学习器的性能作为特征子集的评价准则。换言之，包裹式选择的目的就是为给定学习器选择最有利于

其性能、“量身定做”的特征子集。

一般而言，直接针对给定学习器进行优化，因此从最终学习器性能来看，包裹式选择比过滤式选择更好，但另一方面，由于在特征选择过程中需多次训练学习器，因此包裹式选择的计算开销通常比过滤式选择的大得多。

拉斯维加斯包裹(Las Vegas Wrapper，LVW)算法是一个典型的包裹式选择算法。它在拉斯维加斯算法(Las Vegas Method)框架下使用随机策略来进行子集搜索，并以最终分类器的误差为特征子集评价准则，其算法流程如图 4.6 所示。

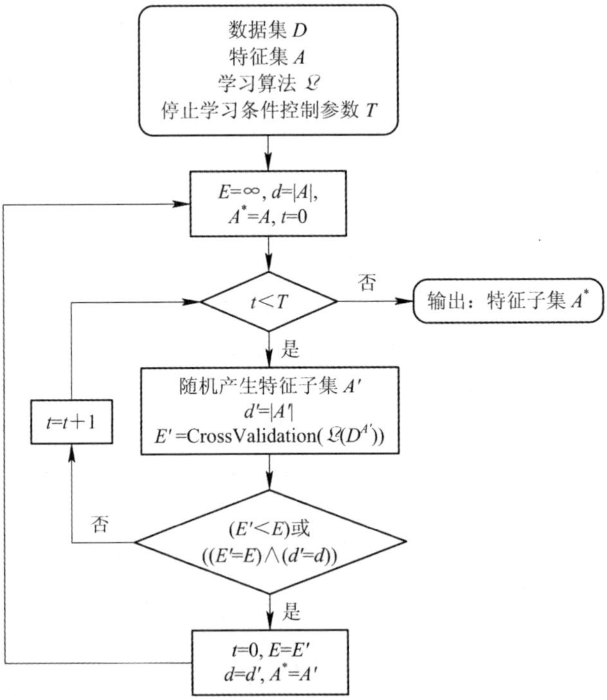

图 4.6　LVW 算法流程

图 4.6 的算法中，$E'=\text{CrossValidation}(\mathfrak{L}(D^{A'}))$，表示通过在数据集 D 上使用交叉验证法来估计学习器$\mathfrak{L}$ 的误差。注意这个误差是仅考虑特征子集A'时得到的，即特征子集A'上的误差，若它比当前特征子集 A 上的误差更小，或误差相当但A'中包含的特征数更少，则将A'保存下来。

需注意的是，由于 LVW 算法中特征子集搜索采用了随机策略，而每次特征子集评价都需训练学习器，计算开销大，因此算法设置了停止学习条件控制参数 T。然而，整个 LVW 算法是基于拉斯维加斯算法框架，若初始特征数量很多(即 $|A|$ 很大)、T 设置较大，则算法可能运行很长时间都达不到停止条件。换言之，若有运行时间限制，则有可能给不出解。

3. 嵌入式选择

在过滤式选择和包裹式选择方法中，特征选择过程与机器学习训练过程有明显的分别，而嵌入式选择则不同，它将特征选择过程与学习器训练过程融为一体，两者在同一个优化过程中完成，即在学习器训练过程中自动地进行了特征选择。

给定数据集 $D=\{(\boldsymbol{x}_1, y_1), (\boldsymbol{x}_2, y_2), \cdots, (\boldsymbol{x}_m, y_m)\}$，其中 $\boldsymbol{x}_i \in \mathbf{R}^d$，$y_i \in \mathbf{R}$。我们考虑最简单的线性回归模型，以平方误差为损失函数，则优化目标为

$$\min_{\boldsymbol{w}} \sum_{i=1}^{m} \| y_i - \boldsymbol{w}^{\mathrm{T}} \boldsymbol{x}_i \|_2^2 \tag{4-16}$$

其中，$\boldsymbol{w} \in \mathbf{R}^d$。当样本特征很多，而样本数相对较少时，式(4-16)很容易陷入过拟合。为了缓解过拟合问题，可对式(4-16)引入正则化项。若使用 L_2 范数正则化，则有

$$\min_{\boldsymbol{w}} \sum_{i=1}^{m} \| y_i - \boldsymbol{w}^{\mathrm{T}} \boldsymbol{x}_i \|_2^2 + \lambda \| \boldsymbol{w} \|_2^2 \tag{4-17}$$

其中，正则化参数 $\lambda > 0$。

那么，能否将正则化项中的 L_2 范数替换为 L_p 范数呢？其实这是一个道理，只是效果不同而已。若令 $p=1$，采用 L_1 范数，则有

$$\min_{\boldsymbol{w}} \sum_{i=1}^{m} \| y_i - \boldsymbol{w}^{\mathrm{T}} \boldsymbol{x}_i \|_2^2 + \lambda \| \boldsymbol{w} \|_1 \tag{4-18}$$

其中，正则化参数 $\lambda > 0$。式(4-18)称为最小绝对值收敛和选择算子(Least Absolute Shrinkage and Selection Operator，Lasso)。

L_1 范数和 L_2 范数正则化都有助于降低过拟合风险，而且前者还会带来一个额外的好处：它比后者更易于获得“稀疏”解，即它得到的 $\boldsymbol{w}$ 会有更少的非零分量。

4.2.2 特征选择搜索策略

从一组数量为 m 的特征中选择出数量为 $d(d<m)$ 的一组最优特征，用于后面分类器的设计。

1. 最优搜索算法

从 m 个特征中挑选出 d 个特征，所有可能的组合数为

$$q = \mathrm{C}_m^d = \frac{m!}{(m-d)!\ d!} \tag{4-19}$$

若要找到最优的特征组合，必须对所有的组合情况加以比较(穷举法)。一种不需要进行穷举但仍能取得最优解的方法是分支定界法。这是一种自顶向下的方法，即从包括所有候选特征开始，逐步去掉不被选中的特征。这种方法具有回溯的过程，能够考虑到所有可能的组合。

分支定界法的基本思想：设法将所有可能的特征选择组合构建成一个树状的结构，按照特定的规律对树进行搜索，使得搜索过程尽可能早地可以达到最优解而不必遍历整个树。

要做到这一点，一个基本的要求是准则判据对特征具有单调性，即，如果有互相包含的特征组的序列，若特征子集具有下列包含关系：$\psi_1 \supset \psi_2 \supset \cdots \supset \psi_n$，则可分性判据满足：

$$J(\psi_1) \geqslant J(\psi_2) \geqslant \cdots \geqslant J(\psi_k) \tag{4-20}$$

1）树的构造过程

（1）计算每个节点下面的子节点个数。

$$q_i = r_i - (m - d - i - 1) \tag{4-21}$$

其中，i 为树结构中的基数，r_i 为当前节点对应的待选特征子集中特征的个数。

（2）计算当前节点所有可能的删除情况所对应的 J_D 值。

（3）将 J_D 值按从小到大的顺序排列，从左到右生成 q_i 个子节点。

2）树的搜索过程

（1）设置可分性判据值的界值。初始为 0，搜索过程中，该值被不断更新，该值达到最大，不被更新时，算法结束，输出对应特征子集。

（2）每层搜索过程从右开始，针对一节点不断生成子节点，直至最大层数（$J_D \geqslant B$），更新界值，进行回溯操作；若 $J_D < B$，同样执行回溯操作。

分支定界法可以寻找到全局最优并且特定的挑选舍弃策略，可以减少计算量，但当特征维数 m 非常大时，搜索最优解的时间复杂度还是非常大的；而且可分性判据必须满足单调性。

2. 次优搜索算法

最优搜索法虽然能够保证找到最优特征组合，但是在有些情况下计算量太大，难以实现。因此，必须考虑放弃最优解，寻找满足条件的较小计算量的次优解——次优搜索算法。

1）单独最优特征组合

最简单的特征选择方法就是对每一个特征单独计算类别可分性判据，根据单个特征的数据值排队，选择其中前 d 个特征。只有特征的判据值满足下面两式时，利用该方法才可以选出当前判据下的最优的特征组合：

$$J(X) = \sum_{i=1}^{m} J(x_i) \tag{4-22}$$

或

$$J(X) = \prod_{i=1}^{m} J(x_i) \tag{4-23}$$

2）顺序前进法

顺序前进法是最简单的自下而上的搜索方法：每次从待选特征中选择出一个特征，使其与已选的特征组合在一起所得的判据值最大，直到特征数满足要求为止。

设已选择 k 个特征构成一个大小为 k 的特征组合 X_k，将其与未选入的 $m-k$ 个特征 $X_j(j=1, 2, \cdots, m-k)$组合，按组合后的判据值的大小排序，若 $J(X_k+x_1)\geqslant J(X_k+x_2)\geqslant \cdots \geqslant J(X_k+x_{m-d})$，则更新特征组合为

$$X_{k+1}=X_k+x_1 \tag{4-24}$$

顺序前进法考虑了所选特征与已选特征间的相关性，未考虑所选特征与剩余特征间的相关性，但是其第一个特征仍然是仅靠单个特征的准则来选择的，而且每个特征一旦入选后就无法再剔除，即使它后面选择的特征并不是最优的组合。

3）顺序后退法

顺序后退法是一种自上而下的方法，从全体特征开始，每次删除一个特征，所剔除的特征应使仍然保留的特征组合的判据值最大，直至剩余的特征数满足要求为止。

设已剔除了 k 个特征，剩余的特征组合记作 $\overline{X_k}$，对 $\overline{X_k}$ 中的每个特征，计算删除该特征后特征组合所对应的判据值，将该判据值从大到小排序，若 $J(\overline{X_k}-x_1)\geqslant J(\overline{X_k}-x_2)\geqslant \cdots \geqslant J(\overline{X_k}-x_{m-d})$，则更新特征组合为

$$\overline{X_{k+1}}=\overline{X_k}-x_1 \tag{4-25}$$

该方法估计了每去掉一个特征所造成可分性的降低程度。在高维空间计算判据值，计算量比顺序前进法要大。

4）增 l 减 r 法

顺序前进法的一个缺点是，某个特征一旦被选中就不能被剔除；顺序后退法的一个缺点是，某个特征一旦被剔除就不能再重新被选中。两种方法都是根据局部最优的准则挑选或者剔除特征，这样就可能导致选择不到最优的特征组合。一种改善的方法是将两种做法结合起来，在选择或剔除过程中引入一个回溯的步骤，使得依据局部准则选择或剔除的某个特征有机会因为与其他特征间的组合作用而重新被考虑。

如果采用从底向上的策略，则使增加的特征数 l 大于剔除的特征数 r，此时算法首先逐步增选 l 个特征，然后再逐步剔除 r 个与其他特征配合起来准则最差的特征；以此类推，直到选择到所需要数目的特征。如果采用从顶向下的策略，则 $l<r$，每次首先逐步剔除 r 个特征，然后再从已经被剔除的特征中逐步选择 l 个与其他特征组合起来准则最优的特征，直到剩余的特征数目达到所需的数目。

3. 基于优化的特征选择方法

特征选择问题是个组合优化问题，因此可以使用解决优化问题的方法来实现特征选择。可用于特征选择优化求解的方法有模拟退火算法、Tabu 搜索算法和遗传算法等。此处主要针对遗传算法来进行特征选择方法讲解。

遗传算法（Genetic Algorithm，GA）是模拟生物在自然环境中的遗传和进化过程而形

成的一种自适应全局优化概率搜索算法。该算法最早由美国密西根大学 J.Holland 教授提出，起源于20世纪60年代自然和人工自适应系统的研究。70年代，De Jong 基于遗传算法的思想在计算机上进行了大量的纯数值函数优化计算实验。80年代，由 Goldberg 进行归纳总结，形成了遗传算法的基本框架。

遗传算法模拟自然选择和自然遗传中发生的繁殖、交叉和基因突变现象，从随机初始化的候选解出发，按照某种指标从解群中选取较优的个体，利用遗传算子(选择、交叉、变异)对这些个体进行组合，产生新的候选解群，重复此过程，直到满足某种收敛指标为止。基本遗传算法又称简单遗传算法或标准遗传算法，是由 Goldberg 总结出来的一种最基本的遗传算法，其遗传操作过程简单，容易理解，是其他复杂遗传算法的雏形和基础。包括染色体的编码(产生初始种群)、染色体的适应度函数、遗传算子(选择、交叉、变异)、运行参数等部分。

遗传算法把候选的对象编码为一条染色体(chromosome)，比如在特征选择中，如果目标是从 D 个特征中选择 d 个，则把所有特征描述为一条由 D 个0/1字符组成的字符串，0代表该特征没有被选中，1代表该特征被选中，这个字符串就叫作染色体，记作 m。显然，要求的是一条有且仅有 d 个1的染色体，这样的染色体共有 C_D^d 种。优化的目标被描述成适应度(fitness)函数，每一条染色体对应一个适应度值 $f(m)$。可以用前面定义的类别可分性判据作为适应度。针对不同的适应度有不同的选择概率 $P(f(m))$。

遗传算法的基本步骤：

(1) 初始化，$t=0$，随机地产生一个包含 L 条不同染色体的种群 $M(0)$。

(2) 计算当前种群 $M(t)$ 中每一条染色体的适应度 $f(m)$。

(3) 按照选择概率 $P(f(m))$ 对种群中的染色体进行采样，由采样出的染色体经过一定的操作繁殖出下一代染色体，组成下一代的种群 $M(t+1)$。

(4) 回到(2)，直到达到终止条件，输出适应度最大的染色体作为找到的最优解。终止条件通常是某条染色体的适应度达到设定的阈值。

在第(3)步产生后代的过程中，有两个最基本的操作，一是重组(recombination)。重组也称交叉(crossover)，是指两条染色体配对，并在某个随机的位置上以一定的重组概率 P_{co} 进行交叉，互换部分染色体，这也就是遗传算法中模拟有性繁殖的过程。另一个基本操作是突变(mutation)。每条染色体的每一个位置都有一定的概率 P_{mut} 发生突变(从0变成1或从1变成0)。

可以看到，在这个基本步骤中，有很多可以调节的因素，比如种群大小 L 选择概率、重组概率、突变概率等。对这些因素采用不同处理方法就得到不同的遗传算法。人们还可以把生物遗传与进化中的更多概念引入到这一基本算法中，比如基因组的反转(inversion)、转座(transposition)等，目的都是为了加快种群进化过程。

遗传算法的适应度函数不受连续、可微等条件的约束，适应范围很广，不容易陷入局部极值，能以很大概率找到全局最优解。由于遗传算法固有的并行性，适合于大规模并行计算，且其不是盲目穷举，而是启发式搜索。

遗传算法提供了一种求解复杂系统优化问题的通用框架，不依赖问题的具体领域，具有很强的鲁棒性，可应用于很多的学科，例如函数优化、组合优化、生产调度问题、自动控制、机器学习、图像处理等。

4.2.3 特征选择评价准则

要进行特征选择，首先要确定选择的准则，也就是如何评价选出的一组特征。确定了评价准则后，特征选择问题就变成从 D 个特征中选择出使准则函数最优的 d 个特征($d<D$)的搜索问题。本节讨论准则问题。

从概念上，我们希望选择出的特征能够最有利于分类，因此，利用分类器的错误率作为准则是最直接的想法。但是，这种准则在很多实际问题中并不一定可行：从理论上，即使概率密度函数已知，错误率的计算也非常复杂，而实际中多数情况下样本的概率密度未知，分类器的错误率计算就更困难；如果用样本对错误率进行实验估计，则由于需要采用交叉验证等方法，将大大增加计算量。

因此，需要定义与错误率有一定关系但又便于计算的类别可分性准则 J_{ij}，用来衡量在一组特征下第 i 类和第 j 类之间的可分程度。这样的判据应该满足以下几个要求：

(1) 判据应该与错误率(或错误率的上界)有单调关系，这样才能较好地反映分类目标。

(2) 当特征独立时，判据对特征应该具有可加性，即

$$J_{ij}(x_1, x_2, \cdots, x_d)=\sum_{k=1}^{d} J_{ij}(x_k) \tag{4-26}$$

这里 J_{ij} 是第 i 类和第 j 类的可分性准则函数，J_{ij} 越大，两类的分离程度就越大，x_1，x_2，$\cdots$，x_d 是一系列特征变量。

(3) 判据应该具有以下度量特性：

$$\begin{cases} J_{ij}>0, & i\neq j \\ J_{ij}=0, & i=j \\ J_{ij}=J_{ji} \end{cases} \tag{4-27}$$

(4) 理想的判据应该对特征具有单调性，即加入新的特征不会使判据减小，即

$$J_{ij}(x_1, x_2, \cdots, x_d)\leqslant J_{ij}(x_1, x_2, \cdots, x_d, x_{d+1}) \tag{4-28}$$

如果类别可分性判据满足上述条件且比较便于计算，就可以较好地用来作为特征选择的标准。但实际情况是，其中的某些要求并不一定容易满足。在过去的研究中，人们提出了很多不同的判据，下面介绍几类常用的判据。

1. 基于几何度量的可分性判据

在第 3 章中，Fisher 线性判别采用了使样本投影到一维后类内离散度尽可能小、类间离散度尽可能大的准则来确定最佳的投影方向，这其实就是一个直观的类别可分性判据。考虑到特征选择的情况，这一思想可以用来定义一系列基于几何距离的判据。

直观上考虑，可以用两类中任意两两样本间的距离的平均来代表两个类之间的距离。现在推导多类情况下的这种判据。

设类别 w_i 由样本集 $\{\boldsymbol{x}_1^{(i)}, \boldsymbol{x}_2^{(i)}, \cdots, \boldsymbol{x}_{N_i}^{(i)}\}$ 构成，均值为 $\boldsymbol{m}^{(i)}$，其中 $i=1, 2, \cdots, C$。类内均方距离为

$$d^2(w_i)=\frac{1}{N_iN_i}\sum_{k=1}^{N_i}\sum_{l=1}^{N_i} d^2(\boldsymbol{x}_k^{(i)}, \boldsymbol{x}_l^{(i)}) \tag{4-29}$$

选择欧氏距离为距离度量，式(4-29)可以表示为

$$d^2(w_i)=\frac{1}{N_i}\sum_{k=1}^{N_i}(\boldsymbol{x}_k^{(i)}-\boldsymbol{m}^{(i)})^{\mathrm{T}}(\boldsymbol{x}_k^{(i)}-\boldsymbol{m}^{(i)}) \tag{4-30}$$

两类之间的距离为

$$d^2(w_i, w_j)=\frac{1}{N_iN_j}\sum_{k=1}^{N_i}\sum_{l=1}^{N_j} d^2(\boldsymbol{x}_k^{(i)}, \boldsymbol{x}_l^{(j)}),\ i\neq j \tag{4-31}$$

选择欧氏距离为距离度量，式(4-31)可以表示为

$$d^2(w_i, w_j)=\frac{1}{N_iN_j}\sum_{k=1}^{N_i}\sum_{l=1}^{N_j}(\boldsymbol{x}_k^{(i)}-\boldsymbol{x}_k^{(j)})^{\mathrm{T}}(\boldsymbol{x}_k^{(i)}-\boldsymbol{x}_k^{(j)}) \tag{4-32}$$

各类特征向量之间的平均距离为

$$J_d(\boldsymbol{x})=\frac{1}{2}\sum_{i=1}^{C}P(w_i)\sum_{j=1, j\neq i}^{C}P(w_j)\,d^2(w_i, w_j) \tag{4-33}$$

其中，$P(w_i)$表示 w_i类的先验概率。$J_d(\boldsymbol{x})$主要反映了类别间的分离程度，并没有反映类内的聚集程度。于是定义类内散度矩阵为

$$\boldsymbol{S}_W=\sum_{i=1}^{C}P(w_i)\,\boldsymbol{S}_W^{(i)}=\sum_{i=1}^{C}P(w_i)\,\frac{1}{N_i}\sum_{k=1}^{N_i}(\boldsymbol{x}_k^{(i)}-\boldsymbol{m}^{(i)})(\boldsymbol{x}_k^{(i)}-\boldsymbol{m}^{(i)})^{\mathrm{T}} \tag{4-34}$$

定义类间散度矩阵为

$$\begin{aligned}\boldsymbol{S}_B&=\frac{1}{2}\sum_{i=1}^{C}P(w_i)\sum_{j=1}^{C}P(w_j)\,\boldsymbol{S}_B^{(ij)}\\&=\frac{1}{2}\sum_{i=1}^{C}P(w_i)\sum_{j=1}^{C}P(w_j)\,(\boldsymbol{m}^{(i)}-\boldsymbol{m}^{(j)})(\boldsymbol{m}^{(i)}-\boldsymbol{m}^{(j)})^{\mathrm{T}}\end{aligned} \tag{4-35}$$

所有各类的样本集的总平均向量为

$$\boldsymbol{m}=\sum_{i=1}^{C}P(w_i)\boldsymbol{m}^{(i)} \tag{4-36}$$

将式(4-36)代入式(4-35)，可以得到

$$\boldsymbol{S}_B = \sum_{i=1}^{C} P(w_i)(\boldsymbol{m}^{(i)} - \boldsymbol{m})(\boldsymbol{m}^{(i)} - \boldsymbol{m})^{\mathrm{T}} \tag{4-37}$$

定义总体散度矩阵为 $\boldsymbol{S}_T = \boldsymbol{S}_W + \boldsymbol{S}_B$，则

$$\boldsymbol{S}_T = \frac{1}{N}\sum_{l=1}^{N} (\boldsymbol{x}_l - \boldsymbol{m})(\boldsymbol{x}_l - \boldsymbol{m})^{\mathrm{T}} \tag{4-38}$$

于是，可得基于离散度的可分性判据为

$$J_d(\boldsymbol{x}) = \mathrm{tr}(\boldsymbol{S}_T) = \mathrm{tr}(\boldsymbol{S}_W + \boldsymbol{S}_B) \tag{4-39}$$

除了这种平均平方距离判据，还可以定义一系列类似的基于类内类间距离的判据。比较常见的有

$$J_1 = \mathrm{tr}(\boldsymbol{S}_W^{-1}\boldsymbol{S}_B),\ J_2 = \frac{|\boldsymbol{S}_B|}{|\boldsymbol{S}_W|},\ J_3 = \frac{\mathrm{tr}(\boldsymbol{S}_B)}{\mathrm{tr}(\boldsymbol{S}_W)},\ J_4 = \frac{|\boldsymbol{S}_T|}{|\boldsymbol{S}_W|} \tag{4-40}$$

这些判据都有一个共同的特点，就是定义直观、易于实现，因此比较常用。而且，不同判据计算的数值虽然不同，但是对特征的排序是相同的，因此，选用其中不同的具体形式只是会在计算上不一样，结果是一致的。

这些基于距离的判据也有自身的缺陷，就是很难在理论上建立起它们与分类错误率的联系，而且当两类样本的分布有重叠时，这些判据不能反映重叠的情况。当各类样本分布的协方差差别不大时，使用这些特征可以取得较好的效果。

2. 基于概率分布的可分性判据

上面介绍的类别可分性判据是基于样本间的距离的，没有直接考虑样本的分布情况，很难与错误率建立直接的联系。基于概率分布的可分性判据是考虑不同类别样本的概率分布情况，分析概率分布的交叠情况，判断类别的可分性。

分布密度的交叠程度可用 $p(\boldsymbol{x}|w_1)$ 和 $p(\boldsymbol{x}|w_2)$ 这两个分布密度函数之间的距离 J_p 来度量。任何函数 $J_p = \int g[p(\boldsymbol{x} \mid w_1), p(\boldsymbol{x} \mid w_2), P_1, P_2]$ 只要满足下述条件就可以用来作为类别分离度的概率距离度量：

(1) 非负性，即 $J_p \geqslant 0$。

(2) 当两类完全不交叠时，J_p 取最大值。

(3) 当两类分布密度完全相同时，J_p 应为 0。

下面列出几种概率距离度量。

1) Bhattacharyya 距离

$$J_{\mathrm{B}} = -\ln\int [p(\boldsymbol{x} \mid w_1)p(\boldsymbol{x} \mid w_2)]^{1/2}\mathrm{d}\boldsymbol{x} \tag{4-41}$$

直观地分析可以看出，当两类概率密度函数完全重合时，$J_{\mathrm{B}}=0$；当两类概率密度完全没有交叠时，$J_{\mathrm{B}}=\infty$。

2）散度

两类概率密度函数的似然比对于分类是一个重要的度量。人们在似然比的基础上定义了以下的散度作为类别可分性的度量：

$$J_D=\int[p(\boldsymbol{x}\mid w_1)-p(\boldsymbol{x}\mid w_2)]\ln\frac{p(\boldsymbol{x}\mid w_1)}{p(\boldsymbol{x}\mid w_2)}\mathrm{d}\boldsymbol{x} \tag{4-42}$$

3. 基于熵函数的可分性判据

熵的概念最早起源于物理学，用于度量一个热力学系统的无序程度。在信息论里则叫信息量，即熵是对不确定性的度量。从控制论的角度来看，应叫不确定性。在信息世界，熵越大，意味着传输的信息越多；熵越小，意味着传输的信息越少。在判断某些特征的类别可分性时，可以观察该特征对于类别判断的不确定程度，因此引入了熵的概念。

设 w 为表示类别的随机变量，可能取值为 w_i，$i=1, 2, \cdots, C$，$\boldsymbol{x}$ 为表示特征向量的随机变量，服从概率分布 $p(\boldsymbol{x})$，给定 $\boldsymbol{x}$ 后 w_i 的概率是 $P(w_i|\boldsymbol{x})$。若各类的后验概率相等，即 $P(w_1|\boldsymbol{x})=P(w_2|\boldsymbol{x})=\cdots=P(w_C|\boldsymbol{x})=\dfrac{1}{C}$。此时，我们将无法判断该样本的所属类别，也就是说，此时类别的不确定性最大，即熵值最大。若 $P(w_i|\boldsymbol{x})=1$，并且 $P(w_j|\boldsymbol{x})=0$，$j\neq i$，毫无疑问，我们可以将 $\boldsymbol{x}$ 的类别判定为第 i 类。也就是说，此时类别的不确定程度最小，即熵值最小。具有最小不确定性(熵)的特征对于分类最为有利。

熵函数的定义：熵函数是关于 $P(w_1|\boldsymbol{x})$，$P(w_2|\boldsymbol{x})$，$\cdots$，$P(w_C|\boldsymbol{x})$的函数。

$$H=J_C[P(w_1|\boldsymbol{x}), P(w_2|\boldsymbol{x}), \cdots, P(w_C|\boldsymbol{x})] \tag{4-43}$$

熵函数满足下列条件：

(1) 熵为正且对称。

(2) 若 $P(w_i|\boldsymbol{x})=1$，且 $P(w_j|\boldsymbol{x})=0$，$j\neq i$，则有 $H=0$。

(3) $H_{C+1}(P_1, P_2, \cdots, P_C, 0)=H_C(P_1, P_2, \cdots, P_C)$。

(4) 对于任意概率分布，$P_i\geqslant 0$，$\sum_{i=1}^{C}P_i=1$，$i=1, \cdots, C$，有

$$H_C(P_1, P_2, \cdots, P_C)\leqslant H_C\left(\frac{1}{C}, \frac{1}{C}, \cdots, \frac{1}{C}\right) \tag{4-44}$$

(5) 对所有事件，熵函数应该是连续函数。

4.3 稀疏表示与字典学习

近年来，随着芯片、传感器、存储器以及其他硬件设备的快速发展，很多领域都面临着数据量过大、处理时间过长的问题。传统的信号处理方式已经无法满足人们对大量数据处理的需求，简洁、高效、稀疏的信号表示方法是人们研究、关注的热点。在机器学习领域，

稀疏表示和字典学习方法在解决数据量过大的问题上有独特的优势。稀疏表示和字典学习方法最早用于压缩感知中的信号处理问题，现在越来越多的研究者把稀疏表示用在图像处理、目标识别、机器视觉、音频处理等领域中。将稀疏表示和字典学习方法应用到图像处理上，可以简单、高效地将图像中的噪声分离，实现图像品质的提升。

4.3.1 稀疏表示

稀疏表示(Sparse Representations)是一种信号表示方法，它从基本信号集合中尽可能地选取少的基本信号，通过这些基本信号的线性组合来表示特定的信号。通过稀疏表示可以获得更为简洁的信号表示方式，从而使我们更容易地获取信号中所蕴含的信息，更方便进一步对信号进行加工处理。这些基本信号被称作原子，是从过完备字典中选出来的，而过完备字典则是由个数超过信号维数的原子聚集而来的。任一信号在不同的原子组合下有不同的稀疏表示。

假设我们用一个 $m\times n$ 的矩阵表示数据集 Y，每一列代表一个样本，每一行代表样本的一个属性，一般而言，该矩阵是稠密的，即大多数元素不为 0。稀疏表示的主要任务就是在一个字典矩阵 $\boldsymbol{D}(m\times K)$ 上寻找一个稀疏矩阵 $\boldsymbol{X}(K\times n)$，以及使得 $\boldsymbol{D}\times\boldsymbol{X}$ 尽可能地还原 Y，且 $\boldsymbol{X}$ 应尽可能地稀疏，稀疏矩阵 $\boldsymbol{X}$ 便是数据集 Y 的稀疏表示，每一列对应一个样本。

稀疏表示模型主要在线性方程组的基础上进行构建，通过线性方程求解得到的结果是确定的、合理的，线性方程在稀疏表示中具有重要作用。稀疏表示中的线性方程组为

$$Y=\sum_{i=1}^{n}d_i x_i=\boldsymbol{DX} \tag{4-45}$$

式(4-45)中信号字典 $\boldsymbol{D}$ 为一个列正交的基矩阵，$\boldsymbol{X}=(x_1, x_2, \cdots, x_n)$是信号 Y 在字典 $\boldsymbol{D}$ 上的稀疏表示系数矩阵。如果 $K<m$，则无法用字典 $\boldsymbol{D}$ 对信号 Y 进行线性表示；如果 $K=m$，则有唯一的系数矩阵 $\boldsymbol{X}$ 使得字典 $\boldsymbol{D}$ 对信号 Y 进行线性表示；如果 $K>m$，则存在多个系数矩阵 $\boldsymbol{X}$ 使得字典 $\boldsymbol{D}$ 对信号 Y 进行线性表示。在稀疏表示中，字典 $\boldsymbol{D}$ 通常是一个过完备字典矩阵，因此线性方程组是欠定的，可以得到多个系数矩阵 $\boldsymbol{X}$。为了获得唯一解，通常引入正则约束。稀疏度 k 被用来描述方程组解的稀疏程度，为了使系数矩阵 $\boldsymbol{X}$ 满足稀疏性的要求，我们对线性方程组加入正则约束项：

$$\begin{cases}Y=\boldsymbol{DX}\\ \text{s.t. } \|x_i\|_p\leqslant k\end{cases} \tag{4-46}$$

式(4-46)中，$\|\cdot\|_p$ 是 p 范数。在信号 Y 和字典 $\boldsymbol{D}$ 已知的情况下，构建稀疏模型对其进行求解，得到稀疏系数矩阵 $\boldsymbol{X}$，从而实现信号 Y 的稀疏表示，即在稀疏度 k 确定的情况下，求式(4-46)的最优解。主要的范数求解模型有 L_0、L_1、L_2求解模型，不同的求解方式决定着信号 Y 稀疏程度的不同。

随着稀疏理论的发展，稀疏表示得以在诸多场景中应用，如雷达目标识别、视觉追踪

等，这里举例稀疏表示在视觉追踪方面的应用。视觉追踪指在图像序列中对特定目标的运动轨迹以及相对于周边环境位置信息进行确定。在复杂环境中进行目标追踪时易受到环境、外观相似目标的影响而导致追踪失败。一般的目标追踪方法可以分为目标确定、环境区域确定、位置确定、模型更新等四个部分。稀疏表示方法用在视觉追踪中，主要是通过贝叶斯结构体系求得目标的先验状态，然后对目标的下一状态的后验概率进行求解，从而实现准确定位的。在稀疏表示方法下的视觉追踪更容易获取目标的特征及位置信息，且能够在最少的数据情况下进行高精度的目标定位、追踪，能够达到实时追踪的要求。

4.3.2 字典学习

从前面对稀疏表示的概念描述中，可以看出在稀疏表示中字典对于最终的稀疏表示系数具有非常大的影响作用。一般意义上来说，字典定义了一个新的高维信号表示空间。这个字典的概念和生活中的字典的概念非常相似。例如《康熙字典》中有 47 035 个汉字，就是字典中具有 47 035 个原子。将文档中的汉字进行出现频次统计，一个文档所出现的总的字数是远远小于字典中的汉字个数的，这样就可以得到 47 035 维的稀疏表示系数作为文档的特征向量。

显然，在实际的学习任务中并没有现成的《康熙字典》可以用，所以在获得稀疏表示前必须根据实际问题构造(学习)出合适的字典。周志华老师在《机器学习》一书中描述到：“为普通稠密表达的样本找到合适的字典，将样本转化为合适的稀疏表示形式，从而使学习任务得以简化，模型复杂度得以降低，通常称为字典学习(dictionary learning)，亦称稀疏编码(sparse coding)”。这两个称谓稍有差别，“字典学习”更侧重于学得字典的过程，而“稀疏编码”则更侧重于对样本进行稀疏表达的过程。两者通常是在同一个优化求解过程中完成的。

给定数据集$\{\boldsymbol{x}_1, \boldsymbol{x}_2, \cdots, \boldsymbol{x}_n\}$，字典学习最简单的形式为

$$\min_{\boldsymbol{B}, \boldsymbol{a}_i} \sum_{i=1}^{n} \|\boldsymbol{x}_i - \boldsymbol{B}\boldsymbol{a}_i\|_2^2 + \lambda \sum_{i=1}^{n} \|\boldsymbol{a}_i\|_1 \tag{4-47}$$

其中，$\boldsymbol{B} \in \mathbf{R}^{m \times K}$ 为字典矩阵，K 称为字典的原子个数，每个原子对应一个 m 维的向量，通常由用户指定，$\boldsymbol{a}_i \in \mathbf{R}^K$ 则是样本 $\boldsymbol{x}_i \in \mathbf{R}^d$ 的稀疏表示。显然，式(4-47)的第一项是希望由 $\boldsymbol{a}_i$ 能很好地重构 $\boldsymbol{x}_i$，第二项则是希望 $\boldsymbol{a}_i$ 尽量稀疏。

与 Lasso 相比，式(4-47)显然复杂许多，所以我们可采用变量交替优化的策略来求解。

首先，我们固定住字典 $\boldsymbol{B}$，若将式(4-47)按分量展开，可看出其中不涉及 $\boldsymbol{a}_i^u \boldsymbol{a}_i^v (u \neq v)$ 这样的交叉项，于是可参照 Lasso 的解法求解下式，从而为每个样本 $\boldsymbol{x}_i$ 找到相应的 $\boldsymbol{a}_i$：

$$\min_{\boldsymbol{a}_i} \|\boldsymbol{x}_i - \boldsymbol{B}\boldsymbol{a}_i\|_2^2 + \lambda \|\boldsymbol{a}_i\|_1 \tag{4-48}$$

然后，我们以 $\boldsymbol{a}_i$ 为定值来更新字典 $\boldsymbol{B}$，此时可将式(4-47)写为

$$\min_{\boldsymbol{B}} \|\boldsymbol{X} - \boldsymbol{B}\boldsymbol{A}\|_2^2 \tag{4-49}$$

其中，$\boldsymbol{X}=(\boldsymbol{x}_1, \boldsymbol{x}_2, \cdots, \boldsymbol{x}_m)\in\mathbf{R}^{m\times n}$，$\boldsymbol{A}=(a_1, a_2, \cdots, a_m)\in\mathbf{R}^{K\times n}$，$\|\cdot\|_F$ 是矩阵的 Frobenius 范数。式(4-49)有多种求解法，常用的有基于逐列更新策略的 KSVD。令 $\boldsymbol{b}_i$ 表示字典矩阵 $\boldsymbol{B}$ 的第 i 列，$\boldsymbol{a}^i$ 表示稀疏矩阵 $\boldsymbol{A}$ 的第 i 行，则式(4-49)可重写为

$$\begin{aligned}\min_{\boldsymbol{B}}\|\boldsymbol{X}-\boldsymbol{B}\boldsymbol{A}\|_F^2&=\min_{\boldsymbol{b}_i}\left\|\boldsymbol{X}-\sum_{j=1}^{K}\boldsymbol{b}_j\boldsymbol{a}^j\right\|_F^2=\min_{\boldsymbol{b}_i}\left\|\left(\boldsymbol{X}-\sum_{j\neq i}\boldsymbol{b}_j\boldsymbol{a}^j\right)-\boldsymbol{b}_i\boldsymbol{a}^i\right\|_F^2\\&=\min_{\boldsymbol{b}_i}\|\boldsymbol{E}_i-\boldsymbol{b}_i\boldsymbol{a}^i\|_F^2\end{aligned}\qquad(4-50)$$

在更新字典的第 i 列时，其他各列都是固定的，因此 $\boldsymbol{E}_i=\boldsymbol{X}-\sum_{j\neq i}\boldsymbol{b}_j\boldsymbol{a}^j$ 是固定的，于是最小化式(4-50)原则上只需要对 $\boldsymbol{E}_i$ 进行奇异值分解以取得最大奇异值所对应的正交向量即可。然而，直接对 $\boldsymbol{E}_i$ 进行奇异值分解会同时修改 $\boldsymbol{b}_i$ 和 $\boldsymbol{a}^i$，从而可能破坏 $\boldsymbol{A}$ 的稀疏性。为避免发生这种情况，KSVD 对 $\boldsymbol{E}_i$ 和 $\boldsymbol{a}^i$ 进行专门处理：$\boldsymbol{a}^i$ 仅保留非零元素，$\boldsymbol{E}_i$ 则仅保留 $\boldsymbol{b}_i$ 和 $\boldsymbol{a}^i$ 的非零元素的乘积项，然后再进行奇异值分解，这样就保持了第一步所得到的稀疏性。

初始化字典矩阵 $\boldsymbol{B}$ 之后反复迭代上述两步，最终即可求得字典 $\boldsymbol{B}$ 和样本 $\boldsymbol{x}_i$ 的稀疏表示 $\boldsymbol{a}_i$。用户可以通过设置词汇量 k 的大小来控制字典的规模，从而影响稀疏程度。

本章小结

本章主要从特征提取，特征选择到稀疏表示与字典学习逐步讲解机器学习的重要组成部分——“特征工程”。特征工程可以更好表示预测模型所处理的实际问题，提升对于未知数据预测的准确性。它用目标问题所在的特定领域知识或者自动化的方法来生成、提取、删减或者组合变化得到特征。特征提取利用变换的方式在原始数据的基础上提取更加与目标问题相关的特征，同时降低特征的冗余性。该类方法探索空间大，具有很强的挖掘潜力，在模式识别等问题中被广泛应用。特征选择将特征搜索的范围限定在原始的数据空间，虽无法使用变换的方式得到新特征，但是这种方法操作简单，并且对选择特征的解释性更强，可以直观地分析产生最终结果的原因。稀疏表示学习的表示方式不同，它利用字典的学习，找寻到一个完备冗余的特征表示空间，得到对原始信号的稀疏表示。特征工程是打开数据密码的第一把钥匙，是数据科学中最具有创造力的一部分。

习　题

1. 请简要论述特征提取和特征选择的异同。
2. 请使用主成分分析法(PCA)从下列 $\boldsymbol{X}$ 数据中提取特征，每一列表示为一个样本。

$$\boldsymbol{X}=\begin{pmatrix}-1&-1&0&2&0\\-2&0&0&1&1\end{pmatrix}$$

3. 简要分析 PCA 算法与 LDA 算法并且比较两者的优缺点。

4. 简述什么是流形。

5. 简要分析分支界限法、顺序前进法、顺序后退法、增 l 减 r 法和遗传算法在进行特征选择时的优缺点。

6. 简述基于几何度量的可分性判据、基于概率的可分性判据和基于熵的可分性判据分别适合的样本特征。

7. 简要论述稀疏表示学习的核心思想。

8. 使用 Python 实现 PCA 算法，并对 Yale 人脸数据集进行特征提取，对主成分进行可视化分析。

9. 使用 Python 实现局部线性嵌入算法，并在 Yale 人脸数据集上进行实验，与 PCA 降维主分量进行对比。

参考文献

[1] 杜子芳. 多元统计分析[M]. 北京：清华大学出版社，2016.

[2] 周志华. 机器学习[M]. 北京：清华大学出版社，2016.

[3] 康琦，吴启迪. 机器学习中的不平衡分类方法[M]. 上海：同济大学出版社，2017.

[4] 陈海虹. 机器学习原理及应用[M]. 成都：电子科技大学出版社，2017.

[5] 雷明. 机器学习原理、算法与应用[M]. 北京：清华大学出版社，2019.

[6] 刘波，何希平. 高维数据的特征选择理论与算法[M]. 北京：科学出版社，2016.

[7] 甄志龙. 文本分类中的特征选择方法研究[M]. 长春：吉林大学出版社，2016.

[8] SEDGEWICK R. Implementing quicksort programs[J]. Communications of the ACM，1978，21(10)：847-857.

[9] HOARE，C A R. Partition：Algorithm 63，Quicksort：Algorithm 64，and Find：Algorithm 65[J]. Communication of the ACM，1961，4(7)：321-322.

[10] TENENBAUM J B，DE SILVA V，LANGFORD J C. A global geometric framework for nonlinear dimensionality reduction[J]. Science，290(5500)：2319-2323.

[11] ROWEIS，S T，SAUL L K. Nonlinear dimensionality reduction by locally linear embedding[J]. Science，290(5500)：2323-2326.

[12] BELKIN M，NIYOGI P. Laplacian Eigenmaps for Dimensionality Reduction and Data Representation[J]. Neural Computatien，2003，15(6)：1373-1396.

[13] HE X，NIYOGI P. Locality preserving projections[J]. Proceedings of Conference on Advances in Neural Information Processing Systems(NIPS)，2003.

[14] COX，T F，COX M A. Multidimensional Scaling[J]. London：Chapman and Hall，2001.

[15] 张学工. 模式识别[M]. 北京：清华大学出版社，2010.

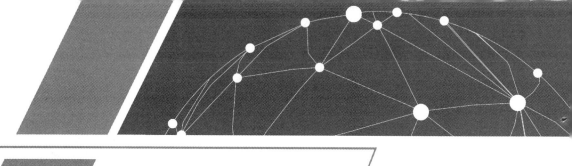

第5章 决策树与集成学习

5.1 决　策　树

决策树诞生于20世纪60年代，是一种经典的有监督机器学习方法。相比基于数值型的数据处理方法，决策树并不依赖于数据的数值。决策树是一种树形结构，从绘制树形结构开始，基于数据特征在每个树的节点上构建决策和分支，通过不断地判断和延伸，获得以树的一个叶节点表示一种分类的最终结果。

从本质上讲，决策树是一种启发式结构，通过按一定顺序进行一系列选择或比较，可以构建出决策树。以地球上不同物种的分类为例，先问这样的问题："它能飞吗？"根据答案，可以把整个物种分成两部分：一部分能飞，另一部分不能飞，然后转到不能飞的物种的分支。接着再问另一个问题："它有几条腿？"基于这个问题的答案，创建多个分支，包括2条腿、4条腿、6条腿等。同样的，在能飞的分支可以问相同的问题，也可以问不同的问题，继续分支物种，直到叶子节点(那里只有一个物种)时停止。这种方法基本上展示了建立决策树的过程，如图5.1所示。

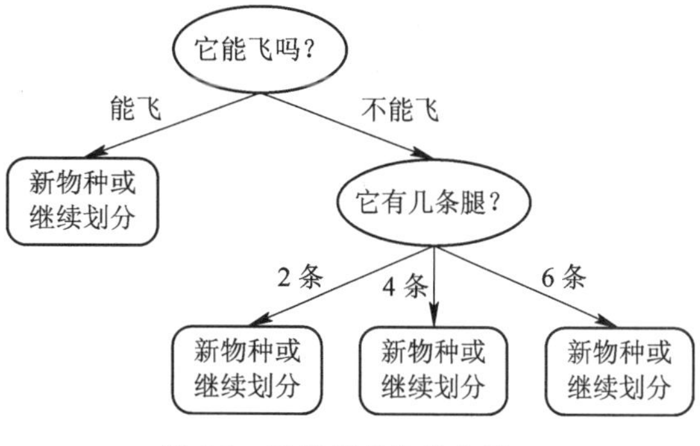

图5.1　决策树的构建实例

构造决策树的方法，通常是递归地去选择最优的特征，并根据选择的特征对训练数据进行划分，最终得到一个最优分类器。这个过程实际上是对样本特征空间的分割。当然，决策树也可以处理回归问题，此时每个叶子节点代表一个预测值。通常，决策树算法的核心步骤包括以下四点：

(1) 分析输入数据。

(2) 设计属性选择指标(基尼系数、交叉熵等)。

(3) 选择数据特征，以便能将数据进行最优划分。

(4) 根据特征进行数据划分。

重复步骤(3)和(4)，直到完成所有数据划分或达到树扩展的停止条件，便生成了一个完整的决策树。决策树扩展的停止条件一般所选指标是：是否下降幅度过小，树是否超过了所需的最大深度，划分后是否有一边的样本数太少，等等，可根据具体需求进行选择和设计。

虽然决策树存在着容易过拟合、容易忽略样本特征之间的关系等缺点，但相对于其他的机器学习方法，决策树具有更像人类行为、可以直接处理非数字数据、可以直接处理丢失的数据(跳过数据清理步骤)、更具解释性、易于从线性数据扩展到非线性数据、无需超参数调整等优点，因此，简单易用的决策树得到了人们的广泛使用。根据应用问题场景的不同，决策树可分为分类决策树与回归决策树。本章主要介绍一些决策树的基本概念及经典算法，不单独按照实际使用场景对决策树进行分类。

5.2 经典决策树算法

1975 年，Ross Quinlan 提出了 ID3 算法，此算法可以减少一般决策树的深度，但缺乏对叶子数目的研究。随后，Ross Quinlan 又提出了 C4.5 算法，该算法在缺值处理、剪枝技术等方面做了一定的改进。这两个算法都使用了信息熵的概念，并且多用于分类问题当中。之后，研究者们提出了 C5.0 算法，用于改进 C4.5 算法只适用于小数据的问题，并且 C5.0 有着更快的运行速度。研究者们还提出了分类回归树(CART)算法，该算法既可以用于分类，也可以用于回归。

5.2.1 ID3 算法

ID3 算法以信息论作为理论基础，用信息熵和信息增益作为特征的选择标准，从而实现对数据的不断划分。熵本来的意义是指物理上体系混乱的程度，而信息熵度量的是信息的混乱程度。对于一个变量来说(也可以理解为一种信息源)，它的不确定性越高，其熵的值就越大。熵的计算公式如下：

$$\text{Entropy}(S) = -\sum_{i=1}^{m} P(u_i)\ \text{lb}P(u_i) \tag{5-1}$$

其中，S 表示一个样本集合；u_i 表示第 i 个类别；$P(u_i)$表示类别 u_i 在样本 S 上出现的概率，且 $P(u_i)=|u_i|/|S|$；m 表示类别数；定义 $0\ \text{lb}0=0$。信息熵具有三个重要性质：首先，它是单调的，也就是说某件事发生的概率越高，它的不确定性越小，信息熵就越小，将变量或信息源的状态确定下来所需要的信息量也就越小；其次，信息熵是非负的，由于是对概率求对数，所以在公式的最前方添加了负号，从而保证了信息熵的广度；最后，信息熵具有累加性，即多个事件的总不确定性，可用每个事件的不确定性累加得到。

信息增益表示在某一条件下，信息不确定性减少的程度，在决策树中，指的是划分前后熵的变化，计算公式如下：

$$\text{Gain}(S, A) = \text{Entropy}(S) - \sum_{V \in \text{Value}(A)} \frac{|S_V|}{|S|} \text{Entropy}(S_V) \tag{5-2}$$

其中，A 表示样本特征，Value(A)表示该特征所有取值的集合，V 是 Value(A)中的一个值，S_V 则是样本集 S 中特征 A 值为 V 的样本的集合。

ID3 的算法流程同样是决策树的基本构建流程，其不同在于：在选择特征进行数据拆分时，ID3 算法选择信息增益最大的特征进行划分。在 ID3 算法中，划分终止的条件是没有特征可以继续划分或划分出来的数据属于同一类。

5.2.2 C4.5 算法

C4.5 算法是由 ID3 算法改进而来的，与 ID3 不同的是，C4.5 使用了信息增益率作为属性选择指标来选择特征。信息增益率使用“分裂信息值”将信息增益规范化，分裂信息值的定义如下：

$$\text{SplitInfo}_A(S) = -\sum_{V \in \text{Value}(A)} \frac{|S_V|}{|S|} \times \text{lb}\left(\frac{|S_V|}{|S|}\right) \tag{5-3}$$

其中变量的定义与式(5-2)相同。由式(5-3)获得的分裂信息值表示了训练数据集 S 按特征 A 划分后产生的信息，根据其可获得对应的信息增益率：

$$\text{GainRatio}(A) = \frac{\text{Gain}(A)}{\text{SplitInfo}(A)} \tag{5-4}$$

在决策树的构建中，C4.5 算法选择增益率最大的特征进行数据的划分，其他的部分与 ID3 相同。相对于 ID3 算法，C4.5 算法利用信息增益率来选择特征，克服了用信息增益选择特征时偏向选择取值多的特征的不足。其次，在算法中加入了剪枝(关于决策树的剪枝在之后会提到)，有效地避免了过拟合问题，该算法的分类规则易于理解，且能获得较高的准确度。但是，C4.5 算法也存在一些不足，如需要对数据集进行多次扫描和排序，会占用较大内存且效率低下等。

此外，以 C4.5 算法为基础也有一些改进算法，如 C5.0 算法是 C4.5 算法应用于大数据集时的分类算法，其核心部分与 C4.5 是一致的，也是使用信息增益率作为节点划分的指标，也使用了剪枝，主要的改进体现在程序的运行效率与内存优化方面，同时也避免了 ID3 的过拟合问题。

5.2.3 CART 算法

分类回归树算法(Classification and Regression Tree，CART)不同于上面介绍的几种经典算法，它既可以实现分类任务，也可以实现回归任务。与 ID3 和 C4.5 算法不同，在解决分类问题时，CART 算法采用了基尼系数作为评价属性选择的指标。基尼系数是指随机

选择的输入样本在给定节点上的类分布进行标记时的误分类概率，某个随机变量 p 的基尼系数为

$$\mathrm{Gini}(p)=\sum_{k=1}^{K}P_k(1-P_k) \tag{5-5}$$

其中，K 为数据的类别数，P_k 为第 k 个类别的概率。若训练数据集 S 的样本个数为 $|S|$，假设第 k 个类别样本的数量为 $|C_k|$，则数据集 S 的基尼系数为

$$\mathrm{Gini}(S)=1-\sum_{k=1}^{K}\left(\frac{|C_k|}{|S|}\right)^2 \tag{5-6}$$

式(5-6)是由式(5-5)推导而来的，用频率近似替代概率，其中 $P_k=|C_k|/|S|$。若样本集 S 根据特征 A 被划分为了 S_1 和 S_2 两个部分，则在特征 A 的条件下，此时样本集 S 的基尼系数为

$$\mathrm{Gini}(S, A)=\frac{|S_1|}{|S|}\mathrm{Gini}(S_1)+\frac{|S_2|}{|S|}\mathrm{Gini}(S_2) \tag{5-7}$$

可以看出，相比基于熵的运算(如信息增益与信息增益率)，基尼系数省略了对数的运算，可使得计算量变小，也相对容易理解。

CART 算法也可被认为是一个二分递归分割技术，在决策树生成中每个非叶子节点都只有两个分支，最后生成一个二叉树。在 CART 算法中，选择获得最小基尼系数的特征来划分数据，如果某个特征对应获得的基尼系数越小，则暗示该节点的不纯度越小。CART 算法的停止条件有：

(1) 没有特征可继续划分。

(2) 样本个数小于某个阈值。

(3) 如果样本本身的基尼系数小于了某个阈值，则当前节点也要停止递归。

CART 算法较容易处理离散和连续数据的混合输入，算法对输入的单调变换不敏感，对异常值比较稳健，对大数据集的伸缩性较好，并且可以修改，以处理丢失的输入。但是，该算法本质上仍然使用的是贪婪性质的构造方法，所以预测准确度有限。此外，在 CART 算法中要对数据进行剪枝处理。

5.3 决策树的剪枝

一般而言，决策树的模型会无差别地对数据样本的每个特征进行评价，但是当遇到样本数量大特征维度高的数据样本时，对所有特征进行评估构建的决策树会非常庞大。同时，这种情况下也可能会出现过拟合现象，即对训练数据的分类性能较好，但对测试数据性能较差。因此，为了避免决策树模型的过拟合问题，对决策树进行了“修剪(剪枝)”。修剪的规则是：如果误差的减少不足以证明添加额外子树的额外复杂性，可以停止增长树，或者对

构建的一颗"完整"的树，通过设计一种剪枝方案来进行修剪，以最小化学习误差。实践中也验证了适当地对决策树的结构进行修剪，可以有效地阻止过拟合现象。

决策树的剪枝分为预剪枝(Pre-Pruning)与后剪枝(Post-Pruning)。在剪枝过程中，由于删除了一些子树，而单个子树往往会包含不同类别的样本，因此在子树改为叶子节点之后，不能直接判断该叶子节点所代表的类别。对于该问题，目前最常被采用的方法是多数投票原则(Majority Class Criterion)。多数投票原则是指在某一叶子节点的训练样本中寻找具有最多样本数的类别作为该叶子节点的类别。下面将分别对预剪枝和后剪枝过程进行详细介绍。

5.3.1 预剪枝

预剪枝是在决策树生成的过程中进行的，具体是：在一个新的树节点被创建之前，先观察该节点的划分是否能够提升决策树的泛化能力，若能提高泛化能力则继续划分，否则将其设置为叶子节点。所谓泛化能力，是指学习模型对于新的样本的预测能力，它能够反映出模型对训练样本中隐含规律的学习能力。实际上，在决策树的构建过程中，判断是否停止分裂产生叶子节点的方法也可以被考虑作为预剪枝的方法，也具有防止过拟合的作用。

错误率降低剪枝是预剪枝策略中一种较为简单的方法，其以错误率是否降低(或正确率是否提升)作为衡量准则，并使用验证集在已构建的决策树上的正确率作为泛化性能的判断依据。在该方法中，对节点进行划分之前，先算出将其作为叶子节点时验证集的正确率，之后按选中的特征进行划分，以该节点作为父节点，构造子树，且以该父节点的子节点作为叶子节点，计算验证集在目前的决策树结构上的正确率。如果划分后的正确率没有被提高，则终止该节点的划分。需要注意的是，在构建决策树的过程中，预剪枝仅在每次节点划分时进行，其他构造决策树的流程不变。

决策树的预剪枝可以去除一些无用的分支，从而简化树的结构，缩短训练时间，是一种能够有效地解决过拟合问题的策略。然而，该策略仅利用当前某节点的泛化性能来判断该节点是否需要被划分，并没有考虑到被划分之后所生成的新节点是否能提升整棵树的泛化性能，这可能会导致算法出现欠拟合。

5.3.2 后剪枝

相比于决策树的预剪枝，后剪枝是目前最普遍被使用的剪枝方法，它需要先构造一棵完整的决策树，之后自下而上地检查每一个非叶子节点对应的子树，判断修剪该子树是否能够提升决策树的泛化能力，如果性能被提升，则将该子树转换为叶子节点，实现对决策树的修剪。下面将以基于错误率降低的剪枝方法和悲观剪枝为例介绍后剪枝方法。

基于错误率降低的后剪枝方法利用验证集在当前决策树上的正确率作为泛化性能的衡

量指标。对于已生成的完整决策树，按照深度自下而上的规则，判断每个非叶子节点被替换为叶子节点后正确率是否提升，如果正确率提升，则使用一个叶子节点代替由其向下延伸出的整个子树。使用该策略对所有非叶子节点进行检测，直至没有任何子树可以被替换，最终获得被剪枝的决策树。

悲观剪枝是另一种常用的后剪枝方法，与基于错误率降低的剪枝方法不同，它不需要使用验证数据来进行剪枝判断，直接采用训练数据即可完成剪枝。

相比决策树的预剪枝，后剪枝能够自下而上地遍历决策树的所有非叶子节点，进而保留更多的分支，有效地降低了欠拟合的风险，增强了决策树的泛化性能。由于后剪枝算法需要对所有节点进行判断和性能评估，因而增加了算法计算复杂度。

5.4 集成学习

随着学习任务复杂性的增加，对于许多实际问题，单一学习模型已不能完全满足高性能的需求，甚至无法解决实际问题。基于此，为了提高学习系统的泛化能力，集成学习(Ensemble Learning)被提出。简言之，集成学习是指通过结合多个学习模型来改善单个学习模型泛化能力的模型，其中被结合的学习模型可以是同质的或异质的，如神经网络、决策树、k 近邻、期望最大化算法等。

一般而言，一个完整的集成学习系统包含三个重要的部分：样本子集、学习模型和结合策略。样本子集是指通过某种策略，得到的训练样本集的多个子样本集，每个子样本集用于训练一个学习模型；学习模型是构成集成学习系统的骨架，一个集成学习系统中包含许多同质或异质的学习模型；结合策略是指将学习模型得到的多个结果以某种规则进行结合并得到最终结果的方法。图 5.2 展示了由样本子集、学习模型和结合策略构成的集成学习系统的一般框架。

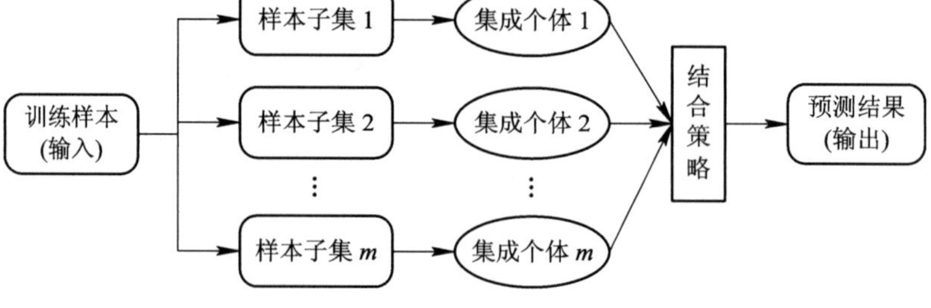

图 5.2　集成学习系统框架

在集成学习中，通常将由一个样本子集学习获得的学习模型称为一个集成个体或一个基学习器。基于此，集成学习可简单地被看作由多个集成个体或基学习器构成的学习模型，那么设计集成学习系统则包含两个重要的问题：① 如何学习多个不同的集成个体；② 如何结合多个集成个体。一个理想的集成学习系统期盼能够获得差异性大的集成个体，同时期盼集成个体具有更好的学习性能。然而，个体间差异性和个体学习性能是两个相互矛盾的问题，因此如何构建一个更好的集成学习系统需要同时考虑并平衡个体间差异性和个体学习性能两个重要因素。这也是设计集成学习系统时的两个重要问题的关键出发点。

简单来讲，集成学习可被认为是一种将多个集成个体进行结合的过程，其一般的数学描述如下：

$$f(y \mid x, \pi) = \sum_{m \in M} \omega_m f_m(y \mid x) \tag{5-8}$$

其中，f_m 表示第 m 个集成个体模型，ω_m 为对应第 m 个集成个体模型的权重，M 为集成学习系统中集成个体模型的数目。

由图 5.2 可看出，集成学习系统可分为集成个体生成和集成个体结合两部分。个体生成部分主要集中在生成多个集成个体，而个体结合部分主要集中在如何对生成的多个集成个体进行融合。根据已有的经典方法，样本子集的生成方式分为以下三种：

(1) 基于不同采样的样本选取方式：从训练样本集中抽取样本来构成样本子集，而抽取的方法可以是随机重采样、基于权重的采样，等等。

(2) 基于不同特征的样本构造方式：通过对样本的特征进行划分，从而使不同的样本子集含有不同的特征信息。例如：第一个样本子集中的样本只有原始样本的前 70% 的特征，第二个样本子集的样本有原始样本的前 10%～80% 的特征，以此类推。

(3) 基于变换的样本构造方式：对原始样本进行变换，将变换后的样本作为样本子集当中的样本。例如采用主成分分析分别对每一类样本进行变换，并将变换后的样本作为训练集成个体的样本子集。

根据式(5-8)，集成个体结合部分可被认为对生成的集成个体进行加权结合，因此从集成个体的加权参数数值角度出发，可将已有的个体结合方法粗略分为以下几类：

(1) 投票法和平均法：投票法统计集成个体的输出中不同结果出现的个数，将出现最多的结果作为最终结果，适用于分类问题；平均法对所有集成个体的输出进行平均，将获得的平均值作为集成系统的最终输出，相比于投票法，其更适用于回归问题。值得注意的是，当采用投票法或平均法时，所有集成个体被认为对集成学习系统的重要性是相同的，即每个个体的加权值均相同。

(2) 加权法：通过某种策略获取集成学习系统中每个个体对集成性能提升的重要性，根据其重要性进行所有个体的加权结合，即式(5-8)中每个个体加权系数至少存在两种不同的情况。对投票法进行加权可以得到加权投票法，对平均法进行加权可以得到加权平均法。

(3) 选择集成法：通过给予部分个体零权重，再选择更有利于提高集成性能的个体进行加权结合。该方法能够有效地平衡个体间差异性大和个体性能高之间的矛盾，已有大量算法被提出，其本质上也是一种加权法，可看作是加权法的一种特例。

以上的几种方法仅是从个体的加权数值角度（加权值相同、加权值不同和加权值部分为零）进行了粗略划分。除了上面介绍的方法以外，通过学习法结合集成个体也是非常经典和有效的方法：通过将集成个体看作学习问题，对其进行学习获取集成个体的加权结合，例如 Stacking 方法。下面介绍集成学习的几种经典算法。

5.4.1 Bagging

Bagging 算法是一种经典的集成学习算法，也称袋装法，该算法通过对训练样本集中的数据进行多次重采样获得多个不同的样本子集，进而对应生成多个不同的集成个体，最后结合生成个体的输出获得集成预测结果。Bootstrap 重采样算法是 Bagging 算法的核心 Bootstrap 算法也称为自助法，是一种有放回的抽样方法，即在样本集中随机抽取一个样本并将其放回，重复该过程从而获得一个新的样本子集。由于 Bootstrap 算法采用有放回的抽样方法，因此多个样本子集之间产生了差异性。Bagging 算法能够有效地减少数据的方差，当使用相对较强的基学习器（具有较低的偏差和较高的方差）时，多个基学习器集成可有效减少方差。

实际上，Bagging 算法可被当作一种典型的并行集成算法，它的每个集成个体的训练是独立的，可以并行地进行处理。在 Bagging 算法中，一般采用投票法处理分类问题，采用平均法处理回归问题。Bagging 算法的基本步骤为：

（1）从原始训练集中使用 Bootstrap 重采样算法抽取 n 个训练样本，作为一个样本子集，并重复此步骤 m 次，得到 m 个样本子集。

（2）对于每个样本子集，采用集成个体模型对其进行学习，生成 m 个集成个体。

（3）采用投票法对生成的 m 个集成个体获得的预测结果进行集成，获得最终的预测结果。

随机森林（Random Forest）算法是一种经典且有效的集成学习算法，可看作 Bagging 算法的一种改进算法，它以决策树作为集成个体，从数据样本和数据特征出发构建多个不同的决策树，最后构建一棵由多个决策树组成的集成决策树。与 Bagging 算法不同的是，随机森林算法的随机性不仅体现在样本选取上，也体现在数据特征的选取上，样本和特征的随机性有效提高了个体决策树之间的差异性。随机森林算法的一般步骤如下：

（1）已知训练集中有 N 个样本，通过重采样获得新的样本子集。

（2）对获取的样本子集进行特征采样，随机选择部分特征构成新的样本子集。

（3）将获取的新样本子集作为决策树的输入样本，学习获得对应的集成个体决策树。

（4）重复步骤（1）至（3），直到获得 m 个集成个体决策树，最后采用结合策略对所有集成个体进行集成，获得最终集成算法的输出预测。

由于随机森林算法同时对样本和特征进行随机选择，获取的对应样本子集生成的决策树之间的差异性较大，因而可有效改善过拟合问题。此外，随机森林算法属于一种并行的集成学习算法，训练速度快，可以处理高维特征的数据，即使有部分特征遗失，仍可达到较高的准确度。

5.4.2 Boosting

Boosting 算法与 Bagging 算法都是极具代表性的集成学习算法，但两者有着很大的区别。相比于 Bagging 算法，Boosting 算法中的集成个体是串行顺序生成的，且对应生成集成个体的训练样本子集是基于上一次迭代集成个体的学习结果获得的，多个集成个体不断迭代增强，进而减少集成学习整体的偏差，提高集成学习系统的学习性能。Boosting 算法的一般步骤为：

(1) 初始化训练样本空间分布。

(2) 在训练样本空间下对样本进行学习，获取其对应的集成个体。

(3) 根据获取的集成个体的学习性能，更新训练样本的样本分布，并更新集成个体权重。

(4) 重复步骤(2)与(3)，直至达到终止条件时停止获取新的集成个体。

(5) 根据集成个体权重结合所有集成个体，获取最终集成学习系统的预测结果。

Boosting 算法在具体的实现过程中，需要考虑诸如怎样计算集成个体的权重，怎样更新样本的权重及使用何种结合策略等问题，较为复杂。

Adaboost 算法是一种经典的 Boosting 集成算法，下面将以二分类问题为例介绍该算法。

假设已知一个二分类问题，其训练样本集为 $S=\{(x_1, y_1), \cdots, (x_N, y_N)\}$，其中 $y_i \in \{1, -1\}$，N 是训练样本数，设定算法迭代次数为 T。当采用指数损失时，算法将在第 m 次迭代时进行损失最小化运算：

$$L_m(\beta_m, \varphi_m) = \sum_{i=1}^{N} e^{[-y_i(f_{m-1}(x_i)+\beta_m \varphi_m(x_i))]} = \sum_{i=1}^{N} \omega_{i,m} e^{(-\beta_m y_i \varphi_m(x_i))} \tag{5-9}$$

其中，f_m 表示在第 m 次迭代时获得的集成分类器；$m=\{1, \cdots, M\}$，M 表示获得的集成个体数；φ_m 表示第 m 次迭代生成的集成个体；β_m 表示其权重；$\omega_{i,m}$ 表示第 i 个样本的权重，$\omega_{i,m} \triangleq e^{(-y_i f_{m-1}(x_i))}$。基于此，可将损失函数重写为

$$\begin{aligned} L_m &= e^{-\beta_m} \sum_{y_i=\varphi(x_i)} \omega_{i,m} + e^{\beta_m} \sum_{y_i \neq \varphi(x_i)} \omega_{i,m} \\ &= (e^{\beta_m} - e^{-\beta_m}) \sum_{i=1}^{N} \omega_{i,m} I(y_i \neq \varphi(x_i)) + e^{-\beta_m} \sum_{i=1}^{N} \omega_{i,m} \end{aligned} \tag{5-10}$$

由此可以得到

$$\varphi_m = \underset{\varphi}{\operatorname{argmin}} \sum_{i=1}^{N} \omega_{i,m} I(y_i \neq \varphi(x_i)) \tag{5-11}$$

将 φ_m 带入损失函数且对β求导，可得到

$$\beta_m=\frac{1}{2}\log\frac{1-\mathrm{err}_m}{\mathrm{err}_m} \tag{5-12}$$

其中，

$$\mathrm{err}_m=\frac{\sum_{i=1}^{N}\omega_{i,m}I(y_i\neq\varphi_m(x_i))}{\sum_{i=1}^{N}\omega_{i,m}} \tag{5-13}$$

从整体上看，在 m 次训练后整个集成分类器：

$$f_m(x)=f_{m-1}(x)+\beta_m\varphi_m(x) \tag{5-14}$$

利用上述公式和 $\omega_{i,m}\triangleq \mathrm{e}^{(-y_i f_{m-1}(x_i))}$，可得样本权重更新公式：

$$\omega_{i,m+1}=\omega_{i,m}\mathrm{e}^{-\beta_m y_i\varphi_m(x_i)}\quad(i=1,2,\cdots,N) \tag{5-15}$$

需要注意的是，样本权重更新时要进行规范化操作，即除以一个规范化因子：

$$Z_m=\sum_{k=1}^{N}\omega_{k,m}\mathrm{e}^{-\beta_m y_k\varphi_m(x_k)} \tag{5-16}$$

至此，我们推理出了如何获得集成个体，如何求得集成个体的权重及如何更新训练样本的权重。对于最终整体的集成分类器的集合策略，从上面的推导过程可以看到，将它们加权求和即可。Adaboost 算法的伪代码如下：

输入：训练集 $S=\{(x_1,y_1),(x_2,y_2),\cdots,(x_N,y_N)\}$

$\omega_{i,1}=1/N(i=1,2,\cdots,N)$

for $m=1$：M do

　　使用权重 ω 在训练集上训练分类器 $\varphi_m(x)$

　　根据 $\mathrm{err}_m=\dfrac{\sum_{i=1}^{N}\omega_{i,m}I(y_i\neq\varphi_m(x_i))}{\sum_{i=1}^{N}\omega_{i,m}}$ 计算误差

　　计算集成个体权重 $\beta_m=1/2\log[(1-\mathrm{err}_m)/\mathrm{err}_m]$

　　计算样本权重 $\omega_{i,m+1}=\dfrac{\omega_{i,m}\mathrm{e}^{-\beta_m y_i\varphi_m(x_i)}}{\sum_{k=1}^{N}\omega_{k,m}\mathrm{e}^{-\beta_m y_k\varphi_m(x_k)}}(i=1,2,\cdots,N)$

　　返回最终的分类器 $h(x)=\mathrm{sgn}[\sum_{m=1}^{M}\beta_m\varphi_m(x)]$

5.4.4 Stacking

Bagging 和 Boosting 的核心出发点均是如何构造更具差异性且性能好的多个集成个体，主要集中在生成集成个体部分。此处将介绍一种出发点为如何结合集成个体的经典算法，即 Stacking 集成算法。Stacking 算法是一种多层多模型的集合方法，它通常由基础层和元模型构成，基础层用于对训练数据进行学习，元模型用于对基础层进行学习。Stacking 集成算法的核心是将集成个体的输出作为学习任务并对其进行学习，获得的预测结果作为最终的输出结果。图 5.3 所示为 Stacking 集成算法的流程图，其中 X 表示训练样本集，Y 表示样本对应的标记，Z 表示集成个体预测标记获取的新样本集合。

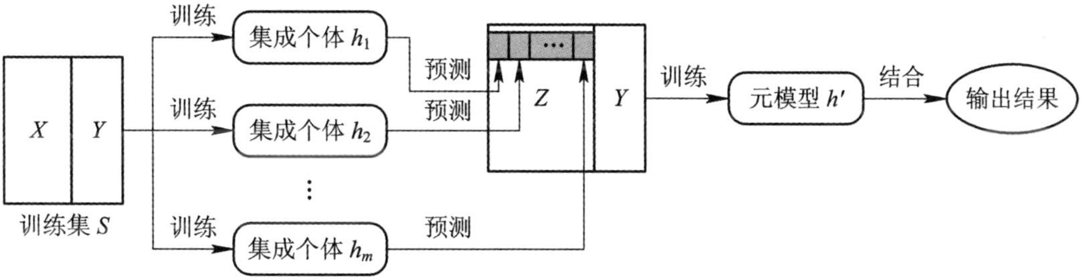

图 5.3 Stacking 算法的流程图

Stacking 算法的实现步骤大致包括：

(1) 已知训练集 $S=\{(x_1, y_1), \cdots, (x_N, y_N)\}$ 和集成个体所用模型，根据某种集成策略获取多个训练样本子集，同时对应获取 m 个集成个体 $\{h_1, \cdots, h_m\}$。

(2) 根据生成的集成个体，获得训练集 S 的预测输出 Z，$Z=\{z_1, \cdots, z_N\}$，其中 $z_i=\{z_{i1}, \cdots, z_{im}\}$，$z_{ij}=h_j(x_i)$。

(3) 使用预测输出 Z 和样本标记 Y 构成新的样本集合，采用元模型 h' 对其进行学习，获得最终的集成输出结果。

元模型 h' 相当于集成学习中的一种高级结合策略，即学习法，通过该学习法可对多个集成个体进行结合。Stacking 算法的优点在于它可以显著地提升集成性能，但是多层模型的叠加在一定程度上增加了算法复杂度。

5.4.5 深度集成学习

由于深度神经网络模型在各个领域的卓越表现，深度学习成为整个学习领域的热点，随之具有深度结构的集成学习算法也被提出。此处将介绍两种深度集成学习算法：Deep Forest(深度森林)和 Deep Boosting。

1. Deep Forest

Deep Forest(深度森林)是 2017 年周志华等人提出的一种深度集成学习算法，该算法实际上是对随机森林算法的一种改进，它通过不断地将决策树构成森林的方式，对模型进行深度和广度的延伸和扩张。深度森林算法主要包括级联森林与多粒度扫描。

级联森林是由一种多个层级构成的结构，它的每一层又是多个决策树森林集成的结构，而下一层的输入和上一层的输出相关。一般来说，决策树的叶子节点代表着样本空间的一个划分，其包含了许多训练样本，训练样本中哪一类别的数量最多，就将该样本空间标记为这一类别，但在级联森林当中，每一棵决策树的输出是对应叶子节点包含的训练样本数所构建的类别概率分布，而每一个决策树森林的输出是对其包含的每一个决策树的输出取平均得到的。假设每一个决策树森林都会输出长度为 C 的决策向量，若该层具有 N 个决策树森林，则该层的输出是长度为 $N\times C$ 的一个向量。一般来说，对于第一层，其输入为训练数据的特征，之后每一层的输入，为训练数据的特征拼接上上一层的输出，到了最后一层，该层的输出是对层中每个决策树森林的输出再取平均，并找到概率最大的那一类作为最终的输出结果。级联森林每构建一层，就会使用验证集验证已有结构的性能，当没有明显的性能提升时，终止级联森林的生成。

多粒度扫描是一种丰富特征的方法，如对一个序列特征向量(一维向量)，假设特征数为 100，如果使用长度为 30 的窗口进行滑窗处理，则会得到 71 组新的特征向量，每组特征向量包含 30 个特征值。假设待处理的数据问题为三分类问题，则每个森林最终将会获得长度为 213 的输出特征向量。如果有两个森林用于多粒度扫描，则最终将得到长度为 426 的输出特征向量，扩充的特征有利于进一步分类(更多细节信息可参阅周志华等人发表的对应文献)。

简单来讲，深度森林的具体步骤就是先对原始训练数据的特征进行多粒度扫描来扩充特征，然后再训练级联森林以达到最终的分类。假设原始训练数据有 400 个特征，数据类别为 3，则其深度森林算法的结构如图 5.4 所示。在图 5.4 所示的示例中，分别使用了长度为 100、200 和 300 的窗口在长度为 400 的特征上进行滑动，每个窗口对应着两个森林，用于扩充特征。相比于深度神经网络，深度森林算法更为简单，易于实现，在数据规模较小的情况下也能获得较好的学习性能。

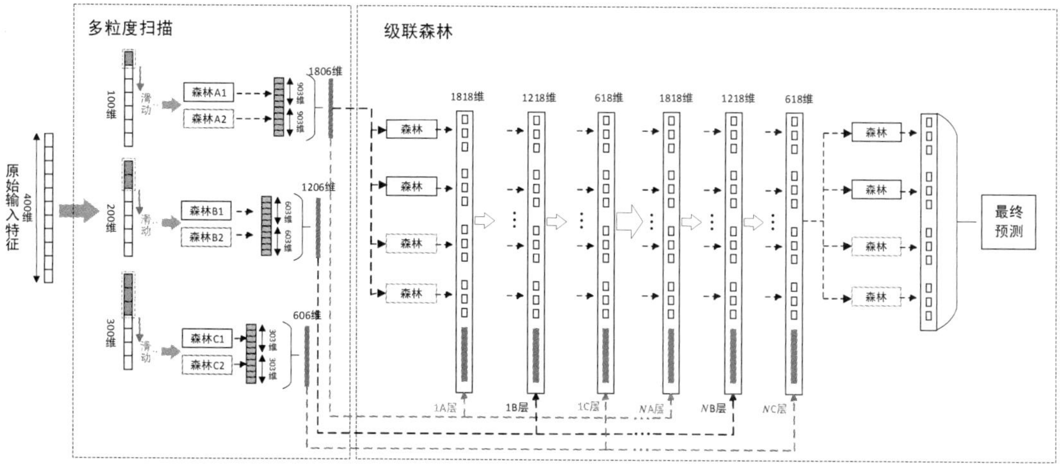

图 5.4　深度森林算法结构

2. Deep Boosting

Deep Boosting 是 2014 年 Cortes 等人提出的一种深度集成学习算法，它是 Boosting 算法的一种改进。

一般而言，集成学习算法能够有效地改善单个学习器的性能，但是当处理一些实际中较为复杂的问题时，若使用简单决策树作为 Boosting 算法的基模型，则很难获得较高的学习精度。为了解决该问题，需要采用更为复杂的集成个体模型。假设基分类器集合 H 可以被分解为 p 个不相交的族 $\{H_1, \cdots, H_p\}$（按照复杂程度递增的顺利进行排序），其中 H_k 可以是深度为 k 的决策树或基于 k 次单项式的一组函数等，$k \in [1, p]$。该算法的主要思想是使用 $\{H_1, \cdots, H_p\}$ 中的分类器进行集成，通过选取 k 值较高的分类器来得到更高的精度，但为了避免将集成个体限制在某个最优的 $H_q = \bigcup_{k=1}^{q} H_k$ 中，对 k 值较高的分类器给予较小的权重，而对 k 值较低的分类器给予较高的权重。在选定集成个体后，Deep Boosting 算法使用坐标下降法对其进行优化，目标函数如下：

$$F(\boldsymbol{\alpha}) = \frac{1}{m}\sum_{i=1}^{m}\varphi\left(1 - y_i\sum_{j=1}^{N}\alpha_j h_j(x_j)\right) + \sum_{j=1}^{N}(\sigma r_j + \beta)\left|\alpha_j\right| \tag{5-17}$$

其中，N 表示集成个体的数量，m 表示样本个数，x_i 和 y_i 分别表示第 i 个样本和其对应标记，h_j 表示第 j 个集成个体，γ_j 表示 h_j 所属族 $H_{d(h_j)}$ 的复杂度，其中 $d(h_j) \in \{1, 2, \cdots, p\}$，$\varphi$ 为损失函数，σ 和 β 为两个参数。通过最小化式(5-17)，可获得集成个体的最优权重向量 $\boldsymbol{\alpha} \in \mathbf{R}^N$。根据最优权重 $\boldsymbol{\alpha}$ 获得最终的集成输出预测：

$$f = \sum_{j=1}^{N}\alpha_j h_j \tag{5-18}$$

Deep Boosting 算法的伪代码如下：

输入：训练集 $S = \{(x_1, y_1), \cdots, (x_m, y_m)\}$

1 **for** $i \leftarrow 1$ **to** m **do**

2       $D_1(i) \leftarrow \dfrac{1}{m}$

3 **for** $t \leftarrow 1$ **to** T **do**

4   **for** $j \leftarrow 1$ **to** N **do**

5   **if** $\alpha_{t-1,j} \neq 0$ **then**

6               $d_j \leftarrow (\varepsilon_{t,j} - 0.5) + \text{sgn}(\alpha_{t-1,j}) \dfrac{\Lambda_j m}{2S_t}$

7   **elseif** $|\varepsilon_{t,j} - 0.5| \leqslant \dfrac{\Lambda_j m}{2S_t}$ **then**

8               $d_j \leftarrow 0$

9   **else** $d_j \leftarrow (\varepsilon_{t,j} - 0.5) - \text{sgn}(\varepsilon_{t,j} - 0.5) \dfrac{\Lambda_j m}{2S_t}$

10       $k \leftarrow \underset{j \in [1, N]}{\text{argmax}} |d_j|$

11       $\varepsilon_t \leftarrow \varepsilon_{t,k}$

12   **if** $|(1 - \varepsilon_t) e^{a_{t-1,k}} - \varepsilon_t e^{-a_{t-1,k}}| \leqslant \dfrac{\Lambda_k m}{S_t}$ **then**

13           $\eta_t \leftarrow -\alpha_{t-1,k}$

14   **elseif** $|(1 - \varepsilon_t) e^{a_{t-1,k}} - \varepsilon_t e^{-a_{t-1,k}}| > \dfrac{\Lambda_k m}{S_t}$ **then**

15           $\eta_t \leftarrow \log\left[-\dfrac{\Lambda_k m}{2\varepsilon_t S_t} + \sqrt{\left(\dfrac{\Lambda_k m}{2\varepsilon_t S_t}\right)^2 + \dfrac{1 - \varepsilon_t}{\varepsilon_t}} \right]$

16   **else** $\eta_t \leftarrow \log\left[\dfrac{\Lambda_k m}{2\varepsilon_t S_t} + \sqrt{\left(\dfrac{\Lambda_k m}{2\varepsilon_t S_t}\right)^2 + \dfrac{1 - \varepsilon_t}{\varepsilon_t}} \right]$

17       $\alpha_t = \alpha_{t-1} + \eta_t e_k$

18       $S_{t+1} \leftarrow \sum\limits_{i=1}^{m} \Phi'\left(1 - y_i \sum\limits_{j=1}^{N} \alpha_{t,j} h_j(x_i)\right)$

19   **for** $i \leftarrow 1$ **to** m

20           $D_{t+1}(i) \leftarrow \dfrac{\Phi'\left(1 - y_i \sum\limits_{j=1}^{N} \alpha_{t,j} h_j(x_i)\right)}{S_{t+1}}$

21 $f \leftarrow \sum\limits_{j=1}^{N} \alpha_{T,j} h_j$

22 **return** f

在该算法中，$\boldsymbol{\alpha}_t$ 表示第 t 次迭代获得的加权向量，$\boldsymbol{\alpha}_t=(\alpha_{t,1},\cdots,\alpha_{t,N})^{\mathrm{T}}$ 且 $\boldsymbol{\alpha}_0=\mathbf{0}$。$\varepsilon_{s,j}$ 表示在样本分布 D_s 下集成个体 h_j 获得的误差，计算公式如下：

$$\varepsilon_{s,j}=\frac{1}{2}\left[1-\underset{i\sim D_s}{E}\left[y_j h_j(x_i)\right]\right] \tag{5-19}$$

其中 $s\in[1,T]$，$j\in[1,N]$。该算法的核心是选定和生成 N 个集成个体 $\{h_1,\cdots,h_N\}$，通过坐标下降法更新样本权重，优化获得最优个体加权系数 $\boldsymbol{\alpha}_t$，最终获得深度集成的分类器 f。Deep Boosting 算法可以将包含深层决策树或其他的学习器集合中的元素作为基分类器，在不过度拟合数据的情况下成功地获得更好的性能。

本章小结

本章主要介绍了决策树与集成学习的相关内容。首先简要介绍了决策树的由来和基本概念，并以一个实例加深读者理解。随后，介绍了几种经典的决策树算法：以信息增益作为特征选择标准的 ID3 算法、以信息增益率作为特征选择标准的 C4.5 与 C5.0 算法、用基尼系数作为特征选择标准的 CART 算法。还着重介绍了防止决策树的过拟合的两种剪枝算法：预剪枝和后剪枝。对于集成学习，首先简要说明了其基本概念，并从通过不同的子样本集生成集成个体和集成个体的结合策略两个方面介绍了几种经典的集成学习算法。以通过不同的子样本集生成集成个体为侧重点介绍了集成学习中的 Bagging 和 Boosting 算法，并分别以随机森林算法和 Adaboost 算法为例具体介绍；以集成个体的结合策略为侧重点介绍了基于学习模式的 Stacking 集成算法。最后，介绍了具有深度结构的集成学习方法：Deep Forest 和 Deep Boosting 算法。

通过本章的学习，可使得读者深入理解监督学习问题中基于树结构的决策树模型和基于多模型学习的集成学习模型，为能够更好地研究或应用该类模型奠定基础。

习　题

1. 常用的构建决策树的方法有哪几种？分别有什么优缺点？各个方法之间有什么区别？

2. 某投资者欲投资兴建一工厂，建设方案有两种：(1) 大规模投资 300 万元；(2) 小规模投资 160 万元。两个方案生产期均为 10 年，其每年的损益及销售状态的规律见下表。试用决策树法选择最优方案。

销售状态	概率	损益值/(万元/年)	
		大规模投资	小规模投资
销路好	0.7	100	60
销路差	0.3	−20	20

3. 什么是决策树当中的大多数原则？

4. 根据下列数据，用天气、气温、湿度和风力四个特征，针对是否玩耍，利用 ID3 算法构建一个决策树。

序号	天气	气温	湿度	风力	玩耍
1	阴	炎热	大	无	否
2	阴	炎热	大	大	否
3	阴	炎热	大	中等	否
4	晴	炎热	大	无	是
5	晴	炎热	大	中等	是
6	雨	温和	大	无	否
7	雨	温和	大	中等	否
8	雨	炎热	正常	无	是
9	雨	凉爽	正常	中等	否
10	雨	炎热	正常	大	否
11	晴	凉爽	正常	大	是
12	晴	凉爽	正常	中等	是
13	阴	温和	大	无	否
14	阴	温和	大	中等	否
15	阴	凉爽	正常	无	是
16	阴	凉爽	正常	中等	是
17	雨	温和	正常	无	否
18	雨	温和	正常	中等	否
19	阴	温和	正常	中等	是
20	阴	温和	正常	大	是
21	晴	温和	大	大	是
22	晴	温和	大	中等	是
23	晴	炎热	正常	无	是
24	雨	温和	大	大	否

5. 集成学习的 Bagging 算法和 Boosting 算法的特点分别是什么？两者有什么区别？

6. 请写出集成学习经典算法 Stacking 的伪代码。

7. 对比于传统的深度神经网络(Deep Neural Network, DNN)，深度森林算法有哪些优势？

参考文献

[1] MURPHY K P. Machine Learning A Probabilistic Perspective[M]. Massachusetts: Massachusetts Institute of Technology, 2012.

[2] JOSHI A V. Machine Learning and Artificial Intelligence [M]. Switzerland: Springer Nature Switzerland AG, 2020.

[3] KAUR S, JINDAL S. A Survey on Machine Learning Algorithms[J]. International Journal of Innovative Research in Advanced Engineering, 2016, 3(11): 6 - 14.

[4] QUINLAN R. Induction of Decision Trees[J]. Machine Learning, 1986, 1(1): 81 - 106.

[5] FAKIR Y, AZALMAD M, ELAYCHI R. Study of The ID3 and C4.5 Learning Algorithms[J].Journal of Medical Informatics and Decision Making, 2020, 1(2): 29 - 43.

[6] ZHOU Z H. Ensemble Methods: Foundations and Algorithms[M]. Boca Raton, FL: CRC, 2012.

[7] LIAW A, WIENER M, WIENER T C. Classification and regression by random forest[J]. R News, 2002, 2(3): 18 - 22.

[8] ZHOU Z H, FENG J. Deep Forest: Towards an Alternative to Deep Neural Networks[C].Sierra C. IJCAF'I7: Proceedings of the 26th International Joint Conference on Artificial Intelligence, Melbourne Australia: AAAI Press, 2017: 3553 - 3559.

[9] CHANDRA B, KOTHARI R, PAUL P. A new node splitting measure for decision tree construction [J]. Pattern Recognition, 2010, 43(8): 2725 - 2731.

[10] MARTIN J K. An exact probability metric for decision tree splitting and stopping[J].Machine Learning, 1997, 28(2 - 3): 257 - 291.

[11] KULKARNI V Y, SINHA P K. Pruning of Random Forest classifiers: A survey and future directions [C]. 2012 International Conference on Data Science and Engineering (ICDSE), Cochin, India: IEEE, 2012: 64 - 68.

[12] SAGIO, ROKACH L. Ensemble learning: A survey[J]. WIREs Data Mining and Knowledge Discovery, 2018, 8(5): 1 - 18.

[13] BREIMAN L. Stacked regressions[J]. Machine Learning, 1996, 24(1): 49 - 64.

[14] BREIMAN L. Random forests[J]. Machine Learning. 2001, 45(1): 5 - 32.

[15] FREUND Y, SCHAPIRE R E. A decision-theoretic generalization of on-line learning and an application to boosting[J]. Journal of Computer and System Sciences, 1997, 55(1): 119 - 139.

[16] WOLPERT D H. Stacked generalization[J]. Neural Networks, 1992, 5(2): 241 - 260.

[17] HANSEN L K, SALAMON P. Neural network ensembles[J]. IEEE Transactions on Pattern Analysis and Machine Intelligence, 1990, 12(10): 993-1001.
[18] SCHAPIRE R E. The strength of weak learnability[J]. Machine Learning, 1990, 5(2): 197-227
[19] KUNCHEVA L I, WHITAKER C J. Measures of diversity in classifier ensembles and their relationship with the ensemble accuracy[J]. Machine Learning, 2003, 51(2): 181-207.
[20] 毛莎莎.基于贪婪优化和投影变换的集成分类器算法研究[D].西安：西安电子科技大学，2014
[21] MAO S S, JIAO L C, XIONG L. Greedy optimization classifiers ensemble based on diversity[J]. Pattern Recognition, 2011, 44(6): 1245-1261.
[22] MAO S S, JIAO L C. XIONG L, et al. Weighted Classifier Ensemble Based on Quadratic Form[J]. Pattern Recognition, 2015, 48(5): 1688-1706.
[23] VAPNIK V. The nature of statistical learning theory[M]. New York: Springer-Verlag, 1999.
[24] FLETCHER R. Practical method of optimization[M]. 2nd. Hoboken, NJ, USA: John Wiley and Sons. 1987.
[25] ZHANG Y. STREET W N. Bagging with adaptive costs[J]. IEEE Transactions on Knowledge and Data Engineering. 2005, 20(5): 577-588.
[26] BREIMAN L. Bagging predictors[J]. Machine learning, 1996, 24 (2): 123-140.
[27] RODRIGUEZ J J, KUNCHEVA L I, ALONSO C J. Rotation forest: a new classifier ensemble method [J]. IEEE Transactions on Pattern Analysis and Machine Intelligence, 2006, 28(10): 1619-1630.
[28] KUNCHEVA L I, WHITAKER C J. Measures of diversity in classifier ensembles and their relationship with the ensemble accuracy[J]. Machine Learning, 2003, 51(2): 181-207.
[29] KUZNETSOV V, MOHRI M, SYED U. Multi-Class Deep Boosting[C]. NIPS'14: Proceedings of the 27th International Conference on Neural Information Processing Systems, 2014: 2501-2509.
[30] MAO S S, LIN W S, JIAO L C, et al. End-to-End Ensemble Learning via Exploiting the Correlation between Individuals and Weights[J]. IEEE Transactions on Cybernetics, 2021, 51(5): 2835-2846.
[31] QUINLAN J R, Induction on decision tree[J]. Machine Learning, 1986, 1(1): 81-106.
[32] CORTES C, MOHRI M, SYED U. Deep boosting [C]. Proceedings of the 31st International Conference on Machine Learning, 2014: 1179-1187.

第6章 支持向量机

支持向量机(Support Vector Machine，SVM)是 Cortes 和 Vapnik 于 1995 年首先提出的，它在解决小样本、非线性及高维模式识别中表现出许多特有的优势，并能够推广应用到函数拟合等其他机器学习问题中。

6.1 支持向量机简介

支持向量机是一种二分类模型，其基本模型是定义在特征空间上使得特征间隔最大的线性分类器，以间隔最大为目标使其有别于感知机。在面对非线性分类问题时，支持向量机可以使用核函数的技巧，对非线性特征进行分类。支持向量机的学习目标是使得特征间隔最大化，其数学形式为一个求解凸二次规划最优解的问题，即支持向量机的学习过程是求解凸二次规划的最优解的过程。

支持向量机的学习过程是一个构造由简至繁构造模型的过程，包含线性可分支持向量机、线性支持向量机和非线性支持向量机。简单模型是复杂模型在特殊情况下的一种模式，也是分析复杂模型的基础。在训练数据线性可分的情况下，通过使硬间隔最大化为目标训练，可以得到一个线性分类器，即线性可分支持向量机，也称为硬间隔支持向量机；在训练数据近似线性可分的情况下，通过使软间隔最大化为目标训练，得到的也是一个线性分类器，即线性支持向量机，也称为软间隔支持向量机；在训练数据线性不可分的情况下，通过将核函数方法和软间隔最大化并用，可以学习出非线性支持向量机。

当输入数据空间为欧式空间或者离散集合，特征空间为希尔伯特空间时，核函数表示将输入数据从输入空间映射到特征空间后得到的特征向量之间的内积，通过引入核函数的方法，可以使得支持向量机能够处理非线性分类问题，等价于隐式的在高维特征空间中学习线性支持向量机。核函数方法是比支持向量机更为一般的机器学习方法。

6.2 线性支持向量机

给定训练样本集：

$$T=\{(\boldsymbol{x}_1,y_1),(\boldsymbol{x}_2,y_2),\cdots,(\boldsymbol{x}_i,y_i),\cdots,(\boldsymbol{x}_n,y_n)\},\ y_i\in\{-1,+1\},\ 1\leqslant i\leqslant n \tag{6-1}$$

其中，$\boldsymbol{x}_i$ 为第 i 个特征向量，y_i 表示 x_i 的类别，$(\boldsymbol{x}_i, y_i)$称为样本点。二分类分类器的学习目标是在空间中寻找一个超平面，能够将样本分到不同的类别。超平面的对应方程为 $\boldsymbol{w}\cdot\boldsymbol{x}+b=0$，其主要参数为法向量 $\boldsymbol{w}$ 和截距 b，可以用$(\boldsymbol{w}, b)$表示。超平面的两侧样本类别不同。一般情况下，在训练数据集线性可分时，存在无数个超平面可以将两类数据正确分离在平面两侧，比如感知机将误分类最小作为目标求得超平面，可以求得无穷多个超平面。线性支持向量机将间隔最大化作为目标求得最优超平面，可以得到唯一超平面。

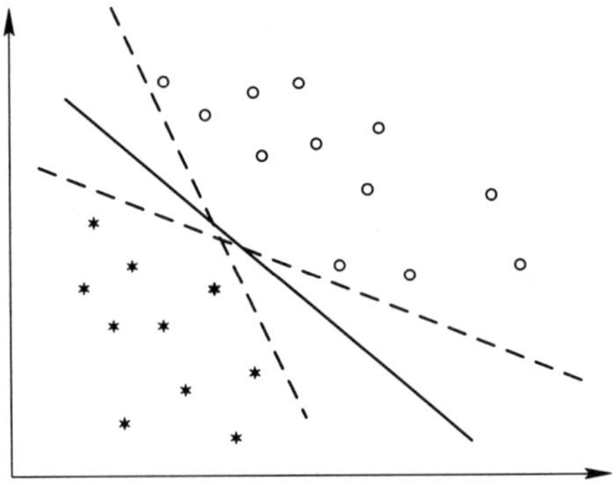

图 6.1　多种分类超平面的分类结果

图 6.1 所示的二维特征空间中的分类问题，训练数据集线性可分，此时可以将两种数据正确分类的直线有无数条，而线性支持向量机对应的直线为使得两类数据正确划分且间隔最大的直线。下面介绍函数间隔和几何间隔的概念。

6.2.1　函数间隔与几何间隔

一般情况下，一个点距离超平面的远近程度可以代表分类预测的确信度，在超平面 $\boldsymbol{w}\cdot\boldsymbol{x}+b=0$ 已经确定的情况下，$|\boldsymbol{w}\cdot\boldsymbol{x}+b|$ 能够相对地表示点 $\boldsymbol{x}$ 距离超平面的远近程度，而根据 $\boldsymbol{w}\cdot\boldsymbol{x}+b$ 和其对应的类别标记 y 是否一致，可以判断分类结果是否正确，所以，$y(\boldsymbol{w}\cdot\boldsymbol{x}+b)$可以用来表示分类的正确与否，以及其确信度，这就是函数间隔的概念。

对于给定的训练数据集 T 和超平面$(\boldsymbol{w}, b)$，定义超平面关于样本点$(\boldsymbol{x}_i, y_i)$的函数间隔为

$$\widehat{\gamma}_i=y_i(\boldsymbol{w}\cdot\boldsymbol{x}_i+b) \tag{6-2}$$

对于整个训练数据集，超平面$(\boldsymbol{w}, b)$关于整个训练数据集 T 的函数间隔由超平面$(\boldsymbol{w}, b)$关于 T 中所有样本函数间隔的最小值表示：

$$\widehat{\gamma}=\min_{i=1,\cdots,n}\widehat{\gamma}_i \tag{6-3}$$

如上所述，函数间隔可以表示分类的正确性和确信度，但是只以函数间隔作为依据选择超平面并不够。我们需要对超平面的法向量 $\boldsymbol{w}$ 施加一些约束，使得间隔是确定的，此时的函数间隔便成为了几何间隔。

对于给定的训练数据集 T 和超平面$(\boldsymbol{w}, b)$，定义超平面关于样本点$(\boldsymbol{x}_i, y_i)$的几何间隔为

$$\gamma_i = y_i\left(\frac{\boldsymbol{w}}{\|\boldsymbol{w}\|}\cdot \boldsymbol{x}_i + \frac{b}{\|\boldsymbol{w}\|}\right) \tag{6-4}$$

对于整个训练数据集，超平面$(\boldsymbol{w}, b)$关于整个训练数据集 T 的几何间隔由超平面$(\boldsymbol{w}, b)$关于 T 中所有样本几何间隔的最小值表示：

$$\gamma = \min_{i=1, \cdots, n} \gamma_i \tag{6-5}$$

超平面$(\boldsymbol{w}, b)$关于样本点$(\boldsymbol{x}_i, y_i)$的几何间隔一般是带符号的距离，当样本点正确分类时，其就表示样本点到超平面的距离。

从上述分析可知，函数间隔和几何间隔有如下关系：

$$\gamma = \frac{\hat{\gamma}}{\|\boldsymbol{w}\|} \tag{6-6}$$

当$\|\boldsymbol{w}\| = 1$时，函数间隔和几何间隔相等。

6.2.2 线性可分问题

在处理线性可分的训练数据集时，可以正确对样本进行分类的分离超平面有无数多个，但是几何间隔最大的分离超平面是唯一的。几何间隔最大的超平面意味着对训练数据集进行分类时的分类确信度充分大，即该超平面能够很好地分离距离超平面很近的点，也就是说，该超平面对未知的点有很好的预测能力。

几何间隔最大的分离超平面可以由下式表示：

$$\begin{cases} \max\limits_{\boldsymbol{w}, b} \gamma \\ \text{s.t. } \ y_i\left(\dfrac{\boldsymbol{w}}{\|\boldsymbol{w}\|}\cdot \boldsymbol{x}_i + \dfrac{b}{\|\boldsymbol{w}\|}\right) \geqslant \gamma, \ i=1, 2, \cdots, n \end{cases} \tag{6-7}$$

上式可解释为，在超平面$(\boldsymbol{w}, b)$关于训练数据集中的所有样本的点的几何间隔至少是 γ 的约束条件下，希望能够使得超平面$(\boldsymbol{w}, b)$关于训练数据集的几何间隔 γ 能够取得最大值。

由几何间隔和函数间隔之间的关系可知，上述问题可以转化为

$$\begin{cases} \max\limits_{\boldsymbol{w}, b} \dfrac{\hat{\gamma}}{\|\boldsymbol{w}\|} \\ \text{s.t. } \ y_i(\boldsymbol{w}\cdot \boldsymbol{x}_i + b) \geqslant \hat{\gamma}, \ i=1, 2, \cdots, n \end{cases} \tag{6-8}$$

其中，函数间隔 $\hat{\gamma}$ 的取值并不影响最优化问题的解。所以可以得出下面结论，线性可分支持向量机学习的最优化问题是：

$$\begin{cases} \min\limits_{\boldsymbol{w}, b} \dfrac{1}{2}\|\boldsymbol{w}\|^2 \\ \text{s.t. } \ y_i(\boldsymbol{w}\cdot \boldsymbol{x}_i + b) - 1 \geqslant 0, \ i=1, 2, \cdots, n \end{cases} \tag{6-9}$$

综上所述，可得线性可分支持向量机的学习算法为最大间隔算法，算法如下：

输入：线性可分训练数据集为

$$T=\{(\boldsymbol{x}_1,y_1),(\boldsymbol{x}_2,y_2),\cdots,(\boldsymbol{x}_i,y_i),\cdots,(\boldsymbol{x}_n,y_n)\},\ y_i\in\{-1,+1\},\ 1\leqslant i\leqslant n \tag{6-10}$$

（1）构造并求解约束最优化问题：

$$\begin{cases}\min\limits_{\boldsymbol{w},b}\ \dfrac{1}{2}\|\boldsymbol{w}\|^2\\ \text{s.t.}\ \ y_i(\boldsymbol{w}\cdot\boldsymbol{x}_i+b)-1\geqslant 0,\ i=1,2,\cdots,n\end{cases} \tag{6-11}$$

解出参数 $\boldsymbol{w}$ 和 b 的最优解 $\boldsymbol{w}'$ 和 b'。

（2）由最优解得出分离超平面：

$$\boldsymbol{w}'\cdot\boldsymbol{x}+b'=0 \tag{6-12}$$

和分类决策函数：

$$f(\boldsymbol{x})=\text{sign}(\boldsymbol{w}'\cdot\boldsymbol{x}+b') \tag{6-13}$$

输出：最大间隔分离超平面和分类决策函数。

在线性可分的情况下，训练数据集的样本中与分离超平面距离最近的样本点被称为支持向量。支持向量是使得约束条件取等号时的特征点，即

$$y_i(\boldsymbol{w}\cdot\boldsymbol{x}_i+b)-1=0 \tag{6-14}$$

对于正例样本点：

$$(\boldsymbol{w}\cdot\boldsymbol{x}_i+b)=1 \tag{6-15}$$

对于负例样本点：

$$(\boldsymbol{w}\cdot\boldsymbol{x}_i+b)=-1 \tag{6-16}$$

从图 6.2 可以看到，在求解最优化问题时，间隔只依赖于支持向量到分离超平面的距离。所以，在确定分离超平面时只有支持向量起作用，样本集中的其他样本点并不起作用。移动支持向量会使得所求解得到的分离超平面改变，而移动其他的样本点并不会对最终解造成影响。所以，支持向量机其实是由较少有代表性的训练样本决定的。

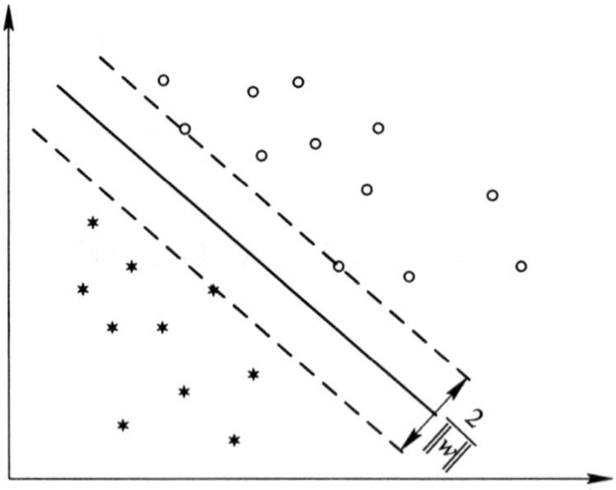

图 6.2　支持向量和几何间隔

6.2.3　对偶问题

为了求解线性可分的支持向量机的最优化问题，我们可以通过求解对偶问题得到原式问题的最优解。对偶问题即线性可分支持向量机的对偶算法。通过引入对偶问题，可以更

容易地求出最优解，且可以更自然地引入核函数，进而推广到非线性分类问题。

首先构造拉格朗日函数，对于支持向量机的约束问题，对不等式约束引入拉格朗日乘子 $\alpha_i \geqslant 0$，$i=1, 2, \cdots, n$，定义拉格朗日函数：

$$L(\boldsymbol{w}, b, \boldsymbol{\alpha}) = \frac{1}{2}\|\boldsymbol{w}\|^2 - \sum_{i=1}^{n}\alpha_i[1 - y_i(\boldsymbol{w}\cdot\boldsymbol{x}_i + b)] \tag{6-17}$$

其中，$\boldsymbol{\alpha}=(\alpha_1, \alpha_2, \cdots, \alpha_n)^{\mathrm{T}}$，为拉格朗日乘子。

根据拉格朗日对偶性，原始问题的对偶问题是极大极小问题：

$$\max_{\boldsymbol{\alpha}}\min_{\boldsymbol{w}, b} L(\boldsymbol{w}, b, \boldsymbol{\alpha}) \tag{6-18}$$

所以需先求 $L(\boldsymbol{w}, b, \boldsymbol{\alpha})$对于 $\boldsymbol{w}$，b 的极小问题，再求对于 $\boldsymbol{\alpha}$ 的极大问题。

(1) 求$\min\limits_{\boldsymbol{w}, b} L(\boldsymbol{w}, b, \boldsymbol{\alpha})$。令 $L(\boldsymbol{w}, b, \boldsymbol{\alpha})$对 $\boldsymbol{w}$，b 求偏导为 0 可得

$$\boldsymbol{w} = \sum_{i=1}^{n}\alpha_i y_i \boldsymbol{x}_i \tag{6-19}$$

$$0 = \sum_{i=1}^{n}\alpha_i y_i \tag{6-20}$$

(2) 将上两式带入拉格朗日函数中，求$\min\limits_{\boldsymbol{w}, b} L(\boldsymbol{w}, b, \boldsymbol{\alpha})$对 $\boldsymbol{\alpha}$ 的极大值(即是对偶问题)：

$$\begin{cases} \max\limits_{\boldsymbol{\alpha}} \sum\limits_{i=1}^{n}\alpha_i - \dfrac{1}{2}\sum\limits_{i=1}^{n}\sum\limits_{j=1}^{n}\alpha_i\alpha_j y_i y_j(\boldsymbol{x}_i\cdot\boldsymbol{x}_j) \\ \text{s.t.}\ \sum\limits_{i=1}^{n}\alpha_i y_i = 0 \\ \alpha_i \geqslant 0,\ i=1, 2, \cdots, n \end{cases} \tag{6-21}$$

对于线性可分训练数据集，设 $\boldsymbol{\alpha}'=(\alpha_1', \alpha_2', \cdots, \alpha_n')^{\mathrm{T}}$ 是对偶优化问题的解，则存在下标 j，使得 $\alpha_j' \geqslant 0$，并可以按下式求得原始最优化问题的解 $\boldsymbol{w}'$和 b'：

$$\boldsymbol{w}' = \sum_{i=1}^{n}\alpha_i' y_i \boldsymbol{x}_i \tag{6-22}$$

$$b' = y_j - \sum_{i=1}^{n}\alpha_i' y_i(\boldsymbol{x}_i\cdot\boldsymbol{x}_j) \tag{6-23}$$

由此可知，分离超平面可以由下式表示：

$$\sum_{i=1}^{n}\alpha_i' y_i(\boldsymbol{x}\cdot\boldsymbol{x}_i) + b' = 0 \tag{6-24}$$

分类决策函数可以由下式表示：

$$f(\boldsymbol{x}) = \mathrm{sign}\left(\sum_{i=1}^{n}\alpha_i' y_i(\boldsymbol{x}\cdot\boldsymbol{x}_i) + b'\right) \tag{6-25}$$

综上所述，对于给定的线性可分训练数据集，可以通过先求出其对偶问题的解 $\boldsymbol{\alpha}'$，再根据上式求得原始问题的解 $\boldsymbol{w}'$和 b'，最终得到分离超平面和分类决策函数。整个算法

步骤如下：

输入：线性可分训练数据集为

$$T=\{(\boldsymbol{x}_1,y_1),(\boldsymbol{x}_2,y_2),\cdots,(\boldsymbol{x}_i,y_i),\cdots,(\boldsymbol{x}_n,y_n)\},\ y_i\in\{-1,+1\},\ 1\leqslant i\leqslant n \tag{6-26}$$

（1）构造并求解约束最优化问题：

$$\begin{cases}\max\limits_{\boldsymbol{\alpha}}\sum\limits_{i=1}^{n}\alpha_i-\dfrac{1}{2}\sum\limits_{i=1}^{n}\sum\limits_{j=1}^{n}\alpha_i\alpha_j y_i y_j(\boldsymbol{x}_i\cdot\boldsymbol{x}_j)\\ \text{s.t. }\sum\limits_{i=1}^{n}\alpha_i y_i=0\\ \alpha_i\geqslant 0,\ i=1,2,\cdots,n\end{cases} \tag{6-27}$$

解出参数 $\boldsymbol{\alpha}'=(\alpha_1',\alpha_2',\cdots,\alpha_n')^{\mathrm{T}}$。

（2）计算最优解 $\boldsymbol{w}'$：

$$\boldsymbol{w}'=\sum_{i=1}^{n}\alpha_i' y_i\boldsymbol{x}_i \tag{6-28}$$

选择 $\boldsymbol{\alpha}'$的一个分量 $\alpha_j'\geqslant 0$，计算最优解 b'：

$$b'=y_j-\sum_{i=1}^{n}\alpha_i' y_i(\boldsymbol{x}_i\cdot\boldsymbol{x}_j) \tag{6-29}$$

（3）由最优解得出分离超平面：

$$\boldsymbol{w}'\cdot\boldsymbol{x}+b'=0 \tag{6-30}$$

和分类决策函数：

$$f(\boldsymbol{x})=\mathrm{sign}(\boldsymbol{w}'\cdot\boldsymbol{x}+b') \tag{6-31}$$

输出：最大间隔分离超平面和分类决策函数。

6.3 非线性支持向量机

线性分类支持向量机是一种解决线性分类问题时非常有效的方法，但是在面对非线性分类问题时，就需要使用非线性支持向量机。非线性分类问题是指无法用直线(线性模型)将正负实例区分开的问题，如图 6.3 所示。

对于这样的问题，可以将样本从原始空间映射到一个更高维的特征空间，使得样本在高维特征空间中线性可分，并且能在高维空间中找到合适的分离超平面。如图 6.4 所示，如果原始空间是有限维的，其特征数也是有限的，则一定存在一个更高维的特征空间使得样本可以在此高维空间中线性可分。

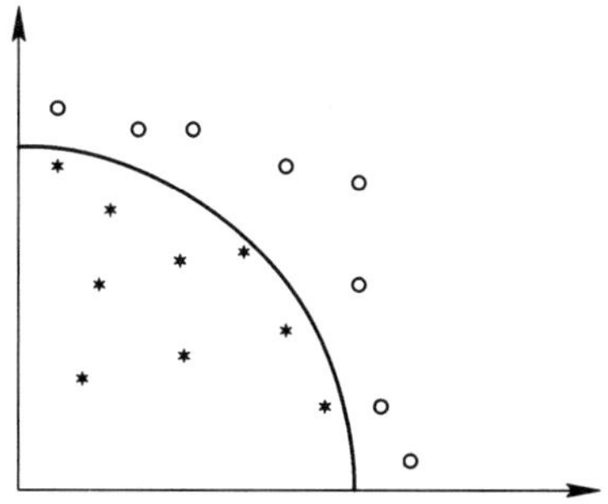

图 6.3　线性不可分样本

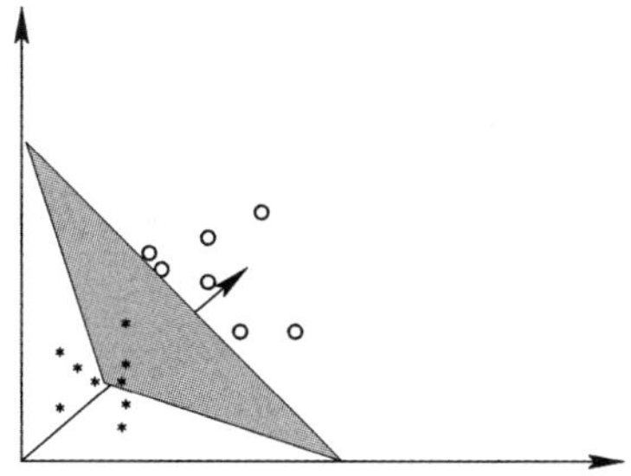

图 6.4　高维空间线性可分

6.3.1　核方法

令 $\boldsymbol{\varphi}(\boldsymbol{x})$表示将 $\boldsymbol{x}$ 映射后的特征向量，则在特征空间中的分类决策函数可用下式表示：

$$f(\boldsymbol{x})=\mathrm{sign}(\boldsymbol{w}'\cdot\boldsymbol{\varphi}(\boldsymbol{x})+b') \tag{6-32}$$

与之对应的所需求解的最优化问题也会转换为下式：

$$\begin{cases}\min\limits_{\boldsymbol{w},\,b}\ \dfrac{1}{2}\|\boldsymbol{w}\|^2\\ \text{s.t.}\ \ y_i(\boldsymbol{w}\cdot\boldsymbol{\varphi}(\boldsymbol{x}_i)+b)-1\geqslant 0,\ i=1,\ 2,\ \cdots,\ n\end{cases} \tag{6-33}$$

那么，其对偶问题可以表示为

$$\begin{cases}\max\limits_{\boldsymbol{\alpha}}\sum\limits_{i=1}^{n}\alpha_i-\dfrac{1}{2}\sum\limits_{i=1}^{n}\sum\limits_{j=1}^{n}\alpha_i\alpha_j y_i y_j\boldsymbol{\varphi}(\boldsymbol{x}_i)\cdot\boldsymbol{\varphi}(\boldsymbol{x}_j)\\ \text{s.t.}\ \sum\limits_{i=1}^{n}\alpha_i y_i=0\\ \alpha_i\geqslant 0,\ i=1,\ 2,\ \cdots,\ n\end{cases} \tag{6-34}$$

定义函数 $K(\boldsymbol{x}_i,\ \boldsymbol{x}_j)$满足下式：

$$K(\boldsymbol{x}_i,\ \boldsymbol{x}_j)=\boldsymbol{\varphi}(\boldsymbol{x}_i)\cdot\boldsymbol{\varphi}(\boldsymbol{x}_j) \tag{6-35}$$

即 $\boldsymbol{x}_i$ 和 $\boldsymbol{x}_j$ 在映射后的特征空间中的内积可以由其在原本特征空间中通过函数 $K(\boldsymbol{x}_i,\ \boldsymbol{x}_j)$ 直接计算得出，不需要再进行映射和高维空间中的内积操作。这样的函数称为核函数。

此时对偶问题的目标函数可以写成：

$$\begin{cases}\max\limits_{\boldsymbol{\alpha}}\sum\limits_{i=1}^{n}\alpha_i-\dfrac{1}{2}\sum\limits_{i=1}^{n}\sum\limits_{j=1}^{n}\alpha_i\alpha_j y_i y_j K(\boldsymbol{x}_i,\ \boldsymbol{x}_j)\\ \text{s.t.}\ \sum\limits_{i=1}^{n}\alpha_i y_i=0\\ \alpha_i\geqslant 0,\ i=1,\ 2,\ \cdots,\ n\end{cases} \tag{6-36}$$

在进行空间映射时，特征空间一般是更高维的空间，可以看到，在给定核函数 $K(\boldsymbol{x}_i, \boldsymbol{x}_j)$ 的情况下，映射函数和对应的特征空间并不是唯一的。

在实际任务中，不知道映射函数时，如何确定是否存在合适的核函数，什么样的函数才能作为核函数是使用核方法的关键问题。在使用核函数时，有如下定理：令 χ 为输入空间，函数 $K(\boldsymbol{x}_i, \boldsymbol{x}_j)$ 是在原始空间上的对称函数，则 $K(\boldsymbol{x}_i, \boldsymbol{x}_j)$ 可以作为核函数的充要条件是，对于任意数据 $\boldsymbol{x}_i \in \chi$，$i=1, 2, \cdots, m$，核函数对应的 Gram 矩阵 $\boldsymbol{K}$ 总是半正定矩阵：

$$\boldsymbol{K}=\begin{bmatrix} K(\boldsymbol{x}_1, \boldsymbol{x}_1) & \cdots & K(\boldsymbol{x}_1, \boldsymbol{x}_j) & \cdots & K(\boldsymbol{x}_1, \boldsymbol{x}_m) \\ \vdots & & \vdots & & \vdots \\ K(\boldsymbol{x}_i, \boldsymbol{x}_1) & \cdots & K(\boldsymbol{x}_i, \boldsymbol{x}_j) & \cdots & K(\boldsymbol{x}_i, \boldsymbol{x}_m) \\ \vdots & & \vdots & & \vdots \\ K(\boldsymbol{x}_m, \boldsymbol{x}_1) & \cdots & K(\boldsymbol{x}_m, \boldsymbol{x}_j) & \cdots & K(\boldsymbol{x}_m, \boldsymbol{x}_m) \end{bmatrix} \tag{6-37}$$

上述条件对构造核函数式很有用，但是在解决实际问题时，验证输入样本的 Gram 矩阵是否是半正定矩阵并不容易。所以，在实际应用中，往往使用现有的核函数。

6.3.2 常用核函数

线性核函数：

$$K(\boldsymbol{x}_i, \boldsymbol{x}_j)=\boldsymbol{x}_i^{\mathrm{T}} \cdot \boldsymbol{x}_j \tag{6-38}$$

多项式核函数：

$$K(\boldsymbol{x}_i, \boldsymbol{x}_j)=(\boldsymbol{x}_i^{\mathrm{T}} \cdot \boldsymbol{x}_j)^d, \ d \geqslant 1 \tag{6-39}$$

高斯核函数：

$$K(\boldsymbol{x}_i, \boldsymbol{x}_j)=\exp\left(-\frac{\|\boldsymbol{x}_i-\boldsymbol{x}_j\|^2}{2\sigma^2}\right) \tag{6-40}$$

Sigmoid 核函数：

$$K(\boldsymbol{x}_i, \boldsymbol{x}_j)=\tanh(\beta \boldsymbol{x}_i^{\mathrm{T}} \cdot \boldsymbol{x}_j+\theta) \tag{6-41}$$

另外，还可以通过多个核函数的组合形成新的核函数：

(1) 若 K_1 和 K_2 是核函数，则其线性组合也是核函数：

$$K(\boldsymbol{x}, \boldsymbol{z})=mK_1(\boldsymbol{x}, \boldsymbol{z})+nK_2(\boldsymbol{x}, \boldsymbol{z}) \tag{6-42}$$

其中，m，n 为任意正数。

(2) 若 K_1 和 K_2 是核函数，则其直积也是核函数：

$$K(\boldsymbol{x}, \boldsymbol{z})=K_1(\boldsymbol{x}, \boldsymbol{z}) \cdot K_2(\boldsymbol{x}, \boldsymbol{z}) \tag{6-43}$$

(3) 若 K_1 是核函数，则对于任意函数 $g(\boldsymbol{x})$，下式也是核函数：

$$K(\boldsymbol{x}, \boldsymbol{z})=g(\boldsymbol{x})K_1(\boldsymbol{x}, \boldsymbol{z})g(\boldsymbol{z}) \tag{6-44}$$

6.3.3 非线性支持向量分类

通过使用核函数的方法，可以对非线性问题进行分类。将线性支持向量机扩展到非线性支持向量机，只需要将对偶形势中的内积替换成相应的核函数即可。对于非线性分类数据集，通过引入核函数，使得几何间隔最大，可以学习到如下的分类决策函数：

$$f(\boldsymbol{x})=\operatorname{sign}\left(\sum_{i=1}^{n}\alpha_i' y_i K(\boldsymbol{x},\ \boldsymbol{x}_i)+b'\right) \tag{6-45}$$

非线性支持向量机学习算法如下：

输入：非线性训练数据集为

$$T=\{(\boldsymbol{x}_1,\boldsymbol{y}_1),\ (\boldsymbol{x}_2,y_2),\cdots,(\boldsymbol{x}_i,y_i),\cdots,(\boldsymbol{x}_n,y_n)\},\ y_i\in\{-1,\ +1\},\ 1\leqslant i\leqslant n \tag{6-46}$$

(1) 构造并求解约束最优化问题：

$$\begin{cases}\max\limits_{\boldsymbol{\alpha}}\sum\limits_{i=1}^{n}\alpha_i-\dfrac{1}{2}\sum\limits_{i=1}^{n}\sum\limits_{j=1}^{n}\alpha_i\alpha_j y_i y_j K(\boldsymbol{x}_i,\ \boldsymbol{x}_j)\\ \text{s.t.}\ \sum\limits_{i=1}^{n}\alpha_i y_i=0\\ \alpha_i\geqslant 0,\ i=1,\ 2,\ \cdots,\ n\end{cases} \tag{6-47}$$

解出参数 $\boldsymbol{\alpha}'=(\alpha_1',\ \alpha_2',\ \cdots,\ \alpha_n')^{\mathrm{T}}$。

(2) 计算最优解 $\boldsymbol{w}'$：

$$\boldsymbol{w}'=\sum_{i=1}^{n}\alpha_i' y_i\boldsymbol{x}_i \tag{6-48}$$

选择 $\boldsymbol{\alpha}'$的一个分量 $\alpha_j'\geqslant 0$，计算最优解 b'：

$$b'=y_j-\sum_{i=1}^{n}\alpha_i' y_i K(\boldsymbol{x}_i,\ \boldsymbol{x}_j) \tag{6-49}$$

(3) 由最优解得出分类决策函数：

$$f(\boldsymbol{x})=\operatorname{sign}\left(\sum_{i=1}^{n}\alpha_i' y_i K(\boldsymbol{x},\ \boldsymbol{x}_i)+b'\right) \tag{6-50}$$

输出：分类决策函数。

6.4 支持向量机的应用

此处使用 Python 中的 Scikit-Learn 库，数据集为鸢尾花数据集，在实际分类任务中使用 SVM 方法，并同时使用核函数，以体现 SVM 方法在实际使用中的效果。

在鸢尾花数据集中，每行数据共有五列，其中前四列为特征，最后一列为类别。数据集中的四个特征分别代表萼片的长度和宽度，滑板的长度和宽度；类别总共有三种。首先读取数据集，并从数据集中提取数据特征，将类别标签转换为数字形式。然后，将读取到的数据集随机划分为训练样本和测试样本，将已经准备好的数据送入 SVM 模型中训练。这里的 SVM 模型直接使用 Scikit-Learn 库中的 SVM 模型，注意需要提前导入 Scikit-Learn 库。最后，计算分类准确率，验证最终的分类结果。实验结果表明，SVM 模型已经可以很好地对鸢尾花数据集进行分类，且过拟合现象很微弱。

本章小结

支持向量机是一种经典的二分类模型，其基本模型是定义在特征空间上的几何间隔最大的线性分类器。同时，通过引入核函数，可以使其成为非线性分类器。支持向量机的学习策略是间隔最大化，其数学形式为一个凸二次规划问题，所以支持向量机学习算法就是求解凸二次规划的最优化算法。目前，支持向量机算法并没有在工业界得到广泛应用，但是其完善的数学理论和巧妙的算法思想在学术界占有很重要的地位。

习　题

1. 比较感知机的对偶形式与线性可分支持向量机的对偶形式。

2. 使用 Python 的 Scikit-Learn 库中的 SVM 模型，在西瓜数据集 3.0α 上分别使用不同的高斯核函数训练 SVM，比较使用不同核函数时的结果差异。

3. 在题目 2 的数据集中，试对比 SVM 训练模型结果与 BP 神经网络和决策树实验结果的差异。

4. 试预测 SVM 模型是否对于噪声敏感，并分析原因。

5. 总结 SVM 模型的优缺点。

参考文献

[1] 邓乃扬，田英杰. 支持向量机：理论，方法与拓展. 北京：科学出版社，2009.

[2] 周志华. 机器学习. 北京：清华大学出版社，2016.

[3] 李航. 统计学习方法. 北京：清华大学出版社，2012.

第7章 贝叶斯决策理论

贝叶斯决策理论是处理模式分类问题的基本理论之一，在实际问题中有十分广泛的应用。本章将详细地介绍贝叶斯分类器、朴素贝叶斯分类器和贝叶斯网络。

7.1 贝叶斯分类器

贝叶斯分类器是基于贝叶斯决策理论的一种分类器，本节将着重介绍贝叶斯分类器所涉及的贝叶斯决策理论和其相对应的最小错误率贝叶斯决策规则以及最小风险贝叶斯决策规则。

7.1.1 贝叶斯决策理论

贝叶斯决策理论是统计决策理论中的一个基本方法。贝叶斯决策理论用于在某个分类问题中，在所有相关概率都已知的情况下，通过对损失的判断，来执行分类任务。

首先讨论二分类的情况。在一个未知的样本中，用 ω_1、ω_2 来表示样本的类别，并用 $P(\omega_1)$、$P(\omega_2)$来表示其先验概率。先验概率一般是已知的，如果先验概率是未知的，则可以从训练样本中估算得到。例如，已知有 m 个训练样本，属于 ω_1、ω_2 两类的样本数分别为 m_1、m_2，那么可以通过 $P(\omega_1)\approx\frac{m_1}{m}$，$P(\omega_2)\approx\frac{m_2}{m}$计算出两类的先验概率。对每一类的特征向量分布情况，使用类条件概率密度函数 $p(\boldsymbol{x}|\omega_i)(i=1, 2)$来表示。从这个概率密度函数的形式不难看出，$p(\boldsymbol{x}|\omega_i)$可以看作是 $\boldsymbol{x}$ 关于 ω_i 的似然函数，与先验概率相同，其一般也是已知的；如果是未知的，则同样可以从训练样本中估算得到。同时，使用后验概率 $P(\omega_i|\boldsymbol{x})$来表示在出现 $\boldsymbol{x}$ 的条件下出现 ω_i 的概率，也就是通过观测向量 $\boldsymbol{x}$ 把样本分为第 i 类的概率。

在已知所有用来计算后验概率的条件之后，通过贝叶斯公式，根据先验概率、后验概率和概率密度函数之间的关系：

$$P(\omega_i|\boldsymbol{x})=\frac{p(\boldsymbol{x}|\omega_i)P(\omega_i)}{p(\boldsymbol{x})} \tag{7-1}$$

即可计算出后验概率。式(7-1)中，$p(\boldsymbol{x})$是 $\boldsymbol{x}$ 的概率密度函数，即

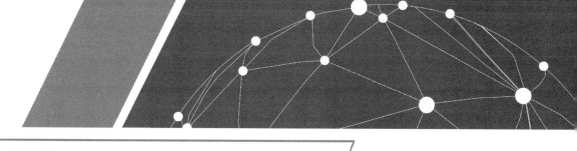

$$p(\boldsymbol{x})=\sum_{i=1}^{2}p(\boldsymbol{x}\mid\omega_i)P(\omega_i) \tag{7-2}$$

因此，贝叶斯决策规则可以描述如下：

(1) 若 $P(\omega_1|\boldsymbol{x})>P(\omega_2|\boldsymbol{x})$，则 $\boldsymbol{x}$ 属于 ω_1；

(2) 若 $P(\omega_1|\boldsymbol{x})<P(\omega_2|\boldsymbol{x})$，则 $\boldsymbol{x}$ 属于 ω_2。

当两个后验概率相等时，样本可以被分为任何一类。我们一般不希望出现这种情况。根据式(7-1)，这种情况可以表示为

$$p(\boldsymbol{x}|\omega_1)P(\omega_1)\approx p(\boldsymbol{x}|\omega_2)P(\omega_2) \tag{7-3}$$

因为 $p(\boldsymbol{x})$对于两类后验概率来说是相同的，对结果没有影响，所以可以不考虑。因此，贝叶斯决策规则也可以描述如下：

(1) 若 $p(\boldsymbol{x}|\omega_1)P(\omega_1)>p(\boldsymbol{x}|\omega_2)P(\omega_2)$，则 $\boldsymbol{x}$ 属于 ω_1；

(2) 若 $p(\boldsymbol{x}|\omega_1)P(\omega_1)<p(\boldsymbol{x}|\omega_2)P(\omega_2)$，则 $\boldsymbol{x}$ 属于 ω_2。

这就是二分类情况下的最小错误率贝叶斯决策规则。对于 N 分类情况，可以通过推广得到：若 $p(\boldsymbol{x}|\omega_i)P(\omega_i)>p(\boldsymbol{x}|\omega_j)P(\omega_j)$，$j=1,2,\cdots,N$，$i\neq j$，则 $\boldsymbol{x}$ 属于 ω_i。

同时，如果两类的先验概率也相等，即 $P(\omega_1)=P(\omega_2)=\frac{1}{2}$，则式(7-3)还可以进一步等价表示为

$$p(\boldsymbol{x}|\omega_1)\approx p(\boldsymbol{x}|\omega_2) \tag{7-4}$$

可以看出，此时后验概率的最大值估计取决于 $\boldsymbol{x}$ 类条件概率密度函数的估计值。图 7.1 表示的是具有两个等概率类别组成的贝叶斯分类器的例子，体现了 $\boldsymbol{x}$($d=1$，d 为 $\boldsymbol{x}$ 的维数)的函数 $p(\boldsymbol{x}|\omega_i)$($i=1,2$)的变化情况。图 7.1 中，特征空间被 a 处的虚线分割成了 d_1 和 d_2 两个区域。根据贝叶斯决策规则，若样本观测向量 $\boldsymbol{x}$ 的值处在区域d_1 上，则该样本会被分类为 ω_1；若观测向量 $\boldsymbol{x}$ 的值处在区域d_2 上，则该样本会被分类为 ω_2。可是通过观察图中的阴影区域，不难发现，分类错误是无法避免的，阴影区域中某些 $\boldsymbol{x}$ 的值原本属于 ω_1 类，却被分类到了 ω_2 类中，这对于 ω_2 类的分类错误也是相同的。那么，这个分类错误率的计算公式就可以表示为

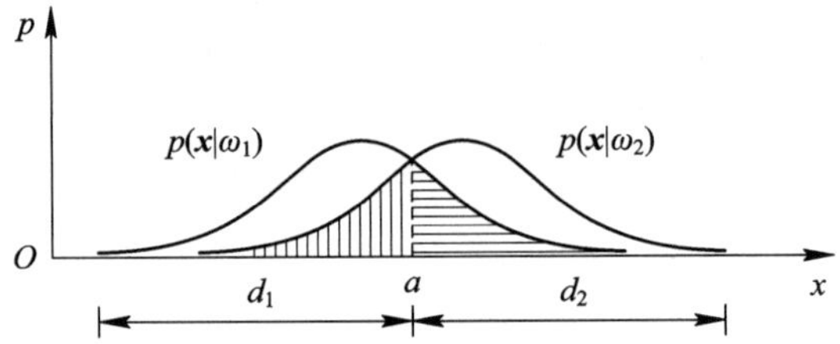

图 7.1　由两个等概率类别组成的贝叶斯分类器的例子

$$2P_e=\int_{-\infty}^{a} p(\boldsymbol{x} \mid \omega_2)\mathrm{d}\boldsymbol{x}+\int_{a}^{\infty} p(\boldsymbol{x} \mid \omega_1)\mathrm{d}\boldsymbol{x} \tag{7-5}$$

不难看出，$2P_e$ 的值和图 7.1 中的阴影部分面积相等，因此我们只要尽可能地减小 $2P_e$ 的值，就可以减小分类错误率，从而做出最优的决策。

7.1.2 最小风险贝叶斯决策规则

虽然最小错误率贝叶斯决策规则能降低分类错误率，但是在一些实际的分类问题中这个规则并不是最佳的。这是因为最小错误率贝叶斯决策规则中，将每一种错误判断所带来的后果看作是相同的；但大多数情况下，不同的错误判断所带来的后果的严重性是不同的。为了将不同的错误判断所带来的不同后果的严重性纳入决策规则之中，我们引入一个新的规则——最小风险贝叶斯决策规则，这个规则不仅将正确判断作为标准，还考虑了判断失误所带来的严重后果。它赋予了每一种决策一个损失值，用来衡量因该种错误决策而造成的损失。

对于图 7.1 所示的情况，我们根据风险引入损失值，重新选择区域 R_1 和 R_2，使得 P_e 最小，即

$$P_e=\lambda_{12}P(\omega_1)\int_{-\infty}^{x0} p(\boldsymbol{x} \mid \omega_1)\mathrm{d}\boldsymbol{x}+\lambda_{21}P(\omega_2)\int_{x0}^{\infty} p(\boldsymbol{x} \mid \omega_2)\mathrm{d}\boldsymbol{x} \tag{7-6}$$

其中：λ_{12}代表将本属于 ω_1 类而分为 ω_2 类所造成的损失的权重；λ_{21}代表将本属于 ω_2 类而分为 ω_1 类所造成的损失的权重。可以看出，引入了权重 λ_{12}和 λ_{21}后，我们即可根据不同后果的严重性来改变不同错误决策对错误率的影响。

进一步地，从二分类问题推广到 N 分类问题，其中 $R_j(j=1,2,\cdots,N)$表示对应的 ω_j 类的特征空间。若有一个 ω_k 类的特征向量 $\boldsymbol{x}$ 位于 $R_i(i\neq k)$中，但分类时该向量被分到了 ω_i 类中，从而造成了分类错误。此处我们定义一个损失矩阵 $\boldsymbol{L}$：

$$\boldsymbol{L}=\begin{bmatrix} \lambda_{11} & \cdots & \lambda_{1N} \\ \vdots & & \vdots \\ \lambda_{N1} & \cdots & \lambda_{NN} \end{bmatrix} \tag{7-7}$$

矩阵中的元素为与分类错误相关的损失系数 λ_{ki}。不难看出，损失矩阵对角线上元素的值对应的是正确的决策，所以正常情况下我们将对角线上元素的值设为 0。与 ω_k 相关的损失定义为

$$r_k=\sum_{i=1}^{N}\lambda_{ki}\int_{R_i} p(\boldsymbol{x} \mid \omega_k)\mathrm{d}\boldsymbol{x} \tag{7-8}$$

其中：积分部分代表所有本属于 ω_k 类的特征向量被错误分到 ω_i 类中的概率；λ_{ki}是这个错误概率的加权值。当前的目标是选择分区 R_j，使得平均风险

$$r=\sum_{k=1}^{N} r_{ki}P(\omega_k)=\sum_{i=1}^{N}\int_{R_i}\Big(\sum_{k=1}^{N}\lambda_{ki}p(\boldsymbol{x} \mid \omega_k)P(\omega_k)\Big)\mathrm{d}\boldsymbol{x} \tag{7-9}$$

取得最小值。为了得到最小值，积分的每一部分都要取得最小值。所以应该选择如下分区：

$$\begin{cases} l_i = \sum_{k=1}^{N} \lambda_{ki} p(\boldsymbol{x} \mid \omega_k) P(\omega_k), \ l_i < l \\ l_j = \sum_{k=1}^{N} \lambda_{kj} p(\boldsymbol{x} \mid \omega_k) P(\omega_k), \ \forall i \neq j \end{cases} \tag{7-10}$$

若式(7－10)成立，则 $\boldsymbol{x} \in R_i$。

以二分类情况举例，有

$$l_1 = \lambda_{11} p(\boldsymbol{x}|\omega_1) P(\omega_1) + \lambda_{21} p(\boldsymbol{x}|\omega_2) P(\omega_2) \tag{7-11}$$

$$l_2 = \lambda_{12} p(\boldsymbol{x}|\omega_1) P(\omega_1) + \lambda_{22} p(\boldsymbol{x}|\omega_2) P(\omega_2) \tag{7-12}$$

若 $l_1 < l_2$，则 $\boldsymbol{x}$ 属于 ω_1 类，即

$$(\lambda_{12} - \lambda_{11}) p(\boldsymbol{x}|\omega_1) P(\omega_1) > (\lambda_{21} - \lambda_{22}) p(\boldsymbol{x}|\omega_2) P(\omega_2) \tag{7-13}$$

这就是最小风险贝叶斯决策规则。

通常来说，错误的结论需要承受比正确的结论更多的损失，所以假设 $\lambda_{ij} > \lambda_{ii}$。根据假设，式(7－13)等价于

$$l_{12} = \frac{p(\boldsymbol{x}|\omega_1)}{p(\boldsymbol{x}|\omega_2)} > (<) \frac{P(\omega_2)(\lambda_{21} - \lambda_{22})}{P(\omega_1)(\lambda_{12} - \lambda_{11})} \tag{7-14}$$

若式(7－14)成立，则 $\boldsymbol{x} \in \omega_1$，其中 l_{12} 称为似然比。

通过式(7－14)再返回研究图 7.1 中的情况。设损失矩阵为

$$\boldsymbol{L} = \begin{bmatrix} 0 & \lambda_{12} \\ \lambda_{21} & 0 \end{bmatrix} \tag{7-15}$$

假设 ω_2 类的样本被错误分到 ω_1 类中会产生更加严重的后果，可令 $\lambda_{21} > \lambda_{12}$。如果满足

$$p(\boldsymbol{x}|\omega_2) > \frac{\lambda_{12}}{\lambda_{21}} p(\boldsymbol{x}|\omega_1) \tag{7-16}$$

则该样本被分到 ω_2 类中。由于前文已假设 $P(\omega_1) = P(\omega_2) = \frac{1}{2}$，因此给 $p(\boldsymbol{x}|\omega_i)$乘一个小于 1 的系数，在图 7.1 上表示出来就是分类阈值移到了 a 的左边，使得区域 d_2 变大，区域 d_1 变小。若 $\lambda_{21} < \lambda_{12}$，则各种情况相反。

将最小风险贝叶斯决策规则与最小错误率贝叶斯决策规则相对比，不难看出，它们的形式是十分相似的，只不过最小风险贝叶斯决策规则增加了权重后，可以使得阈值发生改变，能够适应更复杂的决策问题。且如果满足 $k \neq i$ 时 $\lambda_{ki} = 1$ 和 $k = i$ 时 $\lambda_{ki} = 0$，则最小风险贝叶斯决策规则就等价于最小错误率贝叶斯决策规则，这种情况称为“0－1”损失函数下的最小风险准则。可以说，最小错误率贝叶斯决策规则是最小风险贝叶斯决策规则在“0－1”损失函数条件下的特例。

7.2 朴素贝叶斯分类器

从 7.1.1 节中我们能看出，通过贝叶斯公式来估计后验概率最大的问题是类条件概率密度函数 $p(\boldsymbol{x}|\omega_i)(i=1, 2, \cdots, N)$要求所有相关概率都已知时才能求出，所以所需的训练样本数量会变得很大；实际情况中，我们很难从少数的样本中来估计它。为了解决这个问题，我们可以采用朴素贝叶斯分类器，它通过“属性条件独立性假设”假设所有已知类别的属性相互独立，这样就无须估算类条件概率密度函数 $p(\boldsymbol{x}|\omega_i)$。

因为各属性相互独立，所以后验概率可以改写成

$$P(\omega_i \mid \boldsymbol{x})=\frac{p(\boldsymbol{x} \mid \omega_i)P(\omega_i)}{p(\boldsymbol{x})}=\frac{P(\omega_i)}{p(\boldsymbol{x})}\prod_{j=1}^{M}p(x_j \mid \omega_i) \tag{7-17}$$

其中：M 是属性的个数；x_j 是 $\boldsymbol{x}$ 在第 j 个属性上的值。

如 7.1.1 节中所述，所有类别的 $p(\boldsymbol{x})$是一样的，所以朴素贝叶斯分类器的表达式可以表示为

$$Y(\boldsymbol{x})=\mathrm{argmax}P(\omega_i)\prod_{j=1}^{M}p(x_j \mid \omega_i) \tag{7-18}$$

其中，$Y(\boldsymbol{x})$为 $\boldsymbol{x}$ 被判断分入的类别。

通过对比可以发现，如果直接训练，那么至少需要 N^M 个训练样本才能训练到每一维的特征，但是通过属性条件独立性假设，只需要使用 NM 个训练样本就可以求出所需要的估计值。这就是朴素贝叶斯分类器。

和 7.1.1 节相似，设训练样本总数为 m，属于第 i 类的样本数为 m_i，则可以根据公式

$$P(\omega_i)\approx\frac{m_i}{m} \tag{7-19}$$

来估计该类别的先验概率。

对于条件概率 $p(x_j|\omega_i)$，我们可以设第 i 类的样本数中第 j 个属性上取值为 x_j 的样本数为 m_{ij}，那么条件概率可以通过

$$p(x_j|\omega_i)=\frac{m_{ij}}{m_i} \tag{7-20}$$

来估算。

可以看出，朴素贝叶斯分类器所要做的就是通过训练样本集来估算先验概率 $P(\omega_i)$以及每个属性条件概率的估计 $p(x_j|\omega_i)$，然后进一步计算出后验概率，将样本分到后验概率最大的类别里，其原理与最小风险贝叶斯决策的相同。

在朴素贝叶斯分类器中，假设分类时所用来判别的特征在类确定的情况下都是条件独立的，这样的假设使得朴素贝叶斯分类器相较于贝叶斯分类器更加简单，这也是朴素贝叶斯分类器命名的由来。

7.3 贝叶斯网络

7.2节中介绍的朴素贝叶斯分类器较为简单，它通过属性条件独立性假设将训练所需的样本数从 N^M 降低到了 NM，克服了大量数据带来的维数灾难问题。但是这个假设带来了新的问题，那就是朴素贝叶斯分类器要求分类特征必须相互独立，否则就不满足假设的条件。为此，本节引入贝叶斯网络，它是一种既不依赖大量的数据，也不要求数据的特征完全相互独立的方法。

贝叶斯网络通过构造无向图来描述数据不同特征之间的关系，在无向图中每一个节点都对应一个特征，它与其相连的所有父节点的条件概率密度集相关。通过贝叶斯网络，可以使用图的形式来表示不同特征之间的联系。对于这样的网络结构，贝叶斯网络能够表达各特征之间的条件独立性，确定的父节点集的每个特征与该集合的非后裔特征独立，所以贝叶斯网络B的联合概率分布可以定义为

$$P_{\mathrm{B}}(x_1, x_2, \cdots, x_d) = \prod_{i=1}^{d} P_{\mathrm{B}}(x_i \mid \pi_i) = \prod_{i=1}^{d} \theta_{x_i|\pi_i} \tag{7-21}$$

其中，π_i 表示特征 x_i 的父节点集，$\theta_{x_i|\pi_i} = P_{\mathrm{B}}(x_i|\pi_i)$。

为了确定贝叶斯网络的结构，我们一般分两部分来进行，一是确定网络的拓扑结构，二是估计条件概率密度函数的参数。因为网络的拓扑结构一般要依靠该领域专业人员的知识和经验来确定，所以贝叶斯网络也被称为概率专家系统。在机器学习领域，为了学习网络结构，又不依靠专业人员，就需要足够多的数据来训练网络。在确定了网络结构后，通过训练样本的个数来估计每个节点的条件概率。

当贝叶斯网络训练完成后，我们就可以使用它来解决问题了。这个过程是通过样本的一些特征的观测值来推测其特征的取值。在最理想的情况下，我们可以直接根据贝叶斯网络的联合概率分布来算出准确的后验概率。但这种精确的计算却是一个NP难问题(因为当网络中的节点数量多，且节点之间连接也很多时，进行精确的计算需要耗费很长时间)。为了在实际问题中进行应用，我们一般会采用近似计算来求解后验概率。通常使用吉布斯采样来进行近似求解。

7.4 EM算法

在贝叶斯网络中，我们假设样本的所有特征都能被表示出来，但在实际问题中，样本的某些特征是无法表示出来的，也就是说，概率模型的某些变量是无法被观测到的，我们称之为“隐变量”。那么在样本中存在未被观测到变量的情况下，为了对概率模型的参数进行估计，就需要引入一个新的算法——EM算法。EM算法是含有隐变量的概率模型参数的

极大似然估计法，或称为极大后验概率估计法。本节我们只讨论含隐变量的概率模型参数的最大似然估计法。最大后验概率估计法与之相似，读者可以自行推导。

这里用 Y 表示观测随机变量的值，Z 表示隐随机变量的值。Y 和 Z 同时知道的情况称为完全数据，只知道 Y 的情况称为不完全数据。假设对于观测数据 Y，概率分布为 $P(Y|\theta)$，其中 θ 是需要估计的模型参数，即 $P(Y|\theta)$是不完全数据的似然函数；同时，假设 Y 和 Z 的联合概率分布是 $P(Y, Z|\theta)$。

EM 算法就是通过迭代求解 $P(Y|\theta)$的最大似然估计，每次的迭代过程包含两步：

(1) E 步：以当前的参数 θ 的值估计隐变量分布 $P(Z|Y, \theta)$，并计算出 Z 的期望。

(2) M 步：求解使期望最大化的参数 θ 的似然估计。

重复以上两步，迭代至 Z 的期望和参数 θ 的最大似然估计收敛时算法停止。也就是说，EM 算法是将 E 步和 M 步相互交替计算，首先 E 步利用当前的参数值 θ 来计算 Z 的似然期望值，然后 M 步求解能够使 E 步产生的似然期望最大化的参数值 θ，再将得到的参数值重新用于 E 步的计算，重复以上步骤，直至算法收敛。

本章小结

贝叶斯决策理论对于模式识别、数据挖掘、机器学习等领域有着十分重要的作用。向朴素贝叶斯分类器中引入属性条件独立性假设，避免了在求解贝叶斯定理时遇到的维数灾难问题。虽然在实际应用中该假设往往是不成立的，但朴素贝叶斯分类器却在很多情况下都具有良好的性能。朴素贝叶斯分类器不考虑属性间的依赖性，而贝叶斯网络可以表示任意属性之间的依赖性，对于具体的问题，可以通过分析来选择朴素贝叶斯分类器或者贝叶斯网络来解决实际问题。其中，贝叶斯网络可以分为结构学习和参数学习两个部分，结构学习部分被证明是 NP 难问题，而参数学习较为简单。另外，EM 算法是一种常见的隐变量估计方法，在机器学习领域的用途十分广泛。本书 9.2 节所涉及的 K 均值聚类就是一个典型的 EM 算法。

习　题

1. 在二分类情况下，若 $P(\omega_1)=P(\omega_2)$，则最大后验概率判决准则应怎么描述？

2. 在二分类情况下，假设 $p(\boldsymbol{x}|\omega_1)\sim N(10, 1)$，$p(\boldsymbol{x}|\omega_2)\sim N(15, 1)$，采用最小风险准则，在 0-1 风险下计算最优决策点 Q。

3. EM 算法分为哪两步？每步的作用是什么？

4. 编程实现贝叶斯分类器(数据集不限)。

参考文献

［1］ 李航. 统计学习方法［M］. 北京：清华大学出版社，2012.

［2］ 周志华. 机器学习［M］. 北京：清华大学出版社，2016.

［3］ WEBB A R，COPSEY K D. 统计模式识别［M］. 3 版. 王萍，译. 北京：电子工业出版社，2015.

［4］ THEODORIDIS S，KOUTROUMBAS K. 模式识别［M］. 4 版. 李晶皎，等译. 北京：电子工业出版社，2016.

［5］ CLEOPHAS T J，ZWINDERMAN A H. Modern Bayesian Statistics in Clinical Research［M］. Germany：Springer-Verlag，2018.

［6］ 郑伟，侯宏旭，武静. 贝叶斯网络在信息检索中的应用［J］. 情报科学，2018，36(6)：136－141.

［7］ ICARD T F. Bayes，Bounds，and Rational Analysis［J］. Philosophy of Science，2018，85(1)：79－101.

［8］ GYENIS Z. Standard Bayes logic is not finitely axiomatizable［J］. The Review of Symbolic Logic，2018，13(2)：326－337.

［9］ FENG X D，LI S C，YUAN C，et al. Prediction of Slope Stability using Naive Bayes Classifier［J］. KSCE Journal of Civil Engineering，2018，22(3)：941－950.

［10］ CASTELLANO J G，MORAL-GARCíA S，MANTAS C J，et al. On the use of m-probability-estimation and imprecise probabilities in the naive Bayes classifier［J］. International Journal of Uncertainty，Fuzziness and Knowledge-Based Systems，2020，28(4)：661－682.

第8章 神经网络

人工神经网络(Artificial Neural Network，ANN)简称神经网络(NN)或连接模型(Connection Model)，它是一种模仿动物神经网络行为特征进行分布式并行信息处理的数学模型。神经网络依赖系统的复杂程度，通过调整内部大量节点之间相互连接的关系来达到信息处理的目的。

神经网络作为目前发明的最优美的编程范式之一，我们并不需要告诉计算机如何去解决遇到的问题，而是让计算机从观测数据中自己学习，逐渐找出对应问题的解决方案。相比于传统的编程中我们需要告诉计算机如何去工作(例如将大问题分解成多个小问题，精确定义计算机执行的任务)，神经网络具有明显的优势。

神经网络可以用于模式识别、信号处理、知识工程、专家系统、优化组合、机器人控制等。本章将从神经网络基础、卷积神经网络、前馈神经网络、反向传播算法以及其他常见的神经网络入手，对神经网络进行介绍。

8.1 神经网络基础

8.1.1 神经网络发展史

自2016年3月AlphaGo以4∶1大胜人类顶级棋手李世石后，神经网络的名字便广为流传。然而，神经网络的发展并不是一帆风顺的，其经历过三起两落：

1958年，第一起：Rosenblatt提出感知器，并提出一种接近于人类学习过程的学习算法。

1969年，第一落：Marvin Minsky出版《感知机》，指出了感知机的两大缺陷，即无法处理异或问题和计算能力不足。之后十多年，神经网络的研究一直没有太大进展。

1986年，第二起：Hinton等人将改进后的反向传播算法引入多层感知器，神经网络重新成为热点。反向传播算法是神经网络中极为重要的学习算法，直到现在仍然占据着重要地位。

1995—2006年，第二落：计算机性能仍然无法支持大规模的神经网络训练，SVM和线性分类器等简单的方法相对更流行。

2006 年，第三起：随着大规模并行计算和 GPU 的支持，计算能力大大提高，在此支持下，神经网络迎来第三次高潮，延续至今。

8.1.2 神经元

对于神经元的研究由来已久，1904 年生物学家就已经知晓了神经元的组成结构。一个神经元通常具有多个树突和一个轴突。树突主要用来接收传入信息，轴突尾端有许多轴突末梢，可以给其他神经元传递信息。轴突末梢和其他神经元的树突产生连接，从而传递信号。这个连接的位置在生物学上叫作“突触”。神经元模型是一个包含输入、输出与计算功能的模型。输入可以类比为神经元的树突，而输出可以类比为神经元的轴突，计算则可以类比为细胞核。

1943 年，心理学家 McCulloch 和数学家 Pitts 参考生物神经元的结构，发表了抽象的神经元模型 MP。图 8.1 是一个典型的神经元模型，包含有 3 个输入 $a_1 \sim a_3$，1 个输出 Z，以及 2 个计算功能。其中，Z 是在输入和权值的线性加权和上叠加了一个“激活函数”g 的值。

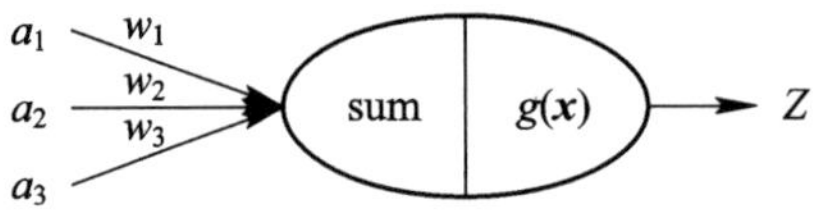

图 8.1 单个神经元模型

在 MP 模型里，激活函数是阶跃函数。当输入大于 0 时，这个函数输出 1，否则输出 0。显然，“1”对应的是神经元兴奋，“0”对应的是神经元抑制。

Z 的计算公式为

$$Z=g(a_1\times w_1+a_2\times w_2+a_3\times w_3) \tag{8-1}$$

8.1.3 感知器

1958 年，计算科学家 Rosenblatt 提出了由两层神经元组成的神经网络——“感知器”(Perceptron)。“感知器”中有两个层次，分别是输入层和输出层。输入层里的“输入单元”只负责传输数据，不做计算。输出层里的“输出单元”则需要对前面一层的输入进行计算。

我们把需要计算的层称为“计算层”，并把拥有一个计算层的网络称为“单层神经网络”。假如我们要预测的目标不是一个值，而是一个向量，例如(2，3)，那么可以在输出层再增加一个“输出单元”。

图 8.2 所示为带有两个输出单元的感知器模型，此神经网络的输出不限于单个输出，不同输出的计算方式与式(8-1)相同，因此可以将不同输出的表达式合并。这里将权值写作 $w_{i,j}$ 的形式，这样可以反映出不同权值对应的连接关系。

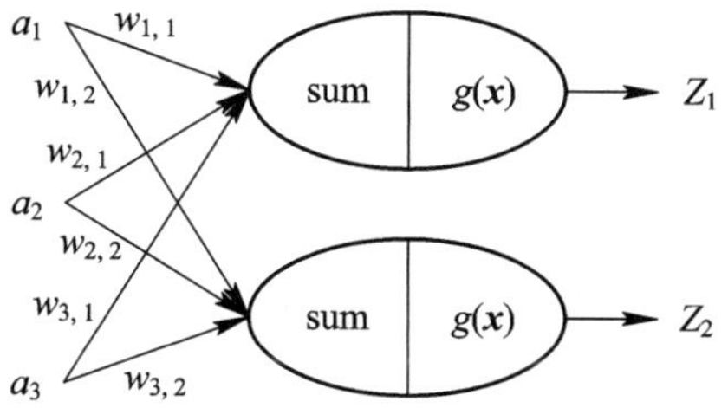

图 8.2　带有两个输出单元的感知器模型

由图 8.2 可以得出 Z_1 和 Z_2 的表达式：

$$Z_1=g(w_{1,1}\times a_1+w_{2,1}\times a_2+w_{3,1}\times a_3) \tag{8-2}$$

$$Z_2=g(w_{1,2}\times a_1+w_{2,2}\times a_2+w_{3,2}\times a_3) \tag{8-3}$$

可以看出，神经元的输出是利用了输入和权值的矩阵乘积所得到的。因此，上述表达式可简写为

$$\boldsymbol{Z}=g(\boldsymbol{A}\times\boldsymbol{W}) \tag{8-4}$$

其中：$\boldsymbol{A}$ 代表输入元素组成的向量形式；$\boldsymbol{W}$ 代表权值组成的矩阵形式。

多层感知器则是在单层感知器的输入层和输出层之间加上至少一层神经元(隐藏层神经元)所构成的前向网络。需要指出的是，多层感知器只允许调节一层的连接权值。

8.2　卷积神经网络

卷积神经网络是一种前馈神经网络，它的人工神经元可以覆盖相邻范围内的周围单元，其在图像处理方面有着出色的表现。

卷积是数学中一种非常重要的运算，在信号处理或图像处理中经常会用到一维卷积或二维卷积。由于图像对应的像素点是离散的，因此仅需考虑卷积的离散形式。

一维卷积公式为

$$y=\sum_{k=1}^{m} w_k\times x_{t-k-1} \tag{8-5}$$

记作

$$\boldsymbol{y}=\boldsymbol{w}*\boldsymbol{x} \tag{8-6}$$

二维卷积公式为

$$y=\sum_{u=1}^{M}\sum_{v=1}^{N}w_{u,v}\times x_{i-u+1,j-v+1} \tag{8-7}$$

记作

$$\boldsymbol{y}=\boldsymbol{w}*\boldsymbol{x} \tag{8-8}$$

我们常常把 $w_{u,v}$ 称作滤波器(filter)或卷积核(kernel)。

卷积神经网络目前主要应用在图像和视频分析的各种任务上，比如图像分类、人脸识别、物体识别、图像分割等，其准确率也远远超过了其他的人工神经网络。近年来，卷积神经网络也应用到自然语言处理和推荐系统等领域。

卷积神经网络的最基本组成有以下几个：

1. 卷积层(Convolutional Layer)

卷积层利用卷积核进行卷积运算提取出图像特征。在全连接前馈神经网络中，如果第 $l-1$ 层的神经元个数为 n^{l-1}，第 l 层的神经元个数为 n^l，那么两层连接的权值参数的个数就是二者的乘积 $n^{l-1}\times n^l$。当神经网络的层数较深时，权值矩阵的参数就会非常大，训练效率极低。若用卷积代替全连接，则第 l 层的净输入 $\boldsymbol{x}^l$ 为第 $l-1$ 层神经元的输出值 $\boldsymbol{y}^{l-1}$ 与权值矩阵 $\boldsymbol{w}^l$ 的卷积，即 $\boldsymbol{x}^l=\boldsymbol{w}^l\times\boldsymbol{y}^{l-1}+\boldsymbol{b}^l$，其中 $\boldsymbol{w}^l$ 为可以学习的权值矩阵。根据卷积的定义，卷积层有两个重要的性质：

局部连接：卷积层中的每一个神经元都只与下一层中某个局部窗口内的神经元相连，构成一个局部连接网络。

权值共享：作为参数的滤波器，对于当前层的所有的神经元都是相同的。

因此，使用卷积神经网络在减少了权值数量的同时，也降低了模型的复杂度，能够有效提高训练的效率，减小过拟合的风险。

2. 池化层(Pooling Layer)

池化层对图像进行下采样，在减少数据量的同时保留有用信息。卷积层在进行图像特征提取的过程中虽然可以减少网络中的连接数量，但是特征映射中的神经元个数并没有显著减少。如果在卷积层后边直接接一个分类器，分类器的输入维数依然很高，很容易出现过拟合。而在卷积层后边加一个池化层，可以降低特征维数，避免过拟合。

3. 全连接层(Fully-Connected Layer)

全连接层将学到的“分布式特征表示”映射到样本标记空间。图像的空间联系(也就是局部的像素联系)比较紧密，而距离较远的像素相关性较弱。因此，每个神经元不必对全局图像进行感知，只需要对局部进行感知，然后在更高层将局部信息综合起来，从而得到全局信息。这个综合信息的位置就是全连接层。

一个完整的卷积神经网络(LeNet)示意图如图 8.3 所示。

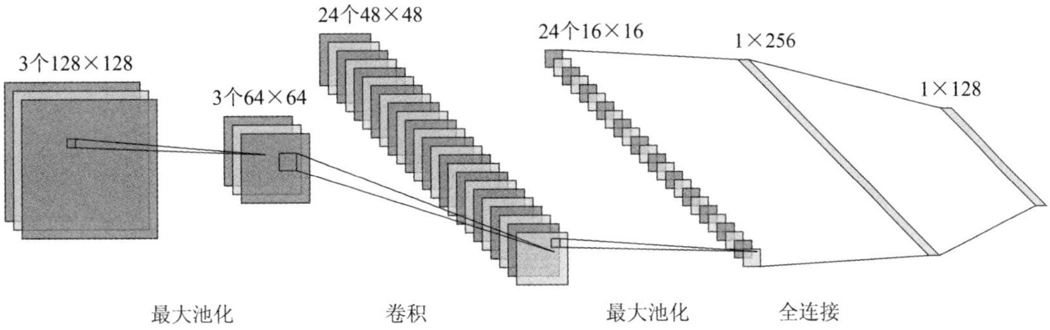

图 8.3　卷积神经网络(LeNet)示意图

8.3　前馈神经网络

在前馈神经网络中，不同的神经元属于不同的层，每一层的神经元可以接收到前一层的神经元信号，并产生信号输出到下一层。第 0 层叫作输入层，最后一层叫作输出层，中间的层叫作隐藏层。整个网络中无反馈，信号从输入层到输出层单向传播，可用一个有向无环图来表示。

外界输入信号经输入层接收到神经网络中，由隐藏层和输出层神经元对信号进行处理，最终结果由输出层神经元输出，如图 8.4 所示。可以看到，输入层神经元仅起到接收并传递输入的作用，不进行函数处理。而隐藏层和输出层包含功能神经元，因此在表示神经网络的网络层数时不计入输入层的层数。

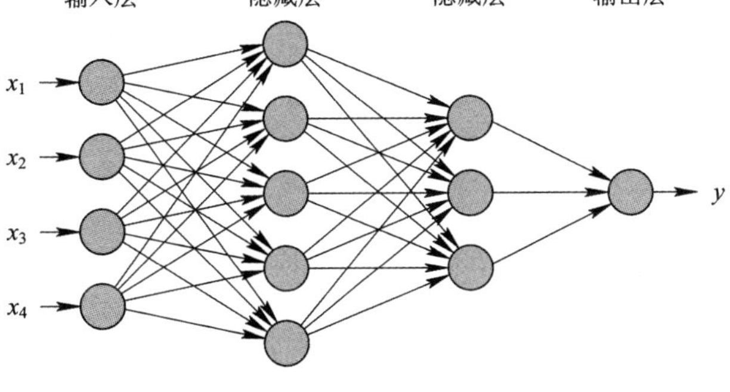

图 8.4　前馈神经网络示意图

神经网络中涉及的概念如下：

L：神经网络层数；

n^l：第 l 层神经元数量；

$f(l)$：第 l 层的激活函数；

$\boldsymbol{w}^l$：第 l 层的权值矩阵；

$\boldsymbol{b}^l$：第 l 层的偏置向量；

$\boldsymbol{x}^l$：第 l 层的净输入；

$\boldsymbol{y}^l$：第 l 层神经元输出。

由图 8.4 可以推导出前馈神经网络的传播公式：

$$\boldsymbol{x}^l=\boldsymbol{w}^l\times\boldsymbol{y}^{l-1}+\boldsymbol{b}^l \tag{8-9}$$

$$\boldsymbol{y}^l=f(\boldsymbol{x}^l) \tag{8-10}$$

由此可以得出前馈神经网络中的各个部分所对应的值。

8.4 反向传播算法

多层网络的学习能力比单层感知器强得多。要训练多层网络，简单感知器学习规则显然不够，需要更强大的学习算法。误差反向传播(error Back Propagation，BP)算法就是神经网络学习算法中的杰出代表。现实任务中使用神经网络时，大多是使用 BP 算法进行训练的。BP 算法不仅可用于多层前馈神经网络，还可用于其他类型的神经网络，如训练递归神经网络。

在感知器算法中，我们是将理想输出与实际输出之间的误差作为增量来修正权值的。然而在多层感知器中，我们只能计算出输出层的误差，中间隐藏层由于不直接与外界连接，其误差无法估计。反向传播算法就是基于此而诞生的。

反向传播算法(BP 算法)的思想：从后向前反向逐层传播输出层的误差，以间接计算隐藏层的误差。BP 算法可以分为以下两个阶段：

(1) 正向过程：从输入层经隐藏层逐层正向计算各单元的输出。

(2) 反向过程：由输出误差逐层反向计算隐藏层各单元的误差，并用此误差修正前层的权值。

BP 算法的学习过程如下：

(1) 选择一组训练样本，每一个样本由输入信息和期望的输出结果两部分组成。

(2) 从训练样本集中取出一个样本，把输入信息输入到网络中。

(3) 分别计算经神经元处理后的各层节点的输出。

(4) 计算网络的实际输出和理想输出的误差。

(5) 从输出层反向计算到第一个隐藏层，并按照某种能使误差向减小方向发展的原则，调整网络中各神经元的连接权值。

(6) 对训练样本集中的每一个样本重复步骤(3)至步骤(5)，直到整个训练样本集的误差达到要求时为止。

8.5 其他常见神经网络

8.5.1 RBF 网络

1985 年 Powell 提出了多变量插值的径向基函数(RBF)方法，该方法 1988 年被 Broomhead 和 Lowe 应用于神经网络设计领域，最终形成了 RBF 神经网络。RBF 神经网络是一种单隐藏层前馈神经网络，它使用径向基函数作为隐藏层神经元激活函数，输出层是对隐藏层神经元输出的线性组合。假定输入为 d 维向量 $\boldsymbol{x}$，输出为实数值，那么 RBF 网络可以表示为

$$\varphi(\boldsymbol{x})=\sum_{i=1}^{q}\boldsymbol{w}_i\rho(\boldsymbol{x},\ \boldsymbol{c}_i) \tag{8-11}$$

其中：q 为隐藏层神经元的个数；$\boldsymbol{c}_i$、$\boldsymbol{w}_i$ 分别是第 i 个隐藏层神经元所对应的中心和权重；$\rho(\boldsymbol{x},\ \boldsymbol{c}_i)$是径向基函数，通常定义为样本 $\boldsymbol{x}$ 到数据中心 $\boldsymbol{c}_i$ 的欧氏距离。常用的径向基函数形如：

$$\rho(\boldsymbol{x},\ \boldsymbol{c}_i)=\mathrm{e}^{-\beta_i\|\boldsymbol{x}-\boldsymbol{c}_i\|^2} \tag{8-12}$$

其中，β_i 为可学习参数。

训练 RBF 网络的步骤通常为：

(1) 确定神经元中心 $\boldsymbol{c}_i$，可采取的方式包括随机抽取、聚类等。

(2) 利用 BP 算法确定参数 $\boldsymbol{w}_i$ 与 β_i。

8.5.2 SOM 网络

SOM(Self-Organizing Map，自组织映射)网络是一种竞争学习型的无监督神经网络，它能将输入数据降维(通常为二维)，同时保持输入数据在高维空间的拓扑结构，也就是说，将高维空间中相似的样本点映射到网络输出层中的邻近神经元。SOM 网络的输出神经元之间竞争激活，在任意时间只有一个神经元被激活，被激活的神经元称为胜者神经元(winner-takes-all neuron)。这种竞争可以通过神经元之间的横向抑制连接(负反馈路

径）来实现。其结果是神经元被迫对自身进行重新组合，这样的网络我们称之为自组织映射。

SOM 网络中的输出层神经元以矩阵形式排列在二维空间中，每个神经元都拥有一个权向量，网络在接收到输入之后，会确定输出层的胜者神经元，由它决定该输入向量在低维空间的位置。SOM 的训练过程就是在为每个输出层神经元找到合适的权向量，从而保持拓扑结构。

SOM 的训练过程如下：

（1）为初始权向量 $\boldsymbol{w}_j$ 随机赋值。

（2）从输入空间抽取一个训练输入向量样本 $\boldsymbol{x}$。

（3）找到权向量中最接近输入向量的胜者神经元 $I(\boldsymbol{x})$ 作为最佳匹配单元。

（4）调整最佳匹配单元和邻近神经元的权向量，使得与当前输入样本的距离缩小。

（5）重复上述步骤，直到收敛。

8.5.3 Hopfield 网络

1982 年，美国加州理工学院的生物物理学家 Hopfield 提出了一种新颖的人工神经网络模型——Hopfield 网络。

Hopfield 网络抛弃了“层次”概念，创造出无层次的全互连型神经网络，并采取了与层次型神经网络完全不同的结构特性和学习方法来模拟生物神经网络的记忆机理。它引入了“能量函数”的概念，解释了神经网络和动力学之间的关系，为神经网络的运行稳定性判断提供了简洁、有效的依据。

Hopfield 神经网络的拓扑结构特点如下：

（1）有反馈的单层全互连结构。

（2）n 个神经元之间相互连接，并且连接是双向的。

（3）每个神经元的输出均通过神经元之间的连接权值 $w_{i,j}$ 反馈到同层的其他神经元，并作为该神经元的输入。

（4）每个神经元都可以接收所有神经元的反馈信息，受到全部神经元的控制。

Hopfield 神经网络包括两种形式：离散型和连续型。

1. 离散型 Hopfield 神经网络

离散型 Hopfield 神经网络连接图如图 8.5 所示，其状态由 n 个神经元的状态集合构成。任意时刻 t 的状态可以表示为

$$X(t)=(x_1, x_2, \cdots, x_n) \tag{8-13}$$

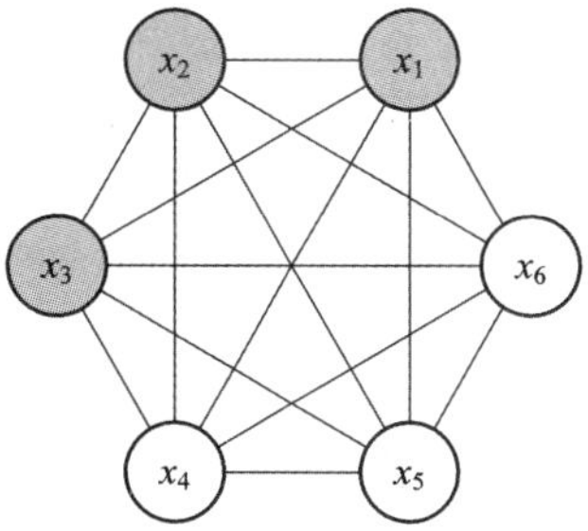

图 8.5　离散型 Hopfield 神经网络连接图

离散型 Hopfield 神经网络的工作方式分为异步工作方式和同步工作方式两种。在异步工作方式中，每次只有一个神经元的状态发生变化；而在同步工作方式中，所有的神经元状态是同时调整的。当网络处于稳定状态时，各个神经元的输出状态都不再发生变化。

离散型 Hopfield 神经网络的运行规则如下：

（1）对网络进行初始化。

（2）从网络中随机选取一个神经元 j。

（3）计算神经元 j 在 t 时刻的净输入：

$$s_j = \sum_{i=1}^{n} x_i w_{i,j} - \theta_j \tag{8-14}$$

（4）计算神经元 j 在 $t+1$ 时刻的输出：

$$x_j = f(s_j) = \mathrm{sgn}(s_j) \tag{8-15}$$

（5）判断网络是否达到稳定状态，若不稳定则转到步骤(2)，稳定则输出。

离散型 Hopfield 神经网络的特点之一是引入了“能量函数”的概念。在上述网络状态变化的过程中，网络的能量不断递减，直到达到稳定状态。能量函数的定义式为

$$E = -\frac{1}{2}\sum_{i=1}^{n}\sum_{j=1}^{n} w_{i,j} x_i x_j + \sum_{i=1}^{n} \theta_i x_i \tag{8-16}$$

2. 连续型 Hopfield 神经网络

连续型 Hopfield 神经网络是一个有反馈的单层全互连结构，网络中的 n 个神经元之间相互连接，为双向对称连接结构，网络连接权值满足 $w_{i,j}=w_{j,i}$，$w_{i,i}=0$。

如图 8.6 所示，每个“神经元”都由反馈放大器组成，模拟神经元的非线性饱和转移特性。每个反馈放大器由连接导线(轴突)、电阻(树突)、电容(突触)组成。神经元 j 的阈值 θ_j 由外加偏置电流 I_j 表示，神经元 j 的净输入 s_j 由输入电压 u_j 表示，神经元 j 的输出 x_j 由输出电压 V_j 表示，即

$$V_j = f(u_j) \tag{8-17}$$

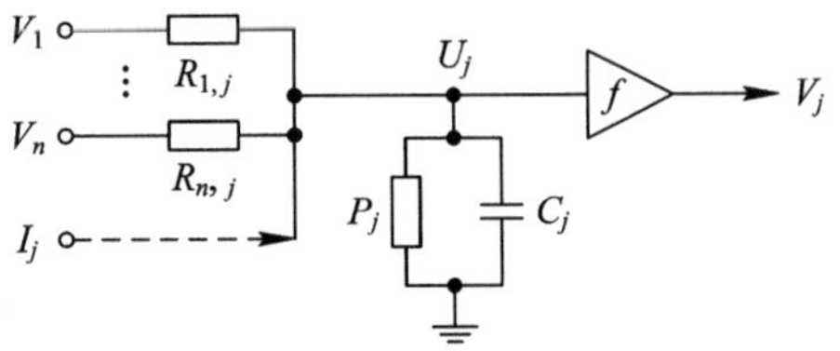

图 8.6　连续型 Hopfield 网络中每个“神经元”的结构

$f(\cdot)$是连续型 Hopfield 网络的转移函数，它是一条 S 形曲线：

$$f(x)=\frac{1}{1+e^{-x}} \tag{8-18}$$

连续型 Hopfield 网络的能量函数为

$$E=-\frac{1}{2}\sum_{i=1}^{n}\sum_{j=1}^{n}w_{i,j}V_iV_j-\sum_{i=1}^{n}V_iI_i+\sum_{i=1}^{n}\frac{1}{R_i}\int_{1}^{V_i}f^{-1}(v)\mathrm{d}v \tag{8-19}$$

理想情况下，可简化为

$$E=-\frac{1}{2}\sum_{i=1}^{n}\sum_{j=1}^{n}w_{i,j}V_iV_j-\sum_{i=1}^{n}V_iI_i \tag{8-20}$$

假设具有 n 个神经元的连续型 Hopfield 网络结构对称，即 $w_{i,j}=w_{j,i}$，并且每个神经元到自身的连接权值为 0，即 $w_{i,i}=0$，i，$j=1, 2, \cdots, n$，同时神经元的转移函数 $f(\cdot)$具有反函数 $f^{-1}(\cdot)$，并且 $f^{-1}(\cdot)$是单调、连续且递增的，则该连续型 Hopfield 网络是稳定的。

离散型 Hopfield 神经网络主要用于联想记忆。在给定 Hopfield 神经网络的稳定状态时，求解过程是通过学习过程来得到合适的连接权矩阵的过程。而连续型 Hopfield 神经网络主要用于优化计算。在给定 Hopfield 神经网络的连接权矩阵时，求解过程是寻找具有最小能量值的网络稳定状态的过程。

本章小结

神经网络作为目前深度学习的研究热点之一，近些年在图像识别、语音信号处理等方面取得了很大的突破，并且得到了广泛应用。

本章回顾了神经网络的发展历史，从神经元开始，介绍了感知机、多层神经网络、卷积神经网络和其他一些常见的神经网络。本章解释了神经网络的工作原理，说明了神经网络内部的矩阵计算由来，对于极大运算量的神经网络通过矩阵计算进行优化，可以减少计算时间。

随着有关神经网络的研究不断深入，神经网络的模型设计结构也在不断优化，AlexNet、LeNet、GoogLeNet、VGG-16、YOLO、EfficientNet、RegNet 等模型结构层出不穷，使得神经网络在运行速度、参数大小、检测精度等方面都取得了巨大的发展，体现出了神经网络强大的能力。

目前，神经网络的研究已经渗透到生活的各个领域，已成为人工智能技术的主要发展方向。人工智能最终的目的是使机器具备与人相当的归纳能力、学习能力、分析能力和逻辑思考能力，虽然当前的技术离这一目标还很遥远，但是神经网络无疑提供了一种可能的途径，使得机器在单一领域的能力超越人类。

习　题

1. 不同激活函数在使用过程中会产生什么不同？试用神经网络拟合 $y=x^2$，并替换不同的激活函数观察过程。

2. 卷积神经网络为什么在图像处理方面表现出色？

3. 试编程实现 BP 算法，并利用 BP 算法对一组数据进行拟合。

4. 从网上下载或自己实现一个卷积神经网络，并在手写字符识别数据 MNIST 上进行实验测试。

5. 证明在网络变化的过程中，网络能量变化量小于等于 0。

6. 试判断在什么情况下连续型 Hopfield 网络是稳定的。

参考文献

[1] HAYKIN S. 神经网络与机器学习[M]. 申富饶，徐烨，郑俊，等译. 北京：机械工业出版社，2011.

[2] 井超，陈立潮. 机器学习在科技成果评估专家系统中的应用[J]. 科技情报开发与经济，2006，16(7)：175－176.

[3] 王连柱. 机器学习应用于语言智能的研究综述[J]. 现代教育技术，2018，28(9)：66－72.

[4] 万士宁. 基于卷积神经网络的人脸识别研究与实现[D]. 成都：电子科技大学，2016.

[5] 周志华，王珏. 机器学习及其应用 2009[M]. 北京：清华大学出版社，2009.

[6] 杨善林，倪志伟. 机器学习与智能决策支持系统[M]. 北京：科学出版社，2004.

[7] 田盛丰. 人工智能原理与应用：专家系统，机器学习，面向对象的方法[M]. 北京：北京理工大学出版社，1993.

[8] HARRINGTON P. 机器学习实战[M]. 李锐，李鹏，曲亚东，等译. 北京：人民邮电出版社，2013.

[9] WITTEN I H. Data Mining: Practical Machine Learning Tools and Techniques[M]. 北京：机械工业出版社，2005.

[10] WITTEN I H, FRANK E. 数据挖掘实用机器学习技术[M]. 董琳，邱泉，于晓峰，等译. 北京：机械工业出版社，2006.

[11] 何清，李宁，罗文娟，等. 大数据下的机器学习算法综述[J]. 模式识别与人工智能，2014，27(4)：327-336.

第9章 聚类方法

聚类就是根据样本数据特征的相似程度将样本分成几个不同的类别。简单来说，相似程度高的样本会被分到同一类中，而相似程度低的样本会被分到不同的类中。因为聚类只是通过样本数据之间的相似程度来对其进行分类，而各类别的特征在分类前是不知道的，所以聚类属于无监督学习。聚类方法有很多种，本章将介绍常见的四种：K 均值聚类、层次聚类、密度聚类和稀疏子空间聚类。

9.1 聚类方法概述

聚类通常是将数据集中的样本划分为不相交的子集，每个子集称为一类。通过相似程度来划分，每一类将会对应一些样本特征，在聚类的过程中，这些特征会自动地聚集分类，但是类别所对应的语义等信息对于聚类方法来说是未知的，需要由人来定义。

为了更加简单地认识聚类，我们可以将聚类过程描述为：假设样本集 $X=\{\boldsymbol{x}_1, \boldsymbol{x}_2, \cdots, \boldsymbol{x}_n\}$中包含 n 个未标记的样本，其中每个样本 $\boldsymbol{x}_i=(x_{i1}, x_{i2}, \cdots, x_{im})$为一个 m 维的特征向量，聚类方法是为了将样本集 X 划分为j 个不相交的类$\{C_k \mid l=1, 2, \cdots, j\}$，同时使用$\lambda_k \in \{1, 2, \cdots, j\}$表示样本 $\boldsymbol{x}_i$ 的类标记，使用类标记向量 $\boldsymbol{\lambda}=(\lambda_1, \lambda_2, \cdots, \lambda_n)$表示聚类的结果。

为了完成一个聚类任务，通常需要进行以下几个步骤：

(1) 选择特征。为了选择出对聚类任务更加适合的特征，我们所选择的特征应该尽可能地多包含该聚类任务所需要的信息，同时为了不发生维数灾难问题，我们还要削减信息中的冗余，抛弃对聚类任务影响小的信息，使用对于聚类任务来说重要的信息。虽然聚类是一个无监督学习过程，但是监督学习所使用的一些数据预处理方法依然是可以使用的。

(2) 选择近邻测度。为了衡量两个特征向量之间的相似程度，所选出的用来完成聚类任务的特征必须要能保证存在近邻性，但同时不能选择占据支配地位的特征，所以在数据预处理的时候一定要谨慎选择方法。

(3) 选择聚类准则。聚类的判断准则依赖于专家的知识和经验，例如在 K 均值聚类中，

K 值的选取就依赖于专家在聚类算法运行前的判断。

(4) 选择聚类算法。聚类算法的选择取决于数据集的聚类结构，它决定了如何使用近邻测度和聚类准则。

(5) 验证结果。通过聚类算法在数据集上得到聚类结果之后，还需要进一步验证其正确性，一般使用逼近检验。

(6) 判定结果。对于聚类的结果，在大多数情况下还需要其他的实验证据来判断结果的准确性，最终得出正确的结论。

9.2 K 均值聚类

K 均值聚类(也称为 C 均值聚类)是一种基于样本集合划分的聚类算法，且每个样本只能属于一个类，故 K 均值聚类属于硬聚类方法。对于包含 n 个样本的集合 $X=\{\boldsymbol{x}_1, \boldsymbol{x}_2, \cdots, \boldsymbol{x}_n\}$，每个样本都由一个 m 维的特征向量来表示，K 均值聚类的任务就是将这 n 个样本分到给定的 K 个类之中。

K 均值聚类的策略是通过最小化损失函数来找到对样本集合最好的划分(其中划分用 C 来表示)，每个划分对应一种聚类结果。样本之间距离的计算可以采用欧氏距离，但是为了便于计算，一般会采用欧氏距离的平方，即

$$d(\boldsymbol{x}_i, \boldsymbol{x}_j)=\|\boldsymbol{x}_i-\boldsymbol{x}_j\|^2 \tag{9-1}$$

将样本之间的距离定义为欧氏距离的平方之后，损失函数 $W(C)$就可以相应地定义为样本与其所属类的中心之间的距离总和：

$$W(C)=\sum_{l=1}^{k}\sum_{C(i)=l}\|\boldsymbol{x}_i-\bar{\boldsymbol{x}}_l\|^2 \tag{9-2}$$

其中：$\bar{\boldsymbol{x}}_l=(\bar{x}_{1l}, \bar{x}_{2l}, \cdots, \bar{x}_{ml})^{\mathrm{T}}$ 是第 l 类的中心(均值)；$C(i)=l$ 代表在 C 这个划分中第 i 个样本属于第 l 类。

因此，K 均值聚类就变成了一个求解最优化的问题，即

$$C^*=\arg\min_{C} W(C) \tag{9-3}$$

其中，C^* 代表最优的聚类划分。因为当相似的样本被聚到同一类时，该损失函数取得最小值，所以该函数的最优化能够解决 K 均值聚类问题。但因为对于将 n 个样本分到 k 个类中，所有分类方法的个数是随着 n 与 k 的值呈指数级上升的，所以求解 K 均值聚类的最优解是一个 NP 难问题。

K 均值聚类最终迭代得到了 k 个聚类中心，赋予每个样本对应的类别。四类的 K 均值聚类示意图如图 9.1 所示。

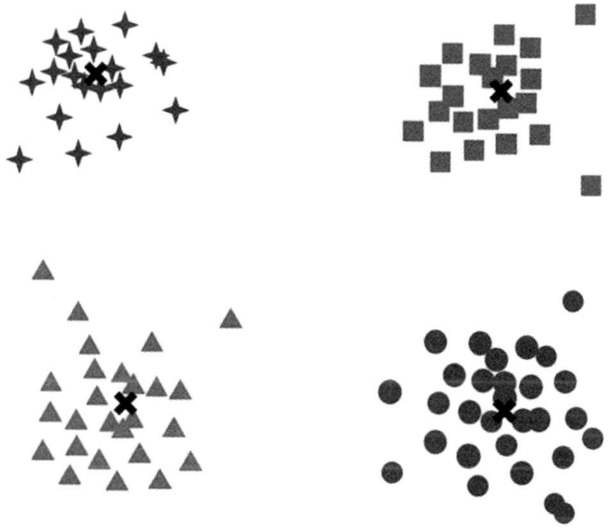

图 9.1　四类的 K 均值聚类示意图

为了优化损失函数，K 均值聚类算法采用了迭代的方式，每次的迭代包含两个步骤。

第一步，选择 k 个聚类的中心$(\boldsymbol{c}_1, \boldsymbol{c}_2, \cdots, \boldsymbol{c}_k)$，然后将每个样本都分类到与其最近的中心对应的类中，从而得到一个聚类的划分。也就是，首先最小化每个样本到聚类中心距离的函数，即

$$\min_{C}\sum_{l=1}^{k}\sum_{C(i)=l}\|\boldsymbol{x}_i-\boldsymbol{c}_l\|^2 \tag{9-4}$$

第二步，通过计算得到每个类的样本均值 $\boldsymbol{c}_l$，将其作为新的聚类中心，即

$$\boldsymbol{c}_l=\frac{1}{n_l}\sum_{C(i)=l}\boldsymbol{x}_i,\quad l=1, 2, \cdots, k \tag{9-5}$$

其中，n_l 代表第 l 类包含的样本个数。

重复以上两个步骤，直到算法收敛，从而获得最终的聚类结果。

K 均值聚类的算法过程描述如下：

(1) 初始化聚类中心。随机选取 k 个样本点作为初始的聚类中心 $\boldsymbol{c}^{(0)}=(c_1^{(0)}, \cdots, c_l^{(0)}, \cdots, c_k^{(0)})$。

(2) 对所有样本进行聚类。计算每个样本到每个聚类中心的距离，然后将样本分类到与它距离最小的类中，得到当前的聚类结果 $\boldsymbol{c}^{(i)}=(c_1^{(i)}, \cdots, c_l^{(i)}, \cdots, c_k^{(i)})$。

(3) 更新聚类中心。对于聚类结果 $\boldsymbol{c}^{(i)}$，计算出每个类别的样本均值，将其作为新的聚类中心 $\boldsymbol{c}^{(i+1)}=(c_1^{(i+1)}, \cdots, c_l^{(i+1)}, \cdots, c_k^{(i+1)})$。

(4) 如果迭代的结果收敛，则将当前的聚类划分进行输出，得到聚类结果；否则令 $i=i+1$，返回步骤(2)。

从上述过程中我们不难看出，K 均值聚类存在以下三个缺点：

第一，K 均值聚类的类别数量 k 需要人为指定。在一些实际问题中，对样本集合进行聚类划分最合适的 k 值往往是不可知的，所以为了找到最合适的 k 值，通常需要通过一个一个地检验不同 k 值来寻找最合适的 k 值，这样操作会使计算成本增加。

第二，K 均值聚类初始中心的位置对最终的聚类结果影响较大。初始聚类中心选取的不同，很容易导致聚类划分结果的不同。聚类中心选取不当，很有可能得到错误的聚类划分结果。

第三，K 均值聚类属于启发式算法，所以聚类的结果不一定会收敛到全局最优解。与上一点类似，初始中心的选取会直接影响聚类划分结果是否能收敛到全局最优解。

9.3 层次聚类

层次聚类是一种概述数据结构最通用的方法，其通过假设类别之间存在层次结构，将样本聚到层次化的类中。与 K 均值聚类相同，在层次聚类中，每个样本也只能属于一个类，所以层次聚类也属于硬聚类方法。层次聚类中的层次树是通过树图来表示的嵌套分类集，在某一层上分割这棵树，就可以将数据集划分成 m 个不相交的组。而如果从不同层上的划分中任选两个组，则这两个组的关系要么是不相交，要么是一个组包含另一个组。

为了便于理解，这里举一个生物分类的例子。在高中课程中，我们学习过，为了表示不同物种之间的亲缘关系和进化关系，生物学家用界、门、纲、目、科、属、种七个层次来对生物进行分类，最上层的是界，最下层的是种，通过这样的方式，每个物种都能被分到特定类别中，亲缘相近的物种会被分到同一个科，甚至是属或者种，这取决于相似程度的大小。例如：猫和老虎都属于猫科，但是因为它们的相似程度不是很高，所以在属这一层次上，它们就属于了不同的属，猫属于猫属，而老虎属于豹属。层次聚类就与此类似，越是类似的样本，在更下层的层次中也能被分到同一个类别中。

层次聚类可以分为聚合聚类和分裂聚类两种。聚合聚类是自下而上的聚类，首先将每个样本各自分为一个类，然后将距离最近的两个类合并，得到新的类，重复这样的合并操作，直到满足终止条件，就得到了聚类结果。分裂聚类是自上而下的聚类，首先将所有样本都分为一个类，然后将所有类中距离最远的样本分到两个新的类中，重复这样的分割操作，直到满足终止条件，就得到了聚类结果。因为分裂聚类的计算效率较低，所以本节只详细介绍聚合聚类。

聚合聚类的基本原理如下：首先将样本集合内的每个样本都分为一类；然后按照规定的条件，通常是将达到类间距离最小作为条件，将满足条件的两个类进行合并；重复上述步骤，每次只减少一个类，直到满足停止条件，例如到达规定的类别数量，即可得到聚类结果。

为了完成层次聚类，在进行聚类前，要确定以下三个条件：

(1) 样本之间的相似程度；

(2) 类合并的规则；

(3) 聚类停止的条件。

通过使用不同的条件，就可以做到对于同一个数据集，在不同要求下的不同的层次划分。例如：对于样本之间的相似程度，不仅可以使用欧氏距离来衡量，也可以使用曼哈顿距离、夹角余弦相似度和马氏距离等来衡量；对于类合并的规则，可以选取类间最短距离或类间平均距离来作为合并的规则；对于聚类停止的条件，可以将设定的聚类的类别个数作为停止条件。

聚合层次聚类的算法过程描述如下：

(1) 设样本集合中样本的个数为 n，首先将这 n 个样本分为 n 类，也就是每一类中只包含一个样本，然后计算这 n 个样本两两之间的距离，通常使用欧氏距离来计算。

(2) 合并类间距离最小的两个类，得到一个新的类。

(3) 计算新的类与其他类之间的距离，如果满足设定的聚类类别个数，那么将聚类结果进行输出，否则返回步骤(2)。

类似于 K 均值聚类算法，层次聚类也具有一些缺陷：

(1) 聚合或者分裂的决定需要检查和估算大量的对象或者簇。

(2) 不能撤销已做的处理，聚类之间不能交换对象。如果某一步没有很好地聚合或者分裂，可能导致低质量的聚类结果。

9.4 密度聚类

密度聚类也称为“基于密度的聚类”，该算法需要假设聚类的结构能够通过样本分布的精密程度来确定。密度聚类的算法一般从样本密度入手来观察样本之间的可连接性，并根据可连接性来对聚类的类别进行扩充，以数据集在空间分布上的稠密程度为依据进行聚类，即只要一个区域中的样本密度大于某个阈值，就把它划入与之相近的类中，从而获得最终的聚类结果。大多数基于密度的聚类算法都没有对聚类的形状做任何限制，所以这些算法可以用来完成不同形状的聚类任务。而且，密度聚类算法可以有效地处理数据集中的异常样本，且算法的时间复杂度不高，所以密度聚类算法适合于处理大的数据集。本节将详细介绍几种常见的密度聚类算法：DBSCAN 算法、OPTICS 算法与 Mean Shift 算法。

9.4.1 DBSCAN 算法

对于密度聚类，首先要提到的就是 DBSCAN 算法。在 DBSCAN 算法中，密度指的是样本 $\boldsymbol{x}_i$ 周围在数据集 $X=\{\boldsymbol{x}_1, \boldsymbol{x}_2, \cdots, \boldsymbol{x}_n\}$ 中估计的样本个数，通过基于“邻域”的参数 ε 和 Q 来描述样本分布的紧密程度。对于数据集 X，我们需要定义以下几个概念：

（1）ε-邻域。对于样本 $\boldsymbol{x}_i \in X$，它的 ε-邻域包含了在样本集 X 中与样本 $\boldsymbol{x}_i$ 之间的距离小于等于 ε 的样本。

（2）核心对象。如果样本 $\boldsymbol{x}_i$ 的 ε-邻域中至少包含了 Q 个样本，那么 $\boldsymbol{x}_i$ 是一个核心对象。

（3）密度直达。如果样本 $\boldsymbol{x}_i$ 位于样本 $\boldsymbol{x}_j$ 的 ε-邻域内，而且 $\boldsymbol{x}_j$ 是核心对象，那么称 $\boldsymbol{x}_i$ 由 $\boldsymbol{x}_j$ 密度直达。

（4）密度可达。对于样本 $\boldsymbol{x}_i$ 和 $\boldsymbol{x}_j$，如果存在顺序样本 $\boldsymbol{y}_1, \boldsymbol{y}_2, \cdots, \boldsymbol{y}_m$，满足 $\boldsymbol{y}_1=\boldsymbol{x}_i$，$\boldsymbol{y}_m=\boldsymbol{x}_j$，而且 $\boldsymbol{y}_{j+1}$ 由 $\boldsymbol{y}_j$ 密度直达，那么称 $\boldsymbol{x}_i$ 由 $\boldsymbol{x}_j$ 密度可达。

（5）密度相连。对于样本 $\boldsymbol{x}_i$ 和 $\boldsymbol{x}_j$，如果存在样本 $\boldsymbol{x}_k$ 使得 $\boldsymbol{x}_i$ 与 $\boldsymbol{x}_j$ 都由 $\boldsymbol{x}_k$ 密度可达，那么称 $\boldsymbol{x}_i$ 与 $\boldsymbol{x}_j$ 密度相连。

定义完所需的概念后，DBSCAN 算法中的类就可以定义为：由密度可达关系得到的最大的密度相连样本集合。也就是对于定好的邻域参数 ε 和 Q，用类 A 来表示某一个包含于样本集 X 的非空样本子集，且满足以下两个性质：

（1）连接性：若样本 $\boldsymbol{x}_i \in A$，$\boldsymbol{x}_j \in A$，则 $\boldsymbol{x}_i$ 与 $\boldsymbol{x}_j$ 密度相连。

（2）最大性：若样本 $\boldsymbol{x}_i \in A$，$\boldsymbol{x}_j$ 由 $\boldsymbol{x}_i$ 密度可达，则 $\boldsymbol{x}_j \in A$。

为了从数据集 X 中找到满足上述性质的类 A，假设 $\boldsymbol{x}_i$ 为核心对象，由 $\boldsymbol{x}_i$ 密度可达的样本组成的集合记为 Y，则很容易证明 Y 是一个能满足连接性和最大性的类。

因此，DBSCAN 算法首先从数据集中选出一个核心对象，然后从这个核心对象出发来确定相应类。也就是说，DBSCAN 算法首先根据定好的邻域参数 ε 和 Q 找出数据集中的所有核心对象，然后从每个核心对象出发，找到它们密度可达的样本组成的类。

9.4.2 OPTICS 算法

9.4.1 节所介绍的 DBSCAN 算法中有两个参数 ε 和 Q 需要人为设置，而不同参数 ε 和 Q 的选择，得到的聚类结果会有很大的差别，这说明聚类结果对这两个参数的值十分敏感，所以本小节介绍一个 DBSCAN 的改进算法——OPTICS 算法。

OPTICS 算法对参数 ε 不敏感，且算法中并不显式地生成聚类，只是通过对数据集中的样本进行排序，从而获得一个有序的样本序列，这个序列代表了样本基于密度的聚类结构。这是一个可以满足任意参数 ε 和 Q 的基于密度的聚类，也就是说，只要指定参数 ε 和 Q 的值，就可以从这个序列中获得指定参数 ε 和 Q 对应的 DBSCAN 算法的聚类结果。

为此，我们需要定义两个新的概念：

(1) 核心距离。设点 $\boldsymbol{x}_i \in D=\{\boldsymbol{x}_1, \boldsymbol{x}_2, \cdots, \boldsymbol{x}_N\}$，对于给定参数 ε 和 Q，点 $\boldsymbol{x}_i$ 的核心距离定义为：使得 $\boldsymbol{x}_i$ 为核心对象的最小邻域半径。

(2) 可达距离。设点 $\boldsymbol{x}_i, \boldsymbol{x}_j \in D=\{\boldsymbol{x}_1, \boldsymbol{x}_2, \cdots, \boldsymbol{x}_N\}$，对于给定参数 ε 和 Q，$\boldsymbol{x}_j$ 关于 $\boldsymbol{x}_i$ 的可达距离定义为：使得 $\boldsymbol{x}_i$ 为核心对象，且 $\boldsymbol{x}_j$ 由 $\boldsymbol{x}_i$ 密度直达的最小邻域半径。

OPTICS 算法过程描述如下：

(1) 创建两个序列：有序序列和结果序列。有序序列存储核心对象及该核心对象的密度直达对象，按可达距离的升序排列；结果序列存储样本的输出次序。

(2) 如果样本集中存在还未存入结果序列的样本，那么选择一个不在结果序列中且为核心对象的样本，找到它所有密度直达的样本。若这些样本不存在于结果序列中，则将其放入有序序列中，并按可达距离排序；否则，算法结束。

(3) 通过有序序列获得结果序列需要进行以下操作：

① 从有序序列中取出第一个样本，如果该样本不存在于结果序列中，则将取出的样本保存至结果序列中。如果有序序列为空，则返回步骤(2)。

② 判断该样本是否是核心对象。如果该样本是核心对象，则找到该样本所有的密度直达样本；如果不是，则回到步骤①。

③ 判断密度直达样本是否已经存在于结果序列中。如果存在，那么不需要进行任何操作；如果不存在，则进行步骤④和步骤⑤。

④ 如果有序序列中已经存在该密度直达样本，且此时新的可达距离小于旧的可达距离，则用新的可达距离取代旧的可达距离，再对有序序列进行重新排序。

⑤ 如果有序序列中不存在该密度直达样本，则插入该样本，并对有序序列进行重新排序。

迭代步骤(2)和步骤(3)至算法结束，输出结果序列中的有序样本。

(4) 得到结果序列后，使用如下算法得到最终的聚类结果：

① 从结果序列中按顺序取出样本，如果该样本的可达距离不大于参数 ε，则该样本属于当前类别，否则至步骤②。

② 如果该样本的核心距离大于参数 ε，则该样本为噪声，可以忽略，否则该样本属于新的类，跳至步骤①。

③ 结果队列遍历结束，则算法结束。

OPTICS 算法的核心思想是：密度较稠密类中的样本在类排序中相互靠近，一个样本的最小可达距离给出了一个对象连接到一个稠密类的最短路径。

9.4.3 Mean Shift 算法

在 9.2 节中，介绍了 K 均值聚类算法的一个缺点是聚类的类别数目 K 需要人为指定，所以对于聚类类别数目未知的数据集，K 均值聚类算法就只能通过一个一个检验K 值来找到最好的聚类划分。而 Mean Shift 算法并不需要事先指定聚类数目 K 就能完成聚类任务。

Mean Shift 算法的思想是：假设不同类的数据子集拥有不同的概率密度分布，找到任意一个样本的密度增大的最快方向，然后前进。因为样本密度高的区域对应于该分布的最大值，所以每个样本最终都会收敛到局部密度最大值处，同时收敛到相同局部最大值的样本会被划分为同一类。

Mean Shift 算法过程描述如下：

(1) 计算数据集中每个样本的均值漂移向量，也就是其密度增大的最快方向。

(2) 每个样本都向其均值漂移向量的方向移动。

重复迭代步骤(1)和步骤(2)直至所有样本收敛，也就是均值漂移向量为零向量时，将收敛到相同值处的样本划分为同一类。

虽然 Mean Shift 算法不需要设置类别数目，而且能够处理任意形状的数据集，但是对于特征空间很大的数据集，计算量也会变得十分庞大。

9.5 稀疏子空间聚类

稀疏表示是图像处理与应用数学领域的研究热点之一，它利用数据在特定空间的稀疏性来简洁地表示数据的特征。稀疏性是指用最小数量的基或字典原子来表示数据，即其中非零系数的数量最少。对给定数据，非零系数的位置表明该数据属于由相应基或原子张成的子空间，而非零系数的个数表明数据的本质维数，因此稀疏表示能够刻画数据的子空间特性。

稀疏子空间聚类是一种基于谱聚类的子空间聚类方法，其基本思路是：对给定的一组数据建立子空间表示模型，寻找数据在低维子空间的表示系数，然后根据表示系数矩阵构造相似度矩阵，最后利用谱聚类的方法获得数据的聚类结果。

稀疏子空间聚类的思想是：将数据 $\boldsymbol{x}_i \in S_a$ 表示为其他所有数据的线性组合，即

$$\boldsymbol{x}_i = \sum_{j \neq i} Z_{ij} \boldsymbol{x}_j \tag{9-6}$$

且对表示系数通过一定的约束，使得其在一定条件下满足 $\boldsymbol{x}_j \notin S_a$，$j \neq i$ 所对应的 $Z_{ij}=0$。将所有的数据和它对应的表示系数排列成矩阵，则式(9－6)可以等价为

$$\boldsymbol{X} = \boldsymbol{X}\boldsymbol{Z} \tag{9-7}$$

系数矩阵 $\boldsymbol{Z} \in \mathbf{R}^{N \times N}$ 满足：当 $\boldsymbol{x}_i$ 和 $\boldsymbol{x}_j$ 属于不同的子空间时，$Z_{ij}=0$。不同于用一组基或字典表示数据，式(9－7)用数据集本身表示数据，称为数据的自表示。若数据子空间的结构已知，则将数据按类别逐列排放，在一定条件下可使系数矩阵 $\boldsymbol{Z}$ 转化为对角矩阵，即

$$
\boldsymbol{Z}=\begin{pmatrix}
\boldsymbol{Z}_1 & & & \boldsymbol{0} \\
& \boldsymbol{Z}_2 & & \\
& & \ddots & \\
\boldsymbol{0} & & & \boldsymbol{Z}_k
\end{pmatrix}
$$

其中，$\boldsymbol{Z}_i(i=1, 2, \cdots, k)$表示子空间 S_a 中数据的表示系数矩阵。系数矩阵 $\boldsymbol{Z}$ 的对角结构揭示了数据的子空间结构。稀疏子空间聚类就是通过对系数矩阵 $\boldsymbol{Z}$ 采用不同的稀疏约束，使其尽可能具有理想结构，从而实现子空间聚类。

本章小结

聚类是机器学习中一个很重要的方法，相较于其他机器学习分支，聚类的知识还不够系统化。但在实际问题中，聚类方法的应用十分广泛，本章只列举了一些基本的聚类方法，还有很多改进的聚类算法，例如模糊 C 均值聚类算法、DENCLUE 算法、AGNES 算法和 DIANA 算法等。另外，根据数据的不同特点，选用适合的聚类方法尤其重要。

习　题

1. 假设在一张灰度图中，像素的灰度值在灰度值区间上的分布如图 9.2 所示，如果使用聚类方法对该图进行基于灰度值的聚类，那么最好的聚类类别个数是多少？根据自己所选的类别个数，各类别之间灰度值的阈值又是多少？

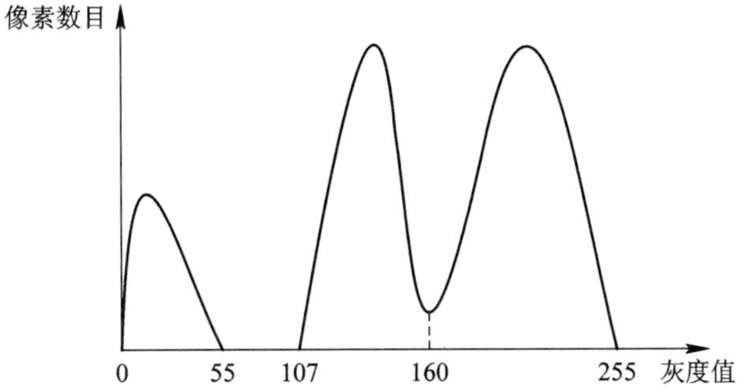

图 9.2　像素的灰度值分布

2. 编程实现 K 均值聚类算法(数据集不限)。
3. 编程实现 DBSCAN 算法(数据集不限)。

参考文献

[1] 李航. 统计学习方法[M]. 北京：清华大学出版社，2012.

[2] 李弼程，邵美珍，黄洁. 模式识别原理与应用[M]. 西安：西安电子科技大学出版社，2008.

[3] THEODORIDIS S，KOUTROUMBAS K. 模式识别[M]. 4 版. 李晶皎，等译. 北京：电子工业出版社，2016.

[4] 王卫卫，李小平，冯象初，等. 稀疏子空间聚类综述[J]. 自动化学报，2015，41(8)：1373－1384.

[5] 吴雅琴，王晓东. 大数据挖掘中的混合差分进化 K-Means 无监督聚类算法[J]. 重庆理工大学学报(自然科学版)，2019，33(5)：107－112.

[6] YU H，CHEN L Y，YAO J T，et al. A three-way clustering method based on an improved DBSCAN algorithm[J]. Physica A：Statistical Mechanics and its Applications，2019，535(C)：122289.

[7] LANG F，YANG J，YAN S，et al. Superpixel Segmentation of Polarimetric Synthetic Aperture Radar (SAR) Images Based on Generalized Mean Shift[J]. Remote Sensing，2018,10(10)：1592－1612.

[8] TINI G，MARCHETTI L，PRIAMI C，et al. Multi-omics integration：a comparison of unsupervised clustering methodologies[J]. Briefings in Bioinformatics，2019，20(4)：1269－1279.

[9] WU Y Q，WANG X D. Hybrid Differential Evolution K-Means Unsupervised Clustering Algorithm in Big Data Mining[J]. Journal of Chongqing University of Technology，2019，33(5)：107－112.

[10] HU Y T，LI C M，LIU Z X，et al. A Robust Image Segmentation Algorithm Based on Unsupervised Clustering[J]. Journal of Jilin University，2019，57(6)：1425－1430.

第10章 半监督学习

监督学习的方法是使用有标注的数据来训练所需要的分类模型，训练后获得一个足够可靠的分类器，从而使用这个分类器来分类那些未标注的数据。但是获得大量有标注的数据在实际生活中是很消耗时间的，而且在很多情况下我们也无法获得大量有标注的数据，所以在这些情况下，如果坚持使用监督学习模型，就会因训练样本不足而导致分类模型的分类能力不够好。为了解决这个问题，将那些未标注的数据也使用起来就显得十分必要了，于是一个新的概念——半监督学习被提出。

10.1 半监督学习概述

监督学习需要通过大量的标注样本来监督分类器的训练过程，为了降低训练分类器对标注样本数量的需求，使得分类器不仅仅依赖于标注样本，同时也能使用未标注样本来训练和提高分类器的性能，半监督学习应运而生。

为了利用未标注样本中的有效信息，未标注样本必须满足其中所包含的数据信息与分类类别相互联系的假设。最常见的假设有聚类假设、流形假设、平滑假设和低密度假设。

(1) 聚类假设：如果两个样本在同一个聚类中，那么它们很可能是同一类。

(2) 流形假设：如果数据中的样本分布在一个流形结构上，那么在流形中相近的样本很可能是同一类。

(3) 平滑假设：位于高密度区域的两个相近样本很可能是同一类，但如果两个样本被低密度区域分开，那么它们很可能不是同一类。

(4) 低密度假设：要求分类器的决策边界最好通过低密度区域。

可以将这四个假设看成是一个更一般的假设的特殊情况——半监督假设：如果两个样本靠近高密度区域，那么它们拥有相似的输出。

从不同的学习场景来看，半监督学习可分为半监督分类、半监督回归、半监督聚类和半监督降维。常用的两类方法是半监督分类和半监督聚类，下面将详细介绍这两类方法。

10.2 半监督分类方法

半监督分类方法有很多，本节将介绍常用的五种方法：增量学习、生成式半监督学习、半监督支持向量机、基于图的半监督学习和基于分歧的半监督学习。

10.2.1 增量学习

传统的学习方式是批量学习，即通过已有的数据来训练模型，用这个训练好的模型来处理新增加的数据，但不会使用这些新增加的数据来继续训练和更新模型。增量学习改善了模型不会进行更新的缺点，广泛应用于智能化数据挖掘和机器学习中。

增量学习是指在数据集中新增加样本时，只通过新增加的样本来更新和训练模型。只要增加新的样本，增量学习就可以从新的样本中学习新的知识，同时保存大部分之前学习到的知识，所以增量学习是一种动态的学习方法。这与人类的学习方式十分相似，通过积累新的知识来增强自身。

增量学习需要满足以下条件：

(1) 可以从新增的数据中学习到有用的信息。

(2) 更新模型时，不需要再使用之前已经用于训练模型的原有数据。

(3) 在学习新的知识时，模型能够记忆大部分已经学习到的知识。

(4) 在没有先验知识的条件下，能够有效地处理新增数据中所包含的新知识。

增量学习能够在保留学习成果的同时，使用新增加的数据对模型进行更新，同时因为会使用到已经学习到的知识，所以在加入新数据时的训练时间会大大缩短。

增量学习的主流方法是自组织增量学习神经网络，它是一种基于竞争学习的神经网络，其增量性使得它能够学习数据中新的知识，同时不影响之前的学习成果。自组织增量学习神经网络能够使神经元的权值向量和网络的拓扑结构随着新增的数据而进行动态地调整，从而达到增量学习和自组织的目的。

10.2.2 生成式半监督学习

生成式半监督学习是先通过标注和未标注的数据所提供的信息来计算类条件概率密度 $p(\boldsymbol{x}|y)$，再通过该类条件概率密度来计算边缘分布 $p(\boldsymbol{x})$ 以及联合分布 $p(y, \boldsymbol{x})$，即

$$p(\boldsymbol{x}) = \sum_{y} P(y)p(\boldsymbol{x} \mid y) \tag{10-1}$$

$$p(y, \boldsymbol{x}) = P(y)p(\boldsymbol{x} \mid y) \tag{10-2}$$

然后计算后验概率：

$$p(y \mid \boldsymbol{x}) = \frac{P(y)p(\boldsymbol{x} \mid y)}{\sum_{y} P(y)p(\boldsymbol{x} \mid y)} \tag{10-3}$$

其中：$\boldsymbol{x}$ 表示样本；y 表示样本 $\boldsymbol{x}$ 的类别，$y\in\{1, 2, \cdots, n\}$，n 是类别数目。可以看出，生成式半监督学习方法是贝叶斯决策方法的推广。

设一个带参数的类条件概率密度为 $p(\boldsymbol{x}|y, \boldsymbol{\theta})$，并假设数据集中包含两类数据：

(1) 未标注样本：定义为由 N_u 个样本构成的数据集 $U=\{\boldsymbol{x}_i|i=1, 2, \cdots, N_u\}$，假设其中的数据都是互相独立并在边缘分布 $p(\boldsymbol{x}; \boldsymbol{\theta}, \boldsymbol{P})$上具有相同的概率，$\boldsymbol{\theta}$ 和 $\boldsymbol{P}=[P_1, P_2, \cdots, P_n]^{\mathrm{T}}$ 是用来限定该边缘分布的参数。

(2) 标注样本：定义为包含 N_l 个样本的数据集 $L=\{\boldsymbol{z}_{iy}|i=1,2, \cdots,N_y; y=1,2,\cdots,n\}$，其中每个样本都带有标注，$N_y$ 表示第 y 类样本的个数。

如果未标注样本与标注样本来自同一分布，则将这些未标注样本加上推测出来的标签都作为训练样本，进而可以通过增加训练样本的多样性来提高模型的准确率。

我们可以通过观察 U 和 L 来估计混合模型中的参数 $\boldsymbol{\theta}$ 和 $\boldsymbol{P}$。首先定义两个似然函数：

$$U: L_u(\boldsymbol{\theta},\boldsymbol{P})=\sum_{i=1}^{N_u}\ln p(\boldsymbol{x}_i; \boldsymbol{\theta},\boldsymbol{P})=\sum_{i=1}^{N_u}\ln\sum_{y=1}^{n}P(y)p(\boldsymbol{x}_i \mid y; \boldsymbol{\theta}) \tag{10-4}$$

$$L: L_l(\boldsymbol{\theta},\boldsymbol{P})=\sum_{y=1}^{n}\sum_{i=1}^{N_y}\ln p(y, \boldsymbol{z}_{iy}; \boldsymbol{\theta},\boldsymbol{P})+\ln\frac{N_l!}{N_1!\,N_2!\cdots N_n!} \tag{10-5}$$

其中，N_u 和 N_l 分别为两个数据集所包含的样本数目。通过最大化函数 $L_u(\boldsymbol{\theta},\boldsymbol{P})+L_l(\boldsymbol{\theta},\boldsymbol{P})$ 可得到对应于 $\boldsymbol{\theta}$ 和 $\boldsymbol{P}$ 的未标注样本的标签。对于最大化函数 $L_u(\boldsymbol{\theta},\boldsymbol{P})+L_l(\boldsymbol{\theta},\boldsymbol{P})$，可以使用第 7 章中所提到的 EM 算法来进行最优化。

10.2.3 半监督支持向量机

半监督支持向量机结合了半监督学习和支持向量机两者的特点。支持向量机是通过在包含标注样本的训练数据集中寻找最大分类超平面来训练分类器的。但在半监督支持向量机中，还需要考虑未标注样本，所以半监督支持向量机需要找到的分类超平面就变成了不仅需要将不同类的标注样本分开，而且该平面需要穿过数据低密度区域，这样的规则是基于“低密度分隔”的假设，该假设是聚类假设在考虑到线性分类超平面后的推广。

半监督支持向量机中最常见的是转导支持向量机。与普通的支撑向量机一样，转导支持向量机也是针对二分类问题开发的学习方法。转导支持向量机会对未标注样本进行各种可能的标注指派(二分类情况下就是分别指派第一类或第二类)，在这些所有可能的指派情况中，找到一个在所有样本上间隔最大的分类超平面。在分类超平面确定后，未标注样本被指派的标注就是其分类预测的结果。

具体来说，在二分类问题中，对于支持向量机，转导支持向量机进行了以下改变：对于标注数据集 $L=\{\boldsymbol{x}_i|i=1, 2, \cdots, N_l\}$和未标注数据集 $U=\{\boldsymbol{x}_i|i=N_l+1, N_l+2,$

$\cdots, N_l+N_u\}$，通过计算得到 U 中数据的标号 y，使得分类超平面达到间隔最大，这样就能同时考虑到标注样本和未标注样本。

转导支持向量机方法主要有以下两种：

(1) 硬边界转导支持向量机：

$$\min J(y_{N_l+1}, \cdots, y_{N_l+N_u}, \boldsymbol{\omega}, \omega_0)=\frac{1}{2}\|\boldsymbol{\omega}\|^2 \tag{10-6}$$

$$\text{s.t. } y_i(\boldsymbol{\omega}^{\mathrm{T}}\boldsymbol{x}_i+\omega_0)\geqslant 1,\ i=1, 2, \cdots, N_l \tag{10-7}$$

$$y_i(\boldsymbol{\omega}^{\mathrm{T}}\boldsymbol{x}_i+\xi_0)\geqslant 1,\ i=N_l+1, N_l+2, \cdots, N_l+N_u \tag{10-8}$$

$$y_i\in\{+1, -1\},\ i=N_l+1, N_l+2, \cdots, N_l+N_u \tag{10-9}$$

(2) 软边界转导支持向量机：

$$\min J(y_{N_l+1},\cdots,y_{N_l+N_u},\boldsymbol{\omega},\omega_0,\boldsymbol{\xi})=\frac{1}{2}\|\boldsymbol{\omega}\|^2+C_l\sum_{i=1}^{N_l}\xi_i+C_u\sum_{i=N_l+1}^{N_l+N_u}\xi_i \tag{10-10}$$

$$\text{s.t. } y_i(\boldsymbol{\omega}^{\mathrm{T}}\boldsymbol{x}_i+\omega_0)\geqslant 1-\xi_i,\ i=1, 2, \cdots, N_l \tag{10-11}$$

$$y_i(\boldsymbol{\omega}^{\mathrm{T}}\boldsymbol{x}_i+\omega_0)\geqslant 1-\xi_i,\ i=N_l+1, N_l+2, \cdots, N_l+N_u \tag{10-12}$$

$$y_i\in\{+1, -1\},\ i=N_l+1, N_l+2, \cdots, N_l+N_u \tag{10-13}$$

$$\xi_i\geqslant 0,\ i=1, 2, \cdots, N_l+N_u \tag{10-14}$$

其中：J 为需要进行优化的函数；C_l 和 C_u 是用来决定标注样本和未标注样本在代价函数中重要程度的参数；N_l 为标注数据集中的样本个数；N_u 为未标注数据集中的样本个数；$\boldsymbol{\xi}$ 是松弛向量，$\xi_i(i=1, 2, \cdots, N_l)$为标注样本的松弛变量，$\xi_i(i=N_l+1, N_l+2, \cdots, N_l+N_u)$为未标注样本的松弛变量；$y_i(i=1, 2, \cdots, N_l)$代表标注数据的类别标注，$y_i(i=N_l+1, N_l+2, \cdots, N_l+N_u)$代表未标注数据的预测标注；$\boldsymbol{\omega}$ 和 ω_0 为刻画支持向量机分类超平面的参数。

硬边界是指分类完全准确、损失函数最终迭代值为零的分类边界。

软边界是指允许一定数量的样本分类错误的边界，其损失函数由点到平面的间隔距离和误分类的样本数目两部分组成。

与支持向量机的凸优化问题相比，优化转导支持向量机最大的难点在于优化标注 $y_i(i=N_l+1, N_l+2, \cdots, N_l+N_u)$的指派，这是一个 NP 难问题。同时，在对未标注样本指派标注时，可能会出现类别不平衡的现象，这也会对模型的训练造成影响。为了解决这一问题，优化算法的计算成本将显著增加，所以半监督支持向量机方法的一个研究重点是如何设计一个高效的优化求解策略。

10.2.4 基于图的半监督学习

基于图的方法依据的原理是从数据分布中提取与分类有关的信息。为了详细地讲解基于图的半监督学习，我们需要建立一个无向图 $G(V, E)$，该无向图包含 n 个节点和 m 条边，图中每个节点 $V_i(i=1, 2, \cdots, n)$对应一个样本，每条边 $E_j(j=1, 2, \cdots, m)$对应两个样本之间的相似程度。

为了便于理解，举一个例子来进一步解释基于图的半监督学习。一名外国学生需要整理图书馆中的一些书籍，但是他的中文不好，所以该学生只能通过书中的图片或部分常见词语来猜测图书的类别。如图 10.1 所示，他已经将有动物图片的书籍和有植物图片的书籍通过书中的图片分开来，假设《动物大百科》和《世界植物分科志》两本书中没有图片，所以无法通过图片来进行分类，但是该学生发现《动物大百科》和《中国动物志》两本书的书名中都有“动物”两个字，所以他将《动物大百科》分到了动物书籍类中，而将《世界植物分科志》分到书名包含“植物”的植物书籍类中，这就是一个基于图的半监督学习的例子。

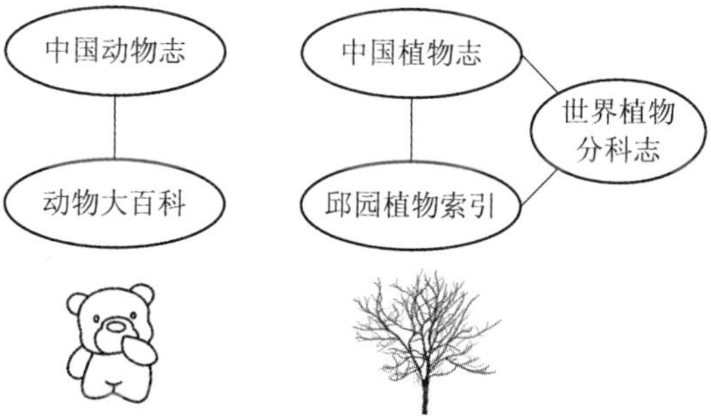

图 10.1　基于图的半监督学习举例

基于图的半监督学习最典型的代表就是最小割算法。在图论中，割就是在图 G 的边 E 中去掉一个边集 C 使得 $G(V, E-C)$不连通，C 就是图 $G(V, E)$的一个割。因此，最小割可以定义为：在 $G(V, E)$的所有割中，去掉的边的权重之和最小的割。图 10.2 中的两条虚线分别将该无向图分割为了两个不连通的部分，因此这两条虚线分别带来了两种不同的割。

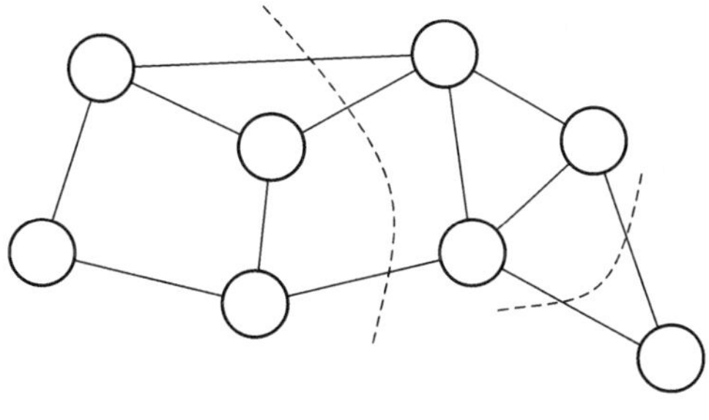

图 10.2　图的割

从标注样本中选出一个正标注样本和一个负标注样本，最小割算法通过将起始节点定为正标注样本，目标节点定为负标注样本，首先找到所有删除后可以将起始节点和目标节点分开的边组成的割，然后找到其中最小的割，那么这个最小割将无向图 G 分成的两个部分就是最小割算法将数据集划分成的两个类。

10.2.5 基于分歧的半监督学习

与前面介绍的生成式半监督学习、半监督支持向量机、基于图的半监督学习等基于单学习器的方法不同，基于分歧的半监督学习使用的是多学习器，而这些学习器之间的“分歧”对于利用未标注数据来说十分重要。

“协同训练”是其中的代表方法，也是“多视图学习”的代表。多视图数据指的是数据集中的一个样本拥有多种属性，例如一个盒子里面装有大小不同、颜色不同、形状不同的物体，那么这些物体就存在三种不同的属性，而且这些不同的属性存在“相容性”和“互补性”，能够给学习器的训练带来很多好处。协同训练能够很好地利用多视图的“相容互补性”。假设样本拥有两个充分且条件独立的视图，“充分”就是两个视图都能单独通过训练得到最优的分类器，“条件独立”说明在所给的类别标注条件下两个视图是独立的。在这种情况下，可以通过一个简单的方法来使用未标注样本：首先在每个视图上都通过标注样本训练一个分类器，然后将每个分类器对于未标注样本所得到的预测标签都赋予未标注样本作为一个伪标签，接着相互将伪标签提供给另一个分类器作为增加的标注样本的标签，并进行训练，不停地重复迭代这一过程，直到两个分类器都满足停止条件。

协同训练的方法虽然很简单，但对于分类器泛化能力的提升却十分显著。理论上来说，协同训练可以达到最高的分类准确率，但是不同视图之间的独立条件在实际情况中很难满足，所以实际情况中很难实现理论上的最优，不过对于弱分类器性能的提升仍然是巨大的。

基于分歧的半监督学习方法只要选择合适的学习器，就能够降低模型假设、损失函数的选取和数据规模等问题对分类器性能的影响，学习的方法简单且有效，能够适用的范围也更广泛。

10.3 半监督聚类方法

在第 9 章中我们提到了聚类属于无监督学习，可以直接对未标注样本进行聚类，但是实际情况中，数据集中一部分样本可能会带有标签信息，而这些标签信息又无法满足监督学习的需要，在这种情况下半监督聚类能够起到很好的作用——利用少量的标注信息提高聚类的性能，得到更好的聚类结果。

半监督聚类方法可分为基于约束的半监督聚类、基于距离的半监督聚类、基于约束和距离相结合的半监督聚类三种。

(1) 基于约束的半监督聚类：通过引入约束限制信息进行半监督学习，从而得到更好的聚类结果。

(2) 基于距离的半监督聚类：在对样本进行预处理的过程中，对样本之间相似性的度量进行变换，从而得到一个新的度量函数来引入部分监督信息，使得相关联的正约束样本之间更加接近，而负样本则相反。

(3) 基于约束和距离相结合的半监督聚类：是将前两种方法相结合而产生的一种新方法，可以获得比前两者更好的聚类结果。

Cop-Kmeans 算法是一种常用的半监督聚类方法，它在传统 K-means 算法(K 均值聚类)中运用了成对约束的思想进行改进。Cop-Kmeans 算法的基本聚类思想与 K-means 算法的相同，只是在数据分配过程中要求数据必须满足 Must-Link(ML)约束和 Cannot-Link(CL)约束条件。ML 代表被选中的两个样本属于同一类，CL 代表被选中的两个样本不属于同一类，并且约束具有对称性和传递性。

对称性：

$$(\boldsymbol{x}_i, \boldsymbol{x}_j) \in \mathrm{ML} \Rightarrow (\boldsymbol{x}_j, \boldsymbol{x}_i) \in \mathrm{ML} \tag{10-15}$$

$$(\boldsymbol{x}_i, \boldsymbol{x}_j) \in \mathrm{CL} \Rightarrow (\boldsymbol{x}_j, \boldsymbol{x}_i) \in \mathrm{CL} \tag{10-16}$$

传递性：

$$(\boldsymbol{x}_i, \boldsymbol{x}_j) \in \mathrm{ML} \,\&\, (\boldsymbol{x}_j, \boldsymbol{x}_k) \in \mathrm{ML} \Rightarrow (\boldsymbol{x}_i, \boldsymbol{x}_k) \in \mathrm{ML} \tag{10-17}$$

$$(\boldsymbol{x}_i, \boldsymbol{x}_j) \in \mathrm{ML} \,\&\, (\boldsymbol{x}_j, \boldsymbol{x}_k) \in \mathrm{CL} \Rightarrow (\boldsymbol{x}_i, \boldsymbol{x}_k) \in \mathrm{CL} \tag{10-18}$$

其中，$\boldsymbol{x}_i$、$\boldsymbol{x}_j$、$\boldsymbol{x}_k$ 表示从数据集中取出的样本。

对称性和传递性对成对约束来说非常重要，这样的特性使得样本在强制分配约束关系时，只有在 CL 约束下，才可能出现约束违反的情况，在其他情况下并不会有样本分配失败的情况。Cop-Kmeans 算法要求样本数据在划分过程中满足约束关系，所以针对有约束信息的样本来说，该算法的效率会变得很高。但是，约束信息的好坏也会直接影响聚类结果的好坏，所以只有获得正确的约束信息，才能提高聚类效果。

本章小结

半监督学习虽然从直观上来看是一种介于监督学习和无监督学习之间的方法，但实际上，半监督学习却是近年来研究领域最前沿的方向之一。在实际问题中，大量标注样本是难以获得的，那么如何更好地使用未标注样本中隐含的有效信息就显得十分重要。本章主要介绍了常用的半监督分类和半监督聚类方法，在其他机器学习任务中，半监督学习也有相关应用，例如半监督回归和半监督降维等。

习　　题

1. 编程实现转导支持向量机算法，在任意一个 UCI 数据集上进行测试，将其中 30%的样本用作测试样本，10%的样本用作有标注样本，60%的样本用作无标注样本，分别训练出包含有标注样本和无标注样本的转导支持向量机模型以及仅利用有标注样本的 SVM 模型，并比较其性能。

2. 自训练是一种比较原始的半监督学习方法，它先在有标注样本上学习，然后用训练好的分类器对未标注样本进行判别，以获得其伪标注，再在有标注与伪标注样本的合集上重新训练，以此为循环。请在习题 1 代码的基础上进行修改，实现自训练算法。

3. 编程实现 Cop-Kmeans 算法(数据集不限制，可以尝试自己构建一个数据集)。

参考文献

[1] WEBB A R, COPSEY K D. 统计模式识别[M]. 3 版. 王萍，译. 北京：电子工业出版社，2015.

[2] 秦悦，丁世飞. 半监督聚类综述[J]. 计算机科学，2019，46(9)：15－21.

[3] 杜兰，魏迪，李璐，等. 基于半监督学习的 SAR 目标检测网络[J]. 电子与信息学报，2020，42(1)：154－163.

[4] 杜阳，姜震，冯路捷. 结合支持向量机与半监督-means 的新型学习算法[J]. 计算机应用，2019，39(12)：3462－3466.

[5] KILINC O, UYSAL I. GAR：An efficient and scalable Graph-based Activity Regularization for semi-supervised learning[J]. Neurocomputing，2018，296(28)：46－54.

[6] XU J, XU C, ZOU B, et al. New Incremental Learning Algorithm With Support Vector Machines[J]. IEEE Transactions on Systems Man & Cybernetics Systems，2018，49(11)：2230－2241.

[7] HELLSTEN M, PEROTTO L U. Re-thinking internationalization as social curriculum for generative supervision：letters from the international community of scholars[J]. European Journal of Higher Education，2018，8(1)：36－51.

[8] YUE M, FU G, WU M, et al. Semi-Supervised Monocular Depth Estimation Based on Semantic Supervision[J]. Journal of Intelligent and Robotic Systems，2020，100(5)：455－463.

[9] SANYAL D, DAS S. On semi-supervised active clustering of stable instances with oracles[J]. Information Processing Letters，2019，151：1－8.

第11章 深度学习

深度学习的概念起源于人工神经网络，含多个隐藏层的多层感知器就是一种深度学习结构。深度学习通过组合低层特征形成更加抽象的高层表示属性类别或特征，以发现数据的分布式特征表示。深度学习的最初动机是模拟人脑进行分析学习，通过模仿人脑的机制来解释数据，例如图像、声音和文本等。为了更详细地描述深度学习，本章将从深度学习的起源和代表性的网络结构(如深度卷积神经网络、玻耳兹曼机、循环神经网络和长短期记忆网络等)两方面进行详细描述。

11.1 深度学习简介

人工神经网络作为过去十年中最具影响力的技术之一，是深度学习算法的基本组成部分，是人工智能的前沿。深度学习看似是一个全新的领域，实际上，到目前为止，它已经经历了三次发展浪潮：20 世纪 40～60 年代，深度学习的雏形出现在控制论(cybernetics)中；20 世纪 80～90 年代，深度学习表现为联结主义(connectionism)；2006 年，它才真正以“深度学习”之名复兴。

第一次神经网络的研究浪潮源于 20 世纪 40～60 年代的控制论，并随着生物学习理论的发展和第一个实现单个神经元训练的模型而兴起。同一时期，出现了自适应线性单元，它可以简单地通过返回函数本身的值来预测一个实数，还可以学习如何从数据中预测这些数。基于感知机和自适应线性单元使用的模型称为线性模型。然而，线性模型具有很多局限性。比如，线性模型无法学习异或(XOR)函数。观察到线性模型这个缺陷的学者对受生物学启发的学习方法普遍地产生了抵触，这导致了神经网络热潮的第一次大衰退。

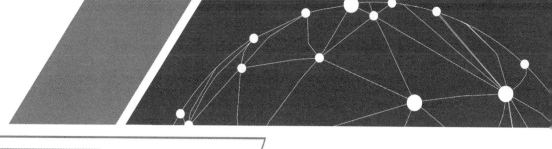

在认知科学的背景下，20 世纪 80 年代，第二次神经网络的研究浪潮伴随着联结主义而出现。认知科学是理解思维的跨学科途径，它融合了多个不同的分析层次。在 20 世纪 80 年代初期，大多数认知科学家研究符号推理模型。尽管这种模型很流行，但符号模型很难解释大脑如何真正使用神经元实现推理功能。联结主义的中心思想是，当网络将大量简单的计算单元连接在一起时可以实现智能行为。该见解同样适用于生物神经系统中的神经元，因为它和计算模型中的隐藏单元起着类似的作用。20 世纪 80 年代联结主义期间形成的几个关键概念在今天的深度学习中仍然非常重要。第二次神经网络的研究浪潮一直持续

到 20 世纪 90 年代中期。当时的处理器架构和制造工艺还不够成熟，无法应对真实模拟人脑所需的巨大处理量。大脑的生物神经网络大约有 1000 亿个神经元，1000 多万亿个突触连接，这就相当于一个拥有万亿次/秒的计算能力的处理器，并有超过 1000 TB 大小的存储硬盘支持。即使现在，单台电脑上的这个配置也是遥不可及的。人工神经网络的通用学习只有经过足够多的数据训练，再加上相应的计算力，才能收敛到足够的精度。在 20 世纪 90 年代的硬件条件下，这已经超出了技术范畴，无法充分发挥技术的潜力。同时，机器学习的其他领域取得了一些进步。比如，核方法和图模型都在很多重要任务上实现了很好的效果。这两个因素导致了神经网络热潮的第二次衰退，并一直持续到 2005 年。

第三次神经网络的研究浪潮始于 2006 年的突破。Geoffrey Hinton 提出的深度信念网络可以使用一种称为贪婪逐层预训练的策略来有效地训练。此外，也有研究表明，同样的策略可以被用来训练许多其他类型的深度网络，并能系统地提高模型在测试样例上的泛化能力。随着神经网络再一次快速发展，神经网络也被改名为深度神经网络或简称为深度网络。其中模型的学习过程称为深度学习。一些早期的学习算法旨在模拟生物学习的计算模型，即大脑怎样学习或为什么能学习的模型。人工神经网络(ANN)之名由此出现，它的概念很简单：模仿人类大脑的处理方法，由神经元连接组成的网络处理信息。ANN 的提出是为了解决任何类型的学习问题，就像人脑能够学习解决任何问题一样。

人工神经网络主要受两个思想启发：一个观点是以大脑为例证明了机器的智能行为是可能的，因此，概念上，建立智能的直接途径是逆向构建大脑背后的计算原理，并复制其功能；另一种看法是，理解大脑和人类智能背后的原理也非常有趣，因此人工神经网络的发展往往伴随着人类对这些基本科学问题的进一步认知。然而，自人工神经网络诞生以来，并没有达到人们的期望。尽管有些机器学习方法的神经网络模型模仿人类的某些大脑功能进行设计，但它们一般和生物功能的真实模型存在较大差异。如今神经科学在深度学习研究中的作用被削弱，主要原因是没有足够多的关于大脑的信息和研究成果来指导并使用。要想获得对这些被大脑实际使用算法的深刻理解，需要有能力同时监测(至少是)数千相连神经元的活动。这一点是很难做到的，甚至连大脑最简单、最深入研究的部分都还远远没有被人们理解。

神经网络非常成功的另一个重要原因是现在的计算资源可以运行更大的模型。联结主义的主要见解之一是动物的多个神经元一起工作时会比单独的神经元或小集合的神经元更有效。随着 NVIDIA 公司以 CUDA 库形式流行的基于图形处理器的计算(称为通用图形处理单元或 GPU)的出现，该技术开始挖掘 ANN 的潜力。在原始 ANN 的基础上，新引入的神经网络被称为深度神经网络(Deep Neural Network，DNN)，其过程称为深度学习。自 20 世纪 90 年代以来，深度学习就已经成功用于商业应用，但通常被视为是一种只有专家才可以使用的艺术，而不是一种技术，这种观点一直持续到最近。从本质上来说，20 世纪 90 年代的 ANN 和 21 世纪的深度网络并没有本质的区别。但是，通常在谈论深度网络时，又会认为有一些区别。最初的 ANN 只由少量节点和神经元组成，主要用于解决数据量小、应用范围窄的问题。如今的深度网络通常每层由数百到数千个节点组成，层数通常超过 10 层。

随着这种数量级复杂度的增加，优化算法也发生了巨大的变化。优化算法的根本变化之一是更多地使用并行计算。由于GPU提供了数百甚至数千个可并行使用的内核，因此只有将深度网络的训练优化并行化，才能提高计算性能。同时，如今的深度学习框架并不局限于监督学习，一些无监督的问题也可以用这种技术来解决。

深度学习也为其他科学做出了贡献。用于目标识别的现代卷积网络为神经科学家们提供了可以研究的视觉处理模型。深度学习也为处理海量数据以及在科学领域的有效预测提供了非常有用的工具。它已成功地用于预测分子如何相互作用从而帮助制药公司设计新的药物，搜索亚原子粒子，以及自动解析用于构建人脑三维图的显微镜图像等。总之，得益于大数据和更强大的计算能力，深度神经网络的研究具有了突飞猛进的发展，它也是未来机器学习研究领域的热点。

11.2 深度卷积神经网络

深度卷积神经网络是一种典型的深度学习模型，它是一种包含卷积计算的前馈神经网络。LeNet-5是一种经典的深度卷积神经网络模型，下面以LeNet-5为例介绍深度卷积神经网络的一般结构。LeNet-5的结构图如图11.1所示。LeNet-5包含了两个卷积层(Convolution Layer)、两个池化层(Pooling Layer)、两个全连接层(Full Connection Layer)，最后使用Softmax函数进行分类并作为输出层。LeNet-5是一种用于手写体字符识别的非常高效的卷积神经网络。

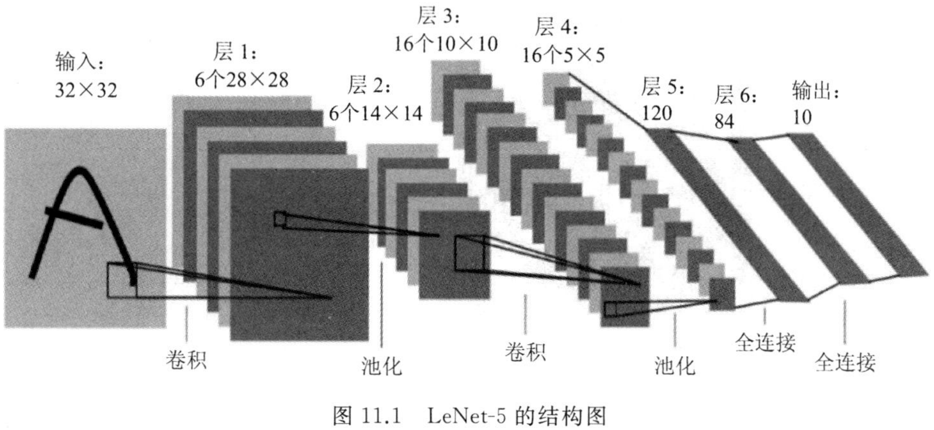

图11.1 LeNet-5的结构图

11.2.1 卷积层

卷积层是卷积神经网络的基石。通常，在图像识别里提到的卷积是指二维卷积，即离散二维滤波器(也称作卷积核)与二维图像做卷积操作。简单讲是二维滤波器滑动到二维图像所有位置上，并在每个位置上与该像素点及其邻域像素点做内积。目前，卷积运算被广泛应用于图像处理领域，不同卷积核可以提取不同的特征，例如边沿、线性、角等。随着网络层数的增加，通过卷积网络提取的特征也从图像的低层次细节特征变为高层次图像语义特征。

卷积实质是二维空间滤波，需要输入两个参数，滤波的性质与卷积核的选择有关。CNN 的卷积是在一个二维卷积核和输入的二维特征映射中的各通道分别完成的。假设单一通道输入图像的空间坐标为(x, y)，卷积核大小是(p, q)，卷积核权重为 w，图像像素值大小是 v，则卷积过程是卷积核所有权重与其在输入图像上对应元素乘积之和：

$$\mathrm{con}\ v_{x,y} = \sum_{i}^{p\times q} w_i \cdot v_i \tag{11-1}$$

图 11.2 给出了一个在二维图像上进行卷积运算的例子。图中输入卷积核大小为 3×3，在图像上对应位置求得的卷积操作的值为 1。通过卷积操作，原始图像会发生变化，从而获得新的图像，其获得图像的尺寸可通过下式给出：

$$N_{\mathrm{out}} = \frac{N_{\mathrm{in}} - k + 2p}{s} + 1 \tag{11-2}$$

其中：N_{in}和N_{out}分别表示输入图像和输出图像的尺寸；k 表示卷积核的大小；p 表示输入图像需要扩增的边界像素(padding)大小；s 表示卷积操作的步长。

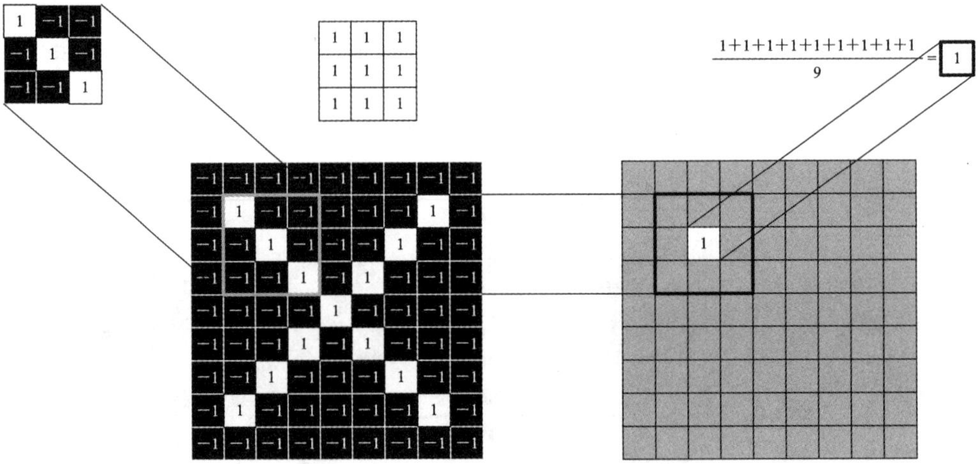

图 11.2　图像上的卷积运算

离散卷积可以看作矩阵的乘法，但是这个矩阵的一些元素被限制为必须和另外一些元素相等。例如对于单变量的离散卷积，矩阵每一行中的元素都与上一行对应位置平移一个单位的元素相同，这种矩阵叫作 Toeplitz 矩阵(Toeplitz Matrix)。对于二维情况，卷积对应着一个双重分块循环矩阵(Doubly Block Circulant Matrix)。除了这些元素相等的限制以外，卷积通常对应着一个非常稀疏的矩阵(一个几乎所有元素都为零的矩阵)。这是因为核的大小通常要远小于输入图像的大小。任何一个使用矩阵乘法但是并不依赖矩阵结构的特殊性质的神经网络算法，都适用于卷积运算，并且不需要对神经网络做出大的修改。典型的卷积神经网络为了更有效地处理大规模输入，使用了一些专门化的技巧，但这些在理论分析方面并不是严格必需的。

11.2.2 非线性激活层

卷积层对原图运算多个卷积产生一组线性激活响应，而非线性激活层是对之前的结果进行一个非线性的激活响应。在生物意义上的神经元中，只有前面的树突传递的信号的加权和值大于某一个特定的阈值的时候，后面的神经元才会被激活，而非线性激活层便是模拟了这个机制。此外，激活函数的主要作用是提供网络的非线性建模能力。如果没有激活函数，由于网络只进行了卷积操作，而卷积操作只是一种线性操作，那么该网络仅能够表达线性映射，此时即便有再多的隐藏层，其整个网络与单层神经网络也是等价的，连简单的异或(XOR)的功能也不能表示。因此也可以认为，只有加入了激活函数后，深度神经网络才具备了分层的非线性映射学习能力，才能应对复杂的任务。

激活函数应该具有如下性质：

(1) 非线性。对于深层神经网络，线性激活层作用后的输出仍然是输入的各种线性变换，对网络并没有作用，因此激活函数需要有非线性特性。

(2) 连续可微。激活函数应能够利用反向传播来更新网络参数。

(3) 单调性。当激活函数是单调函数时，单层神经网络的误差函数是凸函数，更加方便进行优化并收敛。

(4) 在原点处近似线性。当网络参数的权值初始化为接近 0 的随机值时，网络可以学习得较快，可以不用调节网络的初始值。

常用的激活函数有：

ReLU (Rectified Linear Unit)函数：$f(x)=\max(0, x)$；

sigmoid 函数：$f(x)=\dfrac{1}{1+\mathrm{e}^{-x}}$；

tanh 函数：$\tanh(x)=\dfrac{\sinh(x)}{\cosh(x)}=\dfrac{\mathrm{e}^{x}-\mathrm{e}^{-x}}{\mathrm{e}^{x}+\mathrm{e}^{-x}}$。

11.2.3 池化层

池化层夹在连续的卷积层中间，是一种降采样操作(Subsampling)，也称为欠采样或下采样，主要用于特征降维，压缩数据和参数量，缓解过拟合，同时提高模型的容错性。其主要思想是：着重提取具有某种倾向的特征，比如最大池化对应的是更显著的特征，平均池化对应的是更加平滑的特征。池化包括最大池化(Max Pooling)和平均池化(Average

Pooling)。最大池化选取窗口中像素值最大的元素作为输出，其操作过程如图 11.3 所示，窗口大小为 2，窗口移动的步长为 2，而平均池化则是计算窗口中像素值的平均值，将其作为输出。

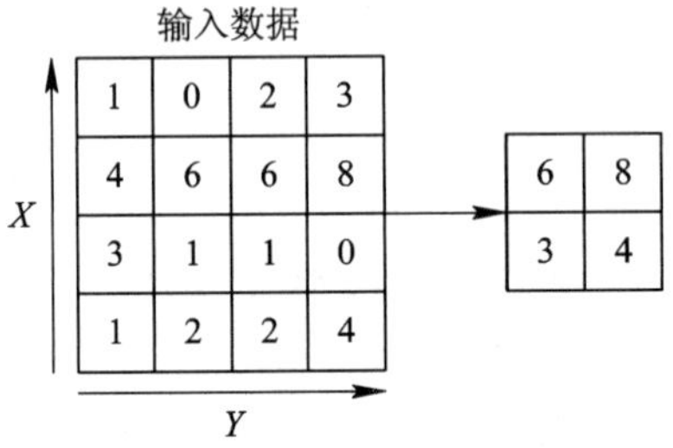

图 11.3　最大池化操作

无论采用哪种池化函数，当输入有少量平移时，池化能使输入的表示近似不变(Invariant)。平移的不变性是指对输入进行少量平移时，经过池化操作后的大多数输出并不会发生改变。局部平移不变性是一个很有用的性质，尤其是当关注某个特征是否出现而不关注它出现的具体位置时。例如，当判定一张图像中是否包含人脸时，并不需要知道眼睛的精确像素位置，只需要知道有一只眼睛在人脸的左边，有一只眼睛在人脸的右边即可。但在一些领域，保存特征的具体位置却很重要。例如，想要寻找一个由两条边相交而成的拐角时，就需要很好地保存边的位置来判定它们是否相交。

由于池化综合了局部邻域内的反馈，因此池化单元的尺寸小于输入特征图像的尺寸，但这不会造成图像信息的大部分丢失，因为这是通过综合池化区域的 k 个像素的统计特征而不是单个像素来实现的。最大池化举例如图 11.4 所示，图中数字加“.”，表示不为整数(因为网络中的数据通常为 float 型)。这种方法提高了网络的计算效率，因为下一层大小约为输入大小的 $1/k$。当下一层的参数数目是关于前一层输入大小的函数时(例如当下一层是全连接的基于矩阵乘法的网络层时)，这种对于输入规模的减小也可以提高统计效率并且降低参数的存储需求。

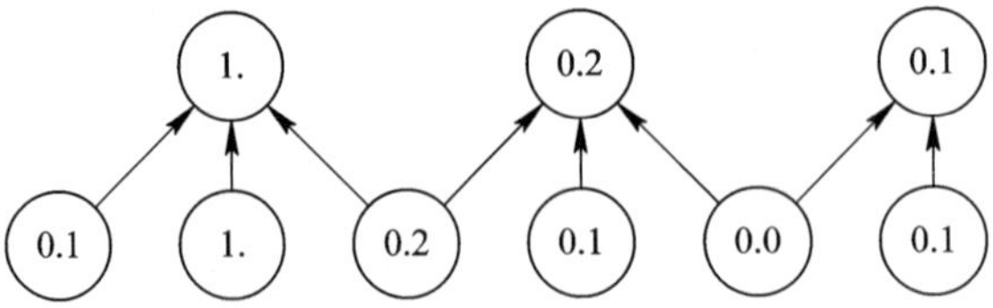

图 11.4　最大池化举例(输出的尺寸减小了一半，降低了网络复杂度)

11.2.4　全连接层

在卷积神经网络中，全连接层起“分类器”的作用，如图 11.5 所示。若将卷积层、池化层和非线性激活层等操作看作是将原始数据映射到隐藏层特征空间的操作，那么全连接层起到将学到的“分布式特征表示”映射到样本标记空间的作用，其本质是实现从一个特征空间线性变换到另一个特征空间的过程，可表示为

$$f(\boldsymbol{x})=\sigma(\boldsymbol{w}^{\mathrm{T}}\boldsymbol{x}+\boldsymbol{b}) \tag{11-3}$$

其中：$\boldsymbol{w}$ 代表全连接层的权重；$\boldsymbol{x}$ 代表输入样本的特征向量；$\boldsymbol{b}$ 代表偏置向量，可以理解为对结果的一个扰动；σ 代表激活函数。

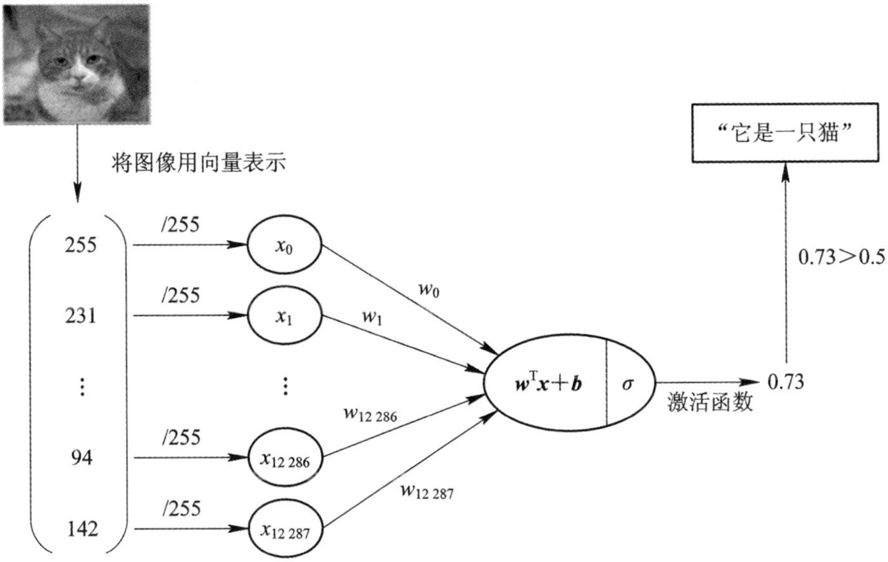

图 11.5　全连接层示意图

总之，卷积神经网络在深度学习的历史中发挥了重要作用。它是将研究大脑获得的深刻理解成功用于机器学习的关键例子，是最早被认可的模型。卷积神经网络主要用来识别位移、缩放及其他形式扭曲不变性的二维图形。由于卷积神经网络的特征检测层通过训练数据进行学习，因此在使用卷积神经网络时避免了以人为中心的特征抽取，而是隐式地从训练数据中进行学习，以数据为中心进行特征提取；再者由于同一特征映射面上的神经元权值相同，因此网络可以并行学习，这也是卷积神经网络相对于神经元彼此相连网络的一大优势。卷积神经网络以其局部权值共享的特殊结构在语音识别和图像处理方面有着独特的优越性，其布局更接近于实际的生物神经网络，权值共享降低了网络的复杂性，特别是多维输入向量的图像可以直接输入网络这一特点避免了特征提取和分类过程中数据重建的复杂度。卷积神经网络较一般神经网络在图像处理方面有如下优点：① 输入图像和网络的拓扑结构能很好地吻合；② 特征提取和模式分类同时进行，并同时在训练中产生；③ 权重共享可以减少网络的训练参数，使神经网络结构变得更简单，适应性更强。

11.3　受限玻耳兹曼机(RBM)与深度信念网络(DBN)

11.3.1　玻耳兹曼机

玻耳兹曼机(Boltzmann Machine，BM)最初作为一种广义的“联结主义”引入，用来学习二值向量上的任意概率分布，是一种随机神经网络。随机神经网络与其他神经网络相比有两个主要区别：① 在学习阶段，随机神经网络不像其他网络那样基于某种确定性算法调整权值，而是按某种概率分布进行修改；② 在运行阶段，随机神经网络不是按某种确定性的网络方程进行状态演变，而是按某种概率分布决定其状态的转移。玻耳兹曼机中神经元只有两种输出状态——0 或 1，状态的取值由概率统计法则决定。神经元的净输入不能决定其状态取 1 还是取 0，但能决定其状态取 1 还是取 0 的概率。由于这种概率统计法则的表达形式与 Boltzmann 分布类似，故将这种网络取名为玻耳兹曼机，其结构如图 11.6 所示。

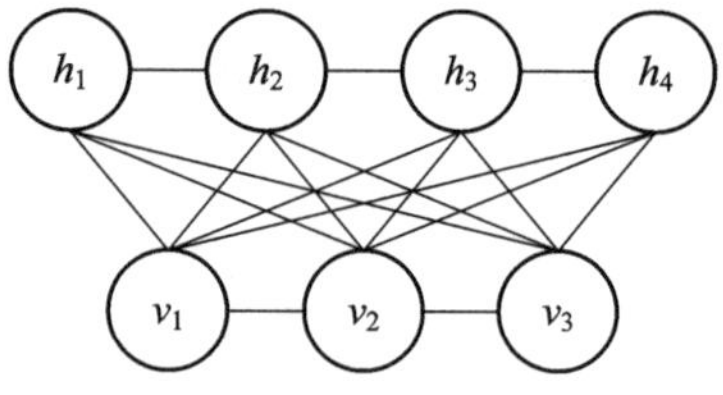

图 11.6　BM 模型结构

在物理学上，玻耳兹曼分布(也称为吉布斯分布，Gibbs Distribution)是描述理想气体在受保守外力的作用(或保守外力的作用不可忽略)时，处于热平衡态下的气体分子按能量的分布规律。在统计学习中，如果将需要学习的模型看成高温物体，将学习的过程看成一个降温达到热平衡的过程(热平衡在物理学领域通常指温度在时间或空间上的稳定)，那么最终模型的能量将会收敛为一个分布，在全局极小能量上下波动。这个过程称为“模拟退火”。其名字来自冶金学的专有名词“退火”，即将材料加热后以一定的速度退火冷却，可以减少晶格中的缺陷。而模型能量收敛到的分布即为玻耳兹曼分布，即能量收敛到最小后，热平衡趋于稳定，也就是说，在能量最少的时候，网络最稳定，此时网络最优。

玻耳兹曼机是一种基于能量的模型，意味着可以使用能量函数定义联合概率分布。已知一个二值随机向量 $\boldsymbol{x}\in\{0, 1\}^d$($d$ 表示空间维度)，则其对应的联合概率分布为

$$P(\boldsymbol{x})=\frac{\exp(-E(\boldsymbol{x}))}{Z} \tag{11-4}$$

式中：Z 是确保 $\sum_{x}P(\boldsymbol{x})=1$ 的函数；$E(\boldsymbol{x})$是能量函数，即

$$E(\boldsymbol{x})=-\boldsymbol{x}^{\mathrm{T}}\boldsymbol{U}\boldsymbol{x}-\boldsymbol{b}^{\mathrm{T}}\boldsymbol{x} \tag{11-5}$$

其中，$\boldsymbol{U}$ 是模型参数的权重矩阵，$\boldsymbol{b}$ 是偏置向量。

玻耳兹曼机可以应用在监督学习和无监督学习中。在监督学习中，可见变量又可以分为输入和输出变量，隐变量则隐式地描述了可见变量之间复杂的约束关系。在无监督学习中，隐变量可以当成可见变量的内部特征表示，能够学习数据中复杂的规则。

11.3.2 受限玻耳兹曼机

受限玻耳兹曼机(Restricted Boltzmann Machine，RBM)是对玻耳兹曼机(BM)的简化，原本玻耳兹曼机的可见元和隐元之间是全连接的，而且隐元和隐元之间也是全连接的，这样就增加了计算量和计算难度。RBM是一类具有两层结构、对称连接且无自反馈的随机神经网络模型，层间全连接，层内无连接，其结构图如图11.7所示。上面一层神经元组成隐藏层(Hidden Layer)，用向量 $\boldsymbol{h}$ 表示隐藏层神经元的值。下面一层的神经元组成可见层(Visible Layer)，用向量 $\boldsymbol{v}$ 表示可见层神经元的值。隐藏层和可见层之间是全连接的。隐藏层神经元之间是独立的，可见层神经元之间也是独立的。连接权重用矩阵 $\boldsymbol{W}$ 表示。与深度卷积神经网络不同的是：RBM不区分前向和反向，可见层的状态可以作用于隐藏层，而隐藏层的状态也可以作用于可见层。

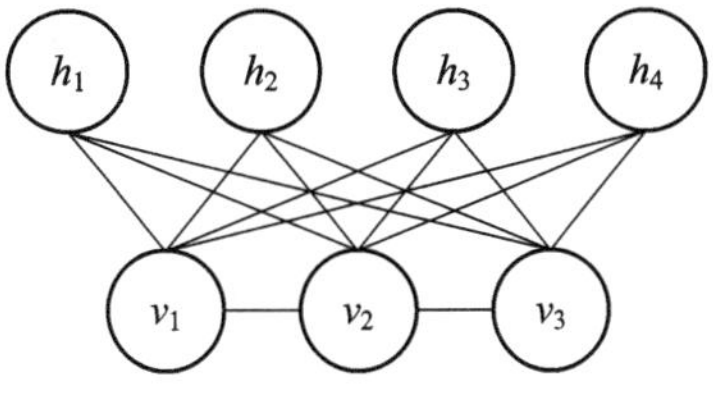

图 11.7　RBM模型结构

给定状态向量 $\boldsymbol{h}$ 和 $\boldsymbol{v}$，则RBM当前的能量函数可以表示为

$$E(\boldsymbol{v},\boldsymbol{h})=-\boldsymbol{a}^{\mathrm{T}}\boldsymbol{v}-\boldsymbol{b}^{\mathrm{T}}\boldsymbol{h}-\boldsymbol{v}^{\mathrm{T}}\boldsymbol{W}\boldsymbol{h} \tag{11-6}$$

其中：$\boldsymbol{a}$ 是可见层的偏置向量；$\boldsymbol{b}$ 是隐藏层的偏置向量。根据能量函数，可得RBM的联合概率分布：

$$P(\boldsymbol{v},\boldsymbol{h})=\frac{1}{Z}\exp(-E(\boldsymbol{v},\boldsymbol{h})) \tag{11-7}$$

其中，Z 为归一化因子，即

$$Z=\sum_{\boldsymbol{v}}\sum_{\boldsymbol{h}}\exp(-E(\boldsymbol{v},\boldsymbol{h})) \tag{11-8}$$

对应的条件分布为

$$\begin{aligned}P(\boldsymbol{h}\mid\boldsymbol{v})&=\frac{P(\boldsymbol{h},\boldsymbol{v})}{P(\boldsymbol{v})}=\frac{1}{P(\boldsymbol{v})}\frac{1}{Z}\exp(\boldsymbol{a}^{\mathrm{T}}\boldsymbol{v}+\boldsymbol{b}^{\mathrm{T}}\boldsymbol{h}+\boldsymbol{v}^{\mathrm{T}}\boldsymbol{W}\boldsymbol{h})\\&=\frac{1}{Z'}\exp(\boldsymbol{b}^{\mathrm{T}}\boldsymbol{h}+\boldsymbol{v}^{\mathrm{T}}\boldsymbol{W}\boldsymbol{h})=\frac{1}{Z'}\exp\Big(\sum_{j=1}^{nh}b_j^{\mathrm{T}}h_j+\sum_{j=1}^{nh}\boldsymbol{v}^{\mathrm{T}}\boldsymbol{W}_{:,j}h_j\Big)\\&=\frac{1}{Z'}\prod_{j=1}^{nh}\exp(b_j^{\mathrm{T}}h_j+\boldsymbol{v}^{\mathrm{T}}\boldsymbol{W}_{:,j}h_j)\end{aligned} \tag{11-9}$$

其中，Z'为变化后的归一化因子。根据式(11-9)，可得

$$\begin{aligned}P(h_j=1\mid\boldsymbol{v})&=\frac{\widetilde{P}(h_j=1\mid\boldsymbol{v})}{\widetilde{P}(h_j=0\mid\boldsymbol{v})+\widetilde{P}(h_j=1\mid\boldsymbol{v})}=\frac{\exp(b_j+\boldsymbol{v}^{\mathrm{T}}\boldsymbol{W}_{:,j})}{\exp(0)+\exp(b_j+\boldsymbol{v}^{\mathrm{T}}\boldsymbol{W}_{:,j})}\\&=\sigma(b_j+\boldsymbol{v}^{\mathrm{T}}\boldsymbol{W}_{:,j})=\mathrm{sigmoid}(b_j+\boldsymbol{v}^{\mathrm{T}}\boldsymbol{W}_{:,j})\end{aligned} \tag{11-10}$$

根据上面的分析可知，RBM 从可见层到隐藏层用的其实就是 sigmoid 激活函数。同理，也可以得到隐藏层到可见层的函数：

$$P(v_j=1|\boldsymbol{h})=\text{sigmoid}(a_j+\boldsymbol{W}_{:,j}^{\mathrm{T}}\boldsymbol{h}) \tag{11-11}$$

训练 RBM 过程的伪代码如算法 11.1 所示。

算法 11.1 训练 RBM

输入：RBMupdate($\boldsymbol{x}_1$，ε，$\boldsymbol{W}$，$\boldsymbol{a}$，$\boldsymbol{b}$)是二项式 RBM 单元的更新过程，很容易推广到其他类型的 RBM。

$\boldsymbol{x}_1$ 是从训练数据分布中采样得到的样本；

ε 是对比散度中随机梯度下降的学习率；

$\boldsymbol{W}$ 是 RBM 的权重矩阵，尺寸为(隐藏单元的数量，输入单元的数量)；

$\boldsymbol{a}$ 为 RBM 输入单元的偏置向量；

$\boldsymbol{b}$ 为 RBM 隐藏单元的偏置向量；

$Q(h_2|\boldsymbol{x}_2)$含有元素 $Q(h_{2i}|\boldsymbol{x}_2)$

输出：训练好的 RBM

function RBMupdate($\boldsymbol{x}_1$，ε，$\boldsymbol{W}$，$\boldsymbol{a}$，$\boldsymbol{b}$)
    for all 隐藏单元 i **do**
        计算 $Q(h_{1i}|\boldsymbol{x}_1)$(对于二项式 RBM，值为 $\text{sigmoid}(b_i+\sum_j W_{i,j}x_{1j})$)
        从 $Q(h_{1i}|\boldsymbol{x}_1)$采样得到 $h_{1i}\in\{0,1\}$
    end for
    for all 可见单元 j **do**
        计算 $P(x_{2j}|h_1)$(对于二项式 RBM，值为 $\text{sigmoid}(a_j+\sum_i W_{i,j}h_{1i})$)
        从 $P(x_{2j}=1|h_1)$采样得到 $x_{2j}\in\{0,1\}$
    end for
    for all 隐藏单元 i **do**
        计算 $Q(h_{2i}=1|\boldsymbol{x}_2)$(对于二项式 RBM，值为 $\text{sigmoid}(b_i+\sum_j W_{i,j}x_{2j})$)
    end for
    $\boldsymbol{W}=\boldsymbol{W}+\varepsilon(h_1\boldsymbol{x}_1'-Q(h_2=1|\boldsymbol{x}_2)\boldsymbol{x}_2')$
    $\boldsymbol{a}=\boldsymbol{a}+\varepsilon(\boldsymbol{x}_1-\boldsymbol{x}_2)$
    $\boldsymbol{b}=\boldsymbol{b}+\varepsilon(h_1-Q(h_2=1|\boldsymbol{x}_2))$
end function

11.3.3 深度信念网络

深度信念网络(Deep Belief Network，DBN)是成功应用深度架构训练的非卷积模型之一。实际上，在深度信念网络之前，深度模型被认为难以优化，因此具有凸目标函数的核机器学习方法引领了研究前沿。2006 年深度信念网络的引入标志着深度学习的复兴，它在 MNIST 数据集上表现超过支持向量机，以此证明了深度神经网络结构的有效性。

深度信念网络通过训练其神经元间的权重，可以让整个神经网络按照最大概率来生成训练数据。DBN 不仅可以用来识别特征、分类数据，还可以用来生成数据。如图 11.8 所示，将若干个 RBM“串联”起来则构成了一个 DBN，其中，上一个 RBM 的隐藏层即为下一个 RBM 的可见层，上一个 RBM 的输出即为下一个 RBM 的输入。训练过程中，需要充分训练上一层的 RBM 后才能训练当前层的 RBM，直至最后一层。

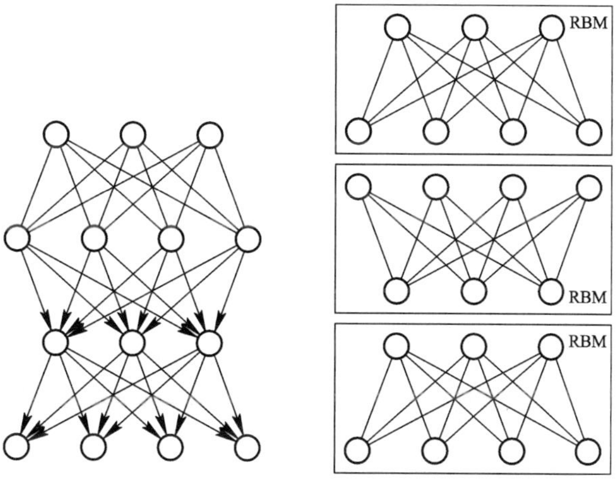

(a) DBN 结构　　(b) 堆叠的 RBM

图 11.8　DBN 模型结构

深度信念网络是具有若干潜变量层的生成模型。潜变量通常是二值的，而可见单元可以是二值的或实数。尽管可以构造连接比较稀疏的 DBN，但在一般的模型中，层与层之间都是密集连接(没有层内连接)。顶部两层之间的连接是无向的。而所有其他层之间的连接是有向的，箭头指向最接近数据的层。具有 l 个隐藏层的 DBN 包含 l 个权重矩阵：$\boldsymbol{W}^{(1)}$，…，$\boldsymbol{W}^{(l)}$，同时包含 $l+1$ 个偏置向量：$\boldsymbol{b}^{(0)}$，…，$\boldsymbol{b}^{(l)}$，其中$\boldsymbol{b}^{(0)}$是可见层的偏置向量。DBN 的概率分布由下式给出：

$$P(\boldsymbol{h}^{(l)}, \boldsymbol{h}^{(l-1)})=\exp(\boldsymbol{b}^{(l)\mathrm{T}}\boldsymbol{h}^{(l)}+\boldsymbol{b}^{(l-1)\mathrm{T}}\boldsymbol{h}^{(l-1)}+\boldsymbol{h}^{(l-1)}\boldsymbol{W}^{(l)}\boldsymbol{h}^{(l)}) \tag{11-12}$$

$$P(h_i^{(k)}=1|\boldsymbol{h}^{(k+1)})=\sigma(b_i^{(k)}+\boldsymbol{W}_{:,i}^{(k+1)\mathrm{T}}\boldsymbol{h}^{(k+1)}) \quad \forall i, \forall k\in 1, \cdots, l-2 \tag{11-13}$$

$$P(v_i=1|\boldsymbol{h}^{(1)})=\sigma(b_i^{(0)}+\boldsymbol{W}_{:,i}^{(1)\mathrm{T}}\boldsymbol{h}^{(1)}) \quad \forall i \tag{11-14}$$

由于 DBN 是由若干个 RBM“串联”起来的，因此基于 DBN 和 RBM 的等价性，可以采用以下策略来学习 DBN：

① 将数据输入最底部的 RBM，使用对比散度或者随机最大似然方法训练以最大化 $E_{v \sim P_{\text{data}}} \log p(v)$；

② 将底部 RBM 抽取的特征作为其上一层 RBM 的输入继续训练，训练近似最大化 $E_{v \sim P_{\text{data}}} E_{h^{(1)} p^{(1)}(h^{(1)}|v)} \log p^{(2)}(h^{(1)})$，其中，$p^{(1)}$ 是第一个 RBM 表示的概率分布，$p^{(2)}$ 是第二个 RBM 表示的概率分布；

③ 重复这个过程，训练尽可能多的 RBM 层。

通常，对 DBN 进行贪心逐层训练后，不需要再对其进行联合训练。训练 DBN 过程的伪代码如算法 11.2 所示。

算法 11.2 训练 DBN

输入：用一种无监督方式训练 DBN$(\hat{P}, \varepsilon, l, W, b, c, m)$

1：采用逐层的贪婪策略，新增加的每一个网络层都是在训练一个新的 RBM；

2：$\hat{P}$ 是网络训练时输入数据的分布；

3：ε 是 RBM 训练时的学习率；

4：l 是待训练层的数量；

5：W^k 是第 k 层的参数矩阵，$k \in 1, \cdots, l$；

6：b^k 是训练 RBM 时第 k 层可见单元的偏置，$k \in 1, \cdots, l$；

7：c^k 是训练 RBM 时第 k 层隐藏单元的偏置，$k \in 1, \cdots, l$；

8：m 是一个布尔变量，表示每一层的训练数据是通过均值采样还是随机采样得到的；

输出：训练好的 DBN

9：**function** TrainDBN$(\hat{P}, \varepsilon, l, W, b, c, m)$

10：　**for** $k = 1 \rightarrow l$ **do**

11：　　初始化 $W^k = 0, b^k = 0, c^k = 0$

12：　　**while** 未达到停止迭代条件 **do**

13：　　　从 $\hat{P}$ 中采样得到 $h^0 = x$

14：　　　**for** $i = 1 \rightarrow k - 1$ **do**

15：　　　　**if** m **then**

16：　　　　　对于 h^i 的所有元素 j，将 h^i_j 赋值给 $Q(h^i_j = 1 | h^{i-1})$

17：　　　　**else**

18：　　　　　对于 h^i 的所有元素 j，从 $Q(h^i_j | h^{i-1})$ 中采样出 h^i_j

19：　　　　**end if**

20：　　　**end for**

21：　　　RBMupdate$(h^{k-1}, \varepsilon, W^k, b^k, c^k)$

22：　　**end while**

23：　**end for**

24：**end function**

11.4 深度自编码器

自编码器(Autoencoder)是一种无监督的神经网络，经过训练后能尝试将输入复制到输出。相比其他深度神经网络模型，自编码器不需要已知数据标记信息就可实现对输入数据的特征提取。当然，在网络学习中可以通过添加一些额外的限制条件来“强迫”自编码器获取需要的信息。自编码器由两部分组成：由函数 $\boldsymbol{h}=E(\boldsymbol{x})$ 表示的编码器和由生成重构的解码器 $\boldsymbol{r}=D(\boldsymbol{h})$，其中通过隐藏层 $\boldsymbol{h}$ 产生解码器的输入。其最早应用于维度降低和特征发现。准确地说，自编码器是一个前馈神经网络，它被训练以预测输入本身。为了防止系统学习琐碎的身份映射，通常将中间的隐藏层约束为一个狭窄的瓶颈，即数据维度应当比输入数据的维度要小。系统可以通过最小化重建误差来确保隐藏层中的隐藏单元捕获数据中最相关的方面。自编码器结构如图 11.9 所示。

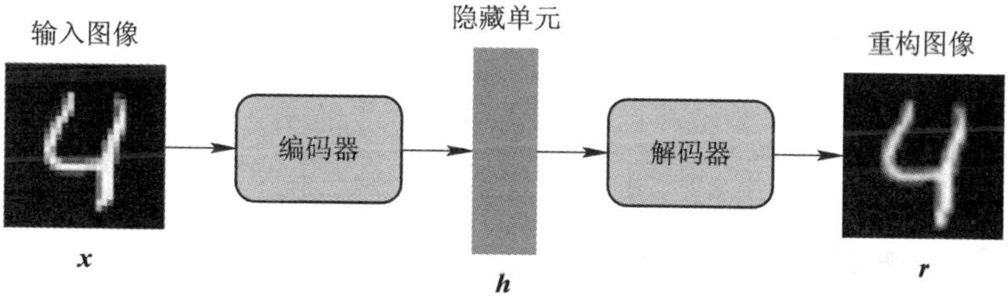

图 11.9　自编码器结构图

假设系统有一个隐藏层，则模型的形式表示为 $\boldsymbol{x}\rightarrow\boldsymbol{h}\rightarrow\boldsymbol{r}$。如果所有的函数都是线性的，则可以证明：$K$ 个隐藏单元的权重将与前 K 个主成分的数据跨越同一个子空间。换句话说，线性自编码器等价于 PCA，但是编码器能够通过使用非线性激活函数发现数据的非线性表示，能够更深地挖掘数据本身的信息。

图 11.10 展示了一个训练深度自编码器的例子。在该例子中，首先贪婪地训练一些 RBM，然后复制权重来构造自编码器，最后使用反向传播来调整权重。此外，可以通过使用更深的自编码器来学习更强的数据表示。不过层数过深的网络结构使得使用反向传播训练这种模型的效果并不好，因为梯度信号在经过多层回传时变小，学习算法经常陷入比较差的局部最小值中。解决这个问题的一种方法是贪婪地训练一系列 RBM，并用这些 RBM 来初始化一个自编码器，然后以正常的训练方式使用反向传播算法对整个系统进行微调。这种方法最早是在参考文献[30]中提出的，比直接从随机权重开始拟合深度自编码器的效果要好得多。

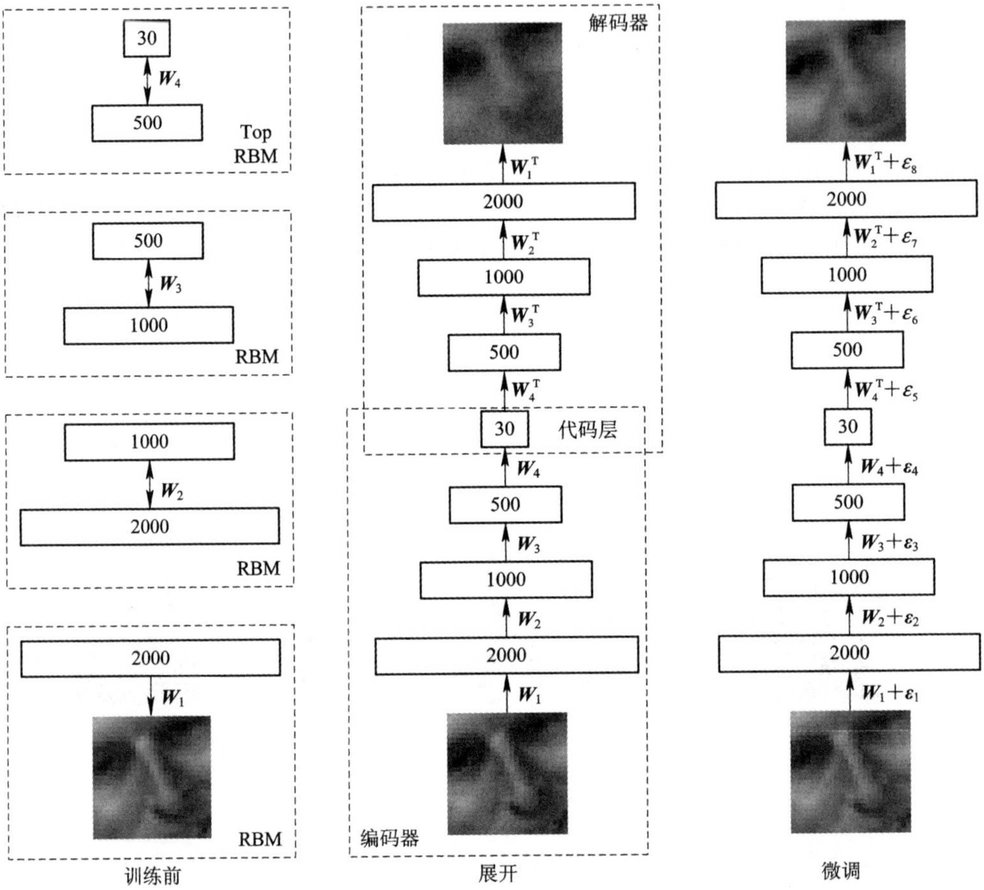

图 11.10　深度自编码器训练流程

11.4.1　欠完备自编码器

通常，学者希望通过训练自编码器对输入进行复制而使隐藏层 $\boldsymbol{h}$ 获得有用的特征。从自编码器获得有用特征的一种方法是限制隐藏层 $\boldsymbol{h}$ 的维度比 $\boldsymbol{x}$ 小。这种编码维度小于输入维度的自编码器称为欠完备(Under Complete)自编码器。学习欠完备的表示将强制自编码器捕捉训练数据中最显著的特征。学习过程可以简单地描述为最小化一个损失函数：

$$L(\boldsymbol{x}, D(E(\boldsymbol{x}))) \tag{11-15}$$

其中：L 是一个损失函数(如均方误差)；E 为编码器；D 为解码器。

当解码器是线性的且 L 是均方误差时，欠完备自编码器会学习出与 PCA 相同的生成子空间。这种情况下，自编码器在训练中执行复制任务的同时学习到了训练数据的主元子空间。因此，拥有非线性编码器函数 D 和非线性解码器函数 G 的自编码器能够学习出更强大的 PCA 非线性推广。但是，如果编码器和解码器的中间隐藏单元被赋予过大的维度，自编码器会执行复制任务而捕捉不到任何有关数据分布的有用信息。理论上，如果自编码器的容量太大，那么训练中执行复制任务的自编码器可能无法学习到数据集中的任何有用信息。

11.4.2 正则自编码器

编码维数小于输入维数的欠完备自编码器可以学习到数据分布最显著的特征。如果赋予这类自编码器过大的容量，它就无法学习到任何有用的信息。在隐藏编码维数与输入维数相等，或隐藏编码维数大于输入维数的过完备(Over Complete)情况下，也会发生类似的问题。在这些情况下，即使是线性编码器和线性解码器也可以学会将输入复制到输出，而学不到任何有关数据分布的有用信息。

理想情况下，根据要建模的数据分布的复杂性，选择合适的编码维数和编码器、解码器容量，就可以成功训练任意架构的自编码器。正则自编码器提供这样的能力。通过向损失函数中加入对模型复杂度的惩罚项可以有效地解决模型容量过大的问题。模型的训练过程需要在如下两种冲突中寻找平衡：① 学习输入数据 $\boldsymbol{x}$ 的有效表示 $\boldsymbol{h}$，使得编码器可以有效地通过 $\boldsymbol{h}$ 重构 $\boldsymbol{x}$；② 满足惩罚项带来的限制条件，可以通过限制模型的容量大小或改变模型的重构损失使模型对输入的扰动更不敏感。正则自编码器使用的损失函数可以鼓励模型学习其他特性(除了将输入复制到输出)，而不必限制使用浅层的编码器和解码器以及小的编码维数来限制模型的容量。这些特性包括稀疏表示、小导数表征以及对噪声或输入缺失的鲁棒性。即使模型容量大到足以学习一个无意义的恒等函数，非线性且过完备的正则自编码器仍然能够从数据中学习到一些关于数据分布的有用信息。

1. 稀疏自编码器

稀疏自编码器简单地在训练时结合编码层的稀疏惩罚 $\Omega(\boldsymbol{h})$和重构误差：

$$L(\boldsymbol{x},\ D(E(\boldsymbol{x})))+\Omega(\boldsymbol{h}) \tag{11-16}$$

其中，

$$\Omega(\boldsymbol{h})=\lambda\sum_i |h_i| \tag{11-17}$$

稀疏自编码器一般用来学习特征，以便用于像分类这样的任务。稀疏正则化的自编码器必须反映训练数据集的独特统计特征，而不是简单地充当恒等函数。以这种方式训练，执行附带稀疏惩罚的复制任务可以得到能学习有用特征的模型。

2. 去噪自编码器

去噪自编码器(Denoising Auto-Encoder，DAE)是一类将损坏数据作为输入，原始未被损坏数据作为输出，通过训练实现对原始数据重构的自编码器。因此，去噪自编码器必须修复图像损坏的部分，而不是简单地重构出输入的图像。训练去噪自编码器时，通常引入

一个损坏图像的过程 $C(\tilde{\boldsymbol{x}}|\boldsymbol{x})$(这个条件分布代表给定样本 $\boldsymbol{x}$ 产生损坏图像 $\tilde{\boldsymbol{x}}$ 的概率)，通过约束去噪自编码器的损失函数 $L(\boldsymbol{x}, D(E(C(\tilde{\boldsymbol{x}}|\boldsymbol{x}))))$来更新模型。Alain 和 Bengio 等人提出了去噪训练过程强制编码器 E 和解码器 D 隐式地学习输入数据的结构，其网络结构与普通编码器的类似。去噪自编码器的输入/输出如图 11.11 所示。

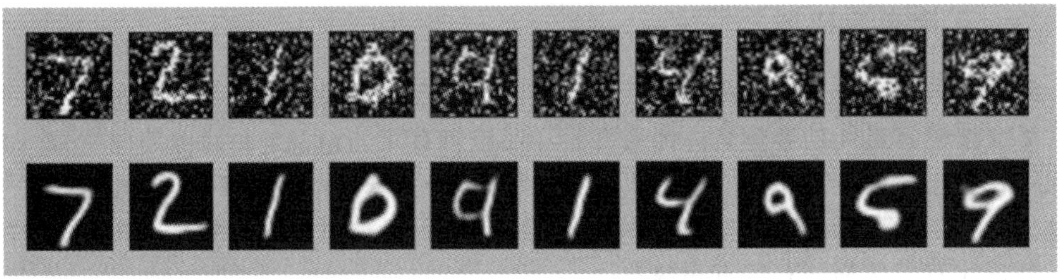

图 11.11 去噪自编码器的输入/输出

3. 收缩自编码器

收缩自编码器的策略是使用一个类似稀疏自编码器中的惩罚项 Ω，与式(11-16)类似，但 Ω 的形式不同，惩罚导数作为正则项：

$$\Omega(\boldsymbol{h}, \boldsymbol{x}) = \lambda \sum_{i} \| \nabla_{x} h_{i} \|^{2} \tag{11-18}$$

惩罚项 $\Omega(\boldsymbol{h})$为平方 Frobenius 范数(元素平方之和)，作用于与编码器的函数相关偏导数的 Jacobian 矩阵，其目的是抑制训练样本在所有方向上的扰动，以达到局部空间收缩的效果。

去噪自编码器和收缩自编码器之间存在一定联系，Alain 和 Bengio 指出在小高斯噪声的限制下，当重构函数将 $\boldsymbol{x}$ 映射到 $\boldsymbol{r}=D(E(\boldsymbol{x}))$时，去噪重构误差与收缩惩罚项是等价的。换句话说，去噪自编码器能抵抗小且有限的输入扰动，而收缩自编码器使特征提取函数能抵抗极小的输入扰动。这迫使模型学习一个在 $\boldsymbol{x}$ 变化小时目标也没有太大变化的函数，让自编码器的隐藏单元可以反映训练数据分布信息的特征。

11.4.3 自编码器的应用

自编码器已成功应用于降维和信息检索任务，例如：训练了一个堆栈式的 RBM，然后利用它们的权重初始化一个隐藏层逐渐减小的深度自编码器，最终隐藏层维度为 30。生成的编码比 30 维的 PCA 产生更少的重构误差，所学到的表示更容易定性解释，并能联系基础类别，这些类别表现为分离良好的集群。相比普通任务，信息检索中的降维更加重要，此任务需要找到数据库中类似查询的条目。特别地，如果训练降维算法生成一个低维且二值的编码，那么可以将所有数据库条目在哈希表映射为二值编码向量。哈希表可以返回具有相同二值编码的数据库条目，作为查询结果进行信息检索。

11.5 循环神经网络(RNN)与长短期记忆(LSTM)网络

11.5.1 循环神经网络

就像卷积神经网络是专门用于处理网格化数据(如一幅图像)的神经网络一样，循环神经网络(Recurrent Neural Network，RNN)是专门用于处理序列数据的神经网络。卷积神经网络可以很容易地扩展到具有很大宽度和高度的图像，以及处理大小可变的图像；循环神经网络可以扩展到更长的序列，且大多数循环神经网络可以处理可变长度的序列数据。

从多层网络到循环神经网络，需要利用 20 世纪 80 年代机器学习和统计模型早期思想的优点：在模型的不同部分共享参数。参数共享使得模型能够扩展到不同形式的样本并进行泛化。如果在每个时间点都有一个单独的参数，不但不能泛化到训练时没有见过的序列长度，也不能在时间上共享不同序列长度和不同位置的统计强度。当信息的特定部分会在序列内多个位置出现时，共享参数就显得尤为重要。假设要训练一个处理固定长度句子的前馈网络。传统的全连接前馈网络会给每个输入特征分配一个单独的参数，所以需要分别学习句子每个位置的所有语言规则。相比之下，循环神经网络能够在几个时间步内共享权重，不需要分别学习句子每个位置的所有语言规则。与其相关的想法是在一维时间序列上使用卷积，这种卷积方法是时延神经网络的基础。卷积操作允许网络跨时间共享参数，但是只能在浅层中进行。卷积的输出是一个序列，其中输出中的每一项是相邻几项输入的函数。参数共享的概念体现在每个时间步中使用的相同卷积核。

循环神经网络以不同的方式共享参数，输出的每一项是前一项的函数，是对先前的输出应用相同的更新规则而产生的。这种循环方式使得参数通过很深的计算图共享。循环神经网络中一些重要的设计模式包括以下几种：① 每个时间步都有输出，并且隐藏单元之间有循环连接的循环网络；② 每个时间步都产生一个输出，只有当前时刻的输出到下个时刻的隐藏单元之间有循环连接的循环网络；③ 隐藏单元之间存在循环连接，但读取整个序列后产生单个输出的循环网络。其中，应用最为广泛的是第一种模式，其结构如图 11.12 所示，左边是 RNN 模型没有按时间序列展开的图，右边是按时间序列展开的图。这里重点观察右边展开的图，该图描述了序列索引号 t 附近的 RNN 模型，其中：

(1) $\boldsymbol{x}^{(t)}$代表在序列索引号 t 时训练样本的输入，$\boldsymbol{x}^{(t-1)}$和$\boldsymbol{x}^{(t+1)}$代表在序列索引号 $t-1$ 和 $t+1$ 时训练样本的输入；

(2) $\boldsymbol{h}^{(t)}$代表在序列索引号 t 时模型的隐藏状态，$\boldsymbol{h}^{(t)}$由$\boldsymbol{x}^{(t)}$和$\boldsymbol{h}^{(t-1)}$共同决定；

(3) $\boldsymbol{o}^{(t)}$代表在序列索引号 t 时模型的输出，它由模型当前的隐藏状态$\boldsymbol{h}^{(t)}$决定；

(4) $L^{(t)}$代表在序列索引号 t 时模型的损失函数；

(5) $\boldsymbol{y}^{(t)}$代表在序列索引号 t 时训练样本序列的真实输出；

(6) $\boldsymbol{U}$、$\boldsymbol{W}$、$\boldsymbol{V}$ 三个矩阵是模型的线性关系参数，与 DNN 不同，它在整个 RNN 中是共享的，体现了 RNN 模型的“循环反馈”的思想。

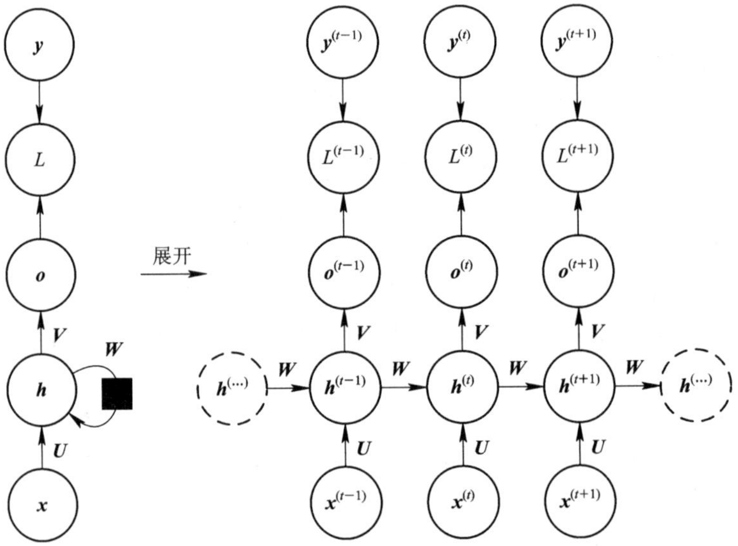

图 11.12　RNN 结构图

图 11.12 中，损失 L 衡量每个输出 $\boldsymbol{o}$ 与相应的训练目标 $\boldsymbol{y}$ 的距离。当使用 softmax 函数输出时，假设 $\boldsymbol{o}$ 是未归一化的对数概率。损失 L 内部计算$\hat{\boldsymbol{y}}=\mathrm{softmax}(\boldsymbol{o})$，并将其与目标 $\boldsymbol{y}$ 比较。RNN 输入层到隐藏层的连接由权重矩阵 $\boldsymbol{U}$ 参数化，隐藏层到隐藏层的循环连接由权重矩阵 $\boldsymbol{W}$ 参数化，隐藏层到输出层的连接由权重矩阵 $\boldsymbol{V}$ 参数化。任何可计算的函数都可以通过这样一个有限维的循环网络计算，在这个意义上，图 11.12 中的循环神经网络是万能的。RNN 经过若干时间步后读取输出，与输入长度也是渐近线性的。理论上，RNN 可以通过激活和权重(由无限精度的有理数表示)来模拟无限堆栈。

下面来研究图 11.12 中 RNN 的前向传播公式。图中没有指定隐藏单元的激活函数，也没有明确指定任何形式的输出和损失函数，因此假设使用双曲正切激活函数，并假定输出是离散的(如用于预测词的 RNN)。表示离散变量的常规方式是把输出 $\boldsymbol{o}$ 作为每个离散变量可能值的非标准化对数概率。然后，采用 softmax 函数获得标准化后概率的输出向量$\hat{\boldsymbol{y}}$。RNN 从特定的初始状态$\boldsymbol{h}^{(0)}$开始前向传播，在 $t=1$，…，τ 内采用如下更新方程：

$$\boldsymbol{a}^{(t)}=\boldsymbol{b}+\boldsymbol{W}\boldsymbol{h}^{(t-1)}+\boldsymbol{U}\boldsymbol{x}^{(t)} \tag{11-19}$$

$$\boldsymbol{h}^{(t)}=\tanh(\boldsymbol{a}^{(t)}) \tag{11-20}$$

$$\boldsymbol{o}^{(t)}=\boldsymbol{c}+\boldsymbol{V}\boldsymbol{h}^{(t)} \tag{11-21}$$

$$\hat{\boldsymbol{y}}^{(t)}=\mathrm{softmax}(\boldsymbol{o}^{(t)}) \tag{11-22}$$

其中，参数的偏置向量 $\boldsymbol{b}$ 和 $\boldsymbol{c}$ 连同权重矩阵 $\boldsymbol{U}$、$\boldsymbol{V}$ 和 $\boldsymbol{W}$ 分别对应于输入到隐藏、隐藏到输出和隐藏到隐藏的连接。通过该循环神经网络可将一个输入序列映射到相同长度的输出序列。

11.5.2 长短期记忆网络

RNN 单元在面对长序列数据时，很容易遇到梯度弥散，使得 RNN 只具备短期记忆的能力，即面对长序列数据，RNN 仅可获取邻近序列的信息，而对较早期的序列不具备记忆功能，从而丢失信息。为此，Jürgen Schmidhuber 提出了广泛被使用的 LSTM(Long Short-Term Memory，长短期记忆)结构，其核心在于：① 提出了门机制——遗忘门、输入门、输出门；② 引入了细胞状态(在 RNN 中只有隐藏状态的传播，而在 LSTM 中引入了细胞状态)。在图 11.12 中，如果省略每层都有的 $\boldsymbol{o}^{(t)}$、$L^{(t)}$、$\boldsymbol{y}^{(t)}$，则 RNN 模型可以简化成图 11.13(a)，而 LSTM 在 RNN 的基础上引入了门机制和细胞状态，其结构如图 11.13(b)所示。在 LSTM 中，首先，门机制极大地减轻了梯度弥散问题，极大地简化了调参复杂度；其次，门机制提供了特征过滤，将有用的特征保存，冗余的特征丢弃，这极大地丰富了向量的表示信息。LSTM 已经在许多应用中取得了成功，如无约束手写识别、语音识别、机器翻译等。

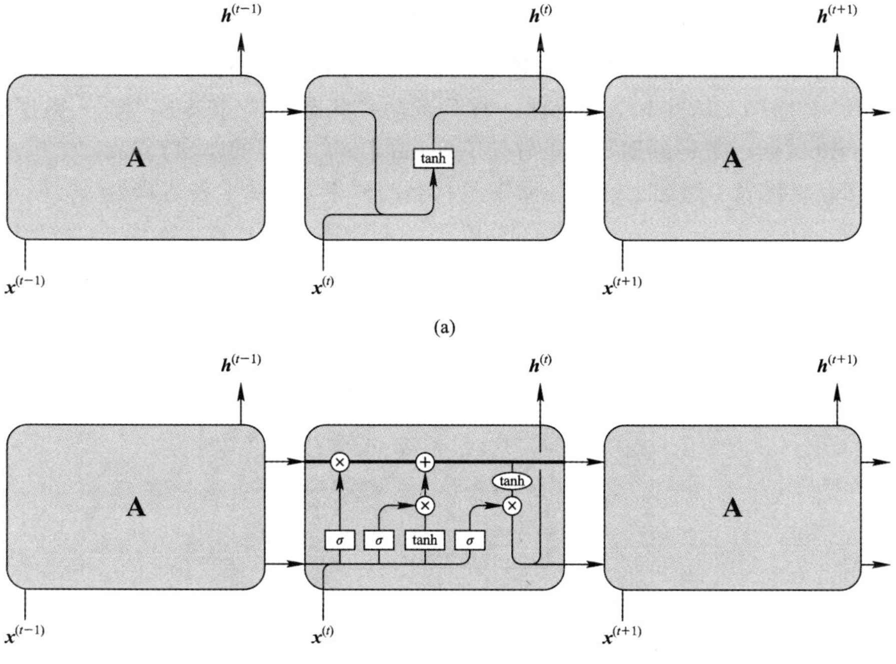

(b)

图 11.13 RNN 与 LSTM 的结构

1. 细胞状态

细胞状态也可以理解为传送带，上面摆放的是模型从开始直到现在所接收的所有信息，并且这个信息还要往下一时刻传输。从图 11.13 中可以看出在每个序列索引位置 t 时刻向前传播的除了和 RNN 一样的隐藏状态$\boldsymbol{h}^{(t)}$，还多了另一个隐藏状态，如图 11.13(b)中上面的长横线。这个隐藏状态一般称为细胞状态(Cell State)，记为$\boldsymbol{C}^{(t)}$，如图 11.14 所示。

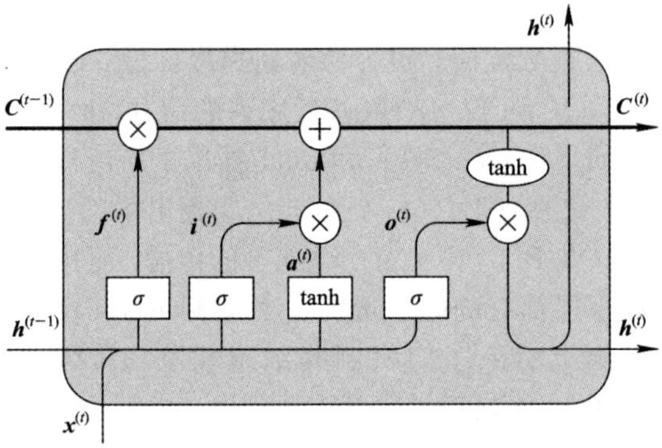

图 11.14　细胞状态结构图

2. 遗忘门

除了细胞状态，LSTM 图中还有很多奇怪的结构，这些结构一般称为门控结构(Gate)。在每个序列索引位置 t 的门一般包括遗忘门、输入门和输出门三种，其中遗忘门的结构如图 11.15 所示。图 11.15 中输入的有上一序列的隐藏状态$\boldsymbol{h}^{(t-1)}$和本序列输入数据$\boldsymbol{x}^{(t)}$，通过一个 sigmoid 激活函数得到遗忘门的输出$\boldsymbol{f}^{(t)}$。由于 sigmoid 的输出$\boldsymbol{f}^{(t)}$在[0，1]之间，因此这里的输出$\boldsymbol{f}^{(t)}$代表了遗忘上一层隐藏细胞状态的概率。其数学表达式为

$$\boldsymbol{f}^{(t)}=\sigma(\boldsymbol{W}_f\boldsymbol{h}^{(t-1)}+\boldsymbol{U}_f\boldsymbol{x}^{(t)}+\boldsymbol{b}_f) \tag{11-23}$$

其中，$\boldsymbol{W}_f$、$\boldsymbol{U}_f$、$\boldsymbol{b}_f$为线性关系系数矩阵和偏差向量。

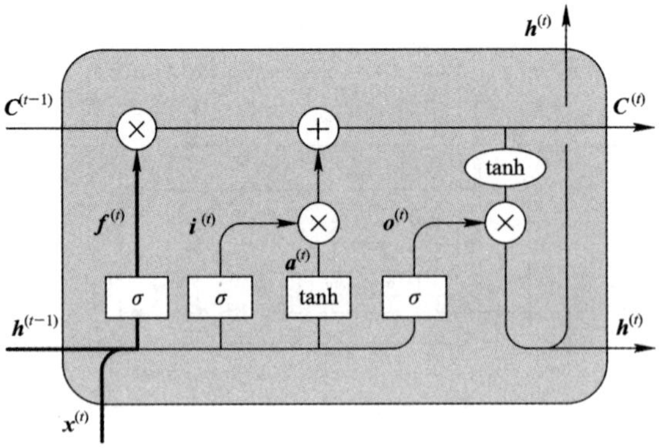

图 11.15　遗忘门的结构

3. 输入门

输入门(Input Gate)负责处理当前序列位置的输入，其结构如图 11.16 所示。从图 11.16 中

可以看出输入门由两部分组成，第一部分使用 sigmoid 激活函数，输出为$\boldsymbol{i}^{(t)}$，第二部分使用 tanh 激活函数，输出为$\boldsymbol{a}^{(t)}$，两者的结果会在后面相乘再去更新细胞状态，其公式为

$$\boldsymbol{i}^{(t)}=\sigma(\boldsymbol{W}_i\boldsymbol{h}^{(t-1)}+\boldsymbol{U}_i\boldsymbol{x}^{(t)}+\boldsymbol{b}_i) \tag{11-24}$$

$$\boldsymbol{a}^{(t)}=\tanh(\boldsymbol{W}_a\boldsymbol{h}^{(t-1)}+\boldsymbol{U}_a\boldsymbol{x}^{(t)}+\boldsymbol{b}_a) \tag{11-25}$$

其中，$\boldsymbol{W}_i$、$\boldsymbol{U}_i$、$\boldsymbol{b}_i$ 为线性关系系数矩阵和偏差向量。

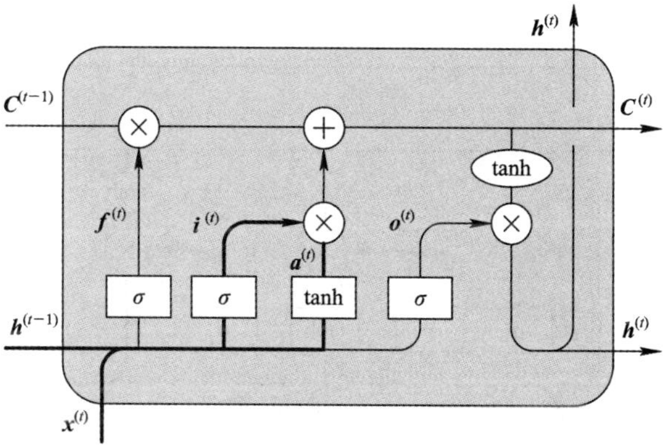

图 11.16　输入门的结构

4. 细胞状态更新

前面的遗忘门和输入门的结果都会作用于细胞状态$\boldsymbol{C}^{(t)}$，细胞状态$\boldsymbol{C}^{(t)}$由两部分组成，第一部分是$\boldsymbol{C}^{(t-1)}$和遗忘门输出$\boldsymbol{f}^{(t)}$的乘积，第二部分是输入门的$\boldsymbol{i}^{(t)}$和$\boldsymbol{a}^{(t)}$的乘积，即

$$\boldsymbol{C}^{(t)}=\boldsymbol{C}^{(t-1)}\cdot\boldsymbol{f}^{(t)}+\boldsymbol{i}^{(t)}\cdot\boldsymbol{a}^{(t)} \tag{11-26}$$

对应的结构如图 11.17 所示。

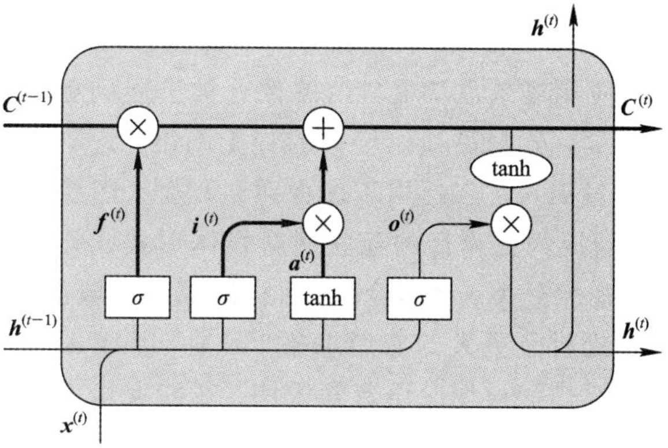

图 11.17　细胞状态更新的结构

5. 输出门

有了新的隐藏细胞状态$\boldsymbol{C}^{(t)}$，从图 11.18 中可以看出，隐藏状态$\boldsymbol{h}^{(t)}$的更新由两部分组

成，第一部分是$\boldsymbol{o}^{(t)}$，它由上一序列的隐藏状态$\boldsymbol{h}^{(t-1)}$和本次输入的序列数据$\boldsymbol{x}^{(t)}$，以及激活函数 sigmoid 得到，第二部分由隐藏状态$\boldsymbol{C}^{(t)}$和 tanh 激活函数组成，即

$$\boldsymbol{o}^{(t)}=\sigma(\boldsymbol{W}_o\boldsymbol{h}^{(t-1)}+\boldsymbol{U}_o\boldsymbol{x}^{(t)}+\boldsymbol{b}_o) \tag{11-27}$$

$$\boldsymbol{h}^{(t)}=\boldsymbol{o}^{(t)}\tanh(\boldsymbol{C}^{(t)}) \tag{11-28}$$

其中，$\boldsymbol{W}_o$、$\boldsymbol{U}_o$、$\boldsymbol{b}_o$ 为线性关系系数矩阵和偏差向量。

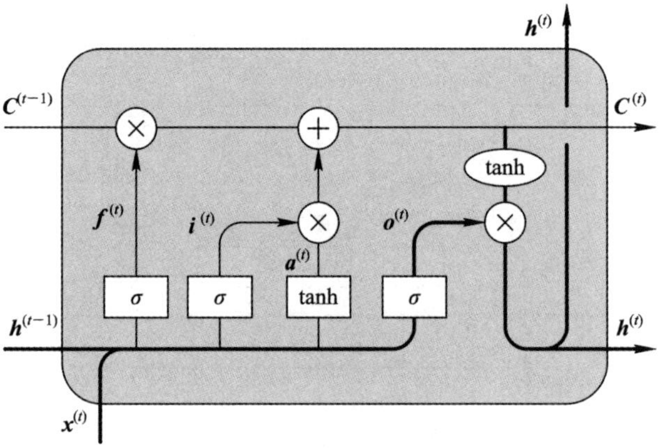

图 11.18　输出门的结构

本章小结

深度学习不论是在技术方面还是应用方面，近十年来均取得了巨大突破，很多成果已经应用在与人们息息相关的领域中。近十年来，深度学习在视觉领域任务驱动下衍生出很多新的技术，同时应用场景也从最早的图像分类扩展到更多任务。在图像分类中的一些经典模型也成为检测、分割等其他任务的骨干网络。近年来，基于对抗神经网络的图像生成技术有了迅猛发展，已广泛用于图像质量增强、图像信息补全、风格迁移等场景。随着短视频、小视频成为更流行的互联网新媒体形式，视频处理与理解技术也日益引起关注。深度学习在视频分类、动作检测、目标跟踪等领域也有很多突破性进展，而深度学习视频生成技术则提供了更大的应用想象。目前，基于 LSTM 以及 Transform 改进模型的语音识别技术也已广泛应用于语音输入法、智能家居人机对话、同传翻译等诸多场景中。深度学习也在语音增强、语音情绪识别等任务上应用，为语音人机交互整体效果提升发挥了重要作用。

然而，深度学习目前仍然存在一些局限性，如：理论研究缺乏，无监督学习能力弱，缺少逻辑推理，记忆能力有限(需要更多的数据来训练模型)，无法处理层次结构，难以进行

开放式推理，不够透明，不能很好地与先验知识结合，以及无法区分因果关系和相关性等。此外，深度学习假设推理环境稳定，求得的只是一种近似值，很难设计，并且存在过度炒作的潜在风险。所以需要对深度学习进行重新概念化，并在无监督学习、符号操作和混合模型中寻找可能性。目前，深度学习的主流应用还是以监督学习为主，但面对实际问题，无标签未知的数据仍然占主体，然而针对无监督学习的深度学习未取得突破性的成果，因此未来还有更广阔的发展空间，值得我们继续探索和研究。

习　题

1. 已知输入图像为 $\begin{bmatrix} 1 & 2 & 3 & 4 \\ 5 & 6 & 7 & 8 \\ 0 & 1 & 1 & 1 \\ 2 & 3 & 4 & 5 \end{bmatrix}$，卷积核为 $\begin{bmatrix} 1 & 0 \\ 0 & 1 \end{bmatrix}$，计算卷积步长分别为1、2时的卷积结果。

2. 简述多通道卷积的原理及作用。

3. 简述1*1卷积的原理及作用。

4. 卷积神经网络中为什么需要激活函数和池化函数？

5. 已知交叉熵损失计算公式为 $y_i^* = \dfrac{\exp(x_i)}{\sum\limits_{j=1}^{k} \exp(x_j)}$，$L = -\dfrac{1}{n}\sum\limits_{i=1}^{n} y_i \log y_i^*$，推导损失函数对于输入值的梯度计算公式。

6. 简述LSTM的三个门结构和其对应的作用与公式。

7. TensorFlow是Google在Github上开源的第二代分布式机器学习系统，其既是一个实现机器学习算法的接口，也是执行机器学习算法的框架。它前端支持Python、C++、Java等多种开发语言，后端使用C++、CUDA等写成。TensorFlow使用数据流式图来规划计算流程，它可以将计算机映射到不同的硬件和操作系统平台。请使用TensorFlow分别实现一个基本的卷积神经网络和简单的LSTM过程，并给出每步对应的代码，其中以MNIST数据集为实验数据。

参考文献

[1] MCCULLOCH W S, PITTS W. A logical calculus of the ideas immanent in nervous activity[J]. The bulletin of mathematical biophysics, 1943, 5(4): 115-133.

[2] GOODFELLOW I, BENGIO Y, COURVILLE A, et al. Deep learning[M]. Cambridge: MIT Press, 2016.
[3] HINTON G E, SHALLICE T. Lesioning an attractor network: Investigations of acquired dyslexia[J]. Psychological Review, 1991, 98(1): 74.
[4] DAVIS R A, LII K S, POLITIS D N. Remarks on some nonparametric estimates of a density function [M]. New York: Springer, 2011.
[5] WIDROW B, HOFF M E. Adaptive switching circuits[R]. Stanford Univ Ca Stanford Electronics Labs, 1960.
[6] BOSER B E, GUYON I M, VAPNIK V N. A training algorithm for optimal margin classifiers[C]. Proceedings of the fifth annual workshop on Computational learning theory, 1992: 144-152.
[7] CORTES C, VAPNIK V. Support-vector networks[J]. Machine Learning, 1995, 20(3): 273-297.
[8] SOENTPIET R. Advances in kernel methods: support vector learning[M]. Cambridge: MIT Press, 1999.
[9] HINTON G E, OSINDERO S, TEH Y W. A fast learning algorithm for deep belief nets[J]. Neural Computation, 2006, 18(7): 1527-1554.
[10] BENGIO Y, LECUN Y. Scaling learning algorithms towards AI[J]. Large-scale Kernel Machines, 2007, 34(5): 1-41.
[11] OLSHAUSEN B A, FIELD D J. How close are we to understanding V1[J]. Neural Computation, 2005, 17(8): 1665-1699.
[12] DAHL G E, JAITLY N, SALAKHUTDINOV R. Multi-task neural networks for QSAR predictions[J]. arXiv preprint arXiv: 1406.1231, 2014.
[13] BALDI P, SADOWSKI P, WHITESON D. Searching for exotic particles in high-energy physics with deep learning[J]. Nature Communications, 2014, 5(1): 1-9.
[14] KNOWLES-BARLEY S, JONES T R, MORGAN J, et al. Deep learning for the connectome[C]. GPU Technology Conference, 2014, 26.
[15] LECUN Y. Generalization and network design strategies[J]. Connectionism in Perspective, 1989, 19: 143-155.
[16] SIMONYAN K, ZISSERMAN A. Very deep convolutional networks for large-scale image recognition[J]. arXiv preprint arXiv: 1409.1556, 2014.
[17] HE K, ZHANG X, REN S, et al. Deep residual learning for image recognition[C]. Proceedings of the IEEE conference on computer vision and pattern recognition, 2016: 770-778.
[18] LECUN Y, BOTTOU L, BENGIO Y, et al. Gradient-based learning applied to document recognition[J]. Proceedings of the IEEE, 1998, 86(11): 2278-2324.
[19] FAHLMAN S E, HINTON G E, SEJNOWSKI T J. Massively parallel architectures for AI: NETL, Thistle, and Boltzmann machines[C]. National Conference on Artificial Intelligence, AAAI, 1983.
[20] ACKLEY D H, HINTON G E, SEJNOWSKI T J. A learning algorithm for Boltzmann machines[J].

Cognitive Science, 1985, 9(1): 147 - 169.

[21] SMOLENSKY P. Information processing in dynamical systems: Foundations of harmony theory[R]. Colorado Univ at Boulder Dept of Computer Science, 1986.

[22] HINTON G E. Learning multiple layers of representation[J]. Trends in Cognitive Sciences, 2007, 11 (10): 428 - 434.

[23] KARHUNEN J, JOUTSENSALO J. Generalizations of principal component analysis, optimization problems, and neural networks[J]. Neural Networks, 1995, 8(4): 549 - 562.

[24] JAPKOWICZ N, HANSON S J, GLUCK M A. Nonlinear auto-association is not equivalent to PCA [J]. Neural Computation, 2000, 12(3): 531 - 545.

[25] HINTON G E, SALAKHUTDINOV R R. Reducing the dimensionality of data with neural networks [J]. Science, 2006, 313(5786): 504 - 507.

[26] RANZATO M A, POULTNEY C, CHOPRA S, et al. Efficient learning of sparse representations with an energy-based model[J]. Advances in neural information processing systems, 2007, 19: 1137.

[27] ALAIN G, BENGIO Y. What regularized auto-encoders learn from the data-generating distribution[J]. The Journal of Machine Learning Research, 2014, 15(1): 3563 - 3593.

[28] BENGIO Y, YAO L, ALAIN G, et al. Generalized denoising auto-encoders as generative models[J]. arXiv preprint arXiv: 1305.6663, 2013.

[29] HINTON G E, SALAKHUTDINOV R R. Reducing the dimensionality of data with neural networks [J]. Science, 2006, 313(5786): 504 - 507.

[30] RUMELHART D E, HINTON G E, WILLIAMS R J. Learning representations by back-propagating errors[J]. Nature, 1986, 323(6088): 533 - 536.

[31] SIEGELMANN H T, SONTAG E D. Turing computability with neural nets[J]. Applied Mathematics Letters, 1991, 4(6): 77 - 80.

[32] SIEGELMANN H T. Computation beyond the Turing limit[J]. Science, 1995, 268(5210): 545 - 548.

[33] HOCHREITER S, SCHMIDHUBER J. Long short-term memory[J]. Neural Computation, 1997, 9(8): 1735 - 1780.

[34] GRAVES A, MOHAMED A, HINTON G. Speech recognition with deep recurrent neural networks[C]. 2013 IEEE International Conference on Acoustics, Speech and Signal Processing. IEEE, 2013: 6645 - 6649.

[35] SUTSKEVER I, VINYALS O, LE Q V. Sequence to sequence learning with neural networks[J]. arXiv preprint arXiv: 1409.3215, 2014.

[36] SILVER D, SCHRITTWIESER J, SIMONYAN K, et al. Mastering the game of go without human knowledge[J]. Nature, 2017, 550(7676): 354 - 359.

[37] BELLMAN R. A Markovian Decision Process[J]. Journal of Mathematics and Mechanics, 1957, 6(5): 679 - 684.

[38] DELLAERT F, FOX D, BURGARD W, et al. Monte carlo localization for mobile robots[C]. Proceedings 1999 IEEE International Conference on Robotics and Automation (Cat. No. 99CH36288C). IEEE, 1999, 2: 1322-1328.

第12章 深度强化学习

从如何训练一只狗谈起。比如让狗坐下，一种可行的办法是，如果狗的行为符合我们的预期，那么对狗进行奖励；反之，则对狗进行惩罚(或者不给予奖励)。具体来说，每次我们发出“坐下”命令，如果狗坐下，就给它一点好吃的；如果狗没有坐下，就不给它好吃的。这样重复训练，狗就能通过这种获得奖励的机制来逐渐学习到我们想让它干什么。实际上，这也是一种强化学习的实例。

强化学习(Reinforcement Learning)基本上是对上述原则的数学化描述。强化学习是机器学习的一个重要分支。前几年人机大战的主角 AlphaGo 正是以强化学习为核心所构造的。强化学习中，包含两种基本的元素：状态(States)与动作(Actions)，在某个状态下执行某种动作，这便是一种策略(Policy)，学习器要做的就是通过不断的探索学习，从而获得一个好的策略。例如：在围棋中，一种落棋的局面就是一种状态，若能知道每种局面下的最优落子动作，就能攻无不克。强化学习的学习思路和人比较类似，是在实践中学习。比如，学习走路，如果摔倒了，那么大脑会给一个负面的奖励值，说明走的姿势不好；如果正常走步，那么大脑会给一个正面的奖励值，说明这是一个好的走路姿势。

若将状态看作属性，动作看作标记，则可以知道：监督学习和强化学习都是在试图寻找一个映射，从已知属性和状态推断出标记和动作，这样强化学习中的策略相当于监督学习中的分类与回归器。但在实际问题中，强化学习并没有监督学习那样的标记信息，通常都是在尝试动作后才能获得结果，因此强化学习是通过反馈的结果和信息不断调整之前的策略，从而使得算法能够学习——在什么样的状态下选择什么样的动作可以获得最好的结果，具有试错性与延迟奖励这两大最有区别性的特征。

强化学习是和监督学习、无监督学习并列的第三种机器学习方法。强化学习与监督学习最大的区别是它没有监督学习已经准备好的训练数据输出值。强化学习只有奖励值，但是这个奖励值和监督学习的输出值不一样，它不是事先给出的，而是延后给出的，比如前面的例子里，走路摔倒了才得到大脑的奖励值。同时，强化学习的每一步与时间顺序前后关系紧密。而监督学习的训练数据之间一般都是独立的，没有这种前后的依赖关系。强化学习与无监督学习的差别在于强化学习试图寻找最优策略来最大化奖励信号而不是像无监督学习那样试图找到隐藏的结构。

12.1 任务与奖赏

强化学习任务通常使用马尔可夫决策过程(Markov Decision Process，MDP)来描述。具体而言：机器处在一个环境 E 中，状态空间为 X，每个状态 $x \in X$ 为机器对当前环境的感知；机器的动作空间为 A，机器只能通过动作 $a \in A$ 来影响环境；当机器执行一个动作后，会使得环境按某种转移函数 P 转移到另一个状态；同时，环境会根据潜在的奖赏函数 R 反馈给机器一个奖赏 r。总的来说，强化学习主要包含四个要素：状态、动作、转移函数和奖赏函数($E=\langle X, A, P, R\rangle$)，其示意图如图 12.1 所示。

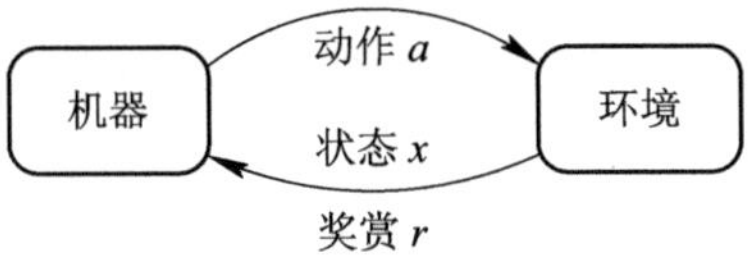

图 12.1　强化学习示意图

因此，强化学习的主要任务就是通过在环境中不断的尝试，根据尝试获得的反馈信息调整策略，最终生成一个较好的策略 π，机器根据这个策略便能知道在什么状态下应该执行什么动作。在环境中状态的转移、奖赏的返回是不受机器控制的，机器只能通过选择要执行的动作来影响环境，也只能通过观察转移后的状态和返回的奖赏来感知环境。

机器要做的就是通过在环境中不断的尝试而学得一个策略 π，常见的策略表示方法有以下两种：

① 确定性策略 $a=\pi(x)$，即在状态 x 下执行动作 a；

② 随机性策略 $P=\pi(x, a)$，即在状态 x 下执行动作 a 的概率，且有 $\sum_a \pi(x, a)=1$。

一个策略的优劣取决于长期执行这一策略后的累积奖赏，换句话说，可以使用累积奖赏来评估策略的好坏。最优策略是指在初始状态下一直执行这个策略，最后的累积奖赏值最高。长期累积奖赏通常使用下述两种计算方法：

① T 步累积奖赏为 $E(\frac{1}{T}\sum_{t=1}^{T} r_t)$，即该策略 T 步的平均奖赏的期望值，其中 r_t 表示 t 时刻的奖赏；

② r 折扣累积奖赏为 $E(\sum_{t=0}^{+\infty} \gamma^t r_{t+1})$，即一直执行到最后，且越往后奖赏越低，其中 γ^t 表示权重系数，r_{t+1} 表示 $t+1$ 时刻的奖赏。

现在，我们来重新定义一些强化学习模型的要素：

(1) 环境状态 S：t 时刻下环境的状态 S_t 是环境状态集中的某一个状态。

(2) 个体动作 A：t 时刻个体采取的动作 A_t 是动作集中的某一个动作。

(3) 环境的奖赏 R：t 时刻个体在状态S_t采取的动作A_t对应的奖赏R_{t+1}会在 $t+1$ 时刻得到。

(4) 个体的策略 π：代表个体采取动作的依据。常见的是一个条件概率分布 $\pi(A_t|S_t)$，即在状态 S_t 时采取动作 A_t 的概率。

(5) 价值函数$v_\pi(s)$：表示在策略 π 和状态 s 时采取行动后的价值。这个价值一般是期望函数。虽然当前动作会给一个延时奖赏R_{t+1}，但是仅看这个延时奖赏是不行的，因为当前的延时奖赏高，不代表 $t+1$，$t+2$，…时刻的后续奖赏也高。比如下象棋，虽然某个动作可以吃掉对方的车，但是后面输棋了，此时吃车的动作奖赏值高但是价值并不高。因此价值要综合考虑当前的延时奖赏和后续的延时奖赏。价值函数$v_\pi(s)$一般可以表示为

$$v_\pi(s)=E_\pi(R_{t+1}+\gamma R_{t+2}+\gamma^2 R_{t+3}+\cdots|S_t=s)$$

其中，γ 是奖赏衰减因子，在[0, 1]之间。如果 γ 为 0，则是贪婪法则，即价值只由当前延时奖赏决定；如果 γ 为 1，则所有后续状态奖赏的当前奖赏一视同仁。大多数时候，取一个 0 到 1 之间的数字，即当前延时奖赏的权重比后续延时奖赏的权重大。

(6) 环境的状态转移模型 $P_{s,s'}^a$：可以理解为一个概率状态机，它表示一个概率模型，即在状态 s 下采取动作 a 后转到下一个状态 s'的概率。

(7) 探索率 ε：主要用在强化学习训练迭代过程中。由于一般会选择使当前迭代价值最大的动作，但这会导致一些较好的且没有执行过的动作被错过，因此在训练选择最优动作时，会有一定的概率(即探索率 ε)不选择使当前迭代价值最大的动作，而等概率地选择其他的动作。

12.2 多臂老虎机

12.2.1 守成与探索

多臂老虎机问题是一个经典的单步决策概率论问题。老虎机有多个拉杆，拉动不同的拉杆会得到不同程度的奖赏。玩家的目的是通过拉动特定的杆来取得最多的奖赏。我们若知道每一个动作 a 的奖赏，那么解决这一问题将会变得十分简单。但实际上我们一开始并不知道每一个动作 a 所对应的奖赏，这时我们只能通过“学习”来找到对应的规律，从而找到最优的动作 a：

$$q_*(a)=E(R_t|A_t=a) \tag{12-1}$$

在寻找最优 a 的过程中，大多数时候我们一开始探索便能找到一个较优的选项，这时我们面临一个抉择——守成(Stay)或探索(Exploration)。守成能保证利用好已经掌握的最佳策略 π，确保玩家得到较多奖赏；探索则能帮助玩家去探索试错，避免陷入局部最优。守成与探索之间的权衡正是多臂老虎机学习的核心问题，对于如何平衡守成与探索，研究者们提出了一系列的解决方法。

12.2.2 多臂老虎机问题建模及 ε 贪婪法

多臂老虎机问题中，每一个选项对应的都是一个不同的动作 a。我们需要比较各个动作 a 之间的优劣，才能做出最优的选择。要评价各个动作 a 的优劣，首先需要建立一个合适的动作奖赏评价体系。一个简单直观的方法是采样平均(sample-average)，即

$$Q_t(a)=\frac{\sum_{i=1}^{t-1} R_i l_{A_i}}{\sum_{i=1}^{t-1} l_{A_i}=a} \tag{12-2}$$

其中：A_i表示第 i 次动作；a 表示动作集合的某种动作；R_i表示第 i 次的奖赏(奖励)；Q_t表示 t 时刻的奖励评价函数；

$$l=\begin{cases}1，预测成功\\0，预测失败\end{cases}$$

但是，上述公式存在计算复杂、在计算机中运行时内存开销过大的问题。为了简化上述公式，我们专注于单一动作。令R_i表示在第 i 次选择该动作之后收到的奖赏，Q_n表示重复 n 次之后的动作价值的估计，则原式变为

$$Q_n=\frac{R_1+R_2+\cdots+R_{n-1}}{n-1} \tag{12-3}$$

这种方式在计算时仍然会占用大量的存储空间，所以我们继续采用一种小的技巧来降低算法所需要占用的存储空间：

$$\begin{aligned}Q_{n+1}&=\frac{1}{n}\sum_{i=1}^{n} R_i=\frac{1}{n}\left(R_n+\sum_{i=1}^{n-1} R_i\right)\\&=\frac{1}{n}\left[R_n+(n-1)\frac{1}{n-1}\sum_{i=1}^{n-1} R_i\right]\\&=Q_n+\frac{1}{n}(R_n-Q_n)\end{aligned} \tag{12-4}$$

这样一来，每次只需要存储 Q、R、n 这三个变量，即每次迭代只更新这三个变量，空间复

杂度下降为 $O(1)$，同时计算复杂度也有所下降。

当 $\sum_{i=1}^{t-1} l_{A_i=a} \rightarrow \infty$ 时，即重复次数足够多时，依据大数定律，其 $Q_t(a) \rightarrow q_*(a)$ 样本的统计值将会收敛于理论值，此时我们便掌握了整个多臂老虎机系统的真实情况，取得最优解。实际上，通过不断重复迭代可求最优解，由于无法迭代无限次，因此，为了加快迭代速度，普遍的做法是采取贪心策略来选择行动：

$$A_t = \arg\max_a Q_t(a) \tag{12-5}$$

贪心策略的迭代速度通常很快，其能保证我们取得一个较好的结果，但同时我们也极易陷入局部最优。为了走出局部最优，一个简单且有效的替代方案是：在大多数情况下贪心地行动，但每隔一段时间以较小的概率 ε 独立等概率地从其他动作中选取一个动作来执行。这种贪心策略的改进方法称为 ε 贪婪法，其兼顾了探索与守成的均衡，在大多数情况下能取得不错的结果。

在确定以上这些以后，我们将多臂老虎机问题的算法总结如下：

初始化，a 从 1 到 k：$Q(a) \leftarrow 0$，$N(a) \leftarrow 0$。

循环：

$$A \leftarrow \begin{cases} \text{random } a, & \varepsilon \text{ 概率} \\ \arg\max\limits_a Q(a), & 1-\varepsilon \text{ 概率} \end{cases}$$

$$R \leftarrow \text{bandit}(a)$$

$$N(A) \leftarrow N(A)+1$$

$$Q(A) \leftarrow Q(A)+\frac{1}{N(A)}[R-Q(A)] \tag{12-6}$$

直至求出最优解。

12.3 马尔可夫决策过程(MDP)

12.3.1 引入 MDP 的原因

现实生活中不光有单步决策过程，更多的是相互影响的多步决策过程。环境的状态转移模型 $P_{s,s'}^a$，转移到下一个状态 s' 既与上一个状态 s 有关，也与上上个状态以及很久之前的状态有关。这一关系会导致环境的转移模型非常复杂，复杂到难以建模。因此需要对强化学习的环境转移模型进行简化。简化的方法就是假设状态转移具有马尔可夫性，也就是假设转移到下一个状态 s' 的概率仅与上一个状态 s 和动作 a 有关，与之前的状态和动作无

关，用公式表示为

$$P_{s,s'}^{a}=E(S_{t+1}=s' \mid S_t=s, A_t=a) \tag{12-7}$$

除了对环境的状态转移模型做马尔可夫假设外，这里还对强化学习第四个要素个体的策略 π 也做了马尔可夫假设。即在状态 s 时采取动作 a 的概率仅与当前状态 s 有关，与其他的要素无关，用公式表示为

$$\pi(a \mid s)=P(A_t=a \mid S_t=s) \tag{12-8}$$

对于第五个要素价值函数$v_\pi(s)$也是一样，$v_\pi(s)$现在仅依赖于当前状态，用公式表示为

$$v_\pi(s)=E_\pi(G_t \mid S_t=s)=E_\pi(R_{t+1}+\gamma R_{t+2}+\gamma^2 R_{t+3}+\cdots \mid S_t=s) \tag{12-9}$$

其中，G_t代表收获，是一个 MDP 中从某一状态S_t开始采样直到终止状态时所有奖赏的衰减值之和。我们称函数$v_\pi(s)$是策略 π 的状态价值函数。

12.3.2 MDP 的价值函数

12.3.1 节中介绍的价值函数$v_\pi(s)$并没有考虑到所采用的动作 a 带来的价值影响，因此，除了$v_\pi(s)$这个状态价值函数外，还有一个动作价值函数 $q_\pi(s, a)$：

$$\begin{aligned} q_\pi(s, a)&=E_\pi(G_t \mid S_t=s, A_t=a) \\ &=E_\pi(R_{t+1}+\gamma R_{t+2}+\gamma^2 R_{t+3}+\cdots \mid S_t=s, A_t=a) \end{aligned} \tag{12-10}$$

根据价值函数表达式，可以推导出价值函数基于状态的递推关系。比如，对于状态价值函数 $v_\pi(s)$，可以发现：

$$\begin{aligned} v_\pi(s)&=E_\pi(R_{t+1}+\gamma R_{t+2}+\gamma^2 R_{t+3}+\cdots \mid S_t=s) \\ &=E_\pi(R_{t+1}+\gamma(R_{t+2}+\gamma R_{t+3}+\cdots) \mid S_t=s) \\ &=E_\pi(R_{t+1}+\gamma G_{t+1} \mid S_t=s) \\ &=E_\pi(R_{t+1}+\gamma v_\pi(S_{t+1}) \mid S_t=s) \end{aligned} \tag{12-11}$$

也就是说，t 时刻的状态 S_t 和 $t+1$ 时刻的状态 S_{t+1}是满足递推关系的。式(12－11)一般叫作贝尔曼方程。通过式(12－11)可以知道，一个状态的价值由该状态的奖赏以及后续状态价值按一定的衰减比例联合组成。同理，可以得到动作价值函数 $q_\pi(s, a)$的贝尔曼方程：

$$q_\pi(s, a)=E_\pi(R_{t+1}+\gamma q_\pi(S_{t+1}, A_{t+1}) \mid S_t=s, A_t=a) \tag{12-12}$$

12.3.3 状态价值函数与动作价值函数的关系

根据动作价值函数 $q_\pi(s, a)$和状态价值函数 $v_\pi(s)$的定义，很容易得到它们之间的转化关系公式：

$$v_\pi(s)=\sum_{a \in A}\pi(a \mid s)q_\pi(s, a) \tag{12-13}$$

也就是说，状态价值函数是所有动作价值函数基于策略 π 的期望。通俗地说，就是某状态下所有动作价值函数乘该动作出现的概率后求和，就得到了对应的状态价值。

同样，也可利用状态价值函数 $v_\pi(s)$来表示动作价值函数 $q_\pi(s, a)$：

$$q_\pi(s, a) = R_s^a + \gamma \sum_{s' \in S} P_{s, s'}^a v_\pi(s') \tag{12-14}$$

即动作价值函数由两部分相加组成：第一部分是即时奖赏；第二部分是环境所有可能出现的下一个状态的概率乘下一个状态的状态价值后求和，并乘上衰减因子 γ。将式(12-13)和式(12-14)结合起来，有

$$v_\pi(s) = \sum_{a \in A} \pi(a \mid s)(R_s^a + \gamma \sum_{s' \in S} P_{s, s'}^a v_\pi(s')) \tag{12-15}$$

$$q_\pi(s, a) = R_s^a + \gamma \sum_{s' \in S} P_{s, s'}^a \sum_{a' \in A} \pi(a' \mid s') q_\pi(s', a') \tag{12-16}$$

12.3.4 最优价值函数

解决强化学习问题意味着要寻找一个最优的策略让个体在与环境交互过程中获得始终比其他策略都要多的收获，这个最优策略可以用 π^* 表示。一旦找到最优策略 π^*，这个强化学习问题就解决了。一般来说，比较难找到一个最优策略，但是可以通过比较若干不同策略的优劣来确定一个较好的策略，也就是局部最优解。

如何比较策略的优劣呢？一般是通过对应的价值函数来比较的。也就是说，寻找较优策略可以通过寻找较优的价值函数来完成。可以定义最优状态价值函数是所有策略下产生的众多状态价值函数中的最大者，即

$$v_*(s) = \max_\pi v_\pi(s) \tag{12-17}$$

同理，也可以定义最优动作价值函数是所有策略下产生的众多动作状态价值函数中的最大者：

$$q_*(s, a) = \max_\pi q_\pi(s, a) \tag{12-18}$$

对于最优的策略，基于动作价值函数定义为

$$\pi_*(a|s) = \begin{cases} 1，当\ a = \arg\max\limits_{a \in A} q_*(s, a) 时 \\ 0，其他 \end{cases} \tag{12-19}$$

只要找到了最大的状态价值函数或者动作价值函数，对应的策略 π_* 就是强化学习问题的解。同时，利用状态价值函数和动作价值函数之间的关系也可以得到：

$$v_*(s) = \max_a q_*(s, a) \tag{12-20}$$

$$q_*(s, a) = R_s^a + \gamma \sum_{s' \in S} P_{s, s'}^a v_*(s') \tag{12-21}$$

$$v_*(s)=\max_a(R_s^a+\gamma\sum_{s'\in S}P_{s,s'}^a v_*(s')) \tag{12-22}$$

$$q_*(s,a)=R_s^a+\gamma\sum_{s'\in S}P_{s,s'}^a \max_a q_*(s',a') \tag{12-23}$$

对于有限的马尔可夫过程，v_* 的贝尔曼最优方程(12－22)具有唯一解。贝尔曼最优方程实际上是一个方程组，每个状态一个方程，所以如果有 n 个状态，则 n 个未知数有 n 个方程。如果环境的动态 $P_{s,s'}^a$ 已知，则原则上可以使用解决非线性方程组的各种方法中的任何一种来求解该 v_* 的方程组。同样，可以求解 q_* 的一个方程组。

12.4 动态规划

动态规划(Dynamic Programming，DP)是指在给定理想 MDP 模型的情况下用于计算最优策略的算法集合。动态规划的关键点有两个：一是问题的最优解可以由若干小问题的最优解构成，即通过寻找子问题的最优解来得到问题的最优解；二是可以找到子问题状态之间的递推关系，通过较小的子问题状态递推出较大的子问题状态。而强化学习的问题恰好是满足这两个条件的。从式(12－15)可以看出，定义出子问题求解每个状态的状态价值函数，同时这个式子又是一个递推的式子，利用它，可以使用上一个迭代周期内的状态价值来计算更新当前迭代周期某状态 s 的状态价值。可见，使用动态规划来求解强化学习问题是比较合适的。

下面讨论如何使用动态规划来求解强化学习的预测问题，即求解给定策略的状态价值函数的问题。这个问题的求解过程通常叫作策略评估(Policy Evaluation)。策略评估的基本思路是从任意一个状态价值函数开始，依据给定的策略，结合贝尔曼方程、状态转移概率和奖赏同步迭代更新状态价值函数，直至其收敛，得到该策略下最终的状态价值函数。假设在第 k 轮迭代已经计算出了所有状态的状态价值，那么在第 $k+1$ 轮可以利用第 k 轮计算出的状态价值来计算第 $k+1$ 轮的状态价值。这是通过贝尔曼方程来完成的：

$$v_{k+1}(s)=\sum_{a\in A}\pi(a\mid s)(R_s^a+\gamma\sum_{s'\in S}P_{s,s'}^a v_k(s')) \tag{12-24}$$

每一轮可以对计算得到的新的状态价值函数再次进行迭代，直至状态价值的值改变很小(收敛)，这样就得到了预测问题的解，即给定策略的状态价值函数 $v(\pi)$。这种算法被称为迭代策略评估。

动态规划算法的思路比较简单，主要是利用贝尔曼方程来迭代更新状态价值，用贪婪法之类的方法来迭代更新最优策略。动态规划算法使用全宽度(full-width)的回溯机制来进行状态价值的更新，也就是说，在每一次回溯更新某一个状态的价值时，都要回溯到该状态的所有可能的后续状态，并利用贝尔曼方程更新该状态的价值。这种全宽度的价值更新方式对于状态数较少的强化学习问题还是比较有效的，但是当问题规模很大时，动态规划算法将会因贝尔曼维度灾难而无法使用，因此还需要寻找其他的针对复杂问题的强化学习问题求解方法。

12.5 蒙特卡罗法

12.5.1 不基于模型的强化学习

动态规划法需要在每一次回溯更新某一个状态的价值时，回溯到该状态的所有可能的后续状态，这会导致求解复杂问题时计算量很大。同时很多时候，环境的状态转移模型无法获取，这时动态规划法无法使用。在动态规划法中，强化学习的两个问题是这样定义的：

(1) 预测问题，即给定强化学习的6个要素——状态集 S、动作集 A、模型状态转移概率矩阵 $\boldsymbol{P}$、即时奖赏 R、衰减因子 γ、给定策略 π，求解该策略的状态价值函数 $v(\pi)$。

(2) 控制问题，也就是求解最优的价值函数和策略，即给定强化学习的5个要素——状态集 S、动作集 A、模型状态转移概率矩阵 $\boldsymbol{P}$、即时奖赏 R、衰减因子 γ，求解最优的状态价值函数 v_* 和最优策略 π_*。

可见，模型状态转移概率矩阵 $\boldsymbol{P}$ 始终是已知的，即MDP已知，这样的强化学习问题一般称为基于模型的强化学习问题。

不过有很多强化学习问题无法事先得到模型状态转移概率矩阵 $\boldsymbol{P}$，这时如果仍然需要求解强化学习问题，那么这就成为了不基于模型的强化学习问题。它的两个问题一般的定义是：

(1) 预测问题，即给定强化学习的5个要素——状态集 S、动作集 A、即时奖赏 R、衰减因子 γ、给定策略 π，求解该策略的状态价值函数 $v(\pi)$。

(2) 控制问题，也就是求解最优的价值函数和策略，即给定强化学习的5个要素——状态集 S、动作集 A、即时奖赏 R、衰减因子 γ、探索率 ε，求解最优的动作价值函数 q_* 和最优策略 π_*。

蒙特卡罗法是一种不基于模型的强化学习问题求解方法。它通过采样近似求解问题。蒙特卡罗法通过采样若干经历完整的状态序列来估计状态的真实价值。所谓的经历完整，就是这个序列必须是达到终点的。比如下棋问题分出输赢，驾车问题成功到达终点或者失败。有了很多组这样经历完整的状态序列，就可以近似地估计状态价值，进而求解预测和控制问题了。蒙特卡罗法的优点是：与动态规划比，它不需要依赖于模型状态转移概率；它从经历过的完整序列学习，完整的经历越多，学习效果越好。

12.5.2 预测问题

蒙特卡罗法求解强化学习预测问题的方法，即策略评估。一个给定策略 π 的完整 T 个状态的状态序列如下：

$$S_1, A_1, R_1, \cdots, S_t, A_t, R_t, \cdots, S_T, A_T, R_T$$

根据式(12-9)对价值函数 $v_\pi(s)$的定义，可以看出每个状态的价值函数等于所有该状态收获的期望，同时这个收获是通过后续的奖赏与对应的衰减乘积求和得到的。对于蒙特卡罗法来说，如果要求某一个状态的状态价值，只需要求出所有的完整序列中该状态出现时候的收获再取平均值即可近似求解：

$$G_t = R_{t+1} + \gamma R_{t+2} + \gamma^2 R_{t+3} + \cdots + \gamma^{T-t-1} R_T \tag{12-25}$$

$$\begin{cases} v_\pi(s) \approx \text{average}(G_t) \\ \text{s.t. } S_t = s \end{cases} \tag{12-26}$$

12.5.3 控制问题

蒙特卡罗法求解控制问题的思路和动态规划中价值迭代的思路类似，每轮迭代先做策略评估，计算出价值 $v_k(s)$，然后基于一定的方法(比如贪婪法)更新当前策略 π，最后得到最优价值函数 v_* 和最优策略 π_*。动态规划和蒙特卡罗法的不同之处体现在三点：

(1) 预测问题中策略评估的方法不同。

(2) 蒙特卡罗法一般是优化最优动作价值函数 q_*，而不是状态价值函数 v_*。

(3) 动态规划一般基于贪婪法更新策略，而蒙特卡罗法一般采用 ε 贪婪法更新策略。

纯贪心行动很有可能陷入局部最优解(最坏情况下，贪心行动可能导致玩家从头到尾都在选择一个固定的非最优的行为)，这时就需要去“探索(Exploring)”，牺牲一点眼前的利益，换来能带来长远价值的信息。只需对贪心策略稍做修改，我们就能做到这一点。ε 贪婪法通过设置一个较小的 ε 值，使用 1-ε 的概率贪婪地选择目前认为是最大行为价值的行为，而用 ε 的概率随机地从所有 m 个可选行为中选择行为，用公式可以表示为

$$\pi(a|s) = \begin{cases} \dfrac{\varepsilon}{m} + 1 - \varepsilon, & \text{当 } a^* = \arg\max\limits_{a \in A} q(s, a) \text{ 时} \\ \dfrac{\varepsilon}{m}, & \text{其他} \end{cases} \tag{12-27}$$

蒙特卡罗法可以避免动态规划求解过于复杂的问题，同时还可以不事先知道环境的状态转移模型，直接在与环境的交互中学习到最优的行为，因此其可以用于海量数据和复杂模型。但是它也有自己的缺点，这就是它每次采样都需要一个完整的状态序列。如果没有完整的状态序列，或者很难拿到较多的完整的状态序列，则蒙特卡罗法不适用。

本章小结

深度强化学习是深度学习与强化学习相结合的产物，它集成了深度学习在视觉等感知问题上强大的理解能力，以及强化学习的决策能力，实现了端到端学习。深度强化学习的出现使得强化学习技术真正走向实用，得以解决现实场景中的复杂问题，其所带来的推理能力是智能的一个关键特征衡量，真正地让机器有了自我学习、自我思考的能力。价值函数是强化学习的核心，在深度 Q 网络及许多扩展算法中有大量研究。从最初的动态规划方法，到 Sutton 提出的时间差分算法，再到深度 Q 网络以及确定性策略梯度等算法，历经了几十年的发展，使得强化学习得到了进一步的运用。比如让计算机学着玩游戏，AlphaGo 挑战世界围棋高手，都运用了强化学习功能。

但是，强化学习仍然存在一些不足之处，例如：强化学习的训练过程时间较长，可能需要上千万次甚至上亿次的尝试才能取得一个接受的解；奖赏函数设计困难，面对各种不同的情况，不仅需要考虑奖赏函数是否合适，还要考虑设计的函数能否进行优化；强化学习落地困难，在程序中我们能够尽情地模拟而不怕模型崩溃，但是在实际应用中，强化学习一次没有学习好就可能造成很严重的后果，比如如何落实强化学习在自动驾驶领域的应用；强化学习具有一定的不稳定性，很容易找到局部最优而不是全局最优解，等等。总之，强化学习的研究依然是非常具有挑战性的，有许多困难等着去解决，特别是理论与实际应用之间的鸿沟，因此它将是未来机器学习领域的研究热点之一。

习　题

1. 贝尔曼方程的具体数学表达式是什么？

2. 简述动态规划、蒙特卡罗法的共同点和不同点。

3. 在 ε 贪婪动作选择中，在有两个动作及 $\varepsilon=0.5$ 的情况下，贪婪动作被选择的概率是多少？

4. 考虑一个 $k=4$ 的多臂老虎机问题。将一个老虎机算法应用于这个问题，算法使用 ε 贪婪动作选择，基于采样平均的动作价值估计，初始估计为 $Q_1(A)=0$。假设动作及收益的最初顺序是 $A_1=1$，$R_1=-1$，$A_2=2$，$R_2=1$，$A_3=2$，$R_3=-2$，$A_4=2$，$R_4=2$，$A_5=3$，$R_5=0$。在其中的某些案例中可能发生了 ε 的情形导致一个动作被随机选择。请回答，在哪些时刻中这种情形肯定发生了？在哪些时刻中这些情形可能发生了？

5. 强化学习的损失函数(Loss Function)是什么？和深度学习的损失函数有何关系？

参考文献

[1] MNIH V, KAVUKCUOGLU K, SILVER D, et al. Playing atari with deep reinforcement learning [J]. arXiv preprint arXiv: 1312.5602, 2013.

[2] HAUSKNECHT M, STONE P. Deep recurrent q-learning for partially observable mdps[J]. arXiv preprint arXiv: 1507.06527, 2015.

[3] WANG Z, SCHAUL T, HESSEL M, et al. Dueling network architectures for deep reinforcement learning[C]. International conference on machine learning, 2016: 1995 - 2003.

[4] VAN HASSELT H, GUEZ A, SILVER D. Deep reinforcement learning with double q-learning[J]. arXiv preprint arXiv: 1509.06461, 2015.

[5] SCHAUL T, QUAN J, ANTONOGLOU I, et al. Prioritized experience replay[J]. arXiv preprint arXiv: 1511.05952, 2015.

[6] HESSEL M, MODAYIL J, VAN HASSELT H, et al. Rainbow: Combining improvements in deep reinforcement learning[J]. arXiv preprint arXiv: 1710.02298, 2017.

[7] MNIH V, BADIA A P, MIRZA M, et al. Asynchronous methods for deep reinforcement learning[C]. International conference on machine learning, 2016: 1928 - 1937.

[8] SCHULMAN J, LEVINE S, ABBEEL P, et al. Trust region policy optimization[C]. International conference on machine learning, 2015: 1889 - 1897.

[9] SCHULMAN J, MORITZ P, LEVINE S, et al. High-dimensional continuous control using generalized advantage estimation[J]. arXiv preprint arXiv: 1506.02438, 2015.

[10] SCHULMAN J, WOLSKI F, DHARIWAL P, et al. Proximal policy optimization algorithms[J]. arXiv preprint arXiv: 1707.06347, 2017.

[11] HEESS N, TB D, SRIRAM S, et al. Emergence of locomotion behaviours in rich environments[J]. arXiv preprint arXiv: 1707.02286, 2017.

[12] WANG Z, BAPST V, HEESS N, et al. Sample efficient actor-critic with experience replay[J]. arXiv preprint arXiv: 1611.01224, 2016.

[13] HAARNOJA T, ZHOU A, ABBEEL P, et al. Soft actor-critic: Off-policy maximum entropy deep reinforcement learning with a stochastic actor[J]. arXiv preprint arXiv: 1801.01290, 2018.

[14] SILVER D, LEVER G, HEESS N, et al. Deterministic policy gradient algorithms[J]. Proceedings of Machine Learning Research, 2014, 32(1): 387 - 395.

[15] LILLICRAP T P, HUNT J J, PRITZEL A, et al. Continuous control with deep reinforcement learning[J]. arXiv preprint arXiv: 1509.02971, 2015.

[16] FUJIMOTO S, VAN HOOF H, MEGER D. Addressing function approximation error in actor-critic methods[J]. arXiv preprint arXiv: 1802.09477, 2018.

[17] BELLEMARE M G, DABNEY W, MUNOS R. A distributional perspective on reinforcement learning[J]. arXiv preprint arXiv: 1707.06887, 2017.

[18] GU S, LILLICRAP T, GHAHRAMANI Z, et al. Q-prop: Sample-efficient policy gradient with an off-policy critic[J]. arXiv preprint arXiv: 1611.02247, 2016.

[19] NACHUM O, NOROUZI M, XU K, et al.Bridging the gap between value and policy based reinforcement learning[C]. Advances in Neural Information Processing Systems, 2017: 2775 - 2785.

[20] O'DONOGHUE B, MUNOS R, KAVUKCUOGLU K, et al. Combining policy gradient and Q-learning[J]. arXiv preprint arXiv: 1611.01626, 2016.

[21] SALIMANS T, HO J, CHEN X, et al. Evolution strategies as a scalable alternative to reinforcement learning [J]. arXiv preprint arXiv: 1703.03864, 2017.

[22] HOUTHOOFT R, CHEN X, DUAN Y, et al.Vime: Variational information maximizing exploration[C]. Advances in Neural Information Processing Systems, 2016: 1109 - 1117.

[23] BELLEMARE M, SRINIVASAN S, OSTROVSKI G, et al. Unifying count-based exploration and intrinsic motivation[C]. Advances in neural information processing systems, 2016: 1471 - 1479.

[24] OSTROVSKI G, BELLEMARE M G, OORD A, et al. Count-based exploration with neural density models [J]. arXiv preprint arXiv: 1703.01310, 2017.

[25] TANG H, HOUTHOOFT R, FOOTE D, et al. exploration: A study of count-based exploration for deep reinforcement learning[C]. Advances in neural information processing systems, 2017: 2753 - 2762.

[26] PATHAK D, AGRAWAL P, EFROS A A, et al. Curiosity-driven exploration by self-supervised prediction[C]. Proceedings of the IEEE Conference on Computer Vision and Pattern Recognition Workshops, 2017: 16 - 17.

[27] SCHAUL T, HORGAN D, GREGOR K, et al. Universal value function approximators[C]. International conference on machine learning, 2015: 1312 - 1320.

[28] JADERBERG M, MNIH V, CZARNECKI W M, et al. Reinforcement learning with unsupervised auxiliary tasks[J]. arXiv preprint arXiv: 1611.05397, 2016.

[29] WEBER T, RACANIÈRE S, REICHERT D P, et al. Imagination-augmented agents for deep reinforcement learning[J]. arXiv preprint arXiv: 1707.06203, 2017.

[30] NAGABANDI A, KAHN G, FEARING R S, et al. Neural network dynamics for model-based deep reinforcement learning with model-free fine-tuning [C]. 2018 IEEE International Conference on Robotics and Automation (ICRA). IEEE, 2018: 7559 - 7566.

[31] DUAN Y, SCHULMAN J, CHEN X, et al.Rl ^{2} : Fast reinforcement learning via slow reinforcement learning[J]. arXiv preprint arXiv: 1611.02779, 2016.

［32］ FINN C, ABBEEL P, LEVINE S. Model-agnostic meta-learning for fast adaptation of deep networks[J]. arXiv preprint arXiv: 1703.03400, 2017.

［33］ ESPEHOLT L, SOYER H, MUNOS R, et al. IMPALA: Scalable Distributed Deep-RL with Importance Weighted Actor-Learner Architectures[J]. Proceedings of Machine Learning Research, 2018, 80: 1407－1416.

［34］ KALASHNIKOV D, IRPAN A, PASTOR P, et al. Qt-opt: Scalable deep reinforcement learning for vision-based robotic manipulation[J]. arXiv preprint arXiv: 1806.10293, 2018.

第13章 生成对抗网络

本章将围绕生成对抗网络的网络结构、训练过程、评价指标等方面展开介绍。

13.1 生成对抗网络简介

生成对抗网络(Generative Adversarial Network, GAN)是由 Goodfellow 等人在 2014 年提出的。GAN 的思想自提出就受到了广泛关注。Yann LeCun 在一篇文章中说:“生成对抗网络是过去 10 年机器学习中最有趣的想法。”近年来,在“谷歌学术”上有大量与 GAN 相关的论文。2018 年与 GAN 相关的论文约有 11 800 篇,也就是说,在 2018 年每天都有 32 篇左右与 GAN 有关的论文产生,即每小时都会产生一篇与 GAN 有关的论文。

GAN 是一种结构化的概率模型,通过图像、音频和数据来学习复杂的高维分布。生成对抗网络由两个网络组成:一个是生成器(Generator, G),用于捕获数据分布并生成伪样本;另一个是判别器(Discriminator, D),用于预测输入数据是来自真实数据分布还是生成器生成的数据分布的概率。生成器 G 和判别器 D 分别作为博弈的两方,学习真实的数据分布,生成与真实数据一样的数据。利用梯度下降技术,由生成器和判别器进行最小最大博弈直到纳什均衡,此时生成器可以生成与真实数据相似的数据,而判别器不能区分真实数据与生成器生成的数据。为了更新生成器和判别器的梯度,判别器通过计算两个分布之间的差异所带来的损失来接收梯度信号。因此,生成对抗网络的三个主要设计和优化组件是:网络结构、目标(损失)函数和优化算法。当模型达到纳什均衡时,可以认为生成器捕捉到了真实数据分布。图 13.1 显示了 2014—2018 年生成对抗网络图像生成能力的进展情况。

从生物学到物理学,从计算机科学到社会科学,不同领域的学者已经从不同的角度研究了 GAN。生成对抗网络目前在图像生成、视频生成、区域自适应、图像超分辨等多个现实任务中都有很好的应用。然而,由于网络结构的设计、目标函数的使用以及优化算法的选择等方面的不当,生成对抗网络训练存在着模式崩溃、不收敛和不稳定等问题。此外，如果判别器可以很容易地区分真假图像，判别器的梯度就会消失，此时生成器停止更新。近年来，人们提出了许多改进措施来处理模式崩溃问题，并且引入了若干个目标(损失)函数来最小化真假分布的差异。此外，一些稳定训练过程的方法也被提出。

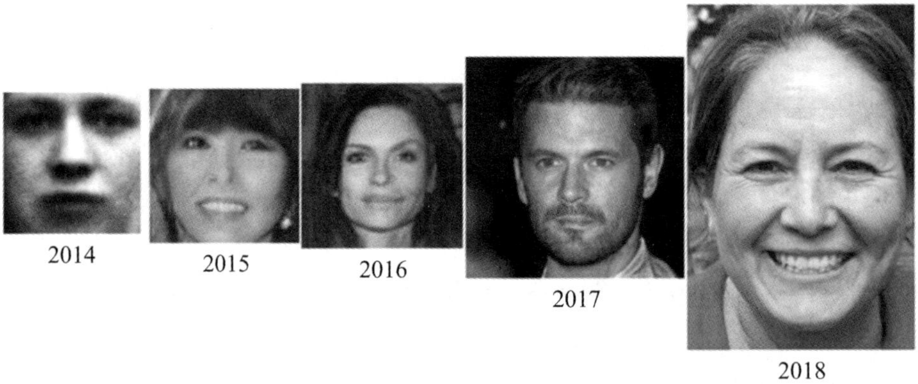

图 13.1　2014—2018 年生成对抗网络图像生成能力的进展情况

13.2　网络结构

生成对抗网络学习将简单的潜在分布映射为更复杂的数据分布。生成对抗网络基于两个网络(即一个生成器和一个判别器)博弈的思想，使生成器和判别器相互竞争。生成对抗网络可以是深度生成模型或生成神经模型的一部分，其中生成器和判别器通过神经网络参数化，并在参数空间中进行更新。

GAN 的生成模型用来获取真实的数据分布，判别模型用来预测输入是来自真实数据的概率。GAN 输入真实数据 $\boldsymbol{x}$ 和随机噪声向量 $\boldsymbol{z}$，同时训练 G 和 D 两个模型。GAN 的网络结构如图 13.2 所示，G 的目的是令 $D(G(\boldsymbol{z}))$ 足够大，最大化预测生成样本为真实数据的概率，尽可能地生成与真实数据相似的数据，使判别器判断不出来生成的数据 $G(\boldsymbol{z})$ 是假数据；D 的目的是使 $D(G(\boldsymbol{z}))$ 足够小，尽可能正确地判断输入数据是真实数据还是假数据。判别器输入一个 0 或 1 的数，表示数据来自真实数据的概率，1 表示输入的数据来自真实数据，0 表示输入的数据是生成器生成的假数据。判别器输入数据对($\boldsymbol{x}_{\text{real}}$，1)和($\boldsymbol{x}_{\text{fake}}$，0)经过多次的对抗调整，最后使生成器和判别器达到一个动态平衡，即纳什均衡(即自身利益最大化，G 和 D 没有任何一方再需改变其策略的均衡状态)。

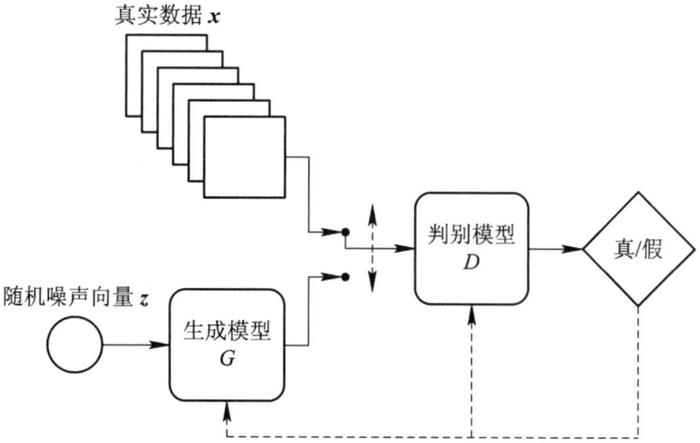

图 13.2　生成对抗网络的结构

13.3　训练过程

生成器的输入为随机噪声，判别器则接收输入的真实数据和生成器生成的数据；训练过程中固定生成器或判别器的梯度，更新另一方的梯度。判别器 D 根据式(13-1)进行随机梯度上升更新，生成器 G 根据式(13-2)进行随机梯度下降更新。

$$\nabla\theta_d[\log D(\boldsymbol{x})+\log(1-D(G(\boldsymbol{z})))] \tag{13-1}$$

$$\nabla\theta_g \log(1-D(G(\boldsymbol{z}))) \tag{13-2}$$

式中：$\boldsymbol{x}$ 表示真实数据；$\boldsymbol{z}$ 表示随机噪声向量；$G(\boldsymbol{z})$表示生成器生成的样本；$D(\boldsymbol{x})$表示判断真实数据为真实数据的概率；$D(G(\boldsymbol{z}))$表示判断生成器生成的数据为真实数据的概率。生成器和判别器交替迭代，其中 G 和 D 都极力优化自己的网络，形成一种竞争对抗状态，直到模型收敛，G、D 双方达到纳什均衡。但是在训练初期，若生成器的生成效果很差，则判别器可以轻松地判别样本真假，$\log(1-D(G(\boldsymbol{z})))$很容易达到饱和，因此选择最大化 $\log(D(G(\boldsymbol{z})))$，而不是最小化 $\log(1-D(G(\boldsymbol{z})))$。利用交叉熵损失函数计算判别器的损失。判别器的损失函数 l_D 为

$$l_D=-\log(D(\boldsymbol{x}))-\log(1-D(G(\boldsymbol{z}))) \tag{13-3}$$

生成器与判别器对抗竞争，它尝试将式(13-3)最大化，因此生成器的损失函数可写为

$$l_G=\log(D(\boldsymbol{x}))+\log(1-D(G(\boldsymbol{z}))) \tag{13-4}$$

最终的损失函数 l 为

$$l=\min_G\max_D[\log(D(\boldsymbol{x}))+\log(1-D(G(\boldsymbol{z})))] \tag{13-5}$$

上述损失函数仅对单个数据有效，若考虑整个数据集，需添加数据期望：

$$\min_{\theta G}\max_{\theta D} V(G, D)=\min_{G}\max_{D} E_{x\sim p_{\text{data}}}[\log(D(\boldsymbol{x}))]+E_{z\sim p_z}[\log(1-D(G(\boldsymbol{z})))] \tag{13-6}$$

其中：$\boldsymbol{x}$ 是从实际数据分布 p_{data} 中提取的数据；$\boldsymbol{z}$ 为随机噪声向量。$\boldsymbol{z}$ 取自平均值为零、标准差为 1 的高斯先验分布 p_z。假设 p_g 表示生成器生成的数据 $G(\boldsymbol{z})$ 的分布，随机噪声向量 $\boldsymbol{z}$ 作为输入传递给生成器，然后生成器输出 $G(\boldsymbol{z})$，目的是使判别器不能区分 $G(\boldsymbol{z})$ 和 $\boldsymbol{x}$ 数据样本，即 $G(\boldsymbol{z})$ 和 $\boldsymbol{x}$ 尽可能相似，同时判别器试图防止自己被生成器欺骗。判别器是一个分类器，其输入来自 p_{data} 或 p_g。当输入 p_{data} 时，尽可能使 $D(\boldsymbol{x})=1$；当输入 p_g 时，尽可能使 $D(\boldsymbol{x})=0$。$V(G, D)$ 是二元交叉熵函数，常用于二元分类问题。在式(13-6)中，为了更新模型参数，生成器和判别器通过反向传播损失来进行训练。

实际上，式(13-6)中的 $\log(1-D(G(\boldsymbol{z})))$ 饱和，并使不充分的梯度流过 G，即梯度值变小，停止学习。为了克服梯度消失问题，式(13-6)中的目标函数被重新定义为两个单独的目标：

$$\max_{\theta D} E_{x\sim p_{\text{data}}}[\log(D(\boldsymbol{x}))]+E_{z\sim p_z}[\log(1-D(G(\boldsymbol{z})))] \tag{13-7a}$$

和

$$\max_{\theta G} E_{z\sim p_z}[\log(1-D(G(\boldsymbol{z})))] \tag{13-7b}$$

此外，这两个独立目标的生成梯度具有相同的固定点，并且总是沿同一个方向训练。

在式(13-7)中进行计算后，可以使用反向传播来更新模型参数。这两个不同目标的更新规则如下：

$$\{\theta_D^{t+1}, \theta_G^{t+1}\}\leftarrow\begin{cases}\text{若 } D(\boldsymbol{x})\text{ 趋近 0，则更新梯度}\\ \text{若 } D(G(\boldsymbol{z}))\text{ 趋近 0，则更新梯度}\\ \text{若 } D(G(\boldsymbol{z}))\text{ 趋近 1，则更新梯度}\end{cases} \tag{13-8}$$

在足够的训练迭代次数下，如果生成器和判别器具有足够的能力，生成器可以将一个简单的潜在分布 p_g 转换为更复杂的分布；当 p_g 收敛到 p_{data} 时，即可认为 $p_g=p_{\text{data}}$。

13.4 评价指标

生成对抗网络模型已被广泛用于无监督学习、监督学习和半监督学习等。为了设计更好的生成对抗网络模型，需要开发或使用适当的定量度量指标来克服定性度量的局限性。近年来，随着新模型的出现，多个生成对抗网络评价指标被引入，进行定量度量。

13.4.1 Inception Score (IS)

IS 指标首先评价生成对抗网络生成图像的质量好坏。但是图像质量是一个非常主观的概念，不够清晰的宠物狗图片和线条足够明晰但表述抽象的图片均应算作低质量图片。计算机不太容易认识到这个问题，最好可以设计一个可计算的量化指标。

IS 对每个生成的图像使用 Inception 模型来获得条件标签分布 $p(\boldsymbol{y}|\boldsymbol{x})$。IS 将生成的图片 $G(\boldsymbol{z})$送入已经训练好的 Inception 模型中，Inception 模型是在 ImageNet 数据集上训练的图片分类网络，输出为 1000 维的向量 $\boldsymbol{y}$，向量 $\boldsymbol{y}$ 的每个维度的值对应图片属于某类的概率。对于一张清晰的图片，它属于某类的概率应该非常大，而属于其他类的概率应该很小，即分布 $p(\boldsymbol{y}|\boldsymbol{x})$的熵应该很小(熵代表混乱度，均匀分布的混乱度最大，熵最大)。

如果一个模型能生成足够多样的图片，那么它生成的图片在各个类别中的分布应该是平均的。假设生成了 10 000 张图片，那么理想的情况应是对 1000 个类别，每类分别生成了 10 张图片，也就是说，生成图片在所有类别概率的边缘分布 $p(\boldsymbol{y})$的熵很大。

结合这两个要求，IS 定义为

$$\mathrm{IS}(G)=\exp(E_{x\sim p_g}\mathrm{KL}(p(\boldsymbol{y}|\boldsymbol{x})\parallel p(\boldsymbol{y}))) \tag{13-9}$$

式中运用 KL 散度(Kullback-Leibier Divergence)衡量两个概率分布的距离。KL 散度的数值非负，值越大，说明这两个概率分布越不相像。KL 散度的公式如下：

$$\mathrm{KL}(p\parallel q)=\int p(\boldsymbol{x})\log\frac{p(\boldsymbol{x})}{q(\boldsymbol{x})}\mathrm{d}\boldsymbol{x} \tag{13-10}$$

IS 指标作为论文中最常出现的评价标准，在一定程度上可以反映出生成图片的质量以及多样性。但也存在一些问题，例如数值受样本选取的干扰较大，不适合在内部差异较大的数据集上使用，分类模型和生成模型应该在同一个数据集上训练，无法区分过拟合等。

13.4.2 Mode Score(MS)

MS 指标是 IS 指标的改进版本。与 IS 指标不同的是，MS 指标可以测量实际分布与生成分布的差异性，数值越高，效果越好。具体公式如下：

$$\exp(E_x\mathrm{KL}(p(\boldsymbol{y}|\boldsymbol{x})\parallel p^*(\boldsymbol{y}))-\mathrm{KL}(p(\boldsymbol{y})\parallel p^*(\boldsymbol{y}))) \tag{13-11}$$

式中：$p^*(\boldsymbol{y})$表示由训练数据集的样本得到的标签向量的类别概率；$p(\boldsymbol{y})$表示由生成样本得到的标签向量的类别概率。与 IS 指标相似的是，MS 指标同样考虑了生成样本的质量与多样性的问题。

13.4.3 Fréchet Inception Distance(FID)

计算 IS 指标时只考虑了生成样本，没有考虑真实数据，即 IS 指标无法反映真实数据和样本之间的距离。IS 指标判断数据真实性的依据源于 Inception V3 模型的训练集——ImageNet，因此凡是不像 ImageNet 的数据，都被认为是不真实的。

因此，要想更好地评价生成器网络，就要使用更加有效的方法计算真实样本分布与生成样本分布之间的距离。

FID 计算真实样本与生成样本在特征空间上的距离。具体步骤是：首先利用 Inception 网络来提取特征，然后使用高斯模型对特征空间进行建模，再去求解两个特征之间的距离。较低的 FID 意味着较高图片的质量和多样性。具体公式如下：

$$\mathrm{FID}(p_{\text{data}},\ p_g)=\|\boldsymbol{\mu}_r-\boldsymbol{\mu}_g\|+\mathrm{tr}(\boldsymbol{C}_r+\boldsymbol{C}_g-2(\boldsymbol{C}_r\boldsymbol{C}_g)^{1/2}) \tag{13-12}$$

其中：$\boldsymbol{\mu}_r$ 和 $\boldsymbol{\mu}_g$ 分别表示真实图片和生成图片的特征的均值；$\boldsymbol{C}_r$ 和 $\boldsymbol{C}_g$ 分别表示真实图片和生成图片特征的协方差矩阵。当生成图片和真实图片特征越相近时，均值之差的平方越小，协方差也越小，则两者之和 FID 也越小。

相比较 IS 来说，FID 对噪声有更好的鲁棒性。因为 FID 只是把 Inception V3 模型作为特征提取器，并不依赖它判断图片的具体类别，因此不必担心 Inception V3 的训练数据和生成模型的训练数据不同。同时，由于 FID 直接衡量生成样本分布和真实样本分布之间的距离，也不必担心生成器只能产生几个类别的样本的问题，即模式崩溃问题。

13.5 训练生成对抗网络面临的挑战

训练生成对抗网络时经常出现如下几个问题：

(1) 训练过程难以收敛，出现振荡；实验结果随机，难以复现。

(2) 训练收敛，但是出现模式崩溃。例如，我们用 MNIST 数据集训练生成对抗网络模型，训练后的生成对抗网络只能生成 10 个数字中的某一个；或者在人脸图片的实验中只生成某一种风格的图片。

(3) 用真实图片训练后的生成对抗网络模型涵盖所有模式，但是同时会生成一些没有意义或者在现实中不可能出现的图片。

(4) 生成器梯度消失，无法更新模型参数。

13.5.1 模式崩溃

如图 13.3 所示，给定数据集，用编码映射将其映射入特征空间中，每个数字对应一个团簇，即 MNIST 数据集的概率分布密度函数具有多个峰值，每个峰值被称为是一个模式(Mode)。理想情况下，生成模型应该能够生成 10 个数字，如果只能生成其中的几个，而错失其他的模式，则称这种现象为模式崩溃(Mode Collapse)。

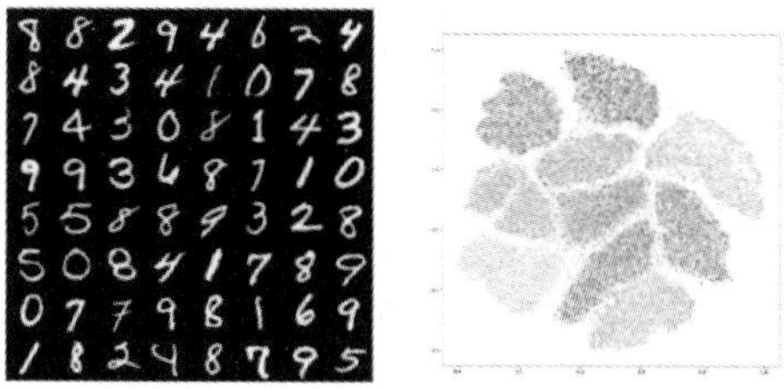

图 13.3　MNIST 数据集嵌入在平面上，10 个团簇对应着 10 个模式

13.5.2　不收敛和不稳定性

大多数深度模型的训练都使用优化算法寻找损失函数全局最小点。优化算法通常是个可靠的梯度下降过程。生成对抗网络要求生成器和判别器双方在博弈的过程中达到势均力敌。每个模型(例如生成器)在更新的过程中梯度成功地下降，同样的更新可能会造成博弈的另一个模型(例如判别器)梯度上升。甚至有时候博弈双方虽然最终达到了均衡，但双方在不断地抵消对方的进步，并没有使双方同时达到一个最优点。对生成器和判别器同时使用梯度下降，使得某些模型收敛但不是所有模型均收敛。

13.5.3　生成器梯度消失

在 GAN 的训练过程中，初始的随机噪声分布与真实数据分布之间的距离相差太远，两个分布之间几乎没有任何重叠的部分，此时判别器能够准确区分真实数据和生成的假数据，达到判别器的最优化，造成生成器的梯度无法继续更新甚至梯度消失。

13.6　生成对抗网络经典算法

13.6.1　InfoGAN

不同于传统生成对抗网络利用的是单一的非结构化噪声向量 $\boldsymbol{z}$，如图 13.4 所示，InfoGAN 将输入噪声矢量分解为两部分：被视为不可压缩的随机噪声向量 $\boldsymbol{z}$；针对真实数据分布的结构化语义特征的潜在编码 $\boldsymbol{c}$。

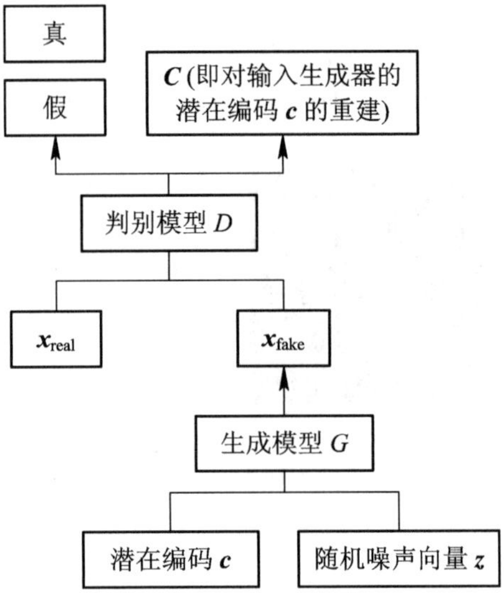

图 13.4　InfoGAN 的结构

InfoGAN 旨在解决：

$$\min_G \max_D V_I(D, G) = V(D, G) - \lambda I(\boldsymbol{c}; G(\boldsymbol{z}, \boldsymbol{c})) \tag{13-13}$$

其中：$V(D, G)$是原始生成对抗网络的目标函数；$G(\boldsymbol{z}, \boldsymbol{c})$是生成的样本；$I$ 是互信息；λ 是可调正则化参数。最大化 $I(\boldsymbol{c}; G(\boldsymbol{z}, \boldsymbol{c}))$意味着最大化 $\boldsymbol{c}$ 和 $G(\boldsymbol{z}, \boldsymbol{c})$之间的互信息，使 $\boldsymbol{c}$ 尽可能多地包含真实样本的重要和有意义的特征。然而，在实际应用中很难直接优化 $I(\boldsymbol{c}; G(\boldsymbol{z}, \boldsymbol{c}))$，因为需要访问后验概率 $P(\boldsymbol{c}|\boldsymbol{x})$。因此，通过定义一个辅助分布 $Q(\boldsymbol{c}|\boldsymbol{x})$来近似 $P(\boldsymbol{c}|\boldsymbol{x})$，可以得到 $I(\boldsymbol{c}; G(\boldsymbol{z}, \boldsymbol{c}))$的下界。最终 InfoGAN 的目标函数是

$$\min_G \max_D V_I(D, G) = V(D, G) - \lambda L_1(\boldsymbol{c}, Q) \tag{13-14}$$

其中：$L_1(\boldsymbol{c}, Q)$是 $I(\boldsymbol{c}; G(\boldsymbol{z}, \boldsymbol{c}))$的下界。

InfoGAN 有几个变体，例如 Causal InfoGAN 和 Semi-supervised InfoGAN (ss InfoGAN)。

13.6.2　Conditional GAN (cGAN)

如果判别器和生成器都以一些额外信息 y 为条件，那么生成对抗网络可以扩展为条件模型。条件生成对抗网络(Conditional GAN，cGAN)的目标函数为

$$\min_G \max_D V(D, G) = E_{x \sim p_{\text{data}}}[\log D(\boldsymbol{x}|\boldsymbol{y})] + E_{z \sim p_z}[\log(1 - D(G(\boldsymbol{z}|\boldsymbol{y})))] \tag{13-15}$$

通过比较式(13-14)和式(13-15)，可以看出InfoGAN的生成器与cGAN的生成器类似。但是InfoGAN的潜在编码 $\boldsymbol{c}$ 是未知的，$\boldsymbol{c}$ 是通过训练得到的。此外，InfoGAN还有一个额外的网络 Q 来输出条件变量 $Q(\boldsymbol{c}|\boldsymbol{x})$。

基于如图13.5所示的cGAN，我们可以在类标签、文本、边界框和关键点上生成样本。cGAN已经被用于卷积人脸生成、人脸老化、图像转换以及合成具有特定场景属性的室外图像、自然图像描述和3D感知场景操作。Chrysos等人提出鲁棒的cGAN。Thekumparapil等人讨论了条件GAN对噪声标签的鲁棒性。模式搜索生成对抗网络(MSGAN)提出了简单有效的正则项来解决cGAN的模式崩溃问题。

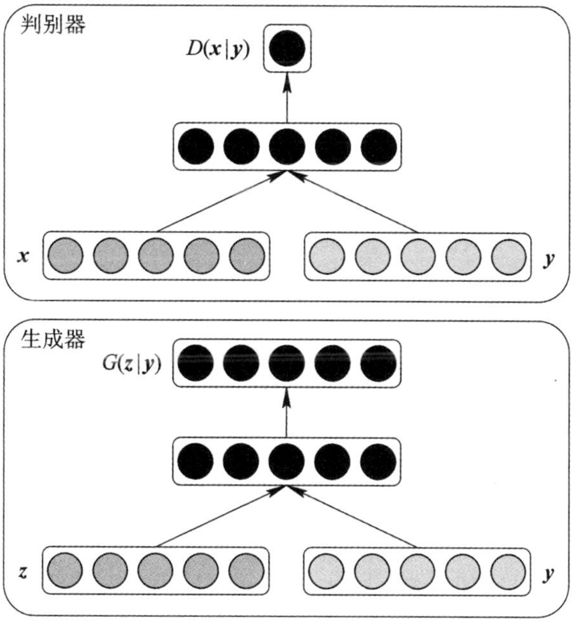

图13.5　条件生成对抗网络

大多数基于cGAN的方法通过简单地将 $\boldsymbol{y}$ 连接(嵌入)到输入或某个中间层的特征向量，将条件信息 $\boldsymbol{y}$ 输入到判别器中。

用于图像翻译的方法pix2pix使用cGAN和稀疏正则化进行图像到图像的转换。在生成对抗网络中，生成器学习从随机噪声向量 $\boldsymbol{z}$ 到 $G(\boldsymbol{z})$ 的映射。而pix2pix的生成器没有噪声输入，它的一个新颖之处在于其生成器学习从观察图像 $\boldsymbol{y}$ 到输出图像 $G(\boldsymbol{y})$ 的映射，例如从灰度图像到彩色图像。pix2pix方法的目标函数可以表示为

$$L_{\mathrm{cGAN}}(D,G)=E_{x,y}[\log D(\boldsymbol{x},\boldsymbol{y})]+E_{y}[\log(1-D(\boldsymbol{y},G(\boldsymbol{y})))] \tag{13-16}$$

此外，使用距离度量公式：

$$L_{l_1}(G)=E_{x,y}[\|\boldsymbol{x}-G(\boldsymbol{y})\|_1] \tag{13-17}$$

因此，pix2pix 方法的最终目标函数是

$$G^*=\arg\min_G\max_D L_{\mathrm{cGAN}}(D, G)+\lambda L_{l_1}(G) \tag{13-18}$$

式中，λ 是自由参数。

作为 pix2pix 的后续，pix2pixHD 使用 cGAN 和特征匹配损失进行高分辨率图像合成和语义操作。在判别器上，学习问题是一个多任务学习问题，即

$$\min_G \max_{D_1, D_2, D_3} \sum_{k=1,2,3} L_{\mathrm{cGAN}}(G, D_k) \tag{13-19}$$

训练集是一对相对应的图像集合$\{(s_i, x_i)\}$，其中 x_i 是自然照片，s_i 是对应的语义标签。判别器 D_k 的第 i 层特征提取器表示为 $D_k^{(i)}$（从输入到 D_k 的第 i 层）。特征匹配损失 $L_{\mathrm{FM}}(G, D_k)$ 为

$$L_{\mathrm{FM}}(G, D_k)=E_{(\boldsymbol{s},\boldsymbol{x})}\sum_{i=1}^{T}\frac{1}{N_i}[\| D_k^{(i)}(\boldsymbol{s}, \boldsymbol{x})-D_k^{(i)}(\boldsymbol{s}, G(\boldsymbol{s}))\|_1] \tag{13-20}$$

其中：N_i 是每层元素的数量；T 表示层的总数。

pix2pixHD 的最终目标函数是

$$\min_G \max_{D_1, D_2, D_3} \sum_{k=1,2,3}[L_{\mathrm{cGAN}}(G, D_k)+\lambda L_{\mathrm{FM}}(G, D_k)] \tag{13-21}$$

13.6.3 Deep Convolutional GAN (DCGAN)

在原始生成对抗网络中，生成器和判别器由多层感知机定义。由于卷积神经网络在图像处理方面比多层感知机更加优秀，因此在 DCGAN 中，生成器和判别器由具有更好性能的深度卷积神经网络定义。DCGAN 体系结构的三个关键特性如下：

（1）总体架构主要基于全卷积网。这种体系结构既没有池化层，也没有“反池化”层。当生成器需要增加特征的空间尺寸时，使用步长大于 1 的转置卷积（反卷积）即可。

（2）对生成器和判别器的大部分层进行批归一化处理，批归一化可以解决初始化差的问题，帮助梯度传播到每一层，并防止生成器把所有的样本都收敛到同一个点。此外，直接将批归一化应用到所有层会导致样本振荡和模型不稳定，因此在生成器的最后一层和判别器的第一层不进行批归一化处理，这样神经网络就可以学习到数据分布的正确均值和尺度。

（3）利用 Adam 优化器代替 SGD（随机梯度下降）。

图 13.6 是 DCGAN 针对 LSUN 数据集的生成网络模型架构，但它并不适用于所有数据集，当数据规模发生变化时，对应的卷积架构就需要进行改变。例如对于 MNIST 数据集，G 和 D 的网络架构都应相应地减小，否则不能拟合。

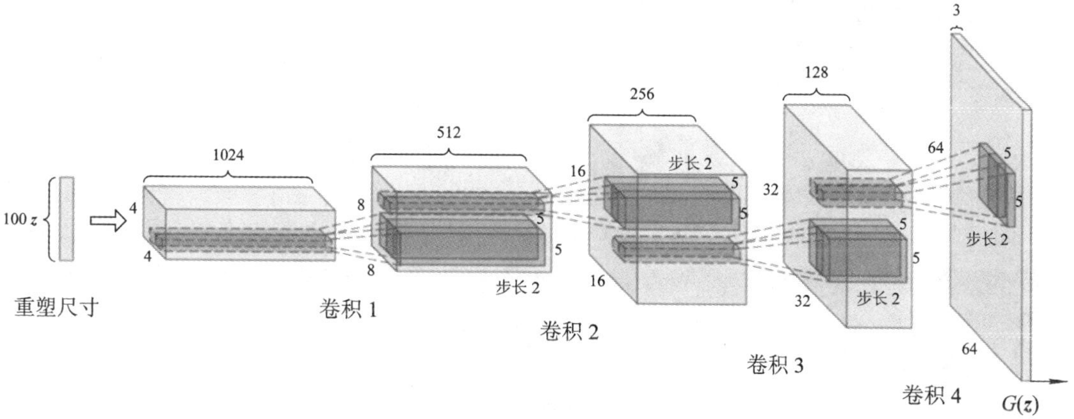

图 13.6　用于 LSUN 数据集的 DCGAN 生成器

为了验证 DCGAN 的生成效果，使用 LSUN 数据集训练 DCGAN 模型。经过一次循环和五次循环的训练和收敛，生成器网络得到的效果分别如图 13.7 和图 13.8 所示。

图 13.7　一次训练后 DCGAN 生成器生成的卧室

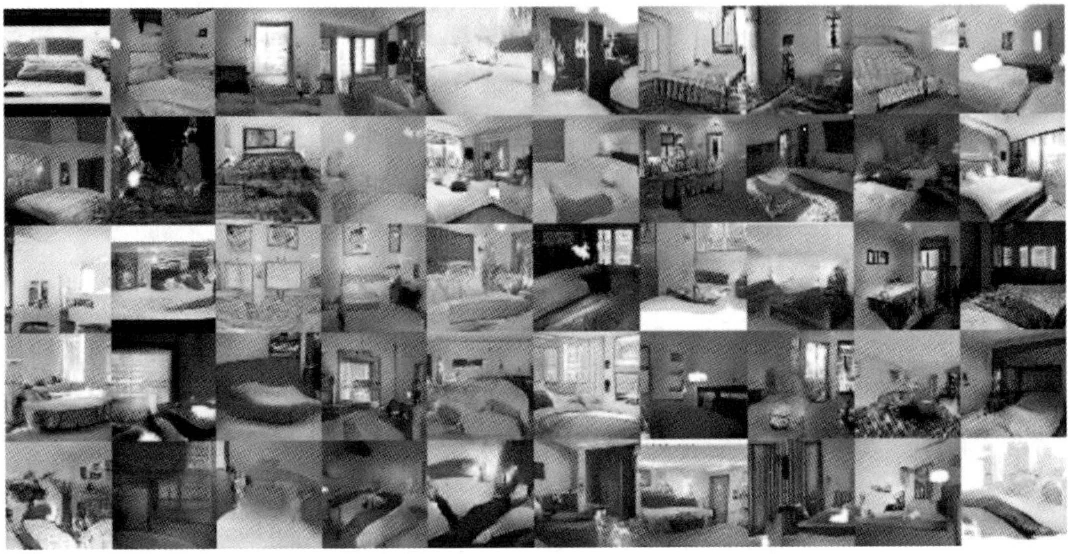

图 13.8　五次训练后 DCGAN 生成器生成的卧室

13.7　生成对抗网络的应用

如前所述，生成对抗网络作为一类强大的生成模型，它可以用随机噪声向量 z 生成逼真的样本，且不需要知道一个明确的真实数据分布，也不需要任何数学假设。这些优点使得生成对抗网络在图像处理、计算机视觉、序列数据等领域得到了广泛的应用。

13.7.1　图像超分辨

SRGAN(Super-Resolution GAN)是用于超分辨的生成对抗网络，其结构如图 13.9 所示。它是第一个能够根据上采样因子推断真实自然图像的框架。SRGAN 把生成对抗网络思想应用于图像超分辨率工作中，判别器无法分辨出生成的超分辨率图像和真实的图像，使得生成的图像达到逼真的效果，并且设计了新型的感知损失(Perceptual Loss)作为网络的损失函数。模型可以分为三部分：生成器网络模块、判别器网络模块和 VGG(Visual Geometry Group)网络。训练过程中生成器和判别器交替训练，不断迭代，VGG 网络使用 ImageNet 上的预训练权重，权重不做训练和更新，只参与损失的计算。

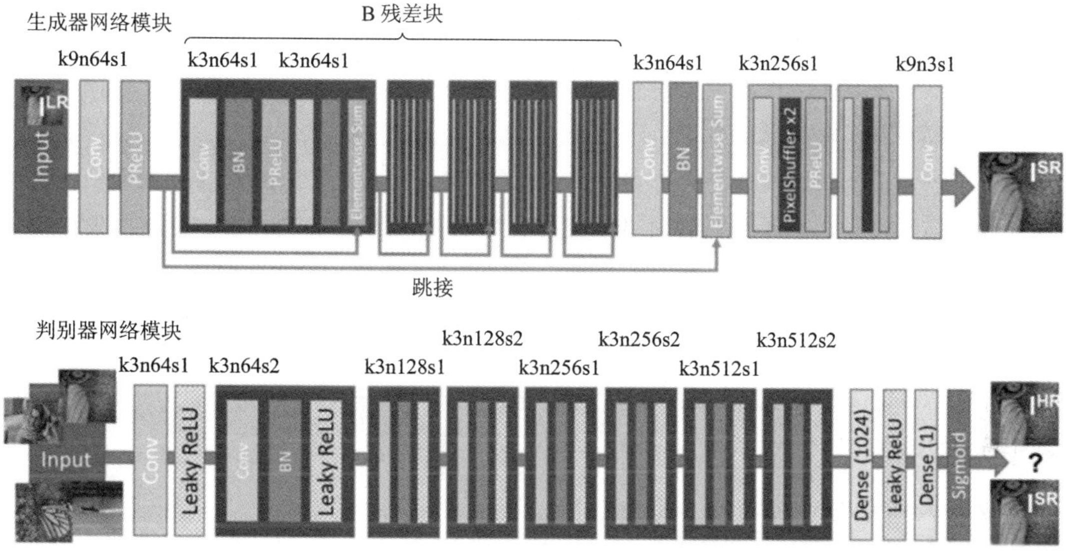

图 13.9　SRGAN 结构

SRGAN 的损失包括两部分：内容损失 l_X^{SR} 和对抗损失 l_{Gen}^{SR}，用一定的权重进行加权和：

$$l^{SR}=l_X^{SR}+10^{-3}l_{Gen}^{SR} \tag{13-22}$$

1. 内容损失

像素方式的 MSE(均方误差)损失计算公式为

$$l_{MSE}^{SR}=\frac{1}{r^2WH}\sum_{x=1}^{rW}\sum_{y=1}^{rW}(I_{x,y}^{HR}-G_{\theta G}(I^{LR})_{x,y})^2 \tag{13-23}$$

式中：I^{LR} 表示输入的低分辨率图像；I^{HR} 表示 I^{LR} 的高分辨率版本，即 I^{LR} 是通过对 I^{HR} 使用高斯滤波器，且进行下采样(采样因子为 r)而得到的；W 和 H 为 I^{LR} 的长和宽；rW 和 rH 为 I^{HR} 的长和宽。

这是图像超分辨广泛使用的优化目标，许多先进的方法依赖于此。然而，在实现特别高的峰值信噪比的同时，MSE 优化问题的解决方案通常缺乏高频内容，这导致模型在过平滑纹理的感知上不理想。

SRGAN 不再依赖像素损失，而是使用更接近感知相似性的损失函数。SRGAN 根据预训练的 19 层 VGG 网络的 ReLU 激活层来定义 VGG 损失。用 $\varphi_{i,j}$ 表示在 VGG19 网络内的第 i 个最大化层之前通过第 j 个卷积(激活之后)获得的特征映射。再将 VGG 损失定义为重建图像 $G_{\theta G}(I^{LR})$ 的特征表示与参考图像 I^{HR} 之间的欧氏距离：

$$l_{\mathrm{VGG}/i,j}^{\mathrm{SR}}=\frac{1}{W_{i,j}H_{i,j}}\sum_{x=1}^{W_{i,j}}\sum_{y=1}^{H_{i,j}}(\varphi_{i,j}(I^{\mathrm{HR}})_{x,y}-\varphi_{i,j}(G_{\theta G}(I^{\mathrm{LR}}))_{x,y})^2 \tag{13-24}$$

这里，$W_{i,j}$和$H_{i,j}$描述 VGG 网络内各个特征图的尺寸。

2. 对抗损失

除了到目前为止所描述的内容损失，SRGAN 还将 GAN 的生成器部分添加到损失中。这鼓励网络通过尝试愚弄判别器网络来支持保留自然图像的解决方案。生成损失$l_{\mathrm{Gen}}^{\mathrm{SR}}$基于所有训练样本上的判别器$D_{\theta D}(G_{\theta G}(I^{\mathrm{LR}}))$的概率定义为

$$l_{\mathrm{Gen}}^{\mathrm{SR}}=\sum_{n=1}^{N}-\log D_{\theta D}(G_{\theta G}(I^{\mathrm{LR}})) \tag{13-25}$$

这里，$D_{\theta D}(G_{\theta G}(I^{\mathrm{LR}}))$为重建图像$G_{\theta G}(I^{\mathrm{LR}})$是自然高分辨率图像的概率。为了使梯度更好地下降，SRGAN 最小化$-\log D_{\theta D}(G_{\theta G}(I^{\mathrm{LR}}))$而不是$\log[1-D_{\theta D}(G_{\theta G}(I^{\mathrm{LR}}))]$。

13.7.2 人脸生成

生成对抗网络生成的人脸质量逐年提高。从图 13.1 可以看出，前期的基于原始生成对抗网络生成的人脸视觉质量较低，只能作为概念证明。Radford 等人使用了更好的神经网络结构——深度卷积神经网络，用于人脸生成。Roth 等人解决了 GAN 训练的不稳定性问题，使得更大的例如 ResNet 的体系结构可以被使用。Karras 等人利用多尺度训练，以高保真度生成百万像素人脸图像。

13.7.3 纹理合成

纹理合成是图像领域的一个经典问题。Markovian-GAN(MGAN)是一种基于生成对抗网络的纹理合成方法。通过捕捉马尔可夫图像块的纹理数据，MGAN 可以快速生成风格化的视频和图像，从而实现实时纹理合成。Spatial GAN(SGAN)是第一个将无监督学习的生成对抗网络应用于纹理合成的。Periodic Spatial GAN(PSGAN)是 SGAN 的变体，它可以从单个图像或复杂的大数据集中学习周期性纹理。

13.7.4 视频领域的应用

生成对抗网络也被应用于进行视频的生成。Villegas 等人提出了一种利用生成对抗网络预测视频序列中未来帧的深度神经网络。DR-net 提出了一种基于生成对抗网络的视频图像分离表示网络。video2video 提出了一种基于生成性对抗学习框架的视频合成方法。MoCoGan 用来分解动作与内容，以生成视频。

生成对抗网络也被用于其他视频应用中，如视频预测和视频重定位。

13.7.5 应用于自然语言处理

IRGAN 被提出用于信息检索(Information Retrieval, IR)。生成对抗网络也已用于文本生成和语音语言处理。KbGAN 用来生成高质量的反例，并应用于知识图嵌入中。对抗性奖励学习(AREL)为视觉叙事而提出。DSGAN 用于远程监督关系提取。ScratchGAN 用于从头开始训练语言生成对抗网络，从而最大可能地避免预训练。

TAC-GAN 通过重新描述和文本条件辅助分类器生成对抗网络来学习文本到图像的生成。生成对抗网络也被广泛应用于图像到文本的生成。

此外，生成对抗网络还被广泛应用于其他自然语言处理中，如问答选择、诗歌生成、评论检测和生成等任务中。

本章小结

本章从基础的生成对抗网络出发，介绍了生成对抗网络模型主要由生成器和判别器组成。生成器主要用来捕获数据分布并生成伪样本，判别器用于估计输入数据是来自真实数据还是生成器生成的数据。生成模型 G 和判别模型 D 分别作为博弈的两方，学习真实的数据分布，生成与真实数据一样的数据。利用梯度下降技术，使生成器和判别器进行最小最大博弈，直到纳什均衡。

生成器的输入为随机噪声，判别器则接收输入的真实数据和生成器生成的数据，训练过程中固定生成器或判别器的一方，更新另一方的权重，判别器随机梯度上升更新，生成器随机梯度下降更新。目前生成对抗网络模型已被广泛用于无监督学习、监督学习和半监督学习等。为了设计更好的生成对抗网络模型，需要通过开发或使用适当的定量度量来克服定性度量的局限性。因此，出现了多种生成对抗网络评价指标，如 Inception Score (IS)、Mode Score (MS)、Fréchet Inception Distance (FID)等。同时生成对抗网络在训练过程中也面临着模式崩溃、不收敛与不稳定和生成器梯度消失等问题。

对生成对抗模型的研究出现了一些新的进展，如 InfoGAN、cGAN、ACGAN 和 DCGAN 等针对不同问题和应用的生成对抗网络模型。并且随着应用的深入，生成对抗模型已能够成功地应用于图像超分辨重建、人脸生成、纹理合成、视频及自然语言处理等应用领域。

习　题

1. 简述生成对抗网络模型与卷积神经网络模型的区别和联系，并讨论生成对抗网络相对于卷积神经网络的优点和缺点。

2. 简述生成对抗网络的基本组成，并且针对不同应用模型，简述其区别与联系。

3. 尝试完成一个基础的生成对抗网络模型的训练与图片生成任务，并简述生成对抗网络在训练过程中存在的主要问题。

4. 简述生成对抗网络的最新进展和应用，比较不同种类与应用的生成对抗网络，分析与讨论图像分类、文本分类、图像生成任务中应当采用的生成对抗网络的特点与区别。

5. 试用生成对抗网络生成 MNIST 图片数据，观察其逼真程度与存在的问题，并提出相应的算法改进方法。

参考文献

[1] CHRYSOS G G, KOSSAIFI J, ZAFEIRIOU S. Robust conditional generative adversarial networks [J]. arXiv preprint arXiv: 1805.08657, 2018.

[2] MIRZA M, OSINDERO S. Conditional generative adversarial nets[J]. arXiv preprint arXiv: 1411.1784, 2014.

[3] ZHU L, CHEN Y, GHAMISI P, et al. Generative adversarial networks for hyperspectral image classification[J]. IEEE Transactions on Geoscience and Remote Sensing, 2018, 56(9): 5046 - 5063.

[4] RADFORD A, METZ L, CHINTALA S. Unsupervised representation learning with deep convolutional generative adversarial networks[J]. arXiv preprint arXiv: 1511.06434, 2015.

[5] LEDIG C, THEIS L, HUSZÁR F, et al. Photo-realistic single image super-resolution using a generative adversarial network[C]//Proceedings of the IEEE Conference on Computer Vision and Pattern Recognition. 2017: 4681 - 4690.

[6] ROTH K, LUCCHI A, NOWOZIN S, et al. Stabilizing training of generative adversarial networks through regularization[J]. arXiv preprint arXiv: 1705.09367, 2017.

[7] KARRAS T, AILA T, LAINE S, et al. Progressive growing of gans for improved quality, stability, and variation[J]. arXiv preprint arXiv: 1710.10196, 2017.

[8] VONDRICK C, PIRSIAVASH H, TORRALBA A. Generating videos with scene dynamics[J]. arXiv preprint arXiv: 1609.02612, 2016.

[9] VILLEGAS R, YANG J, HONG S, et al. Decomposing motion and content for natural video sequence prediction[J]. arXiv preprint arXiv: 1706.08033, 2017.

[10] LI J, MONROE W, SHI T, et al. Adversarial learning for neural dialogue generation[J]. arXiv preprint arXiv: 1701.06547, 2017.

[11] ISOLA P, ZHU J Y, ZHOU T, et al. Image-to-image translation with conditional adversarial networks [C]//Proceedings of the IEEE Conference on Computer Vision and Pattern Recognition. 2017: 1125 - 1134.

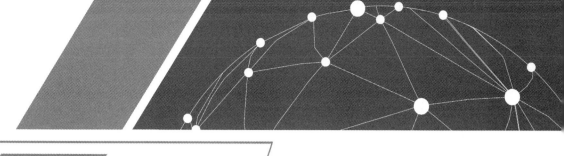

第14章 胶囊网络

本章将围绕胶囊网络的结构、损失函数等方面展开介绍。

14.1 胶囊网络简介

在胶囊网络结构中，胶囊是一组神经元，其活动向量代表特定类型实体的实例化参数。活动向量的长度表示实体存在的概率，所以其数值必须在 0 到 1 之间，用向量方向来表示姿势(位置、大小、方向)、速度、色调、纹理等姿态信息。并且胶囊网络通过保持向量方向不变，缩小其长度的非线性方法来确保胶囊向量的输出长度不超过 1。相比于卷积神经网络，胶囊网络有更好的特征提取能力和泛化能力，适用于小样本问题。胶囊网络以简单的结构、更少的网络层数达到了更好的泛化效果。通过胶囊网络，详细的姿态信息(如相对位置、旋转、厚度、倾斜、大小等)被保存。此外，在卷积神经网络中使用池化操作会丢失很多重要的信息，因为只有最活跃的神经元才能被选出来传递给下一层，这也是空间信息丢失的原因。例如图 14.1，尽管这看起来并不是一张人脸图，但它的每一个部分都是正确的。人类很容易认识到这不是一张正确的脸，但卷积神经网络很难判断这张脸不是真的，因为它只寻找图像中的特征，而并没有关注这些特征的姿态信息。

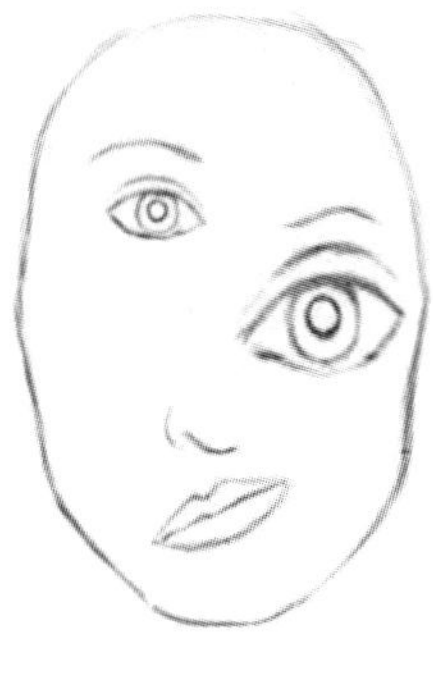

图 14.1　一张错误的人脸图

针对上述卷积神经网络丢失信息的问题，胶囊网络的解决方法是：用向量来表示特征，向量的模表示特征存在的概率，向量的方向表示特征的姿态信息。胶囊网络的工作原理可以概括为：所有关于特征状态的重要信息都将以向量的形式封装于胶囊中。

胶囊网络的主要优势如下：

(1) 胶囊网络的引入使模型充分利用空间关系，将数据关系编码成活动向量而不是标量，其长度和方向分别表示物体存在的概率和物体的姿态参数。

(2) 胶囊网络通常仅由 3 层网络构成，显著降低了网络复杂度，并获得高精度的分类效果。

(3) 实现了一种动态路由协议，在两层之间加强紧密联系的胶囊之间的权重，减小联系不紧密的胶囊之间的权重，通过这种动态路由来捕获部分-整体关系。

(4) 与 CNN 输出标量不同，胶囊网络输出活动向量，用向量对实例参数建模，实现更精细的特征提取。

14.2 胶囊的定义

胶囊作为一组神经元，其输出向量表示了特定物体的实例化参数。向量的长度代表了物体存在的概率，方向表示了实例化参数。同一层级的胶囊通过变换矩阵预测更高级别胶囊的实例化参数。因为胶囊是用一组向量来代替神经网络中的单个神经元的，因此，胶囊网络中的每一层神经网络都包含几个基本的胶囊单元，它们与上层网络中的胶囊交互传递信息。一个胶囊的输出是一个向量，同一层的胶囊通过转换矩阵对更高级胶囊的实例化参数进行预测。当多个预测一致时，一个更高级别的胶囊就会被激活。这种“协议路由”比最大池化这种非常原始的路由形式有效得多，因为最大池化仅关注下一层中最活跃的特征而忽略其余特征。

一般来说，神经网络隐藏层中的所有数据都称为网络的神经元。在卷积神经网络中，这些神经元以特征图的形式参与运算，通过对输入图像进行卷积得到特征图。多个特征图形成一个隐藏层，通过卷积运算，可以从较浅的隐藏层得到较深的隐藏层。深、浅隐藏层之间的关系通过卷积运算确定，由卷积算子“滑动”到每个完整的特征图中完成。因此可以说深隐藏层与浅隐藏层之间的关系是静态联系。而胶囊网络可以看成是卷积神经网络的一个变种。在胶囊网络中，将一个胶囊定义为一组神经元，这些神经元可以是一个向量，也可以是一个矩阵。多个胶囊构成一个隐藏层，两个隐藏层之间的关系由动态路由算法确定。与卷积神经网络隐藏层的特征映射不同，胶囊的组成是灵活的。动态路由算法不通过模板计算，而是计算两个隐藏层中每个胶囊之间的关系。动态路由算法实现了深、浅隐藏层之间的动态连接，使模型能够自动选择更有效的胶囊，提高了模型的性能。

14.3 胶囊网络的结构

以 MNIST 数据集为例，如图 14.2 和图 14.3 所示，整个结构分为两部分：编码器和解

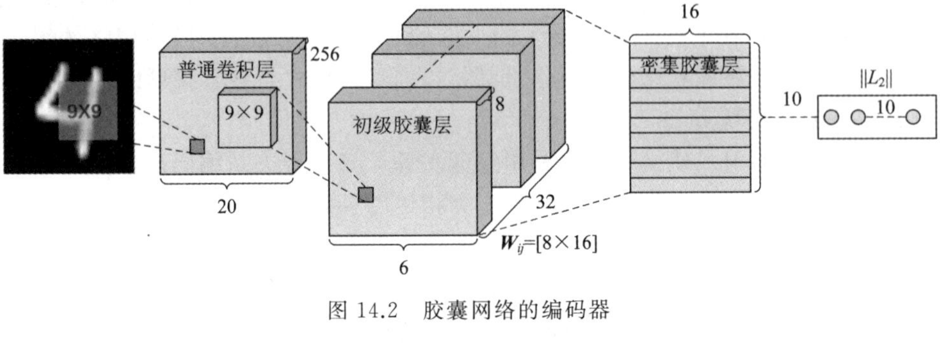

图 14.2　胶囊网络的编码器

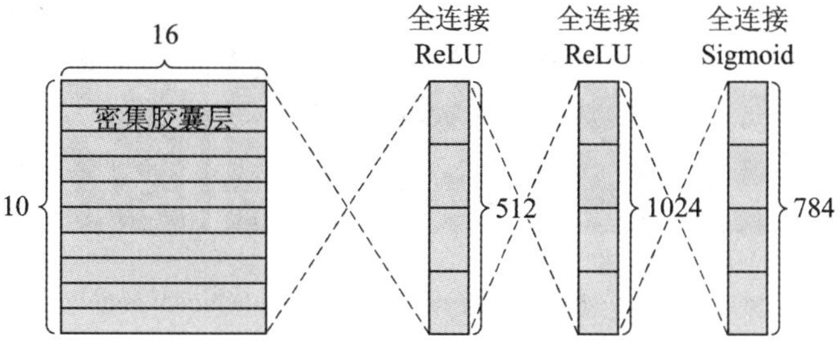

图 14.3　胶囊网络的解码器

码器。编码器用于获取图像输入，旨在从数据中提取有助于分类任务的相关特征，提供最准确和有用的信息，提高网络的可靠性。解码器用于改进网络参数的微调过程。编码器分为三个部分：普通卷积层、初级胶囊层、密集胶囊层。

普通卷积层 L_1：是模型的第一层，用来准备数据，其目标是将输入数据排列成输入到后续胶囊层的特征，应用卷积滤波器，然后进行批归一化处理，利用整流线性单元(Rectified Linear Unit，ReLU)激活函数得到输出特征立方体。

初级胶囊层 L_2：输入为 L_1 层的输出，由若干个胶囊组成，每个胶囊由若干个胶囊单元组成。胶囊输出激活向量，使其能探测到类别特征及特征的各种变化，使得网络具有等变化特性。这些输出向量提供了一种更通用的数据结构，每个向量代表输入数据的不同特征，使得数据的附加细节(例如方向、颜色或相对位置)等详细信息可以被保存，这是胶囊网络不同于标准卷积神经网络模型的地方。用输出向量的方向代表实例参数，模代表寻找的类别特征包含在输入数据中的概率。使用非线性 squashing 函数(后面介绍)将激活向量的模压缩至 0 到 1 之间，同时保持激活向量的方向不变。

密集胶囊层 L_3：与 L_2 之间通过动态路由连接，按指定路线在两层的胶囊之间传输信息。两层的胶囊之间存在一些高度相似的连接，动态路由算法还通过加强这样的连接，并删除弱连接来捕捉数据关系。L_2 层胶囊将其输出乘上权重矩阵来计算预测向量。如果预测向量与 L_3 层胶囊的输出具有较大的积，则通过自顶向下的反馈，实现增加此胶囊与 L_3 层胶囊的耦合系数，减小其他胶囊耦合系数的效果。动态路由算法模拟了人类大脑中负责视觉感知和理解的神经元之间的分层通信，具体步骤见 14.4 节。

相比于编码器，解码器的目的是改进网络参数的微调过程。解码器以编码器的输出为输入，通过若干个全连接层生成与原图尺寸相同的特征图。解码器用于指导网络参数的微调，如图 14.4 所示是胶囊网络的解码器重建的 MNIST 数据。由图可以看出，解码器保留了输入数据中重要的细节。

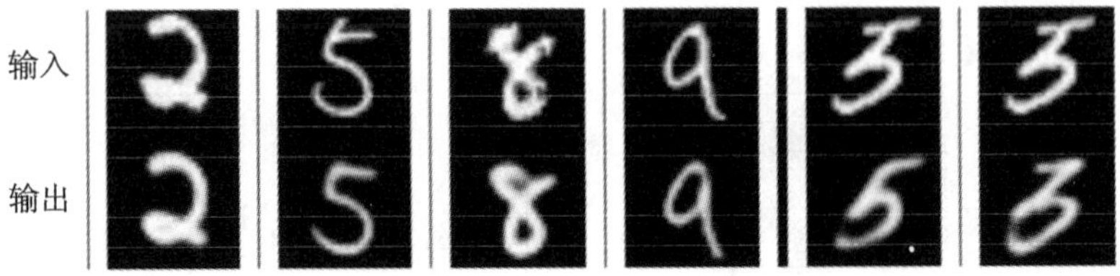

图 14.4　胶囊网络的解码器生成的 MNIST 数据

14.4　动态路由算法

在传统卷积神经网络里，一个神经元一般会进行如下的标量操作：

(1) 输入标量并对标量加权；

(2) 对加权后的标量求和；

(3) 对上一步的加权求和结果进行非线性变换，生成新标量。

胶囊网络设计了动态路由算法来连接上、下两层胶囊。在路由过程中，下层胶囊将输入向量传输到上层胶囊。对于可以路由的每个更高层的胶囊，较低层通过将其输出乘权重矩阵来计算预测向量。如果预测向量与上层胶囊的输出具有大的标量积，则通过自顶向下的反馈，增大上层胶囊的耦合系数，并降低其他胶囊的耦合系数。

将第 l 层的第 i 个胶囊的输出向量记为 $\boldsymbol{u}_i$，首先要对其用非线性 squashing 函数进行压缩，使其在不改变方向的前提下，模被压缩至 0 到 1 之间。squashing 函数公式如下：

$$\tilde{\boldsymbol{u}}_i=\frac{\|\boldsymbol{u}_i\|^2}{1+\|\boldsymbol{u}_i\|^2}\frac{\boldsymbol{u}_i}{\|\boldsymbol{u}_i\|} \tag{14-1}$$

其中，前一项改变向量大小，将大小压缩至 0 到 1 之间，后一项保持了向量的方向，因此保存了数据的细微信息。

在计算了第 l 层各个胶囊的输出后，使用转换矩阵 $\boldsymbol{W}_{ij}$ 来连接第 l 层的第 i 个胶囊和第 $l+1$ 层的第 j 个胶囊：

$$\hat{\boldsymbol{u}}_{j|i}=\boldsymbol{W}_{ij}\boldsymbol{u}_i \tag{14-2}$$

接下来，第 $l+1$ 层的第 j 个胶囊的总输入由 $\hat{\boldsymbol{u}}_{j|i}$ 的加权和得到：

$$\boldsymbol{s}_j=\sum_i c_{ij}\hat{\boldsymbol{u}}_{j|i} \tag{14-3}$$

其中，c_{ij} 是由动态路由迭代过程确定的耦合系数，且胶囊 i 与第 $l+1$ 层中所有胶囊之间的耦合系数总和为 1。c_{ij} 通过对 b_{ij} 进行“routing softmax 计算”来确定，即

$$c_{ij}=\frac{\exp(b_{ij})}{\sum_k \exp(b_{ik})} \quad 且 \quad \sum_j c_{ij}=1 \tag{14-4}$$

其中，b_{ij}是胶囊 i 应耦合到胶囊 j 的对数先验概率，其初始值为 0。

b_{ij}可以与其他所有权值同时被学习。其值取决于两个胶囊的方向和大小，而不是当前输入的图像。通过测量第 $l+1$ 层中胶囊 j 的向量输出 $\boldsymbol{v}_j$ 与第 l 层的胶囊 i 所做的预测 $\hat{\boldsymbol{u}}_{j|i}$ 之间的"一致性"，来迭代更新耦合系数。

这里的"一致性"被简单定义为标量积 $a_{ij}=\boldsymbol{v}_j\hat{\boldsymbol{u}}_{j|i}$，并在计算连接胶囊 i 与更高层胶囊的所有耦合系数的新值之前添加到初始 b_{ij} 中，间接地更新 c_{ij}，即 b_{ij} 的更新过程是

$$b_{ij}\leftarrow b_{ij}+\boldsymbol{v}_j\hat{\boldsymbol{u}}_{j|i}=b_{ij}+(|\boldsymbol{v}_j||\hat{\boldsymbol{u}}_{j|i}|\cos\theta) \tag{14-5}$$

其中，θ 是向量 $\boldsymbol{v}_j$ 和 $\hat{\boldsymbol{u}}_{j|i}$之间的夹角。随着迭代的进行，当向量 $\boldsymbol{v}_j$ 和 $\hat{\boldsymbol{u}}_{j|i}$ 有较高的相似性时就可得到 $\cos\theta=\cos 0=1$，进一步地使 b_{ij}、c_{ij}、$\boldsymbol{s}_j$ 和 $\boldsymbol{v}_j$ 增大。

最终，对 $\boldsymbol{s}_j$ 运用非线性 squashing 函数压缩，得到第 $l+1$ 层中胶囊 j 的输出向量 $\boldsymbol{v}_j$：

$$\boldsymbol{v}_j=\frac{\|\boldsymbol{s}_j\|^2}{1+\|\boldsymbol{s}_j\|^2}\frac{\boldsymbol{s}_j}{\|\boldsymbol{s}_j\|} \tag{14-6}$$

在以上更新规则下，第 j 个胶囊输出向量 $\boldsymbol{v}_j$。动态路由算法如图 14.5 所示，伪代码如算法 14.1 所示。

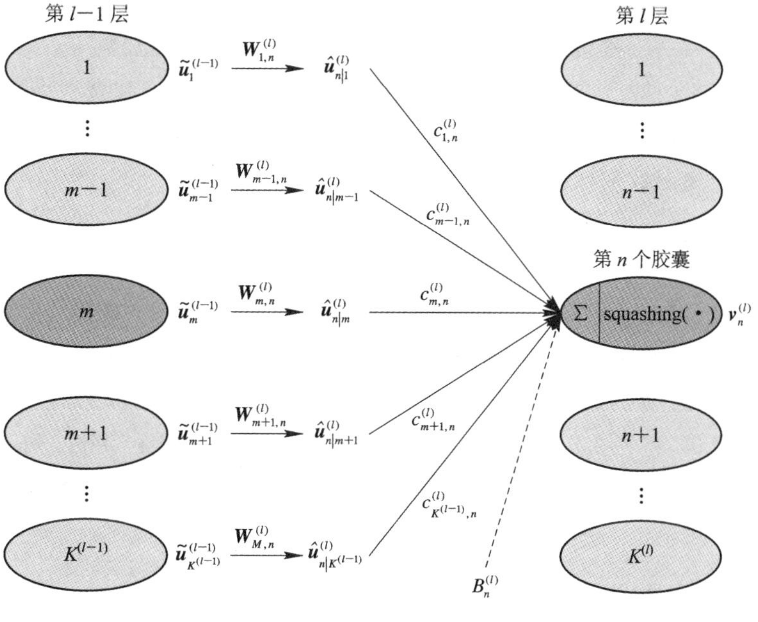

图 14.5　动态路由算法

算法 14.1 动态路由算法

```
procedure routing(û_{j|i}, r, l)
    对于所有第 l 层的第 i 个胶囊和第 l+1 层的第 j 个胶囊：b_{ij} ← 0
    for r iterations do
        对于所有第 l 层的第 i 个胶囊：c_i ← softmax(b_i)          ▷公式(14-4)的 softmax 函数
        对于所有第 l+1 层的第 j 个胶囊：s_j ← Σ_i c_{ij} û_{j|i}
        对于所有第 l+1 层的第 j 个胶囊：v_j ← squashing(s_j)      ▷公式(14-1)的 squashing 函数
        对于所有第 l 层的第 i 个胶囊和第 l+1 层的第 j 个胶囊：b_{ij} ← b_{ij} + û_{j|i} v_j
    return v_j
```

14.5 胶囊网络的损失函数

胶囊网络的损失函数分为两部分：编码器的损失函数和解码器的损失函数。

14.5.1 编码器的损失函数

编码器的最后一层密集胶囊层的主要目标是获得与图像类别数 n_{classes} 相同个数的活动向量 $\boldsymbol{v}_i$，$i=1, 2, \cdots, n_{\text{classes}}$。因此对于每个输入数据集，可通过胶囊网络均获得一组 n_{classes} 个活动向量，其中 $\boldsymbol{v}_i$ 是第 i 类的胶囊，$\|\boldsymbol{v}_i\|$ 是预测输入数据属于第 i 类的概率。网络的损失可以用如下损失函数来计算：

$$L_{\text{margin}}=\sum_{i=1}^{n_{\text{classes}}}\left[T_i\max(0,\alpha^{+}-\|\boldsymbol{v}_i\|)^2+\lambda(1-T_i)\max(0,\|\boldsymbol{v}_i\|-\alpha^{-})^2\right] \tag{14-7}$$

其中，$\boldsymbol{v}_i$ 是密集胶囊层的第 i 个胶囊，如果输入数据属于第 i 类，那么 $T_i=1$，否则 $T_i=0$。此外，参数 α^{+} 和 α^{-} 作为边界，将 $\|\boldsymbol{v}_i\|$ 限制在一个较小的范围内，以避免损失最大化或崩溃。假设 $\alpha^{+}=0.9$，$\alpha^{-}=0.1$，如果输入数据属于第 i 类，参数 α^{+} 和 α^{-} 可以限制 $\|\boldsymbol{v}_i\|$ 在 $[0.9, 1]$ 之内，若不属于第 i 类，则 $\|\boldsymbol{v}_i\|$ 在 $[0, 0.1]$ 范围内。正则化参数 λ 通常取值为 0.5，能减少无关类的影响。

14.5.2 解码器的损失函数

解码器网络由几个全连接层组合而成，重建损失用来鼓励胶囊对输入数据的实例化参数进行编码。损失函数如下：

$$L_{\text{recon}} = \| \boldsymbol{X} - \boldsymbol{X}' \| \tag{14-8}$$

其中：$\boldsymbol{X}$ 代表胶囊网络的原始输入数据；$\boldsymbol{X}'$代表解码器重建的数据。

综上，胶囊网络的损失函数是

$$L_{\text{final}} = L_{\text{margin}} + \theta L_{\text{recon}} \tag{14-9}$$

其中，θ 是正则化因子，用于平衡两个损失度量之间的权重。为了给重建损失分配适当的权重，θ 一般设置为：$\theta = 0.0005 \cdot n_{\text{classes}}$。

14.6 胶囊网络典型算法

14.6.1 CapsuleGAN

生成对抗网络主要用于建模图像数据和相关属性的分布，以及其他基于图像的应用，如图像到图像翻译和由文字描述生成图像。生成器和判别器通常被建模为依据 DCGAN 指导的深层卷积神经网络。受到胶囊网络在 CNN 方面的优越表现驱动，CapsuleGAN 设计了在生成对抗网络判别器中使用胶囊层替代卷积层的框架，胶囊网络在此处执行的是二分类任务。

CapsuleGAN 判别器在结构上与 CapsNet 模型类似。一般而言，CapsNet 具有大量的参数，因为每个胶囊产生一个向量输出而不是单个标量；其次，每个胶囊都有与它上一层的所有胶囊相关联的附加参数，用于对其输出进行预测。但是，有必要使 CapsuleGAN 的判别器保持较少的参数量，原因有两个：

（1）CapsNet 是非常强大的模型，很容易在训练过程中过早地开始对生成器进行严厉惩罚，这会导致生成器完全失效或遭受模式崩溃。

（2）动态路由算法的运行速度很慢。

CapsuleGAN 判别器的最后一层包含一个胶囊，其长度表示判别器的输入是真实图像的概率。由于边际损失更适合训练 CapsNet，因此用边际损失 L_{margin} 替代传统的二元交叉熵损失来训练 CapsuleGAN。CapsuleGAN 的目标函数为

$$\min_G \max_D V(D, G) = E_{\boldsymbol{x} \sim p_{\text{data}}}[-L_{\text{margin}}(D(\boldsymbol{x}), T=1)] + E_{\boldsymbol{z} - p_z}[-L_{\text{margin}}(D(G(\boldsymbol{z})), T=0)] \tag{14-10}$$

结合式(14－7)，上式中的 $\boldsymbol{x}$ 是从训练集数据分布 p_{data} 中提取的数据，$\boldsymbol{z}$ 是从均值为 0、标准差为 1 的高斯先验分布 p_z 中提取的随机噪声向量，G 和 D 分别代表生成器网络与判别器网络。

该框架在生成对抗网络的结构中使用胶囊网络代替标准卷积神经网络作为判别器，同时对图像数据进行建模，并为训练胶囊网络模型提供了包含胶囊网络边界损失的生成对抗网络目标函数。

图 14.6 所示是用 MNIST 数据集分别训练原始生成对抗网络和 CapsuleGAN 的生成图像比较。由图可以看出，CapsuleGAN 和标准卷积 GAN 都能产生质量相当的清晰图像。然而，使用 GAN 生成的图像网格在生成的数字类别方面似乎多样性不足。

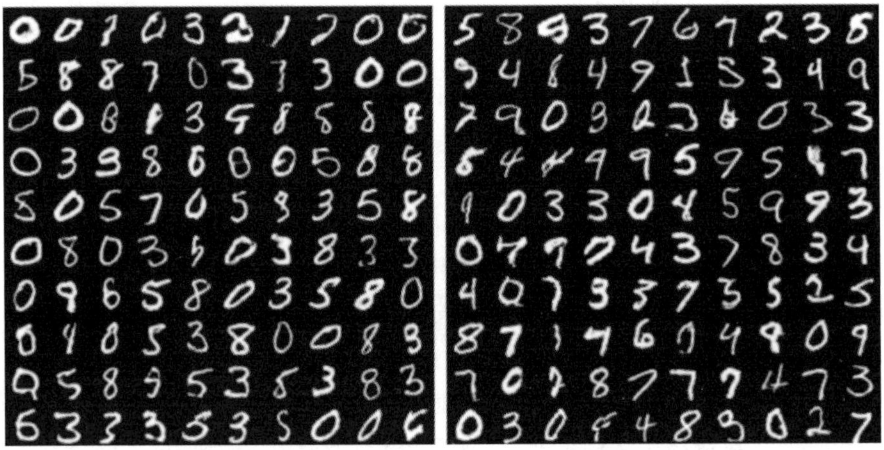

(a) 原始生成对抗网络生成的图片　　(b) CapsuleGAN 生成的图片

图 14.6　随机生成的 MNIST 图片

14.6.2　Deep-Conv-Capsule

Deep-Conv-Capsule 是一种将胶囊网络应用于高光谱遥感图像分类的方法，用其生成的模型分为两部分：作为光谱分类器的一维深度胶囊网络和作为空谱分类器的三维深度胶囊网络。

1. 一维深度胶囊网络

如图 14.7 所示，第一层是输入层，将输入的高光谱图像应用主成分分析降维至 m 个主成分，并提取每个像素点的光谱向量，第二层和第三层是普通的卷积层(用于获取非线性的特征图)，第四层是第一个胶囊层(胶囊层每个通道会输出多个特征图，而不是一个特征图，胶囊内部包含多个胶囊单元，特征图数量由每个胶囊的胶囊单元个数决定)，第五层是卷积胶囊层，最后是全类胶囊层。第四层和第五层，以及第五层和第六层之间使用前文所述的动态路由算法连接。由图 14.7 可知，一维胶囊网络只使用光谱信息。

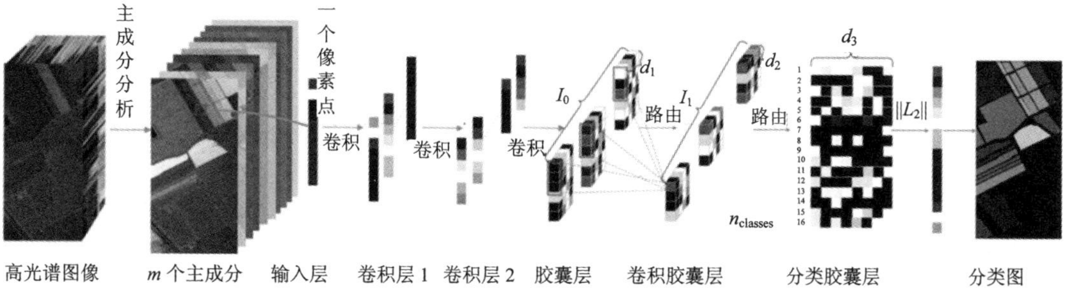

图 14.7　一维深度胶囊网络结构图

2. 三维深度胶囊网络

如图 14.8 所示，首先使用 EMAP(Extended Multi-Attributes Profile)算法降维，并提取每个像素点及其邻域像素点所组成的空间块。与一维深度胶囊网络类似，三维深度胶囊网络也有六层，即输入层、两个卷积层和三个连续的胶囊层。两个卷积层作为局部特征检测器，再采用类似于一维深度胶囊网络的胶囊层进一步提取特征。在最后两个胶囊层中，使用动态路由算法来计算卷积胶囊层和胶囊分类层的输出。与一维深度胶囊网络不同，三维深度胶囊网络的输入数据由一维光谱信息转变为三维空谱信息，由一维卷积运算转换为三维卷积运算。三维深度胶囊网络使用 ReLU 作为激活函数，同时采用批归一化算法来缓解过拟合问题，提高分类精度。

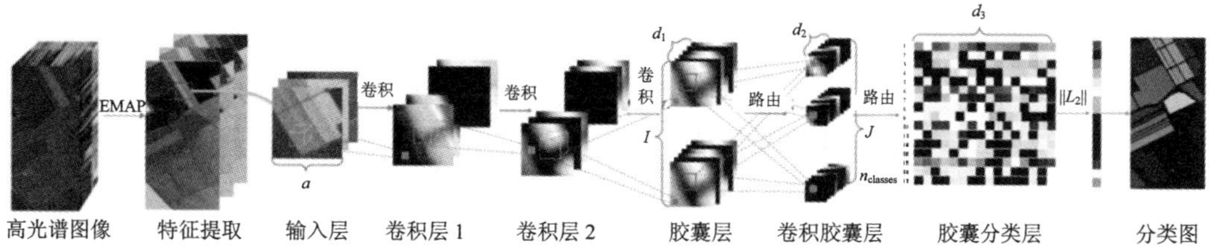

图 14.8　三维深度胶囊网络结构图

14.6.3　Faster MS-CapsNet

胶囊网络在各种视觉任务上展示出了强大的性能。然而，传统的胶囊网络的胶囊层存在参数冗余度高的问题。基于八度卷积的快速多尺度胶囊网络(Faster Multiscale Capsule Network With Octave Convolution for Hyperspectral Image Classification，Faster MS-CapsNet)就基于此问题设计，并用于高光谱图像分类。首先，Faster MS-CapsNet 算法利用并行卷积设计了多个不同大小的核来提取深度多尺度特征，并且为了有效地减少参数冗余，达到较高的精度，在胶囊层中使用八度卷积(Octave Convolution，OctConv)代替了传统卷积，提高了胶囊层的精度。其结构如图 14.9 所示。

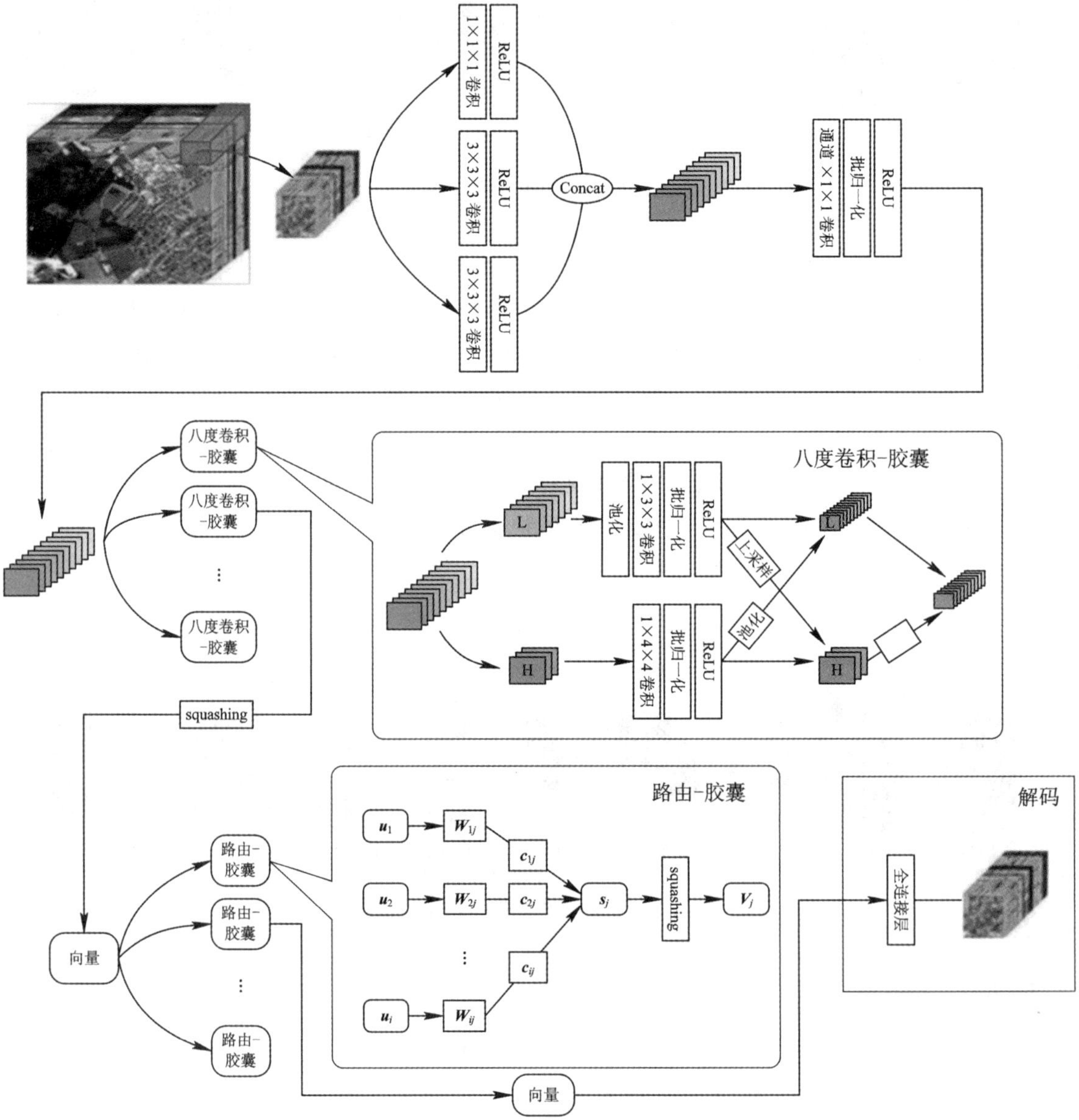

图 14.9　快速多尺度胶囊网络结构图

在网络的编码阶段，Faster MS-CapsNet 采用高光谱三维立方体作为初始输入数据，将数据输入到多个并行卷积层中；为了有效地提取和融合多尺度图像特征，Faster MS-CapsNet 设计了不同尺度的卷积核；多个卷积层都被 ReLU 函数激活，然后输出特征映射被拼接起来；之后利用批归一化算法和 ReLU 激活函数将融合后的特征输入到卷积层中。

然后，Faster MS-CapsNet 设计了一个包含八度卷积的胶囊层(OctConv-Caps)，将特征映射编码成一个多维向量，该向量的维数等于并行胶囊的总数。在这一层中，定义 α 为高频比例因子，高频特征映射通道的数量是输入特征映射的通道乘 α，低频特征映射通道的数量是输入特征映射的通道乘 $1-\alpha$。通过对初始高频特征进行合并和压缩，对初始低频特征进行上采样，得到新的高频特征。同样，新的低频特征是通过卷积初始低频特征和汇集初始高频特征而获得的。最后，将新的高频特征合并到新的低频特征中，得到整个最终特征向量。

此外，OctConv-Caps 层的输出向量是动态路由胶囊层的输入，其中路由胶囊的数量等于类别的数量。

14.6.4 MS-CapsNet

胶囊网络在图像分类中取得了明显的效果，但原始的胶囊网络不适用于检测一些内部表征较为复杂的分类任务，基于此问题，多尺度胶囊网络(MS-CapsNet)被提出。该模型对数据的处理主要包括两个阶段：第一阶段通过多尺度特征提取得到结构信息和语义信息；第二阶段将特征的层次编码到多维初级胶囊中。此外，该方法还提出了一种改进的 Dropout 操作来增强胶囊网络的鲁棒性。

如图 14.10 所示，MS-CapsNet 层次较浅，包含了两个卷积层和一个全连接层。第一层是标准的卷积层，第二层是多尺度×胶囊编码单元，最后一层是密集胶囊层，输出所预测的类别。多尺度胶囊编码单元和密集胶囊层之间由前文所述的动态路由算法连接，网络的损失函数和原始胶囊网络的边际损失相同，用来完成多类分类。

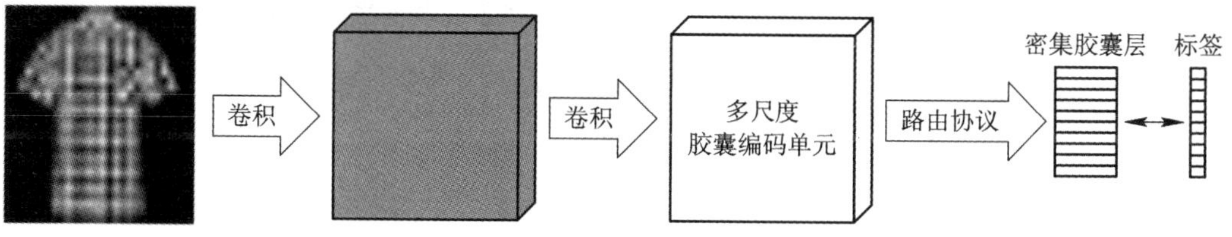

图 14.10　MS-CapsNet 结构图

1. 多尺度胶囊编码单元

胶囊即胶囊网络中的一组神经元，是一个同时具有方向和长度的向量。胶囊的方向检测实体的特性，例如方向和位置；胶囊的长度表示实体存在的概率。

在卷积神经网络中，特征的层次由不同的卷积层模拟，底层可以提取丰富的结构信息，顶层可以提取语义信息，它们都可以完整地表示输入数据。MS-CapsNet 设计了一个多尺度结构来提取层次信息，将信息编码到初级胶囊层，再由变换矩阵得到预测胶囊。如图 14.11 所示，多尺度胶囊编码单元对数据的处理包括两个阶段。第一阶段通过多尺度特征提取得到结构信息和语义信息。顶层分支的前两层提取高级特征，中间分支的第一层提取中层特征，底层分支直接使用原始特征。在第二阶段，特征的层级被编码成多维初级胶囊，即利用前述三个分支的最后一层对高级、中级和低级特征进行编码，分别得到 12 维、8 维和 4 维胶囊。通过对三个分支的使用，可得到多维初级胶囊，再通过不同的权重矩阵计算预测向量，公式如下：

$$\hat{\boldsymbol{u}}_{j|i}^{1}=\boldsymbol{W}_{ij}\boldsymbol{u}_{i}^{1} \tag{14-11}$$

$$\hat{\boldsymbol{u}}_{j|i}^{2}=\boldsymbol{V}_{ij}\boldsymbol{u}_{i}^{2} \tag{14-12}$$

$$\hat{\boldsymbol{u}}_{j|i}^{3}=\boldsymbol{U}_{ij}\boldsymbol{u}_{i}^{3} \tag{14-13}$$

$$\hat{\boldsymbol{u}}=\text{concat}(\hat{\boldsymbol{u}}^{1},\ \hat{\boldsymbol{u}}^{2},\ \hat{\boldsymbol{u}}^{3}) \tag{14-14}$$

其中：$\boldsymbol{W}_{ij}$、$\boldsymbol{V}_{ij}$ 和 $\boldsymbol{U}_{ij}$ 分别是 $\boldsymbol{u}^{1}$、$\boldsymbol{u}^{2}$、$\boldsymbol{u}^{3}$ 和 $\hat{\boldsymbol{u}}^{1}$、$\hat{\boldsymbol{u}}^{2}$、$\hat{\boldsymbol{u}}^{3}$ 之间的权重矩阵；$\boldsymbol{u}_{i}^{k}(k=1,\ 2,\ 3)$ 代表第 k 个分支的第 i 个初级胶囊；$\hat{\boldsymbol{u}}_{j|i}^{k}(k=1,\ 2,\ 3)$ 代表第 k 个分支中第 j 个父胶囊与第 i 个

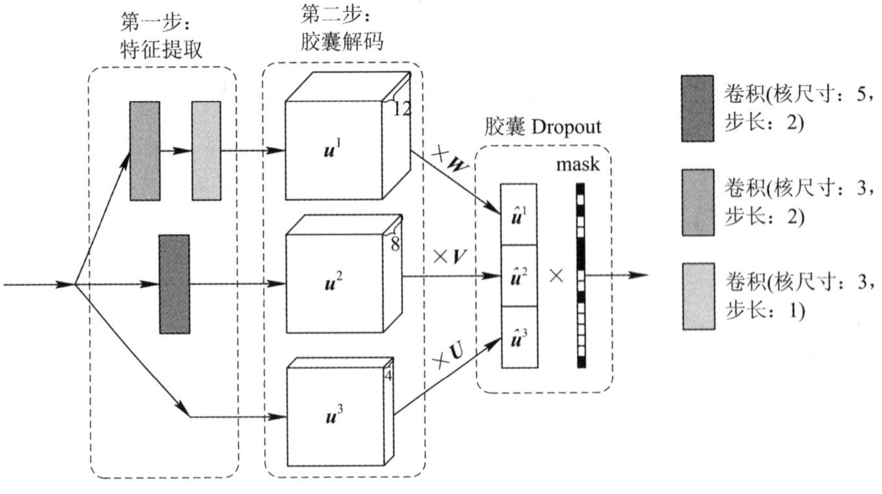

图 14.11　多尺度胶囊编码单元结构

子胶囊的预测向量；$\hat{\boldsymbol{u}}$ 是多尺度胶囊编码单元的输出，由三个分支的输出拼接而成。第 i 个子胶囊与第 j 个父胶囊之间的权重矩阵用于信息编码。在训练过程中，通过调整权重矩阵 $\boldsymbol{W}$、$\boldsymbol{V}$ 和 $\boldsymbol{U}$ 来学习每个胶囊对的部分-整体关系。

2. 胶囊 Dropout

Dropout 通过使一些隐藏单元失效来缓解网络过拟合。在胶囊网络中，每个胶囊都是一个向量，Dropout 必须丢弃一个向量而不是向量中的一些元素，如图 14.12 所示。对于胶囊来说，标准的 Dropout 操作丢弃其部分元素，这会改变胶囊的方向，从而导致胶囊所代表的实体的属性发生变化，进而导致错误的识别。因此，本方法将每个胶囊看作一个整体，这样在保证胶囊方向不变的情况下再通过伯努利分布随机地舍弃一些胶囊。由于方向不变性，改进的 Dropout 算法更适合向量神经元。

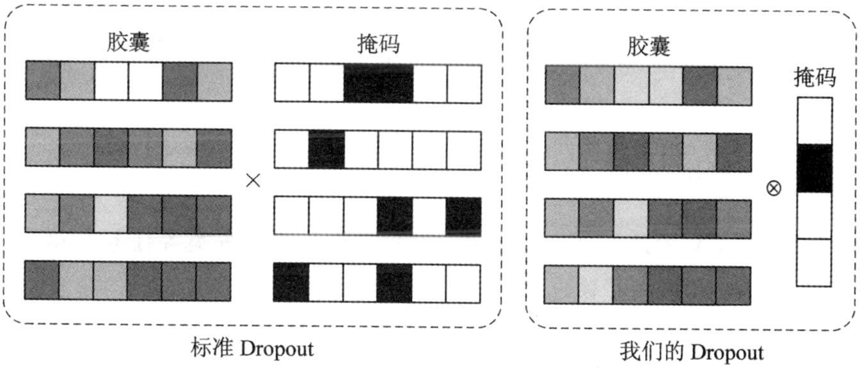

图 14.12　胶囊 Dropout

14.7　胶囊网络的应用

14.7.1　医学图像

由于计算量的限制，胶囊网络模型尚未应用于大规模图像分类任务。然而因为其优良的性能，胶囊网络在小样本图像分类中得到了很好的应用。

脑瘤被认为是儿童和成人中最致命和最常见的癌症之一。因此，在早期确定正确的脑瘤类型对于制定精确的治疗方案和预测患者对所采用治疗方案的反应具有重要意义。在这方面，有许多基于卷积神经网络的方法被提出。然而卷积神经网络通常需要大量的训练数据，且不能正确处理具有转换形式的数据。而胶囊网络对旋转和仿射变换具有鲁棒性，并且需要的训练数据比较少，更适合处理包括脑磁共振成像图像在内的医学图像数据。

14.7.2 关系抽取

从一个句子中揭示重叠的多重关系是一个具有挑战性的任务。当前大多数神经网络模型的工作都繁琐地假设每个句子被明确地映射为一个特定的关系标签，由于关系的重叠特征被忽略或很难识别而不能正确处理多个关系。为了解决这一新问题，基于胶囊网络的多标记关系抽取方法被提出。该方法比现有的卷积神经网络或递归网络在识别单个句子中高度重叠的关系方面表现得更好。为了更好地对特征进行聚类和精确提取关系，该方法设计了基于注意机制的路由算法和滑动边际损失函数，并将其嵌入到胶囊网络中。实验结果表明，与现有的方法相比，该方法能够提取出高度重叠的特征，并显著提高了关系提取方面的性能。此外，还出现了基于胶囊网络的注意机制的神经网络方法，它将胶囊网络的多标签分类问题转化为多个二进制分类问题，在单关系和多关系提取方面都取得了较好的效果。

14.7.3 对抗性攻击

胶囊网络保留了对象之间的空间关系，因此在执行图像分类等任务时具有超越传统卷积神经网络的潜力。大量的工作已经探索了卷积神经网络的对抗性，但是胶囊网络的有效性还没有得到很好的研究。因此文献[10]在测试输入中加上了一些人类难以察觉的干扰，可以愚弄网络做出错误的预测，然后通过在黑匣子场景下产生有针对性的对抗性攻击，验证了胶囊网络的鲁棒性。

本章小结

胶囊网络用向量来表示特征(其向量的模表示特征存在的概率，向量的方向表示特征的姿态信息)，将所有关于特征状态的重要信息都以向量的形式封装于胶囊中，有效提高了网络的特征表示能力。本章从胶囊网络的定义出发，介绍了其层级设置及损失函数。编码器包括卷积层、初级胶囊层以及密集胶囊层，用于从数据中提取有助于分类任务的相关特征，提供最准确和有用的信息，提高网络的可靠性。而解码器通过若干个全连接层生成与原图尺寸相同的特征图，用于改进网络参数的微调过程。

胶囊网络还设计了动态路由算法来连接初级胶囊层和密集胶囊层，本章也对其进行了详细介绍。

随着研究的进行，越来越多的基于胶囊网络的算法被提出，如 CapsuleGAN、Deep-Conv-Capsule、Faster MS-CapsNet 以及 MS-CapsNet 等。胶囊网络已经在医学图像、关系抽取、手语识别、对抗性攻击等众多领域得到了应用，并展示出了优于卷积神经网络的性能。

习　题

1. 尝试通过胶囊网络对 MINST 数据集进行分类，并对比胶囊网络与卷积神经网络对 MNIST 数据集的分类效果。

2. 简述在胶囊网络的实现过程中胶囊网络存在的问题、目前的改进方法以及自己计划实现的改进措施。

3. 尝试将原始图片旋转后输入胶囊网络，观察胶囊网络能否正确区分旋转与未旋转的图片。

参考文献

[1] SABOUR S, FROSST N, HINTON G E. Dynamic routing between capsules[C]. Advances in Neural Information Processing Systems, 2017: 3856 - 3866.

[2] PAOLETTI M E, HAUT J M, FERNANDEZ-BELTRAN R, et al. Capsule networks for hyperspectral image classification[J]. IEEE Transactions on Geoscience and Remote Sensing, 2018, 57(4): 2145 - 2160.

[3] ZHU K, CHEN Y, GHAMISI P, et al. Deep convolutional capsule network for hyperspectral image spectral and spectral-spatial classification[J]. Remote Sensing, 2019, 11(3): 223.

[4] XU Q, WANG D Y, LUO B. Faster multiscale capsule network with octave convolution for hyperspectral image classification[J]. IEEE Geoscience and Remote Sensing Letters, 2021,18(2): 361 - 365.

[5] XIANG C, ZHANG L, TANG Y, et al. MS-CapsNet: A novel multi-scale capsule network[J]. IEEE Signal Processing Letters, 2018, 25(12): 1850 - 1854.

[6] IESMANTAS T, ALZBUTAS R. Convolutional capsule network for classification of breast cancer histology images[C]. International Conference Image Analysis and Recognition. Springer, Cham, 2018: 853 - 860.

[7] ZHANG X, LI P, JIA W, et al. Multi-labeled relation extraction with attentive capsule network[C]. Proceedings of the AAAI Conference on Artificial Intelligence, 2019, 33: 7484 - 7491.

[8] BILGIN M, MUTLUDOAN K. American sign language character recognition with capsule networks

[C]. 2019 3rd International Symposium on Multidisciplinary Studies and Innovative Technologies (ISMSIT). IEEE, 2019: 1-6.

[9] ZHANG N, DENG S, SUN Z, et al. Attention-based capsule networks with dynamic routing for relation extraction[J].arXiv preprint arXiv:1812.11321, 2018.

[10] MARCHISIO A, NANFA G, KHALID F, et al.Capsattacks: Robust and imperceptible adversarial attacks on capsule networks[J]. arXiv preprint arXiv:1901.09878, 2019.

第15章 图卷积神经网络

传统的卷积神经网络只能处理具有平移不变性的欧氏空间数据(如图像、文本、语音等)。一种非欧氏空间数据——图数据，受到了越来越多的关注。图数据可以自然地表达现实生活中的数据结构，如交通网络、万维网、社交网络等。如图 15.1 所示，与图像和文本这种欧氏空间数据不同，非欧氏空间数据的图数据中每个节点的局部结构不同，使得其不再满足平移不变性。因此，缺乏平移不变性对基于欧氏空间数据的卷积神经网络提出了挑战。

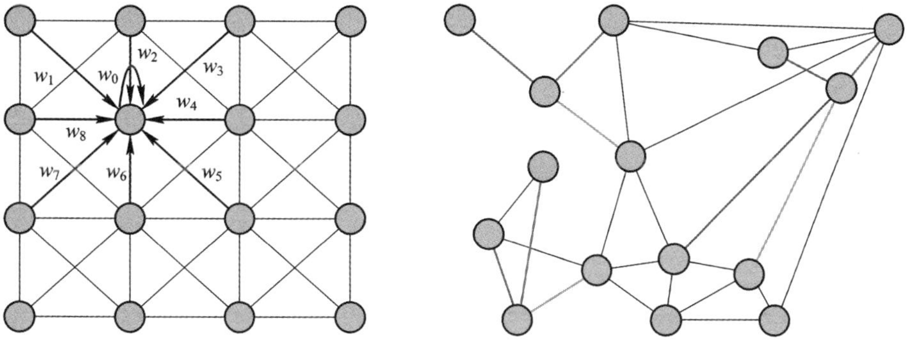

(a) (b)

图 15.1　欧氏空间数据与非欧氏空间数据

由于图数据具有普遍性，因此如何在图上构建深度学习模型已经引起了研究者的关注。由于卷积神经网络对局部结构具有建模能力，图中常见节点具有依赖性，因此图卷积神经网络成为卷积神经网络最活跃、最重要的分支。

构建图卷积神经网络的挑战主要有如下几个：

(1) 图数据中每个节点的局部结构不同，不满足平移不变性。传统卷积神经网络的基本卷积操作和池化依赖于数据的平移不变性。因此，如何在图数据上定义卷积和池化成为一个具有挑战性的任务。

(2) 图数据的特性多样。现实生活中的许多应用都可以用图数据来表示，如社交网络中用户的定向连接、引文网络中作者与引文之间的异质连接、政治网络中正负趋势符号的连接等，这使得图数据的特性多样。图的特性给图卷积神经网络的构建带来了更多的信息，但多特性的建模也要求图卷积神经网络的设计更加复杂和精确。

(3) 图数据具有大规模性质。在大数据时代，实际应用中的图可能包含数百万甚至上千万个节点，如推荐系统中的用户商品网络和社交网络中的用户网络。在可接受的时间和空间范围内，如何在大规模图上构造图卷积神经网络也是一个巨大的挑战。

15.1 符号的定义

本节首先给出图卷积神经网络中常见符号的定义，如表 15.1 所示。

表 15.1 图卷积神经网络中常见符号的定义

符 号	含 义
G	图
V	节点集合
E	边集合
n	节点个数
$\boldsymbol{I}_n \in \mathbf{R}^{n\times n}$	单位阵
$\mathbf{A} \in \mathbf{R}^{n\times n}$	邻接矩阵
$\boldsymbol{D} \in \mathbf{R}^{n\times n}$	度矩阵(对角阵)
$\boldsymbol{L} \in \mathbf{R}^{n\times n}$	拉普拉斯矩阵
$\boldsymbol{U} \in \mathbf{R}^{n\times n}$	特征向量矩阵
$\boldsymbol{\Lambda} \in \mathbf{R}^{n\times n}$	特征值矩阵(对角阵)
$\boldsymbol{u}_i \in \mathbf{R}^n$	第 i 个特征向量
$\boldsymbol{X} \in \mathbf{R}^{n\times D}$	节点特征矩阵
$\boldsymbol{X}_i \in \mathbf{R}^D$	第 i 个节点的特征
$f \in \mathbf{R}^n$	信号

在本章后续介绍中，用 $G=\{V, E, \mathbf{A}\}$ 表示无向图。其中，V 表示节点集合，$|V|=n$ 表示图上共有 n 个节点；E 表示边集合；$\mathbf{A}$ 表示邻接矩阵，定义节点之间的相互连接，且在

无向图中 $A_{i,j}=A_{j,i}$。$\boldsymbol{L}=\boldsymbol{D}-\boldsymbol{A}$ 表示图上的拉普拉斯矩阵。其中，$\boldsymbol{D}$ 是一个对角阵，$D_{i,i}$ 表示第 i 个节点的度且 $D_{i,i}=\sum_{j} A_{i,j}$。归一化后的拉普拉斯矩阵 $\boldsymbol{L}=\boldsymbol{I}_n-\boldsymbol{D}^{-\frac{1}{2}}\boldsymbol{A}\boldsymbol{D}^{-\frac{1}{2}}$。其中，$\boldsymbol{I}_n\in\mathbf{R}^{n\times n}$ 是单位阵。因为 $\boldsymbol{L}$ 是实对称矩阵，所以对 $\boldsymbol{L}$ 做特征分解得到 $\boldsymbol{L}=\boldsymbol{U}\boldsymbol{\Lambda}\boldsymbol{U}^{\mathrm{T}}$。其中，$\boldsymbol{U}=\{\boldsymbol{u}_i\}_{i=1}^{n}$，表示 n 个相互正交的特征向量；$\boldsymbol{\Lambda}=\mathrm{diag}(\{\lambda_i\}_{i=1}^{n})$ 是对角阵，λ_i 表示 u_i 对应的特征值。

用 $\boldsymbol{X}$ 表示图 G 上的节点特征矩阵。其中，$\boldsymbol{X}\in\mathbf{R}^{n\times D}$；$\boldsymbol{X}_i\in\mathbf{R}^{D}$ 是第 i 个节点的特征；X_{ij} 表示矩阵 $\boldsymbol{X}$ 的第 i 行第 j 列，即第 i 个节点的第 j 个特征。f，x，$y\in\mathbf{R}^{n}$ 表示图上的信号，其中 f_i 表示节点 i 在信号 f 上的取值。

15.2 图卷积和图池化的构建

图卷积神经网络主要包括图卷积和图池化的构建。图卷积的目的是描述节点的局部结构，而图池化的目的是学习网络的层级化表示和减少参数。在解决节点级的任务时，研究者更关注如何为每个节点学习更好的表达式。此时，图池化不是必需的。因此，以往的大量工作只关注图卷积的构建，而图池化通常用于图级任务。在本节我们将详细介绍图卷积和图池化的构建。

15.2.1 图卷积的构建

现有的图卷积神经网络可分为谱方法和空间方法。谱方法利用图卷积定理在谱域定义图的卷积，而空间方法则在节点域通过定义聚合函数来聚合每个中心节点及其相邻节点。

1. 谱方法构建图卷积

谱卷积神经网络(spectrum CNN)是第一种在图上构造卷积神经网络的方法。该方法利用卷积定理在每一层定义图卷积。在损失函数的指导下，通过梯度反向传播学习卷积核参数，构成多层神经网络。谱卷积神经网络的 m 层结构如下：

$$X_j^{m+1}=h\left(U\sum_{i=1}^{p}F_{i,j}^{m}U\cdot X_j^{m}\right)\quad j=1,\cdots,q \tag{15-1}$$

式中，p 和 q 分别表示输入特征和输出特征的维度，X_i^m 表示图中第 m 层的第 i 个输入特征，$F_{i,j}^{m}$ 和 h 分别表示卷积核和非线性激活函数。在谱卷积神经网络中，这种分层结构将特征从 p 维转换到 q 维，并根据卷积定理学习卷积核来实现图的卷积。

谱卷积神经网络将卷积核应用于谱空间中的输入信号，利用卷积定理实现图的卷积，完成节点间的信息聚合。然后利用非线性激活函数对聚合结果进行非线性映射并叠加形成神经网络。该模型不满足局部性，使得谱卷积神经网络的局部性得不到保证，即产生信息聚合的节点不一定是相邻节点。

图卷积神经网络建模的初衷是用图的结构来描述相邻节点的信息聚合，然而上述谱卷积神经网络不能满足局部性要求，因此具有光滑度约束的插值卷积核实现了参数数目的减少与图卷积神经网络的局部化。

2. 空间方法构建图卷积

以上方法都是基于卷积定理定义谱域中的图卷积，而空间方法是在节点域定义聚合函数，对每个中心节点及其相邻节点进行聚合。目前，已有一些方法通过注意机制或递归神经网络直接从节点域学习聚合函数，另有一些方法从空间角度定义了图卷积神经网络的一般框架，并解释了图卷积神经网络的内在机制。

平移不变性的缺失给图神经网络的定义带来了困难，混合卷积网络在图上定义坐标系，并将节点之间的关系表示为新坐标系下的一个低维向量，同时，混合卷积网络定义一簇权重函数，权重函数作用在以一个节点为中心的所有邻近节点上，其输入为节点间的关系表示(一个低维向量)，输出为一个标量值。通过这簇权重函数，混合卷积网络对每个节点给出了相同尺寸的向量表示：

$$D_j(x)f = \sum_{y \in N(x)} w_j(u(x, y))f(y) \quad j = 1, \cdots, J \tag{15-2}$$

其中，$N(x)$是 x 的相邻节点集；$f(y)$是信号 f 下节点 y 的值；$u(x, y)$是坐标系 u 下的节点，表示关系的低维向量；w_j 表示第 j 个权重函数；J 是权重函数的个数。该操作使每个节点得到一个 J 维的表示，该表示综合了节点的局部结构信息。混合卷积模型在这个 J 维表示上定义了共享卷积核：

$$(f \mathop{*}_{G} g)(x) = \sum_{j=1}^{J} g(j) D_j(x) f \tag{15-3}$$

式中，$\{g(j)\}_{j=1}^{J}$表示卷积核。

与混合卷积网络不同，消息传播网络指出图卷积的核心是定义节点间的聚合函数。基于聚合函数，每个节点可以表示为周围节点和自身信息的叠加。因此，该模型通过定义一个通用的聚合函数，提出了图卷积网络的一般框架。消息传播网络进行两个步骤。首先将聚合函数应用于每个节点及其相邻节点，得到节点的局部结构表达式；其次，将更新函数应用于自身和局部结构表达式，得到当前节点的新的表达式：

$$\begin{cases} m_x^{t+1} = \sum\limits_{y \in N(x)} M_t(h_x^t, h_y^t, e_{x,y}) \\ h_x^{t+1} = U_t(h_x^t, m_x^{t+1}) \end{cases} \tag{15-4}$$

式中，h_x^t为节点 x 在第 t 步的隐层表示，$e_{x,y}$表示节点 x、y 的边特征，M_t为第 t 步的聚合函数，m_x^{t+1}是节点 x 经过聚合函数后的局部结构表达式，U_t是步骤 t 的更新函数。通过将神经网络的每一层设计成上述聚合函数和更新函数，每个节点都可以以自己和相邻的节点作为源信息进行不断更新，然后根据节点的局部结构得到一个新的表达式。

在上述空间框架下，研究人员采用一些现有的方法设计神经网络来学习聚合函数，而不再依赖拉普拉斯矩阵。这些方法学习的聚合函数使其能够适应任务和特定的图结构，具有较大的灵活性。例如，图神经网络是第一个在图上建立神经网络的模型。在图神经网络中，聚集函数被定义为循环递归函数。每个节点以周围的节点和连接的边作为源信息，更新自己的表达式。

图注意力网络(GAT)通过注意机制定义聚合函数。然而，与以往的关注边信息的模型不同的是，在图注意力网络中，邻接矩阵仅用于定义相关节点，而关联权重的计算依赖于节点的特征表达式。图 15.2 所示为图注意力网络的结构。图 15.2(a)以节点 i 和节点 j 的特征表达式为输入，计算 i 和 j 之间的注意力权重并将其归一化；图 15.2(b)使用注意力权重，以加权和的形式将周围节点的表达式聚合为自身。关于图注意力网络的详细内容将在第 15.4.3 节中介绍。

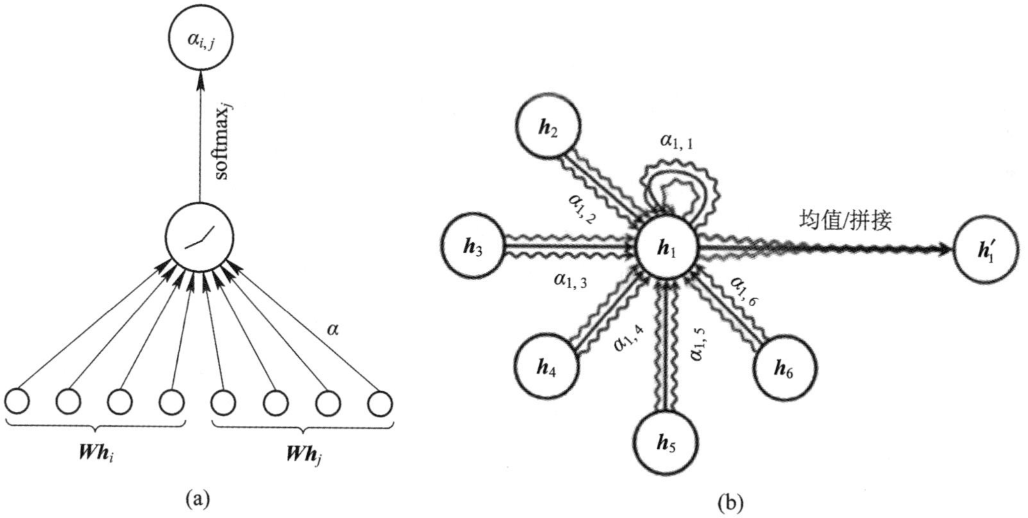

图 15.2　图注意力网络的结构

从图注意力网络出发，节点间的权值计算开始从依赖于网络的结构信息转向依赖于节点的特征表达。然而，上述模型在处理时需要加载整个网络的节点特性，给模型在大规模网络中的应用带来了困难。基于此，GraphSAGE 提出了图采样聚合网络。与以往模型考虑所有邻近节点不同，图采样聚合网络对相邻节点进行随机抽样，使得每个节点的相邻节点数小于给定的样本数。图 15.3 展示了图采样聚合网络的结构。

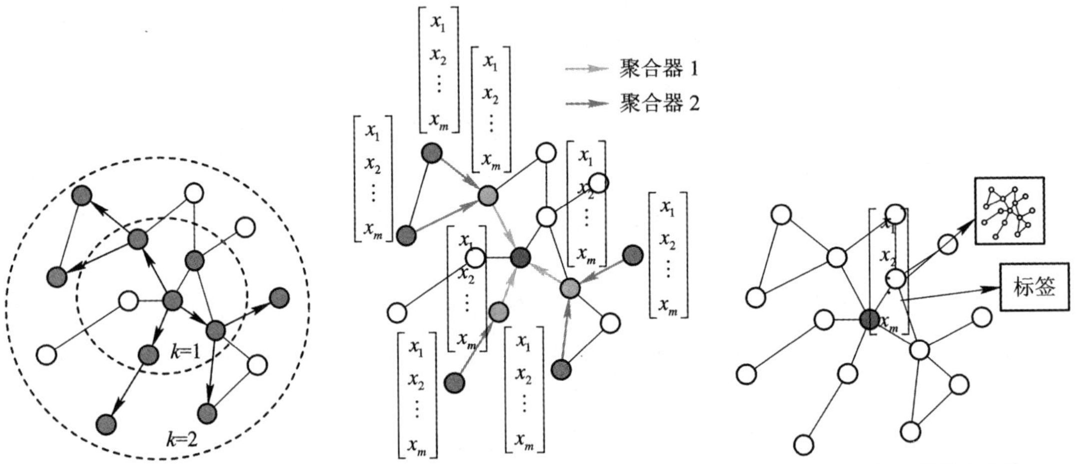

(a) 以每个节点为中心，对其邻近节点采样

(b) 利用采样节点更新目标节点的表达

(c) 利用更新后的节点表达预测节点的Label

图 15.3　图采样聚合网络的结构

图采样聚合网络以红色节点为目标节点，首先随机抽取其一阶和二阶邻居节点，只将采样节点作为相关节点。然后将聚合函数应用到相关节点的特征表达式中，并根据聚合结果更新红色节点的特征表达式，完成相应的任务。此外，图采样聚合网络提供了多种聚合功能，包括基于最大值的聚合(最大聚集)、基于均值的聚合(平均聚集)和基于长时记忆网络的聚合。最大聚集和平均聚集是指将相关节点的最大值和平均值作为聚合结果；基于长时记忆网络的聚合是指将相关节点输入长短期记忆网络，以输出作为聚合结果。图采样聚合网络还用批量处理数据的方法来训练模型。在每一批输入数据下只需要加载相应节点的局部结构，就可避免整个网络的加载，使得在大规模数据集上建立图卷积网络成为可能。

与以往的节点只属于唯一标签的方法不同，基于置信度的图卷积网络认为节点以一定的置信度属于某一个标签。因此，基于置信度的图卷积网络学习每个节点的置信函数，并将其应用于节点间的相关性衡量，从而修改聚合函数。超图卷积网络认为节点之间的相关性不应该在两个节点之间生成，而应由一组节点相互作用来构造组内相关性。基于这一思想，超图卷积网络将边扩展到连接多个节点的超边，并在超边上定义聚合函数来进行节点特征传播。

以上基于聚集函数的空间方法主要研究了空间方法的根本问题，即聚合函数的构建。随着图卷积神经网络的发展，研究人员开始考虑更复杂的场景，提出了一类具有更丰富的建模信息的空间方法，包括如何在具有边缘信息的网络上建立图卷积神经网络以及如何对高阶信息建模。

15.2.2 图池化的构建

在传统的卷积神经网络中，卷积和池化通常结合在一起。池化可以减少学习参数，反映输入数据的层次结构。然而，在图卷积神经网络中，池化算子在求解节点级任务(如节点分类和链路预测)时是不必要的。因此，在图卷积神经网络领域，池化受到的关注较少。近年来，为了更好地描述网络的层次结构，一些研究者开始投身于池化的研究。

图上的池化通常对应于图分类任务。假设 $\boldsymbol{A}$ 是邻接矩阵，$\boldsymbol{X}$ 是节点的特征矩阵，对于图 $G=(\boldsymbol{A}, \boldsymbol{X})$，给定一些标记的图数据集 $D=\{(G_1, y_1), (G_2, y_2), \cdots\}$ 和与图相对应的标签集 $Y=\{y_1, y_2, \cdots\}$，用映射函数 $f: G \to Y$ 将图结构映射到相应的标签上。

切比雪夫网络(Chebynet)使用完全二叉树来实现池化运算，提出基于 Graclus 贪心准则计算每个节点的最匹配节点，并将此节点对池化成一个节点。同时，切比雪夫网络通过添加虚假节点来保证整个池化过程是一个完整的二叉树。图 15.4 显示了切比雪夫网络将八个节点的图池化为三个节点的过程。

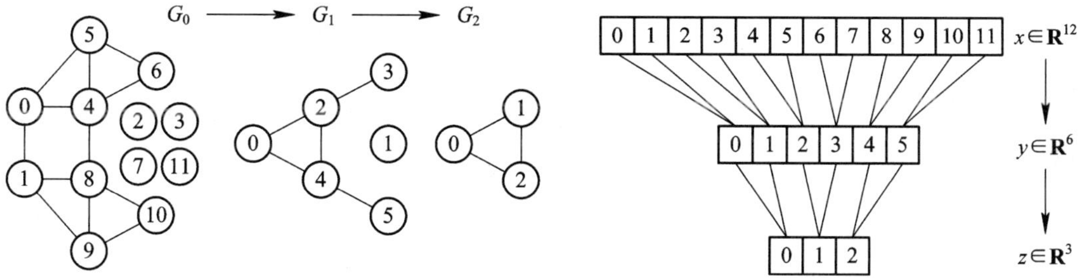

图 15.4 切比雪夫网络利用完全二叉树进行池化操作

根据 Graclus 贪心准则，输入图G_0得到包含 5 个节点的G_1。为了确保池化过程是一个完整的二叉树，G_2包含三个节点，并在G_1中添加一个蓝色的虚假节点，在G_0中添加四个虚假节点。

在池化过程中，为了充分利用节点的特性和局部结构，谱池化(Eigen Pooling)采用谱聚类的方法将整个图分成若干不重叠的子图，每个子图合并后作为一个新节点，根据原子图的边连接生成新节点之间的边。谱池化可以控制每次划分后子图的数目，进而控制每层的池比例。图 15.5 显示了将谱池化与一阶图卷积神经网络相结合的图分类框架。图 15.5 中，每种颜色表示一个子图，在池化后成为一个新的节点。

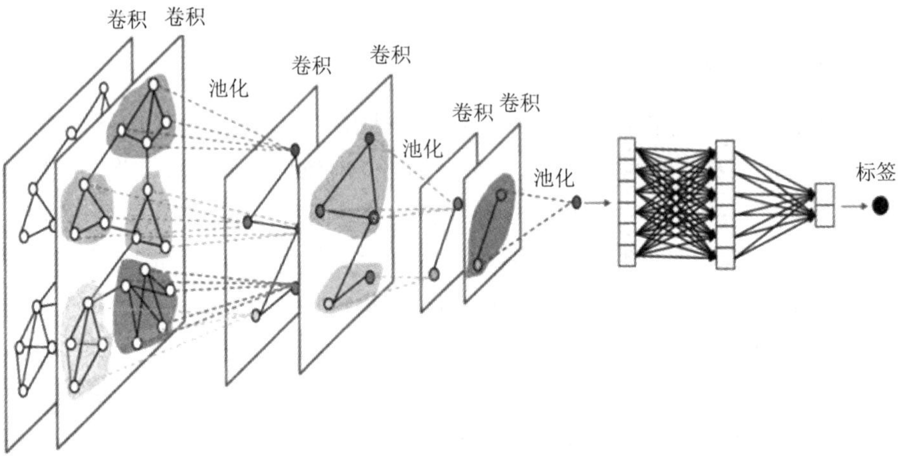

图 15.5　将谱池化和一阶图卷积神经网络相结合的图分类框架

同样地，基于注意力的池化算子(SAGPool)也注重在池化过程中同时考虑节点的属性信息和结构信息。基于注意机制，SAGPool 通过结构信息和属性信息为每个节点学习一个标量，根据此标量表示整个图中相应节点的重要性，并对此标量进行排序。以排序结构为依据保留最重要的节点及其边，完成池化操作。

池化算子的目的是学习图的层次结构，从而完成图级的任务。首先，基于图的拓扑结构，启发式地定义了一些节点的舍弃方式和融合方式。随着技术的发展，池化算子不仅依赖于节点的拓扑结构，而且依赖于节点的属性信息。同时，注意机制和数学研究也开始为该模型的参数学习做指导。

15.3　图卷积神经网络的训练

图卷积神经网络在许多场景中都取得了显著的效果，但它还面临着难以直接应用于大规模网络、叠加多层图卷积神经网络会导致效果减弱的问题。本节介绍图卷积网络在大规模网络中应用的训练技术。

15.3.1　深层图卷积神经网络

残差网络解决了传统神经网络在增加层数时拟合能力下降的问题，而多层图卷积层叠加后，节点之间的特性变得过于平滑，缺乏区分性，从而导致网络性能较差。简单地应用残差连接并不能解决这一问题，因为在图卷积神经网络中，每个节点只向其直接相邻节点发送特征，而不同的节点具有不同的传播速度，即中心节点可能可以通过一层或两层图卷积将特征传输到整个网络中的大多数节点，而网络中的边缘节点需要多次传播才能影响到网络中的一些节点。跳跃知识网络利用跳跃连接和注意机制为每个节点选择合适的传播范围。跳跃知识网络的模型结构如图 15.6 所示。

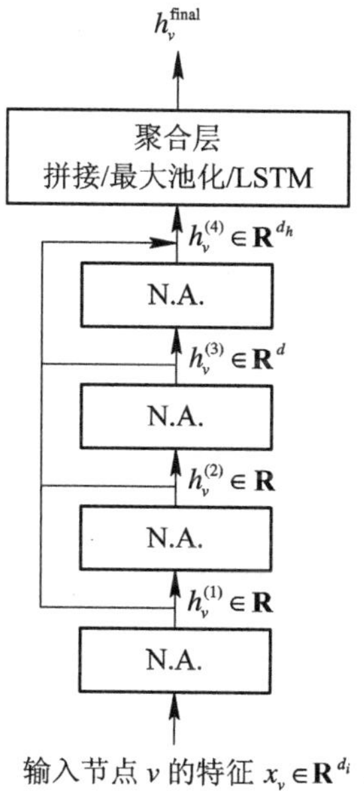

图 15.6　4 层跳跃知识网络的示意图(N.A.表示从邻居节点聚合特征的操作)

跳跃连接将每一层图卷积的结果都连接到网络的最后一层，并在最后一层引入自适应聚合机制，为每个节点选择合适的邻域范围。跳跃知识网络可以使用包括拼接、最大池化和递归神经网络等多种聚合方法。

15.3.2　大规模网络图卷积技术

传统的机器学习方法(如多层感知器)认为样本是独立的，因此可以采用批量处理的方法来处理大规模的训练数据。由于图卷积神经网络中，卷积运算依赖于相邻节点，因此需要引入大量相关节点来使用批训练方法。也就是说，对于中心节点，更新其表达式所需的邻居节点数随着网络层的增加呈指数级增加。同时在大规模网络中，某些度数过大的节点即使只考虑二阶邻居其计算量也过于庞大。这两个结果导致直接批量训练方法不适用于解决图卷积神经网络中难以在大规模网络中应用的问题。

GraphSAGE 采用批量训练法和邻域抽样方法，将每次计算所需的节点数控制在一定范围内。例如，如果模型采用两层卷积，第一层采样邻居数为 D_1，第二层采样邻居数为 D_2，则每个节点的接收野范围为 $D_1 \times D_2$；如果批量大小为 k，则可以将一批内计算节点的上限

控制为 $k \times D_1 \times D_2$。

GraphSAGE 随机抽样相邻节点，以减少每次卷积中要计算的节点数，但是这种估计方法是有偏的，不能保证收敛。在采样邻居节点的基础上，基于方差控制的算法利用未采样节点的历史表达来控制方差。该方法认为，当参数变化不大时，节点的表达式与其历史表达式很接近。因此，未采样的节点通过其历史表示进行近似拟合。

15.3.3 半监督节点分类问题的训练技术

图卷积神经网络在半监督节点分类问题中取得了有效的结果，但是由于卷积算子认为所有一阶邻居节点都同等重要，因此导致图卷积神经网络对网络数据中心节点的分类效果较差。DGCN 指出，去除这类节点中的一些边后，图卷积神经网络的效果可以得到改善，这说明仅利用一阶邻居节点的邻近性有一定的局限性，需要引入额外的信息来区分一阶邻居节点。DGCN 通过引入 PPMI 矩阵降低了一阶邻居关系对节点的影响，并引入了比一阶邻居节点更丰富的关系。使用 PPMI 进行卷积可以纠正图卷积神经网络中的一些错分点，但也会引入新的错误。因此，DGCN 采用集成学习的方法，结合两种不同卷积的优点来提高分类效果。

15.4 图卷积神经网络的典型算法

15.4.1 半监督图卷积网络

本节的主要工作是将卷积扩展到图结构的数据中，设计一个简单的层级网络传播规则，并说明这个设计是怎么从谱图卷积理论得到启发的，展示如何用 GCN 来进行半监督学习。图中节点只有部分节点有标注，这就是图的半监督学习问题。曾经有研究人员通过带有图拉普拉斯正则化项的损失函数进行优化：

$$\begin{cases} L = L_0 + \lambda L_{\text{reg}} \\ L_{\text{reg}} = \sum_{i,j} A_{i,j} \| f(X_i) - f(X_j) \|^2 = f(\boldsymbol{X})^{\mathrm{T}} \boldsymbol{\Delta} f(\boldsymbol{X}) \end{cases} \tag{15-5}$$

其中，L_0是有监督学习的损失函数，$f(\cdot)$是类似于神经网络的可微函数，λ 是平衡两部分的参数，$\boldsymbol{X}$ 是节点特征的矩阵，$\boldsymbol{\Delta}=\boldsymbol{D}-\boldsymbol{A}$ 是拉普拉斯矩阵。设计L_{reg}的假设是：边上的权重越大的两个节点，其内容的相似度也就越大。但是这就限制了模型，因为图的结构不仅包含了相邻节点的相似度，还可能包含其他信息。

此模型使用神经网络模型 $f(\boldsymbol{X}, \boldsymbol{A})$对图结构进行编码，并对所有有标签节点用监督损失$L_0$进行训练，从而避免了损失函数中基于图的正则化。在图的邻接矩阵上调节 $f(\cdot)$将使模型从有监督损失 L_0中分散梯度信息，并使带标签和不带标签节点的表示形式均能被模型学习。

1. 加速版本的 GCN

在图上定义谱卷积为信号 $x\in\mathbf{R}^N$(每个节点对应的标量)与在傅里叶域中由 $\theta\in\mathbf{R}^N$ 参数化的滤波器$g_\theta=\mathrm{diag}(\theta)$的乘积，即

$$g_\theta \cdot x=\boldsymbol{U} g_\theta \boldsymbol{U}^{\mathrm{T}} x \tag{15-6}$$

其中，$\boldsymbol{U}$ 是归一化图拉普拉斯算子 $\boldsymbol{L}=\boldsymbol{U}\Lambda\boldsymbol{U}^{\mathrm{T}}$ 的特征向量矩阵，其特征值 $\boldsymbol{\Lambda}$ 和 $\boldsymbol{U}^{\mathrm{T}}x$ 的对角矩阵是 x 的图傅里叶变换。可以将 g_θ理解为 L 特征值的函数，即 $g_\theta(\boldsymbol{\Lambda})$。在式(15-6)中，$g_\theta$与特征向量矩阵 $\boldsymbol{U}$ 的乘积的计算量非常大，复杂度为 $O(N^2)$。此外，对于大规模的图而言，计算 $\boldsymbol{L}$ 本征分解的代价过于昂贵。为了解决这个问题，减少计算量，可将$g_\theta(\boldsymbol{\Lambda})$用切比雪夫多项式进行 K 阶逼近：

$$g_{\theta'}(\boldsymbol{\Lambda}) \approx \sum_{k=0}^{K}\theta'_k T_k(\tilde{\boldsymbol{\Lambda}}) \tag{15-7}$$

其中，$\tilde{\boldsymbol{\Lambda}}=\dfrac{2}{\lambda_{\max}}\boldsymbol{\Lambda}-\boldsymbol{I}_N$，$\lambda_{\max}$表示拉普拉斯矩阵 $\boldsymbol{L}$ 中最大的特征值；$\theta'\in\mathbf{R}^K$ 是切比雪夫多项式的系数。切比雪夫多项式的递归定义为$T_k(x)=2x\,T_{k-1}(x)-T_{k-2}(x)$，且$T_0(x)=1$，$T_1(x)=x$，将该卷积核代入图卷积的公式：

$$g_{\theta'} \cdot x \approx \sum_{k=0}^{K}\theta'_k T_k(\tilde{\boldsymbol{L}})x \tag{15-8}$$

其中，$\tilde{\boldsymbol{L}}=\dfrac{2}{\lambda_{\max}}\boldsymbol{L}-\boldsymbol{I}_N$，可以很容易地通过$(\boldsymbol{U\Lambda U}^{\mathrm{T}})^k=\boldsymbol{U\Lambda}^k\boldsymbol{U}^{\mathrm{T}}$来验证。此表达式现在是 K 局部的，因为它是拉普拉斯算子的 K 阶切比雪夫多项式形式，即它仅取决于距离中心节点(K 阶邻域)最大 K 步的节点。式(15-8)的复杂度是 $O(|E|)$，即边缘数是线性的。加速版本的 GCN 将参数减少到了 K 个，并且不再需要对拉普拉斯矩阵做特征分解，直接使用即可。

2. 线性模型

可以通过堆叠多个式(15-8)形式的卷积层来建立基于图卷积的神经网络模型，每层之后是逐点非线性函数。现在假设将分层卷积运算限制为 $K=1$(参见式(15-8))，此时模型是线性的，因此在拉普拉斯谱图上具有线性函数。

通过使用这种形式的 GCN，可以缓解模型在图的局部结构上的过拟合，且在很大程度上减小了计算开销，使得我们可以堆叠多个 GCN 来获得一个更深的模型并提取特征。

进一步近似地认为$\lambda_{\max}\approx 2$，式(15-8)可以简化为

$$g_{\theta'} \cdot x\approx\theta'_0 x+\theta'_1(\boldsymbol{L}-\boldsymbol{I}_N)x=\theta'_0 x-\theta'_1\boldsymbol{D}^{-\frac{1}{2}}\boldsymbol{A}\boldsymbol{D}^{-\frac{1}{2}}x \tag{15-9}$$

此处有两个自由参数，即 θ'_0和 θ'_1，滤波器的参数在整个图上共享。通过连续堆叠这种

形式的滤波器，可以作用到卷积节点的 K 阶邻域上，其中 K 是卷积层的个数。

进一步简化式(15－8)所示的模型：

$$g_\theta \cdot x \approx \theta(\boldsymbol{I}_N + \boldsymbol{D}^{-\frac{1}{2}}\boldsymbol{A}\boldsymbol{D}^{-\frac{1}{2}})x \tag{15-10}$$

这里令 $\theta=\theta'_0=-\theta'_1$，将式(15－8)中的两个参数都替换成了 θ。但由于此时 $\boldsymbol{I}_N+\boldsymbol{D}^{-\frac{1}{2}}\boldsymbol{A}\boldsymbol{D}^{-\frac{1}{2}}$ 的特征值范围为[0，2]，这可能会导致数值不稳定和梯度消失/爆炸，所以还需要增加一步归一化操作，$\boldsymbol{I}_N+\boldsymbol{D}^{-\frac{1}{2}}\boldsymbol{A}\boldsymbol{D}^{-\frac{1}{2}} \rightarrow \widetilde{\boldsymbol{D}}^{-\frac{1}{2}}\widetilde{\boldsymbol{A}}\widetilde{\boldsymbol{D}}^{-\frac{1}{2}}$，且 $\widetilde{\boldsymbol{A}}=\boldsymbol{A}+\boldsymbol{I}_N$，$\widetilde{D}_{ii}=\sum_j \widetilde{A}_{ij}$ 。

现在可以将卷积操作推广到信号 $\boldsymbol{X}\in\mathbf{R}^{C\times F}$，输入通道数为 C，有 F 个滤波器。推广的图卷积形式如下：

$$\boldsymbol{Z}=\widetilde{\boldsymbol{D}}^{-\frac{1}{2}}\widetilde{\boldsymbol{A}}\widetilde{\boldsymbol{D}}^{-\frac{1}{2}}\boldsymbol{X}\boldsymbol{\Theta} \tag{15-11}$$

式中，$\boldsymbol{\Theta}\in\mathbf{R}^{C\times F}$ 是滤波器的参数矩阵，$\boldsymbol{Z}\in\mathbf{R}^{N\times F}$ 是卷积后输出的信号矩阵。

3. 半监督节点分类

前面介绍了优化后的图卷积结构。在现在的半监督任务中，研究人员希望通过已知的数据 $\boldsymbol{X}$ 和邻接矩阵 $\boldsymbol{A}$ 来训练图卷积网络 $f(\boldsymbol{X},\boldsymbol{A})$。有专家认为，在邻接矩阵中包含了一些 $\boldsymbol{X}$ 中没有的隐含的图的结构信息，我们可以利用这些信息进行推理。

图 15.7(a)所示是一个多层 GCN 网络示意图，输入有 C 维特征，输出有 F 维特征，中间有若干隐藏层，$\boldsymbol{X}$ 是训练数据，$\boldsymbol{Y}$ 是标签。图 15.7(b)是使用一个两层 GCN 在 Cora 数据集(只用了 5%的标签)上得到的可视化结果。

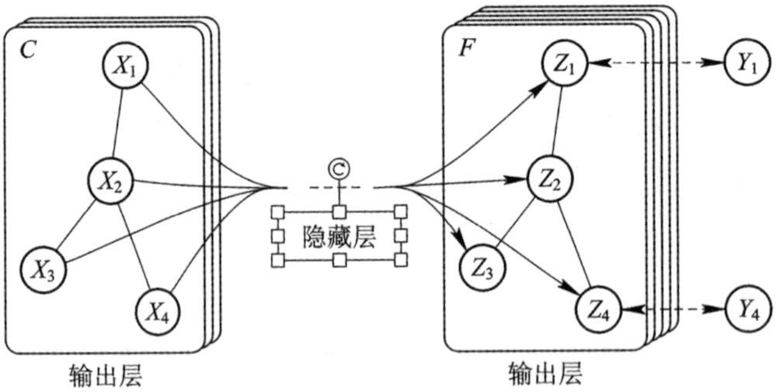

(a) 图卷积网络

(b) 隐藏层可视化

图 15.7　多层 GCN 及可视化

15.4.2　HA-GCN

高阶自适应图卷积网络(High-order and Adaptive Graph Convolutional Network，HA-GCN)引入了两个专门为图结构数据设计的新模块：k 阶卷积算子和自适应滤波模块。

重要的是，HA-GCN 是一个通用的体系结构，适合节点、图中心以及图生成模型的各种应用。

1. k 阶卷积算子

假设 $\boldsymbol{A}$ 是图 G 的邻接矩阵，则其第 k 个乘积 $\boldsymbol{A}^k$ 的 (i, j) 项是从 i 到 j 的 k 跳路径的数量。有了这个命题，我们可以定义一个 k 阶卷积算子如下：

$$\widetilde{L}_{\text{gconv}}^{(k)}=(\boldsymbol{W}_k \circ \widetilde{\boldsymbol{A}}^k)\boldsymbol{X}+\boldsymbol{B}_k \tag{15-12}$$

其中：

$$\widetilde{\boldsymbol{A}}^k=\min\{\boldsymbol{A}^k+\boldsymbol{I}, 1\} \tag{15-13}$$

此处$\circ$和 min 分别是指逐元素矩阵乘积和最小值。$\boldsymbol{W}_k \in \mathbf{R}^{n\times n}$ 是权重矩阵，$\boldsymbol{B}_k \in \mathbf{R}^{n\times m}$ 是偏置矩阵。通过将 $\boldsymbol{A}^k+\boldsymbol{I}$ 裁减为 1 获得 $\boldsymbol{A}^k$。将身份矩阵 $\boldsymbol{I}$ 添加到 $\boldsymbol{A}^k$ 会为图中的每个节点创建一个自环。如果 $\boldsymbol{A}^k$ 矩阵的元素数大于 1，则将这些值裁减为 1 会导致 k 跳邻域的卷积。算子 $\widetilde{L}_{\text{gconv}}^{(k)}$ 的输入是邻接矩阵 $\boldsymbol{A}\in\{0, 1\}^{n\times n}$ 和特征矩阵 $\boldsymbol{X}\in\mathbf{R}^{n\times m}$。其输出与 $\boldsymbol{X}$ 的尺寸相同。顾名思义，卷积 $\widetilde{L}_{\text{gconv}}^{(k)}$ 将节点的 k 跳邻域的特征向量作为输入，并输出它们的加权平均值。

式(15－12)中的运算符很好地实现了我们在图上进行 k 阶卷积的想法，这是 CNN 中卷积核尺寸为 k 的卷积。一方面，它可以看作一阶图卷积的有效高阶生成；另一方面，该算子与图卷积密切相关，因为图谱上的第 k 阶多项式也可以视为在 k 跳邻域 N_j 范围内的运算。

2. 自适应滤波模块

下面基于式(15－12)，介绍一种用于图卷积的自适应滤波模块。它根据功能和特定节点的邻居连接对卷积权重进行过滤。以化学中的分子图为例，预测分子特性时，苯环比烷基链更重要。因此，我们希望苯环上邻域原子的卷积权重比烷基链更大。没有自适应模块，图卷积在空间上是不变的，并且无法按需工作。自适应滤波器的引入将使网络能够自适应地找到卷积目标，并更好地捕获局部差异。

自适应滤波的思想来源于注意力机制，该机制自适应地选择关注的像素。从技术上讲，我们的自适应滤波器是权重矩阵 $\boldsymbol{W}_k$ 上的非线性算子 g，即

$$\widetilde{\boldsymbol{W}}_k=g\circ\boldsymbol{W}_k \tag{15-14}$$

其中，$\circ$表示哈达码矩阵乘积；运算符 g 由 $\widetilde{\boldsymbol{A}}^k$ 和 $\boldsymbol{X}$ 共同确定，反映了节点特征和图的连接，其计算式为

$$g=f_{\text{adp}}(\widetilde{\boldsymbol{A}}^k, \boldsymbol{X}) \tag{15-15}$$

函数 f_{adp} 有两种形式：$f_{adp/prod}=\text{sigmoid}(\widetilde{\boldsymbol{A}}^k\boldsymbol{XQ})$，$f_{adp/lin}=\text{sigmoid}(\boldsymbol{Q}\cdot[\widetilde{\boldsymbol{A}}^k,\ \boldsymbol{X}])$。其中，[·，·]是指矩阵级联。自适应滤波器是为节点的加权选择而设计的，因此，采用S形非线性对其值进行二值化。参数矩阵 $\boldsymbol{Q}$ 将使 f_{adp} 的输出尺寸与矩阵 $\mathbf{A}$ 对齐。与动态滤波器的现有设计不同，动态滤波器仅根据节点或边缘特征生成权重，而本自适应滤波模块则提供了更全面的考虑，同时考虑了节点特征和图形连接。

15.4.3 GAT

针对图结构数据，图注意力网络(Graph Attention Network，GAT)使用掩模自注意力层解决之前基于图卷积模型所存在的问题。在GAT中，图中的每个节点可以根据邻节点的特征，为其分配不同的权值。GAT的另一个优点在于：无须使用预先构建好的图。

下面介绍单个的图注意力层。单个图注意力层的输入是一个节点特征向量集 $\boldsymbol{h}=\{\boldsymbol{h}_1,\ \boldsymbol{h}_2,\ \cdots,\ \boldsymbol{h}_N\}$，$\boldsymbol{h}_i\in\mathbf{R}^F$。其中，$N$ 表示节点集中节点的个数，F 表示相应的特征向量维度。每一层的输出是一个新的节点特征向量集：$\boldsymbol{h}'=\{\boldsymbol{h}'_1,\ \boldsymbol{h}'_2,\ \cdots,\ \boldsymbol{h}'_N\}$，$\boldsymbol{h}'_i\in\mathbf{R}^{F'}$。其中，$F'$ 表示新的节点的特征向量维度(可以不等于 F)。

一个图注意力层的结构如图15.2所示。具体来说，图注意力层首先根据输入的节点特征向量集进行自注意力处理：

$$e_{ij}=a(\boldsymbol{W}\boldsymbol{h}_i,\ \boldsymbol{W}\boldsymbol{h}_j) \tag{15-16}$$

其中，a 是一个 $\mathbf{R}^{F'}\times\mathbf{R}^{F'}\rightarrow\mathbf{R}$ 的映射，$\boldsymbol{W}\in\mathbf{R}^{F'\times F}$ 是一个权值矩阵(被所有 $\boldsymbol{h}_i$ 所共享)。一般来说，自注意力会将注意力分配到图中所有的节点上，这种做法显然会丢失结构信息。为了解决这一问题，可以使用一种掩模注意的方式，仅将注意力分配到节点 i 的邻节点集上，即 $j\in N_i$(节点 i 也是N_i的一部分)：

$$\alpha_{ij}=\underset{j}{\text{softmax}}(e_{ij})=\frac{\exp(e_{ij})}{\sum\limits_{k\in N_i}e_{ik}} \tag{15-17}$$

α 使用单层的前馈神经网络实现。总的计算过程为

$$\alpha_{ij}=\frac{\exp(\text{LeakyReLU}(\boldsymbol{a}^{\mathrm{T}}[\boldsymbol{W}\boldsymbol{h}_i\parallel\boldsymbol{W}\boldsymbol{h}_j]))}{\sum\limits_{k\in N_i}\exp(\text{LeakyReLU}(\boldsymbol{a}^{\mathrm{T}}[\boldsymbol{W}\boldsymbol{h}_i\parallel\boldsymbol{W}\boldsymbol{h}_k]))} \tag{15-18}$$

其中，$\boldsymbol{a}^{\mathrm{T}}\in\mathbf{R}^{2F'}$ 为前馈神经网络 α 的参数，LeakyReLU为前馈神经网络的激活函数。此时就可以得到：

$$\boldsymbol{h}'_i=\sigma\Big(\sum_{j\in N_i}\alpha_{ij}\boldsymbol{W}\boldsymbol{h}_j\Big) \tag{15-19}$$

15.5 图卷积神经网络的应用

图神经网络的应用领域主要包括信号处理、计算机、人工智能等，以及物理、化学、生物学和社会科学等跨学科研究领域。如何使用图卷积神经网络模拟不同领域的图数据，结合特定领域知识对图卷积神经网络建模，是应用该模型的一个关键问题。

15.5.1 网络分析

引文网络是社会网络分析领域最常见的数据，论文作为节点，引用关系作为边。分类的一个典型任务是通过给出文章之间的内容信息和引用关系，将每一篇文章划分到相应的领域。例如，在节点的半监督分类场景中，给定少量的数据标签，已知节点的属性信息包括文章的标题或摘要信息以及节点之间的参考关系，通过机器学习来划分网络中每个节点的所属领域。图卷积神经网络可以有效地建模节点文本属性和参考网络结构，取得了一定的效果。

15.5.2 社区发现

在社区发现问题中，以往的算法主要是对其进行明确的定义，并对图的划分最小割问题进行优化。线性图神经网络(Line Graph Neural Networks，LGNN)提出了一种新的用于社区发现的图神经网络模型。该方法采用纯数据驱动，无须基本的生成模型，在社区发现任务中取得了良好的效果。在其他网络分析(如信息传播、社会网络地理信息预测)中，研究人员均引入了图卷积神经网络来有效地建模网络结构信息和节点属性信息。

15.5.3 推荐系统

如图 15.8 所示，将产品与用户之间的关系看作矩阵补全或链接预测，可以有效地对产品与用户之间的关系进行建模。MGCNN(Multi-Graph CNN)结合多图卷积神经网络与循环神经网络，分别利用多图卷积神经网络和循环神经网络来提取局部静止的特征和补全矩阵。GC-MC(Graph Convolutional Matrix Completion)将推荐系统建模为一个基于图的链接预测问题，提出了一种基于不同消息传播的图自编码框架来对推荐系统的二部图(又称二分图，是图论中的一种特殊模型)建模，在包含社交网络的数据上取得了最佳效果。PinSage 将卷积神经网络应用到推荐系统中，提出了一种数据高效的图卷积神经网络算法。与传统的图卷积方法相比，PinSage 提出了一种有效的随机游走策略来建模卷积，设计了一种新的训练策略，并成功地将图卷积神经网络应用于 10 亿节点的大规模推荐系统中。

RippleNet-prop 通过在框架中引入了知识图谱信息来提高推荐系统的性能。GraphRec 包括用户建模、商品建模和评分预测三个部分，利用注意力机制对用户交互信息和用户社交网络信息进行有效建模。

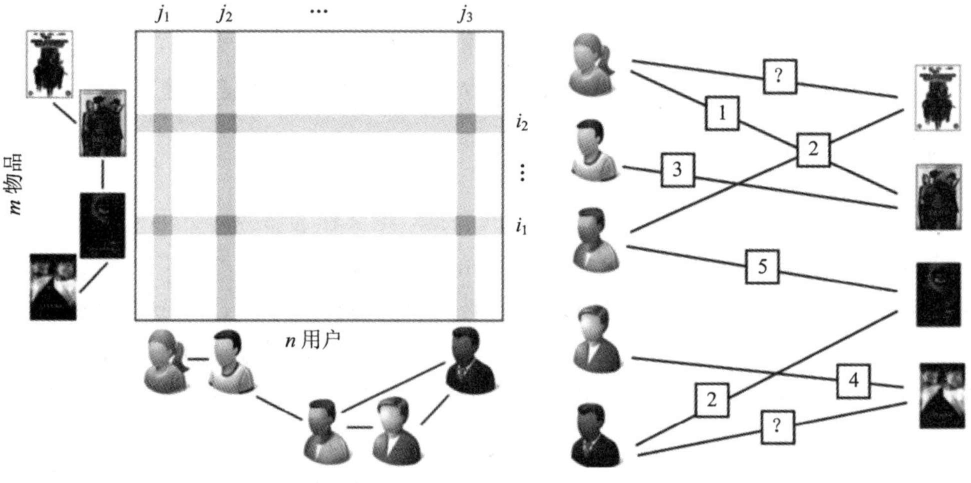

图 15.8　推荐系统中的矩阵补全和链接预测建模示意图

图卷积神经网络能够对图的结构属性和节点特征信息进行建模，推荐系统可以看作一个矩阵补全问题或二分图的链接预测问题。与传统的推荐方法相比，图卷积神经网络能够更好地利用推荐系统中常见的用户属性和商品属性信息，这也是图卷积神经网络在推荐系统任务中能够引起研究人员关注的原因。

15.5.4　交通预测

交通预测也是图卷积神经网络的广泛应用之一。它的目的是在给定历史交通速度和路线图的情况下预测未来的交通速度。在交通预测问题中，节点表示放置在道路上的传感器，而边缘表示节点对的物理距离，每个节点都包含一个时序特征。

GaAN(Gated Attention Networks)通过将图形门控递归单元应用于循环神经网络的编码与解码模型，采用洛杉矶高速公路数据集，解决交通预测问题。STGCN(Spatio-Temporal Graph Convolutional Networks)提出了一种新的深度学习框架——时空图卷积神经网络，解决了交通领域的时间序列预测问题。由于该框架首先将问题形式化为图，并使用卷积结构进行建模。由于该框架更好地利用了拓扑结构，因此与传统的机器学习方法相比，它在中短期交通流量预测方面取得了显著的改进。

如何解决时空相关性是交通预测相关场景中的一个重要研究方向。图卷积神经网络为解决图数据建模问题提供了一种解决方案，它与循环神经网络等时间序列模型相结合，很好地解决了交通预测建模问题。然而，如何更细致地考虑时空数据建模仍然是未来研究的热点之一。

15.5.5 生物化学

除了传统的图形数据建模外，图卷积神经网络在生物化学领域也引起了研究人员的广泛关注。与传统的图形数据研究相比，在生物化学领域，人们通常把一个化学结构或一个蛋白质看作一个图形。图中的节点是较小的分子，边表示键或相互作用。图 15.9 是布洛芬的分子图，节点是碳、氢和氧原子，边是化学键。图 15.10 是 FAA4 蛋白质交互网络，节点代表蛋白质，边缘代表相互作用。研究人员关注的是图的化学功能，即研究对象不再是图中的节点，而是整个图本身。

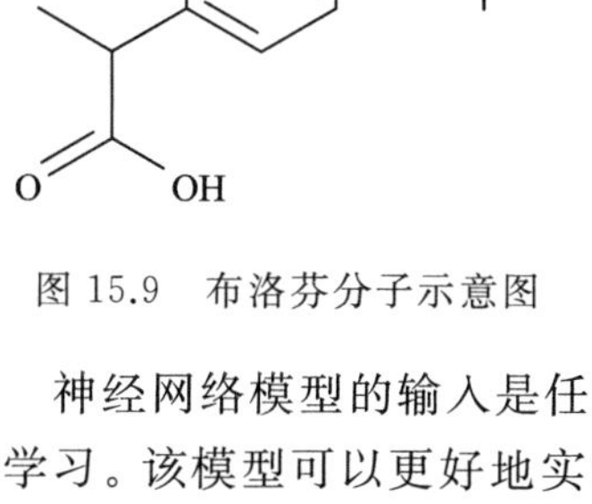

图 15.9 布洛芬分子示意图

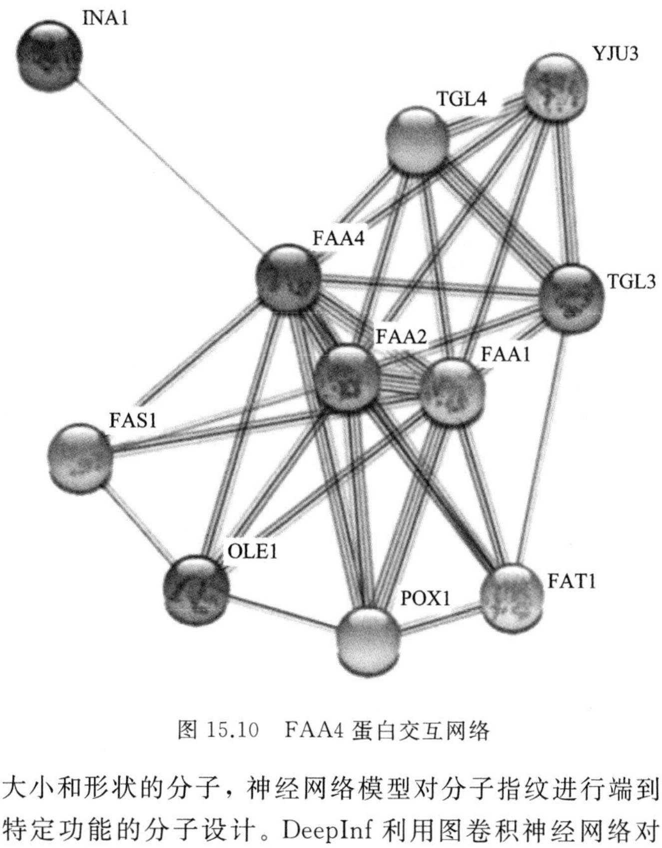

图 15.10 FAA4 蛋白交互网络

神经网络模型的输入是任意大小和形状的分子，神经网络模型对分子指纹进行端到端的学习。该模型可以更好地实现特定功能的分子设计。DeepInf 利用图卷积神经网络对原子、键和距离进行编码，可以更好地利用图结构中的信息，为基于配体的虚拟筛选提供了一种新的范式。MoNet 提出了一种信息传播模型来预测给定分子的化学性质。CNN-Graph

直接将滤波器定义为图邻接矩阵函数的多项式，提出了一种能处理异构、齐次图数据的图卷积神经网络模型。该模型在分子分类方面得到了最好的实验结果。Decagon 使用图卷积神经网络对多种药物的副作用进行建模。首先，构建了蛋白质-蛋白质相互作用、药物-蛋白质靶向相互作用和多药物相互作用的多模图。在图中，每个副作用都被视为不同类型的边。这样就将药物副作用的建模问题转化为一个环节预测问题，为药理学的进一步研究提供了新的研究思路。MolGAN 提出了通过生成对抗网络和图卷积神经网络来设计具有特定化学性质的分子结构。GCPN 提出了基于广义图卷积和强化学习的目标图生成模型。在该模型中，通过消息传播将隐藏状态表示为一个节点，然后生成一个策略 π，通过抽样选择策略 a，给出环境中的化学检测状态和奖励 r_t。该方法与基线方法相比在化学性质优化方面有 61% 的改进。ForceNet 使用基于物理的数据增强来训练模型，同时隐式地施加物理约束，更准确地预测原子力，同时在训练和推理方面提高了速度。

生物化学领域主要研究分子拓扑结构的建模。在这些问题中，许多化学结构和性质都反映在图本身的结构特征上。使用图卷积神经网络来描述这些分子结构可以显著地辅助药物发现和药物分类等任务。

15.5.6 计算机视觉

在计算机视觉中，图卷积神经网络的应用主要集中在小样本学习、点云、零样本学习、场景图等方面。

小样本学习的目的是用较少的样本来训练和识别新样本。它通常包括两个阶段：元训练和元测试。在这个任务中，数据集包括训练集、支持集和测试集。支持集和测试集共享相同的标签空间，但是训练集有一个单独的标签空间，并且不与支持集或测试集相交。如果支持集在每个类中包含 k 个标签样本和 C 个类别，则称该问题为 C-way k-shot 问题。常见的数据集包括 Omniglot 和 miniImageNet 数据集。Omniglot 数据集包含 1623 个不同的手写字符，来自 50 个不同的字母。miniImageNet 包含 100 个不同的类别，每个类别有 600 个 84×84 大小的 RGB 图像样本。由于缺乏训练样本，因此需要进一步刻画不同对象或概念之间的语义关系。常用的方法有引入知识图谱、构造图像间的全连接图等。Few-shot-GNN 定义了一个全连接图，其中节点是图像，连通边是图像和图像之间的相似性。它们采用图神经网络对节点进行编码，神经信息传播模型可以更好地利用图像之间的关联结构信息。Few-shot-GNN 在少样本、半监督、主动学习等方面取得了良好的效果。GSNN 将知识图谱引入到图像分类任务中，并利用图卷积神经网络更好地学习了知识图谱中的先验知识。

点云图像是由三维扫描仪在一定的坐标系中生成的一组点，它比二维图像包含更多的三维坐标信息、颜色等几何信息。3DGNN 利用图神经网络实现了 RGBD 图像的语义分割任务。DGCNN 在点云上使用图卷积神经网络，提出用边卷积来采集边的特征，它不仅包含局部域信息，而且通过叠加或循环学习全局几何属性。该模型在形状分类和局部分割任务中取得了良好的效果。SuperPoint_Graph 使用消息传播机制对点云图像进行建模。

场景图是计算机视觉领域比较常见的另一种图形结构数据。它的节点是对象，边特征表示它们的空间关系。与传统的线性结构相比，图结构包含了更多有价值的语义信息。如何利用图卷积神经网络对场景图进行建模，引起了人们的广泛关注。GraphVQA 通过对场景图和句法依赖图的建模，有效地应用于可视问答。Iterative-Visual-Reasoning 提出了知识图谱、图像区域空间关联图和区域类别分布图三个图形模块，有效地模拟了可视化回答。

一般来说，在计算机视觉领域，在完成了目标识别、图像分类和语义分割之后，计算机视觉更加注重对小样本、复杂语义的对象进行建模和学习。在这些场景中，图是一种重要的数据结构，而图卷积神经网络是对图形数据进行建模的有效方法。

15.5.7 自然语言处理

图卷积神经网络在自然语言处理中有着广泛的应用。在这一领域，常用的图形数据有知识图谱、依存句法图、抽象意义表示图、词共现图等。其抽象意义是一种将句子的意义编码为有根有向图的方法。Syntax-awared-NMT 将图卷积神经网络应用于依存句法树，并将其应用于英语、捷克语、英语和德语的机器翻译任务。Graph2seq 利用阈值图神经网络对抽象意义图进行基于语法的机器翻译任务。

依存句法图或树中，节点是单词，边是语义关系。图卷积神经网络可将依存句法树作为图，应用于事件提取。

除上述图谱外，词共现网络还应用于文本分类任务。节点是非停用词，边是给定窗口中单词的共现关系。CNN_Graph 提出了一种用图谱理论定义的卷积神经网络，为快速设计图的局部卷积滤波器提供了必要的数学背景和有效的数值方案。

大量的研究表明，使用图卷积神经网络模型可以提高各种自然语言处理任务的效果。图结构的使用使得对象之间复杂的语义关系得到有效挖掘。与传统的用于自然语言处理的串行化建模相比，图卷积神经网络可以用来挖掘复杂的非线性语义关系。

15.6 图卷积神经网络的未来发展方向

虽然图卷积神经网络在近些年取得了一定的成就，但是它仍然存在一些未克服的问题与值得研究的方向。

15.6.1 深层的网络结构

传统的深度学习模型在堆叠了大量网络层后，由于其强大的表示能力，在很多问题上了取得了显著的效果。但是图卷积神经网络模型在堆叠了较少层数后，网络就达到了最好的效果，再增加图卷积层反而会使得结果变差。这是因为图卷积包含了聚合邻居节点特征的操作，当网络堆叠多层后会使得节点之间的特征过于平滑，缺乏区分性。GCN 的实验结果显示，当网络层数超过两层后，随着层数增加，GCN 在半监督节点分类问题上的效果反而会下降。同时随着网络的不断叠加，最终所有的节点会学到相同的表达。图神经网络是否需要深层的结构，或者说能否设计出一种深层的网络结构来避免过于平滑的问题，是一个迫切需要解决的研究问题。

15.6.2 大规模数据

在实际场景中，网络的规模往往非常大。比如新浪微博、Twitter 等社交关系网络往往包含了数亿计的节点和边。而目前绝大部分图卷积神经网络模型不适用于这种大规模的网络。比如，基于谱方法的图卷积神经网络需要计算图拉普拉斯矩阵的特征向量矩阵，而这个操作的计算复杂度和空间复杂度都很高，难以用于大规模网络。空间方法在更新节点表达时依赖于大量的邻居节点，使得计算代价过大，不适用于大规模网络。虽然近些年已经有一些基于采样的方法来处理大规模网络数据的问题，但是这一问题仍然没有得到有效解决。

15.6.3 多尺度的图上任务

图挖掘任务根据主体对象的不同可以分成节点级任务、图以及子图级任务和信号级任务。节点级任务的关键点在于为每个节点学习有效的表达，而为图学习表达是图级任务的关键。信号级任务的关键点在于在网络结构不变的情况下为不同的图信号学习有效的表达。目前绝大部分图卷积神经网络是针对节点级任务设计的，对于图级和信号级任务的关注较少。

15.6.4 动态变化的图数据

在实际场景中，网络往往具有动态性。这种动态性包括不断随时间变换的节点与边上的特征、不断变换的网络的结构(有新的边和节点加入网络，也有节点和边从网络中消失)。考虑网络的动态性也是图挖掘算法的趋势。而目前的图卷积神经网络都是针对静态的网络设计的，因此设计能建模网络动态变化的图卷积神经网络也是未来的一个重要方向。

15.6.5 图神经网络的可解释性

深度学习模型的可解释性与可视化一直是深度学习领域备受关注的方向，图结构给图神经网络的可解释性与可视化带来了新的挑战。如何可视化图神经网络学到的结构模式对于理解图神经网络的工作原理有重要意义。目前，图神经网络已经在很多场景下取得了显著的效果，有学者尝试给出了一种解释，但是从理论上说明图神经网络为什么能取得显著的提升仍然是一个没有解决的问题。

本章小结

图数据可以自然地表达现实生活中的各种数据结构，如交通网络、万维网、社交网络等不规则的数据结构。图卷积神经网络可以对图数据进行深度学习，因此受到了越来越多的关注。本章首先介绍了图结构中的一些结构的字符定义，接着以此为基础，介绍了图卷积和图池化算子的构建方法。现有的图卷积神经网络可分为谱方法和空间方法。谱方法利用图卷积定理从谱域定义图的卷积，而空间方法则从节点域出发，通过定义聚合函数来聚合每个中心节点及其相邻节点。

图卷积神经网络在许多场景中都取得了显著的效果，但它还面临着难以直接应用于大规模网络、叠加多层图卷积神经网络会导致效果下降的问题。深层图卷积神经网络、大规模网络图卷积技术以及半监督节点分类问题的训练技术针对此问题展开研究，取得了一定的效果。

图卷积神经网络自提出以来，受到了研究人员的大量关注，取得了迅速发展，半监督图卷积网络、HA-GCN 和 GAT 等算法被提出。图卷积神经网络在网络分析、社区发现、推荐系统、交通预测、生物化学、计算机视觉以及自然语言处理等领域也得到了成功应用。

习　题

1. 图卷积神经网络适用于处理哪类问题和哪些数据？试举例说明。

2. 请自己尝试实现一个基本的图卷积代码的编写。

3. 请自己尝试实现图池化代码的编写。

4. 运用第 2 题和第 3 题所编写的卷积和池化算子，尝试编写一个简单的图卷积神经网络模型。

参考文献

[1] HENAFF M，BRUNA J，LECUN Y. Deep convolutional networks on graph-structured data[J]. arXiv preprint arXiv:1506.05163，2015.

[2] VELICKOVIC P，CUCURULL G，CASANOVA A，et al. Graph attention networks[J]. arXiv preprint arXiv:1710.10903，2017.

[3] HAMILTON W L，YING Z，LESKOVEC J. Inductive Representation Learning on Large Graphs [C]//NIPS，2017：1024－1034

[4] DEFFERRARD M，BRESSON X，VANDERGHEYNST P. Convolutional neural networks on graphs with fast localized spectral filtering[C]//Proceedings of the 30th International Conference on Neural Information Processing Systems，2016：3844－3852.

[5] MA Y, WANG S, AGGARWAL C C, et al. Graph convolutional networks with eigenpooling[C]//Proceedings of the 25th ACM SIGKDD International Conference on Knowledge Discovery & Data Mining, 2019: 723 - 731.

[6] XU K, LI C, TIAN Y, et al. Representation learning on graphs with jumping knowledge networks[C]//International Conference on Machine Learning. PMLR, 2018: 5453 - 5462.

[7] HAMMOND D K, VANDERGHEYNST P, GRIBONVAL R. Wavelets on graphs via spectral graph theory[J]. Applied and Computational Harmonic Analysis, 2011, 30(2): 129 - 150.

[8] LI Y, YU R, SHAHABI C, et al. Diffusion convolutional recurrent neural network: data-driven traffic forecasting[C]//International Conference on Learning Representations, 2018.

[9] KIPF T N, WELLING M. Semi-supervised classification with graph convolutional networks[J]. arXiv preprint arXiv: 1609.02907, 2016.

[10] KEARNES S, McCloskey K, BERNDL M, et al. Molecular graph convolutions: moving beyond fingerprints[J]. Journal of Computer-Aided Molecular Design, 2016, 30(8): 595 - 608.

[11] DUVENAUD D, MACLAURIN D, AGUILERA-IPARRAGUIRRE J, et al. Convolutional networks on graphs for learning molecular fingerprints[C]//Proceedings of the 28th International Conference on Neural Information Processing Systems, 2015, 2: 2224 - 2232.

[12] LEE J B, ROSSI R, KONG X. Graph classification using structural attention[C]//Proceedings of the 24th ACM SIGKDD International Conference on Knowledge Discovery & Data Mining, 2018: 1666 - 1674.

[13] FOUT A, BYRD J, SHARIAT B, et al. Protein interface prediction using graph convolutional networks[C]//Proceedings of the 31st International Conference on Neural Information Processing Systems, 2017: 6533 - 6542.

[14] LEE C W, FANG W, YEH C K, et al. Multi-label zero-shot learning with structured knowledge graphs[C]//Proceedings of the IEEE Conference on Computer Vision and Pattern Recognition, 2018: 1576 - 1585.

[15] NGUYEN T H, GRISHMAN R. Graph convolutional networks with argument-aware pooling for event detection[C]//AAAI, 2018, 18: 5900 - 5907.

[16] SONG L, WANG Z, YU M, et al. Exploring graph-structured passage representation for multi-hop reading comprehension with graph neural networks[J]. arXiv: 1809.02040, 2018.

[17] MARCHEGGIANI D, BASTINGS J, TITOV I. Exploiting semantics in neural machine translation with graph convolutional networks[C]//Proceedings of the 2018 Conference of the North American Chapter of the Association for Computational Linguistics: Human Language Technologies, 2018, 2: 486 - 492.

[18] HENAFF M, BRUNA J, LECUN Y. Deep convolutional networks on graph-structured data[J]. arXiv: 1506.05163, 2015.

[19] YAO L, MAO C, LUO Y.Graph convolutional networks for text classification[C]//Proceedings of the AAAI Conference on Artificial Intelligence, 2019, 33(01): 7370 - 7377.

[20] PENG H, LI J, HE Y,et al. Large-scale hierarchical text classification with recursively regularized deep graph-cnn[C]//Proceedings of the 2018 World Wide Web Conference, 2018: 1063 - 1072.

第16章 自监督学习

16.1 自监督学习概述

在计算机视觉领域，为了使得图像或者视频的特征学习能够获得更好的性能，我们往往会使用大量的有标签数据来训练深度神经网络。然而收集和注释大规模的标记样本其成本高昂。因此为了在无须任何人工注释标签的情况下从未标记数据中学习常规图像和视频的特征，产生了自监督学习的思想。

16.1.1 自监督学习背景

深度学习方法在计算机视觉领域所取得的巨大成功，要归功于大型训练数据集的支持。这些带丰富标注信息的数据集能够帮助网络学习到可判别性的视觉特征。然而，收集并标注这样的数据集成本太高，而所标注的信息也具有一定的局限性。作为替代，使用完全自监督方式学习并设计辅助任务来学习视觉特征的方式，已逐渐成为计算机视觉领域的热点研究方向。虽然现在也有很多域自适应方法，但深度学习的迁移性能很差。在实际的应用中，最好的方法还是不停地增加标注数据，因此产生了自监督学习方法。

自监督学习方法本质上是一种无监督学习的方法。不同于传统的 Auto-Encoder 等方法仅仅以重构输入为目的，没有包含更多的语义特征，对下游任务没有很大的帮助，自监督学习希望通过前置任务学习到和高层语义信息相关联的特征，通常会设置一个前置任务，根据数据的一些特点，构造伪标签来训练网络模型，在前置任务训练完成后，将学习到的参数用于预训练的模型，并通过微调转移到其他下游计算机视觉任务(比如目标分类、目标识别、语义分割和实例分割等下游任务)。这些下游任务用于评估学习到的特征的质量。在下游任务的知识转移过程中，仅前几层的一般特征会转移到下游任务。因此，自监督学习也可以看作用于学习图像的通用视觉表示特征。

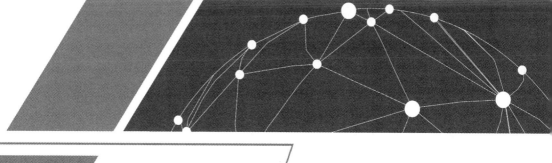

ImageNet 作为用于预训练的最广泛使用的数据集之一，包含大约 130 万个标记图像，覆盖 1000 个类别，而每个图像仅具有一个类别标签且全部由人工标记完成。与图像数据集相比，由于时间维度的存在，视频数据集的采集和标注成本更加昂贵。Kinetics 数据集主要用于训练视频人体动作识别的转换网络，由属于 600 个类别的 500 000 个视频组成，每个

视频持续约 10 s。Amazon Turk 公司的许多员工花费了大量时间来收集和注释如此大规模的数据集。可见，大规模数据集的收集和注释的代价十分昂贵。

为了避免耗时且昂贵的数据标注，目前产生了许多自监督方法，其可以在不使用任何人工标注的情况下从大规模未标注的图像或视频中学习视觉特征。一种常见的解决方案是利用卷积神经网络解决各种前置任务，同时通过学习前置任务的目标函数来训练网络，并且通过这个过程来学习特征。自监督学习提出了各种前置任务，包括给灰度图像着色、图像修复、图像拼图等。前置任务有两个共同的属性：① 图像或视频的视觉特征需要由卷积神经网络捕获来完成前置任务；② 监督信息通过利用其结构由数据本身生成。

自监督学习的一般流程如图 16.1 所示。在自监督训练阶段，设计一个前置任务供深度卷积神经网络求解，并且根据数据的某些属性自动生成前置任务的伪标签，然后训练深度卷积神经网络来学习前置任务的目标函数。当训练前置任务时，较浅的深度卷积神经网络模块集中于提取低层特征，如角、边和纹理，而较深的网络模块集中于高层的特定任务特征，如对象和场景等。因此，使用前置任务训练的深度卷积神经网络可以捕获对其他下游任务有帮助的低级特征和高级特征。自监督训练完成后，学习的视觉特征可以进一步转移

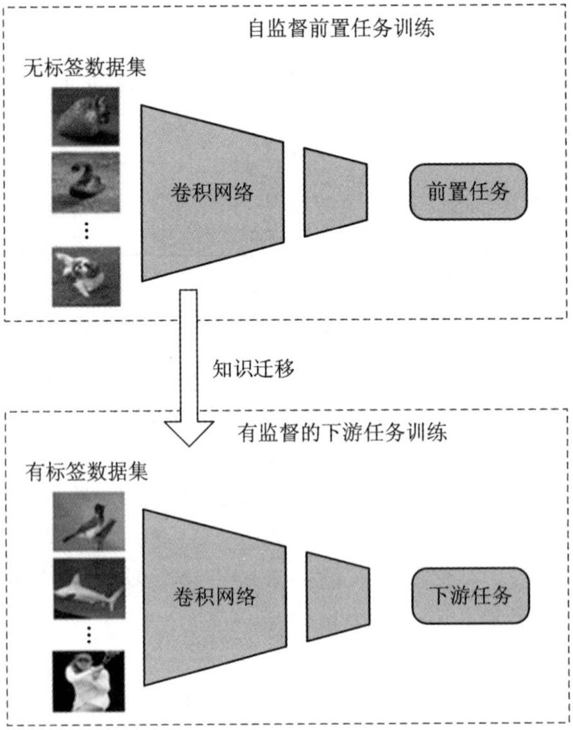

图 16.1　自监督学习的一般流程图

到下游任务(特别是当只有相对较小的数据可用时)，以提高性能和克服过度拟合。通常只有前几层的视觉特征在下游任务训练阶段被转移。

16.1.2 术语解释

为了更好地了解自监督学习，在此对一些术语进行解释。

前置任务：是网络为解决实际问题而预先设计的。视觉特征是通过学习前置任务的客观功能而得到的。前置任务可以是预测任务、生成任务、对比任务或它们的组合。前置任务的监督信号是根据数据本身的结构生成的。

伪标签：前置任务中使用的标签。它是根据前置任务的数据结构生成的。

下游任务：自监督训练产生的权重，需要迁移到其他任务上，以此来看自监督的训练效果。通常认为自监督训练出来的模型可以学到这个数据的一些比较通用的特征，所以通过迁移之后的任务表现来判定这个自监督算法是否有效。因此，下游任务是在自监督训练完成后后续需要迁移自监督模型的任务。

监督学习：指使用带精确的人工标注的标签数据来训练网络或进行学习的方法。

半监督学习：指使用少量标记数据和大量未标记数据进行学习的学习方法。

弱监督学习：指使用粗粒度标签或不准确标签进行学习的学习方法。

无监督学习：指不使用任何人为标注标签的学习方法。

自监督学习：是无监督学习方法的一个子集，指利用数据本身的结构和数据本身产生的监督信号来训练深度卷积神经网络。

由于在自监督训练期间不需要人工标注来生成伪标签，因此自监督学习方法的主要优点是它可以以非常低的成本很容易地扩展到大规模数据集。使用这些伪标签进行训练后，自监督方法取得了令人满意的结果，并且在下游任务的性能上取得了与监督方法差距较小的效果。

16.1.3 自监督学习前置任务

根据设计的前置任务的数据属性，可将前置任务的设计方法归纳为三类：基于上下文的方法、基于时序的方法和基于对比的方法。

(1) 基于上下文的方法(Context-Based Methods)：主要利用图像的上下文特征(如上下文相似性、空间上下文结构等)来设计。

① 上下文相似性(Context Similarity)：基于图像块之间的背景相似性来设计。这类方法包括基于图像聚类的方法和基于图形约束的方法。

② 空间上下文结构(Spatial Context Structure)：将前置任务用于训练基于图像块之间空间关系的转换网络。这类方法包括图像拼图、上下文预测和几何变换识别等。

（2）基于时序的方法（Temporal-Based Methods）：主要利用视频的时序特征（如视频帧的先后顺序、视频帧的相似性等）来设计。

① 视频帧的先后顺序：设计一个模型来判断当前的视频序列是否是正确的顺序。

② 视频帧的相似性：即认为视频中的相邻帧特征是相似的，而相隔较远的视频帧是不相似的，通过构建这种相似和不相似的样本来进行自监督约束。

（3）基于对比的方法（Contrastive-Based Methods）：构建正样本（positive）和负样本（negative），通过度量正负样本的距离来实现自监督学习。

以上我们简单介绍了三种用于自监督学习前置任务的方法，包括基于上下文的方法、基于时序的方法和基于对比的方法，用这些方法设计前置任务都是为了更好地学习图像特征，从而得到对下游任务有价值的表征。

下面我们将通过使用 GAN 生成图像（生成假图像）、图像超分辨（生成高分辨率图像）、图像修复（预测缺失的图像区域）和图像着色（将灰度图像着色为彩色图像）等方法来简单介绍自监督学习前置任务的设计。对于这些方法，伪训练标签 P 通常是图像本身，训练过程中不需要人工标注标签，因此这些方法属于自监督学习方法。

1. GAN 生成图像

生成对抗网络（GAN）是 Goodfellow 等人提出的一种深层生成模型。一个 GAN 模型通常由两种网络组成：一个是根据潜在向量（latent vector）生成图像的生成器，另一个是用来区分输入图像是否由生成器生成的鉴别器。鉴别器强制生成器生成逼真的图像，而生成器强制鉴别器提高其可分辨性。在训练过程中，它们的网络相互竞争，使彼此更强大。图 16.2 所示为从随机噪声任务中生成图像的通用架构。训练生成器将从潜在空间采样任何潜在向量并映射到图像中，而鉴别器则区分图像是实际数据分布还是生成数据分布。因此，鉴别器需要从图像中提取语义特征来完成这一任务。鉴别器的参数可以作为其他计算机视觉任务的预训练模型。

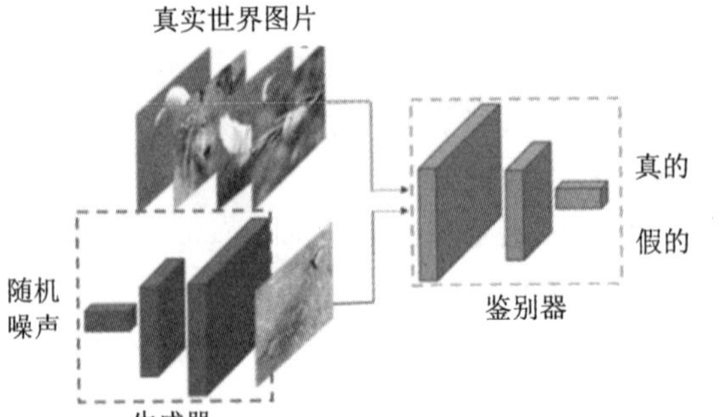

图 16.2　从随机噪声任务中生成图像的通用框架

从随机变量生成图像的大多数方法都不需要任何人工注释的标签。但是，此类任务的主要目的是生成逼真的图像，而不是在下游应用程序上获得更好的性能。通常所生成图像的初始分数用于评估所生成图像的质量。只有少数方法评估了鉴别器在高级任务上学习到的特征的质量并与其他方法进行了比较。

对抗训练可以帮助网络捕捉真实数据的真实分布，生成更具真实感的数据，并广泛应用于图像生成、视频生成、超分辨率、图像翻译、图像修复等计算机视觉任务中。

2. 图像修复

图像修复是指根据其余图像预测任意缺失的区域。图 16.3 是图像修复任务的定性图示。要正确地预测缺失区域，需要网络来学习常识，包括常见对象的颜色和结构。只有知道了这一知识，网络才可以基于图像的其余部分来推断缺失的区域。

(a) 输入具有缺失的图片　(b) 人类艺术家绘制的缺失部分　(c) 网络预测

图 16.3　图像修复任务的定性图示

通过类比自动编码器，Pathak 等人第一步选择训练网络，根据图像的其余部分生成任意图像区域的内容。他们的贡献有两个方面：使用卷积神经网络解决图像修复问题，使用对抗性损失来帮助网络产生逼真的假设。最近科研人员提出的方法中大多数都遵循类似的流程。这些方法通常包括两种网络：一种是生成具有像素级重建损失的丢失区域生成网络，另一种是在对抗性损失的情况下区分输入图像是否真实的鉴别网络。在使用对抗性损失的情况下，网络能够对损失的图像区域产生更清晰、更真实的假设。这两种网络都能从图像中学习语义特征，并转移到其他计算机视觉任务中。

生成网络一般由两部分组成：编码器和解码器。编码器的输入是需要修复的图像，上下文编码器学习图像的语义特征。上下文解码器就是根据这个特征来预测缺失区域的。生成网络需要理解图像的内容，以便生成可实施的假设。通过训练鉴别网络可区分输入图像是否是发生器的输出。为了完成图像修复任务，两个网络都需要学习图像的语义特征。

3. 图像超分辨

图像超分辨(SR)是指增强图像分辨率。借助全卷积网络，可以由低分辨率图像生成更精细、更逼真的高分辨率图像。SRGAN 是 Ledig 等人提出的用于单图像超分辨率的生成对抗网络。这种方法的独到之处是利用了包括对抗性损失和内容损失在内的感知损失。因此 SRGAN 能够从大量下采样的图像中恢复逼真的纹理，并显示出明显的感知质量的提升。

图像超分辨能够学习图像的语义特征，与其他 GAN 类似，鉴别网络的参数可以转移到其他下游任务。

4. 图像着色

图像着色是指给出给定输入灰度的图像对应的彩色图像。图 16.4 显示了图像着色的框架。要正确地着色每个像素，网络需要识别对象并将同一部分的像素分组在一起。因此，可以在完成图像着色的过程中学习视觉特征。

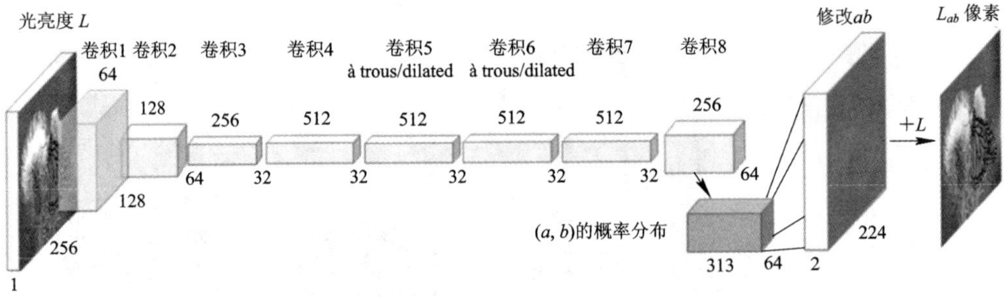

图 16.4　图像着色的架构

近年来，研究人员已经提出了许多基于深度学习的着色方法。一个简单的方法是使用卷积神经网络(它由用于特征提取的编码器和用于着色的编码器组成)，通过预测颜色与其原始颜色之间的 L_2 损失来优化该网络。该方法将图像着色任务看作分类任务来处理不确定性，使用类重新平衡来增加预测颜色的多样性，在大规模图像集上进行训练，在显色试验中取得了良好的结果。

目前一些工作专门将图像着色任务作为自我监督图像表示学习的前置任务。图像着色训练完成后，通过迁移学习，对其他下游高级任务中着色过程学习的特征进行专门评估。

16.1.4　自监督学习下游任务

为了通过自监督方法评估所学习的图像或视频特征的质量，通常需要将自监督学习所学习的参数用作预先训练的模型，然后对下游任务进行微调，如图像分类、语义分割、对象检测和动作识别等。迁移学习在这些高级视觉任务上的表现证明了所学特征的普遍性。如果自监督学习的网络能够学习一般特征，那么预处理后的模型可以用作其他视觉任务的良好起点，这些视觉任务需要从图像或视频中捕捉相似的特征。图像分类、语义分割和目标检测通常用于通过自监督学习方法评估所学习的图像特征具有可推广性的任务，而视频中的人体动作识别用于评估通过自监督学习方法获得的视频特征的质量。以下是视觉特征评估中常用的高级任务的简要介绍。

(1) 语义分割。语义分割是一个为图像中的每个像素分配一个语义标签的任务，其应用领域广泛，如自动驾驶、人机交互和机器人。网络架构主要有全卷积网络(FCN)、DeepLab、PSPNet等。PASCAL VOC、Cityscapes等数据集可用于网络训练和测试。在这些方法中，FCN的提出是语义分割的里程碑式的工作，因为它的提出开创了应用全卷积网络(FCN)来解决这个问题的时代。利用AlexNet、VGG、ResNet等二维卷积网络作为特征提取的基础网络，用卷积层代替全连接层，可得到像素级的分割结果。该网络使用像素级标签进行端到端训练。当使用语义分割作为下游任务来评估通过自监督学习方法所学习的图像特征的质量时，使用前置任务训练的参数来初始化FCN，并在语义分割数据集上进行微调，然后评估语义分割任务的性能并与其他自监督方法进行比较。

(2) 目标检测。目标检测是一项在图像中定位目标位置并识别目标类别的任务，广泛应用于自动驾驶、机器人、场景文本检测等领域。最近，许多数据集如MSCOCO已被提出并用于目标检测，许多基于卷积神经网络的模型已被提出并获得了很好的性能。Fast-RCNN是一个用于目标检测的两阶段网络。首先基于卷积神经网络产生的特征图生成候选区域，然后将这些候选区域送到几个完全连接的层以生成对象的边界框和这些对象的类别。当使用目标检测作为下游任务来评估自监督学习到的图像特征的质量时，前置任务在未标记的大数据上训练得到的网络被用作Fast-RCNN的预训练模型，然后在目标检测数据集上进行微调，最后评估目标检测任务的性能以展示自监督学习特征的可推广性。

(3) 图像分类。图像分类是识别每幅图像中物体类别的任务。许多网络都是为这一任务而设计的，如AlexNet、VGG、ResNet、GoogLeNet等。通常每个图像只有一个类别标签，尽管图像可能包含不同类别的对象。当选择图像分类作为评估，从自监督学习方法中学习图像特征来评估下游任务时，将自监督学习模型应用于每幅图像以提取特征，然后将其用于训练分类器，如支持向量机(SVM)，将测试数据的分类性能与其他自监督模型进行比较，以评估所学特征的质量。

(4) 人体动作识别。人类动作识别是指通过预先定义的动作类别列表来识别视频中的人在做什么的任务。通常人类动作识别数据集中的视频在每个视频中只包含一个动作。完成这一任务需要空间和时间特征。动作识别任务用于评估通过自监督学习方法学习的视频特征的质量时，在未标记的视频数据上执行前置任务的网络训练，然后在带有人工注释的动作识别数据集上进行微调以识别动作，将动作识别任务的测试性能与其他自监督学习方法进行比较，以评估所学特征的质量。

除了以上学习特征的定量评估之外，还有一些定性可视化方法可用来评估自监督学习特征的质量。

(1) 核可视化：定性地可视化通过前置任务学习的第一个卷积层的卷积核，并比较监督模型的内核。通过比较监督模型和自监督模型学习的核的相似性，可以表明自监督方法的有效性。

(2) 特征图可视化：特征图被可视化以显示网络的注意力区域。较大的激活表示神经网络更加关注图像中的相应区域。特征图通常是定性可视化的，可与监督模型进行比较。

(3) 最近邻检索：一般来说，具有相似外观的图像通常在特征空间中更接近。最近邻法用于从自监督学习模型所学习的特征空间找到前 K 个最近邻。

16.1.5 自监督学习数据集

本节介绍用于训练和评估自监督视觉特征学习方法的常用数据集。为监督学习收集的数据集可以用于自监督训练，而无须使用它们的人工标注标签。对所学特征质量的评估通常是通过对具有相对较小的数据集(通常具有准确的标签)的高级视觉任务进行微调来进行的，如视频动作识别、对象检测、语义分割等。常用的图像数据集包括 ImageNet、PASCAL VOC 和 CIFAR10 等，常用的视频数据集包括 SceneNetRGB-D、Kinetic 和 KITTI 等，常用的音频数据集包括 AudioSet，而常用的 3D 对象数据集包括 ShapeNet、ModelNet40 和 ShapeNet-PartSeg 等。

16.2 自监督学习方法

自监督学习主要是利用前置任务从大规模的无监督数据中挖掘自身的监督信息，通过这种构造的监督信息可以对网络进行类似于监督学习的训练，从而可以学习到对下游任务有价值的特征和表示。

自监督学习的方法主要分为三类：基于对比(Contrastive-Based)的自监督学习、基于上下文(Context-Based)的自监督学习和基于时序(Temporal-Based)的自监督学习。

16.2.1 基于对比的自监督学习

基于对比的自监督学习方法通过对两个事物的相似或不相似进行编码来构建表征，主要思想是构建正样本(positive)和负样本(negative)，然后度量正负样本的距离来实现自监督学习。样本和正样本之间的距离应远远大于样本和负样本之间的距离：

$$\text{score}(f(x),\ f(x^+)) \gg \text{score}(f(x),\ f(x^-)) \tag{16-1}$$

这里的 x 通常也称为 anchor 数据。为了优化 anchor 数据和其正负样本的关系，我们可以使用点积的方式构造距离函数，然后构造一个 softmax 分类器，以正确分类正样本和负样本。将相似性度量函数较大的值分配给正样本，将较小的值分配给负样本：

$$L_N = -E_X\left[\log \frac{\exp(f(x)^{\mathrm{T}} f(x^+))}{\exp(f(x)^{\mathrm{T}} f(x^+)) + \sum_{j=1}^{N-1} \exp(f(x)^{\mathrm{T}} f(x_j))}\right] \tag{16-2}$$

通常这个损失也被称为 InfoNCE 损失。最小化 InfoNCE 损失可最大限度地提高 $f(x)$ 和 $f(x^+)$ 之间相互信息的下限。后面的很多工作也基本是围绕这个损失进行的。

Deep InfoMax(DIM)的方法通过最大化互信息来学习期望特征的表示。DIM 通过利用图像中存在的局部结构来学习图像表示。DIM 背后的对比任务其实就是对全局特征和局部特征是否来自同一图像进行分类。如图 16.5 所示，全局特征是卷积编码器的最终输出(一个平面向量 **Y**)，局部特征是编码器中的中间层的输出(一个 M×M 的特征图)。每个局部特征图都有一个有限的接收域。因此，从直觉上讲，这意味着要很好地完成对比任务，全局特征向量必须捕获来自所有不同局部区域的信息。

从 DIM 的损失函数角度来看，我们可以发现它与上面描述的对比损失函数完全一样。在这里，给定一个锚图像 x，$f(x)$ 是全局特征，$f(x^+)$ 是同一图像(正样本)的局部特征，$f(x^-)$ 是来自其他图像(负样本)的局部特征。

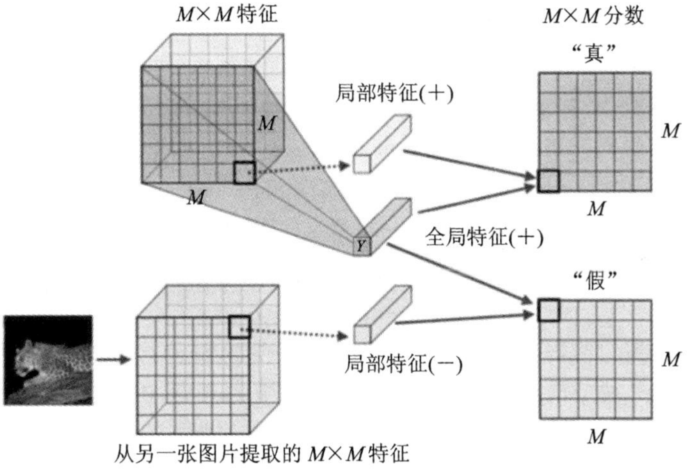

图 16.5　用 DIM 最大化局部特征和全局特征的互信息

为应用可有序表示任何形式的数据，如文本、语音、视频甚至图像(一张图像可以看作像素或 patch 的序列)，对比预测编码(CPC)利用自回归的想法，对相隔多个时间步长的数据点之间共享的信息进行编码来学习表示，并丢弃本地信息。这些特征通常称为慢速特征(这些特征随时间变化不快)，如音频信号中说话者的身份、视频中进行的活动、图像中的对象等。CPC 的主要思想就是由过去的信息预测未来数据，通过采样的方式进行训练。CPC 中的对比任务设置如下：令 $\{x_1, x_2, \cdots, x_N\}$ 为数据点序列，x_t 为锚点数据点，x_{t+k} 是此锚点的正样本，从序列中随机采样的数据点 x_{t*} 是负采样。在计算 x_t 的表示形式时，我们可以使用在编码器网络上运行的自回归网络对历史上下文进行编码。

对比学习可视为运用对比损失函数训练一个编码器进行字典查询的任务，方法是考虑

一个编码查询 q 和一组编码样本$\{k_0, k_1, k_2, \cdots\}$，它们是字典的密钥(key)。假设字典中有一个 q，匹配的 key 表示为k_+，对比损失是一个函数，当 q 与其正键k_+相似且与所有其他键(对 q 来说为负键)不相似时，该函数的值较低。利用点积计算相似度，这里用一种称为 InfoNCE 的对比损失函数：

$$L_q = -\log \frac{\exp(q \cdot k_+/\tau)}{\sum_{i=0}^{K} \exp(q \cdot k_i/\tau)} \tag{16-3}$$

其中，τ 是温度超参数。直观地说，这个损失函数尝试将 q 分为 k_+ 的$(k+1)$－way 基于 softmax 分类器的对数损失。对比损失函数也可以是其他形式，如基于边际的损失和 NCE 损失的变体。

对比损失作为无监督的目标函数，用于训练表示查询(query)和密钥(key)的编码器网络。通常查询表示为 $q=f_q(x^q)$，其中f_q是一个编码器网络，x^q是一个查询样本(同样地，密钥表示为 $k=f_k(x^k)$)。它们的实例化取决于特定的前置任务。输入x^q和x^k可以是图像、patch 或由一组 patch 组成的上下文。网络f_q和f_k可以是相同的、部分共享的或不同的网络。

对比方法往往在有大量的负样本时工作得更好，因为更多数量的负样本可以更有效地覆盖基础分布，从而提供更好的训练信号。但是通常的对比学习公式中，梯度反向流过正样本和负样本的编码器。这意味着负样本的数量被限制为小批量。无监督视觉表征学习的动量对比(MoCo)方法有效地解决了这一问题。如图 16.6 所示，维持大量的负样本队列，不使用反向传播来更新密钥编码器，而使用动量更新的方式更新密钥编码器：

$$\theta_k \leftarrow m\,\theta_k + (1-m)\theta_q \tag{16-4}$$

这里，θ_k是对于负例的编码器的权重，θ_q是对于正例的编码器的权重，$m \in [0, 1)$是一个动量系数。只有参数θ_q被反向传播更新。式(16－4)中的动量更新使得θ_k比θ_q进化得更平滑，因此，虽然队列中的密钥由不同的编码器(以不同的小批量)编码，但是这些编码器之间的差异可以很小。

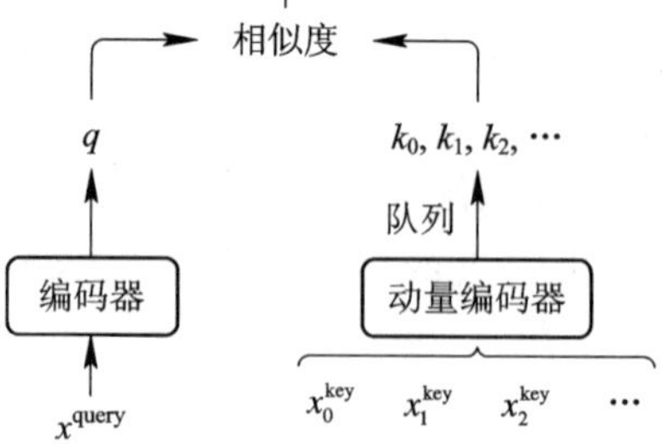

图 16.6　MoCo 通过使用对比损失将编码查询 q 与编码密钥的字典相匹配来训练视觉表征编码器

图 16.6 中，字典 keys$\{k_0, k_1, k_2, \cdots\}$由一组数据样本动态定义。字典作为一个队列被构建，当前的小批量入队，最旧的小批量出队，将字典大小与小批量大小分离。keys 由一个缓慢进行的编码器进行编码，并由查询编码器的动量更新驱动，这种方法为学习视觉表示提供了一个大而一致的字典。

MoCo 使用对比损失，与图 16.7 中的两个现有的一般机制进行比较。它们在字典大小和一致性上表现出了不同的特性。

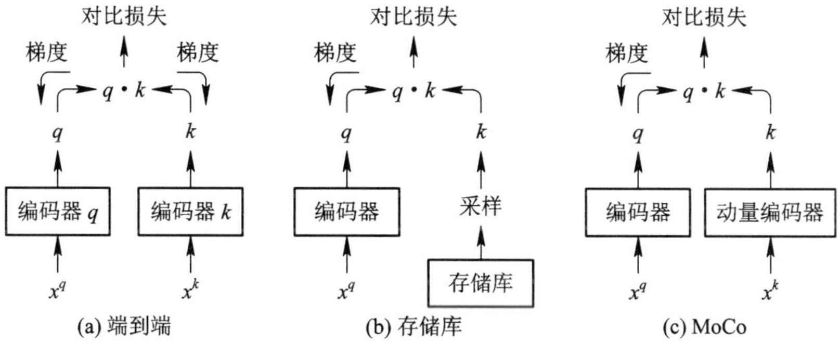

图 16.7　三种对比损失机制的概念比较(这里演示一对查询和键。这三种机制在如何维护密钥和如何更新密钥编码器方面有所不同)

通过反向传播的端到端更新是一种自然机制(见图 16.7(a))。它使用当前小批量中的样本作为字典，因此密钥被一致地编码(由同一组编码器的参数编码)。但是字典大小与小批量大小相结合，会受 CPU 与 GPU 内存大小的限制。它还面临着大规模小批量优化的挑战。最近提出的一些方法基于由局部位置驱动的前置任务，其中字典大小可以通过多个位置来增大。但这些前置任务可能需要特殊的网络设计，如修补输入或自定义接收字段大小，可能会使这些网络向下游任务的迁移复杂化。

另一种机制是存储库(memory bank)方法(见图 16.7(b))。存储库由数据集中所有样本的表示组成。每个小批量的字典都是从存储库中随机抽取的，没有反向传播，因此它可以支持较大的字典大小。但是存储库中的一个样本的表示在最后一次看到时会被更新，因此采样的密钥基本上是编码器在过去迭代中的多个不同步骤，它们不太一致。而通过非参数化实例级判别的无监督特征学习对存储库采用动量更新，是基于同一个样本的表示，而不是编码器。这种动量更新与 MoCo 方法无关，因为 MoCo 没有跟踪每个样本。此外，MoCo 的方法具有更高的存储效率，可以在十亿规模的数据上进行训练，这对于一个存储库来说是很难的。

在 PASCAL VOC、COCO 和其他数据集的 7 个检测或者分割任务中，MoCo 可以超过其有监督的预训练对应部分，有时甚至可以大幅度超越。一般来说，这些任务需要在

ImageNet 上进行有监督的预训练才能获得最佳结果，但是 MoCo 的结果表明，在许多视觉任务中，无监督和有监督的表征学习之间的差距已经显著缩小。

SimCLR 算法通过组合数据增强后的图像对比来学习特征，这个工作主要是对一个输入的样本进行不同的数据增广。对于同一个样本的不同增广是正样本，对于不同样本的增广是负样本，如图 16.8 所示。整个过程比之前动量对比(MoCo)更加简单，同时省去了数据存储队列。SimCLR 首先在表征层和最后的损失层增加了一个非线性映射以增强性能；其次，数据增广对于自监督学习是有益的，不同数据增广方式的结合比单一增广更好。与监督学习相比，对比学习能够从更大的批处理大小和更多的训练步骤中受益。

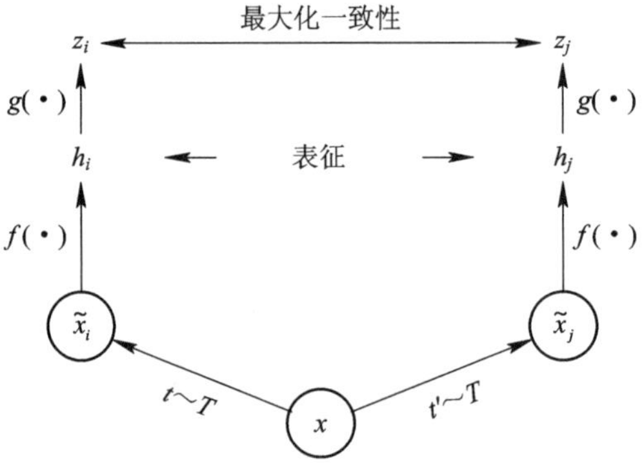

图 16.8　SimCLR 算法框架图

SimCLR 先随机抽取 N 个小批量样本，对这 N 个小批量样本进行增强，得到 $2N$ 个数据点，并在增强样本对上定义对比预测任务。然后给定一个正对，我们将小批量内的其他 $2(N-1)$ 个增强样本视为负样本(负例)。设 $\mathrm{sim}(\boldsymbol{u}, \boldsymbol{v})=\boldsymbol{u}^{\mathrm{T}}\boldsymbol{v}/(\|\boldsymbol{u}\|\|\boldsymbol{v}\|)$表示 L_2 归一化 $\boldsymbol{u}$ 和 $\boldsymbol{v}$ 的点积(即余弦相似度)。然后将一对正例(i, j)的损失函数定义为

$$l_{i,j}=-\log\frac{\exp[\mathrm{sim}(z_i, z_j)/\tau]}{\sum_{k=1}^{2N}1_{[k\neq i]}\exp(\mathrm{sim}(z_i, z_k)/\tau)} \tag{16-5}$$

其中，$1_{[k\neq i]}\in\{0, 1\}$是一个指标函数，当 $k\neq i$ 时取值为 1；τ 是一个温度参数。最终损失是在一个小批量样本中对所有正对(i, j)和(j, i)计算得到的。为了方便起见，我们将其称为归一化温度尺度交叉熵损失。

SimCLR 算法的伪代码如下：

算法 16.1　SimCLR 的主要学习算法

输入：batch 的大小 N，常量 τ，f、g、T 的网络结构

对采样的小批量$\{x_k\}_{k=1}^{N}$做 for 循环

　　对所有的 $k\in\{1, 2, \cdots, N\}$做 for 循环

提取两个增强函数 $t \sim T$，$t' \sim T$

#第一次增强

$\tilde{x}_{2k-1} = t(x_k)$

$h_{2k-1} = f(\tilde{x}_{2k-1})$

$z_{2k-1} = g(h_{2k-1})$

#第二次增强

$\tilde{x}_{2k} = t'(x_k)$

$h_{2k} = f(\tilde{x}_{2k})$

$z_{2k} = g(h_{2k})$

结束 for 循环

对所有的 $i \in \{1, \cdots, 2N\}$ 和 $j \in \{1, \cdots, 2N\}$ 做 for 循环

$s_{i,j} = \boldsymbol{z}_i^{\mathrm{T}} \boldsymbol{z}_j / (\|\boldsymbol{z}_i\| \|\boldsymbol{z}_j\|)$

结束 for 循环

定义 $l(i, j)$ 为 $l(i, j) = -\log \dfrac{\exp(s_{i,j}/\tau)}{\sum_{k=1}^{2N} 1_{[k \neq i]} \exp(s_{i,k}/\tau)}$

$L = \dfrac{1}{2N} \sum_{k=1}^{2N} [l(2k-1, 2k) + l(2k, 2k-1)]$，更新网络 f 和网络 g 来最小化 L

结束 for 循环

返回编码网络 $f(\cdot)$，并丢弃 $g(\cdot)$

16.2.2 基于上下文的自监督学习

在基于上下文的图像特征学习中，前置任务的设计主要利用的是图像的上下文特征，如上下文相似性、空间上下文信息等。当将上下文相似性用作自监督学习的监督信号时，数据会被聚类成不同的组。在假设数据来自同一组的情况下，同一组的数据具有较高的上下文相似性，而来自不同组的数据具有较低的上下文相似性。

聚类是对相同聚类中相似数据集进行分组的一种方法。在自监督的情况下，聚类方法主要用作对图像数据进行聚类的工具。一个简单的方法是使用手工设计的特征将图像数据进行聚类，如 HOG、SIFT 等。聚类后，会获得多个簇，一个簇内的图像在特征空间中的距离较小，而来自不同簇的图像在特征空间中的距离较大。在特征空间中距离越小，则在 RGB 空间中外观越相似。然后，可以使用簇分配作为伪类标签来训练卷积神经网络对数据进行分类。为了完成此任务，卷积神经网络需要学习类内的同质性和不同类之间的差异性。使用聚类作为前置任务的现有方法遵循以下步骤：首先，将图像聚类为不同的簇，其中来自同一簇的图像具有较小的距离，而来自不同簇的图像具有较大的距离；然后，训练一个卷积神经网络识别簇分配或识别两幅图像是否来自同一簇。由于聚类和自监督训练是两个单独的步骤，因此可以使用各种聚类方法来生成可靠的簇。

图像包含丰富的空间上下文信息，如图像中不同块之间的相对位置，可用于设计自监督学习的前置任务。前置任务可以是从相同的图像中预测两个图像块的相对位置，或者从相同的图像中识别一系列图像块的顺序。为了完成这些前置任务，卷积神经网络需要学习空间上下文信息，如物体的形状和物体不同部分的相对位置。

利用空间上下文线索进行自监督视觉特征学习是先驱工作之一，其为图像的自监督学习提供了一种范式，类似于文本的自监督学习，对上下文做出预测。通过构造上下文预测这样一个前置任务，可使网络学到图像中的上下文信息，而这些信息对于图像分类、目标检测和语义分割等计算机视觉任务有帮助。如图16.9所示，作者首先随机采样一个区域patch1并将其输入网络中，之后将区域周边分成八个patch，随机从这八个patch中任意选取一个patch2，再输入网络中，预测patch2相对于patch1的偏移，即预测patch2相对于patch1的位置关系。为了避免网络学习中的繁缛，简单地使用补丁中的边缘来完成此任务，在训练阶段采用了大量的数据扩充。

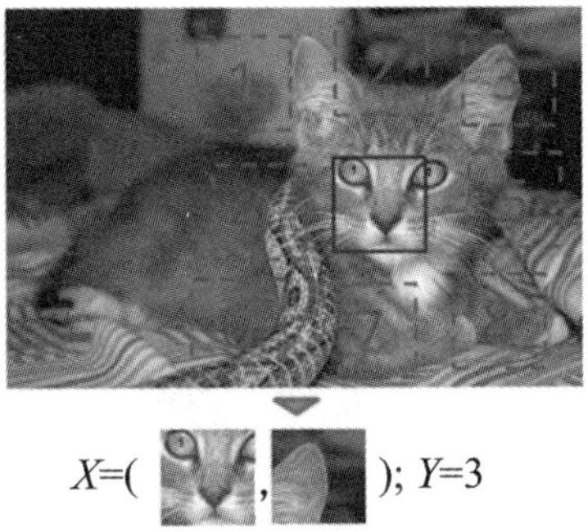

图16.9　没有任何上下文，通过自监督学习预测出随机选取的patch相对于给定patch的位置关系

遵循这个想法，许多不同的方法被提出来用于解决空间图像问题。图16.10为用卷积神经网络解决图像拼图。图16.10(a)是具有9个采样图像块的图像，图(b)是打包图像块的示例，图(c)显示了9个采样块的正确顺序。打包的图像块被送到网络，该网络经过训练以通过学习图像的空间上下文结构(如对象颜色、结构和高级语义信息)来识别输入块的正确的空间位置。

(a)　(b)　(c)

图16.10　图像拼接的可视化

给定一个图像的 9 个图像补丁，有 362 880(9!)个可能的排列，网络很可能需要识别所有的图像。为了限制排列的数量，通常使用汉明距离作为度量标准，在具有较大汉明距离的所有排列中选择排列的子集，并使用这些选定的排列子集来训练卷积神经网络识别混乱图像块的排列。设计拼图网络的主要原则是要找到一个合适的任务，因此通常通过减小搜索空间来降低任务难度。

此外，全图像的空间上下文也可以作为一种监督信号来设计前置任务，如几何变换识别。如图 16.11 所示，将整幅图像的旋转角度作为一种监督信号，训练一个 ConvNet 模型 $F(\cdot)$来估计作为输入的图像的几何变换。具体来说，由 k 个离散几何变换组成一个集合 $G=\{g(\cdot|y)\}_{y=1}^{k}$，$g(\cdot|y)$是对图像 X 进行几何变换的操作算子，并带有标签 y，产生变换后的图像 $X^y=g(X|y)$。模型 $F(\cdot)$得到输入图像 X^{y*}，其中标签 y^* 未知。所有可能的几何变换的概率分布：

$$F(X^{y*}|\theta)=\{F^y(X^{y*}|\theta)\}_{y=1}^{K} \tag{16-6}$$

其中，$F^y(X^{y*}|\theta)$是带有标签 y 的几何变换的预测概率，θ 是模型 $F(\cdot)$的可学习参数。

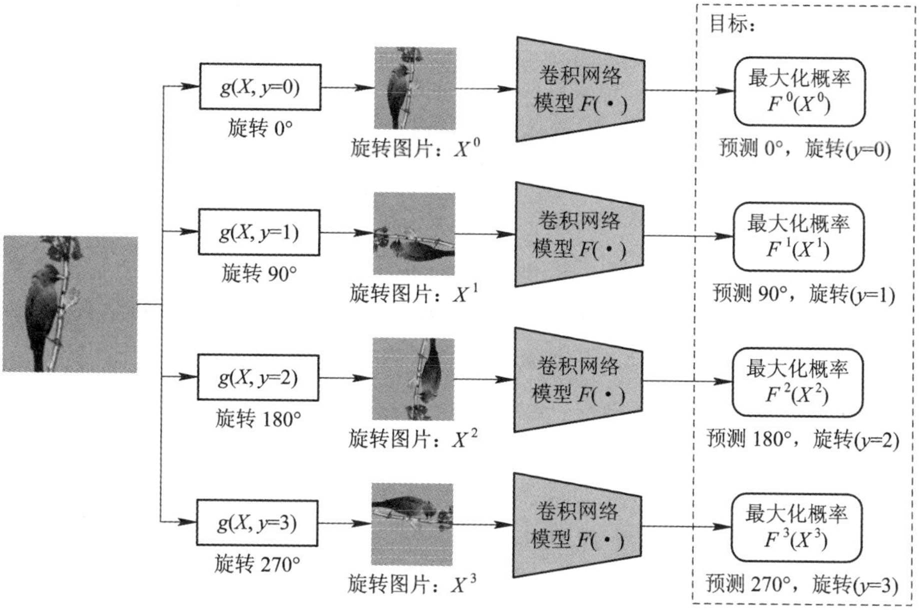

图 16.11　将旋转角度作为监督信号用于语义特征学习的自监督学习任务

因此，给定一组 N 个训练图像 $D=\{X_i\}_{i=1}^{N}$，ConvNet 模型的自监督训练目标是：

$$\min_{\theta}\frac{1}{N}\sum_{i=1}^{N}\text{loss}(X_i,\theta) \tag{16-7}$$

其中，损失函数定义为

$$\text{loss}(X_i, \theta) = -\frac{1}{K}\sum_{y=1}^{k}\log(F^y(g(X_i \mid y) \mid \theta)) \tag{16-8}$$

通过训练 ConvNet 识别输入图像的 2D 旋转来学习图像特征，这个看似简单的任务，定性和定量地证明了它实际上为语义特征学习提供了非常强大的监督信号。

16.2.3 基于时序的自监督学习

之前我们介绍了样本自身的信息，如旋转、着色、裁减、拼图等。其实样本间也有很多约束关系。最能体现时序的数据类型就是视频数据。本节介绍利用时序约束来进行自监督学习的方法。

第一种方法依据的是帧的相似性。视频中的每一帧存在着相似性。简单来说，我们可以认为视频中的相邻帧是相似的，而相隔较远的视频帧是不相似的，通过构建这种相似(positive)和不相似(negative)的样本来进行自监督约束。另外，对于同一个物体的拍摄可能存在多个视角(multi-view)，对于多个视角中的同一帧，可以认为其特征是相似的，对于不同帧则可以认为是不相似的。

另一种方法依据的是无监督追踪方法。首先在大量的无标签视频中进行无监督追踪，获取大量的物体追踪框，那么一个物体的追踪框在不同帧的特征应该是相似的(positive)，而不同物体的追踪框中的特征应该是不相似的(negative)。

除了基于特征的相似性外，视频的先后顺序也是一种自监督信息。视频由各种长度的帧组成，这些帧具有丰富的空间和时间信息。利用时间上下文关系提出了各种前置任务，包括时间顺序验证和时间顺序识别。时间顺序验证用于验证输入帧序列是否按正确的时间顺序进行，而时间顺序识别用于识别输入帧序列的顺序。

另外，基于顺序约束的方法，可以从视频中采样出正确的视频序列和不正确的视频序列，构造正负样本对来进行训练。简言之，目标就是设计一个模型来判断当前的视频序列是否是正确的顺序。

图 16.12 所示为使用时间顺序验证作为 2D 卷积神经网络的前置任务的视频特征学习方法。该过程有两个主要步骤：① 从视频中采样具有重要运动的帧；② 将采样的帧打乱并馈送到经过训练的网络以验证输入数据的顺序是否正确。为了成功验证输入帧的顺序，需要网络捕获帧之间的细微差异，如人的移动。因此，可以通过完成此任务的过程来学习语义特征。时间顺序识别任务使用类似体系结构的网络。但是，这些方法通常要经历大量的数据集准备步骤，且需要大量的计算资源。因此，需要更多直接和省时的方法来进行自监督视频特征学习。

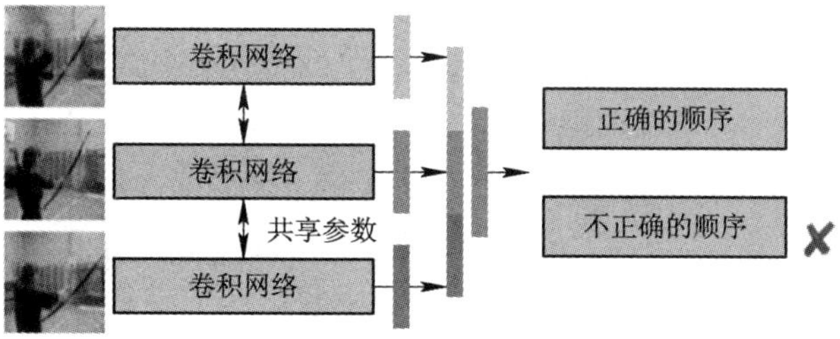

图 16.12　Shuffle 和 Learn 的流程(训练网络以验证输入帧是否按正确的时间顺序排列)

16.3　自监督学习的应用拓展

16.3.1　自监督学习辅助的知识蒸馏

近年来，随着底层计算硬件和分布式平台的快速发展，卷积神经网络向着更宽、更深的方向大步前进，这些模型有着优异性能的同时，过大的模型规模和过长的推理时间限制了它们向移动设备迁移的可能。为解决这一问题，多种模型压缩算法被提出，旨在压缩大模型，以尽可能小的性能损失将其部署在计算资源受限的移动设备上。

模型压缩有很多种选择，如剪枝、量化、知识蒸馏等。剪枝在维持模型结构不变的同时，试图剪掉对网络影响不大的通道。量化可以将 32 bit 的高精度计算降至 8 bit 的低精度计算。知识蒸馏由 Hinton 在 2015 年首次提出，不同于剪枝和量化，它并非去修改一个已有的大模型，而是构建一个新的小模型，期望在大模型的监督下可使小模型的性能得到提升。知识蒸馏的框架如图 16.13 所示。通常称大模型为教师模型(teacher)，称小模型为学生模型(student)。

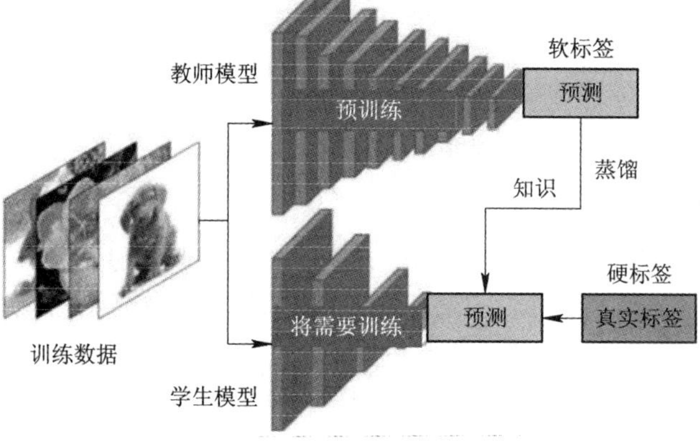

图 16.13　知识蒸馏的框架

通常一个训练好的模型在测试时给出的预测结果并不是 one-hot 形式(某一类为 1，其余类全 0)的。对于某一张测试图像，即使模型分类正确，在错误的类别上模型仍然会给出一些值较小但非零的概率。而这些小但非零的值包含类与类之间的相似度关系。例如，输入一张狗的图像，模型可能在狗的类别上给出 0.7 的概率，而在猫和狼的类别上给出 0.1 的概率，这种类间关系是模型在训练过程中基于数据集自动学会的，能够提供比人工标注的 one-hot 标签更丰富的信息。用一个训练好的大模型的输出来监督另一个小模型，其结果比只用人工标签更好。

来自教师模型的输出被形象化为知识，而从教师模型提取知识并转移至学生模型，与化学中从混合物中蒸馏出某纯净物的过程相似，所以用教师模型监督学生模型的方法被称作蒸馏。

1. 现行蒸馏方法

一个应用于分类任务的 CNN 通常包含两部分：① 用于提取特征的网络主干；② 用于将特征映射到分类结果的分类器。

一张输入图像经过整个网络处理，除了最后一层输出分类结果外，还会得到非常多不同尺度、不同语义的中间层特征。在 Hinton 最早尝试用最后一层输出作为 knowledge 后，后续的工作便开始探索中间层特征及其变体作为 knowledge 的可能性，如 FitNet 用 feature map 本身，Attention Transfer(AT)用 attention map，Flow of Solution Procedure (FSP)用层之间的 gram 矩阵等，这些工作可以用一个统一的公式来表达：

$$\text{LOSS}=D(f_t(x_t),\ f_s(x_s)) \tag{16-9}$$

其中，x 表示 feature，下标 t 和 s 分别表示 teacher 和 student，$f(\cdot)$表示某种变换，$D(\cdot)$表示某种距离度量。式(16-9)表示对 teacher 和 student 的特征各自做某种变换，并要求二者的变换结果在距离度量 D 下尽量接近，$f(\cdot)$和 $D(\cdot)$的变化也就对应采用不同方法让 student 去模仿 teacher 的不同部分。

早期的知识蒸馏大多是一元模仿，即针对单张图像的模仿，后续的工作将一元拓展至二元，即针对样本间的关系进行模仿，这一拓展使得对 student 特征空间中样本的分布有了更加结构化的约束，student 的性能得到了进一步提升。

2. 自监督学习辅助的知识蒸馏

现有的知识蒸馏方法的研究主要集中在学生模型应该模仿哪种类型的教师网络的中间表示上。这些表示包括注意力图、语法矩阵、梯度、预激活和特征分布统计。尽管网络的中间表示可以提供更细粒度的信息，但是这些知识的介质其共同特征是它们都来自单个任务(通常是原始分类任务)。知识是高度特定于任务的，因此，此类知识可能只反映封装在烦琐网络中的完整知识的单个方面。为了挖掘更丰富的潜藏知识，我们需要开展除原始分类任务之外的辅助任务，以提取与分类知识互补的更丰富的信息。

自监督学习辅助的知识蒸馏提出将自监督学习用作辅助任务，可以从教师模型中获得更加全面的知识。自监督学习的原始目标是通过一个前置任务学习监督信号的表征。将前置任务应用于教师模型的方法是将轻量级辅助分支/模块附加到教师模型的主干上，固定主干，更新主干的辅助模块，然后从辅助模块中提取相应的自监督信号进行蒸馏。

图 16.14 显示了使用自监督学习作为知识蒸馏的辅助任务的几个优点(我们将组合称为 SSKD(Knowledge Distillation Meets Self-Supervision))。首先，在常规的知识蒸馏中，学生模型根据单个分类任务从正常数据中模仿老师模型。SSKD 将该概念扩展到了更广泛的范围，即模仿转换后的数据和附加的自我监督前置任务。这使学生模型能够从教师模型的自监督预测中捕获到更丰富的结构化知识，而这些知识是无法通过单个任务充分捕获的。SSKD 的另一个优点是它与模型无关。以前的知识蒸馏方法在跨网络结构设置下会降低性能，因为它们传递的知识非常特定于整体结构。例如，将 ResNet50 的功能转移到 ShuffleNet 时，由于架构差异，学生可能难以模仿。相比之下，SSKD 仅迁移最后一层的输出，因此提供了更灵活的解决方案，供学生模型搜索最适合其自身整体结构的中间表示空间。

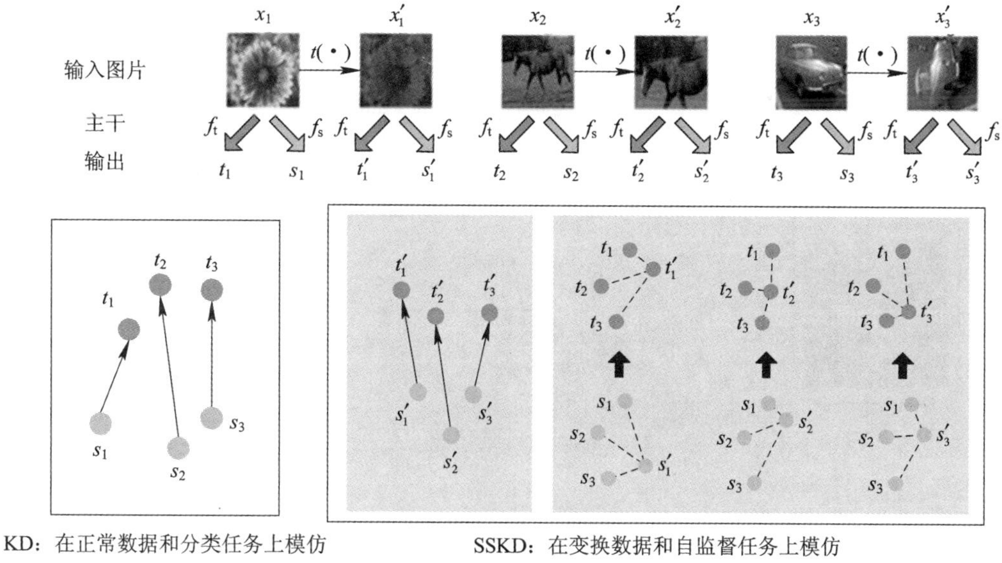

图 16.14　传统的知识蒸馏和自监督学习辅助的知识蒸馏

因此，自监督学习辅助的知识蒸馏的出发点便是：通过自监督任务，补足 teacher 模型中原本分类任务无法覆盖的那部分知识，通过分类任务和自监督任务的双重蒸馏，促进 student 模型的性能提升，其原理如图 16.15 所示。教师模型和学生模型均由三个部分组成：一个用于提取表示形式的主干 $f(\cdot)$，一个用于完成主要任务的分类器 $p(\cdot)$ 和一个用于完成特定自监督任务的自监督(SS)模块。这里的自监督任务选择对比预测，从变换图片中挑选出与输入图像最匹配的那一个。输入数据是普通数据 $\{x_i\}$ 和对其进行变换后的数据 $\{\tilde{x}_i\}$。变换 $t(\cdot)$ 从预定义的变换分布 T 中采样得到。可以选择转换，如颜色删除、旋转、裁减、调整大小和颜色失真，当然还可以包含更多的转换。我们将 x 和 $\tilde{x}$ 送到主干网络，并获得它们的表示 $f_t(x)$ 和 $f_t(\tilde{x})$。

教师网络的训练分为两个阶段。在第一阶段，对网络进行分类损失训练，仅更新主干 $f_t(\cdot)$ 和分类器 $p_t(\cdot)$。分类损失不是在变换后的数据 $\tilde{x}$ 上计算的，因为变换 T 的目标不是扩大训练集，而是使 $\tilde{x}$ 在视觉上与 x 不太相似。在第二阶段，固定 $f_t(\cdot)$ 和 $p_t(\cdot)$，仅使用对比预测损失(见式(16-10))来更新 SS 模块 $c_t(\cdot,\cdot)$ 中的参数。第二阶段旨在使 SS 模块适应使用现有主干中的特征进行对比预测，这使我们能够从 SS 模块中提取知识进行蒸馏。蒸馏损失 L 的计算式如下：

$$L=-\sum_i \log\left(\frac{\exp[\cos(\tilde{z}_1, z_i)/\tau]}{\sum_k \exp[\cos(\tilde{z}_1, z_k)/\tau]}\right)=-\sum_i \log\left(\frac{\exp(A_{i,i}/\tau)}{\sum_k \exp(A_{i,k}/\tau)}\right) \tag{16-10}$$

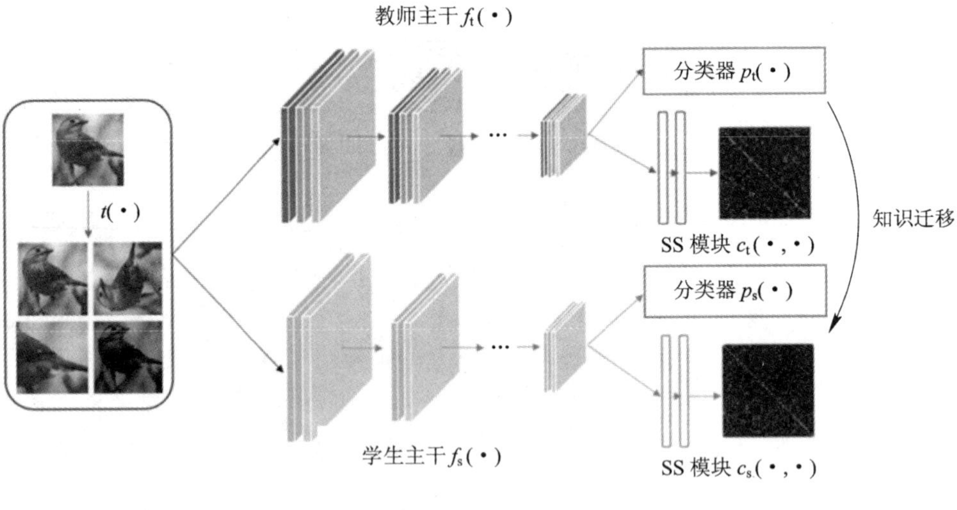

图 16.15　自监督学习辅助的知识蒸馏的结构框架

在训练好教师的自监督模块后，我们将带有温度标度 τ 的 softmax 沿着行维度应用于教师的相似度矩阵 $\boldsymbol{A}^t$，以产生一个概率矩阵 $\boldsymbol{B}^t$。同理，在学生的相似度矩阵产生概率矩阵 $\boldsymbol{B}^s$。然后，我们可以用 $\boldsymbol{B}^t$ 和 $\boldsymbol{B}^s$ 计算教师和学生的自监督模块的输出之间的 KL 散度损失。尽管不要求学生把转换后的数据分类正确，但是希望学生的分类器输出能和教师的分类器输出尽可能接近，最终不断地优化损失函数，直至得到想要的结果。

16.3.2 自监督半监督学习

现代计算机视觉系统在图像识别、目标检测、语义图像分割等多种具有挑战性的计算机视觉基准上表现出优异的性能。它们的成功与否取决于是否可以获得大量附加注释的数据，这些有标注的数据耗时且代价高。许多现实世界中的计算机视觉应用关注的是基准数据集中不存在的视觉类别，或者涉及动态性质的应用，其中视觉类别或其外观可能随时间变化。为所有这些情况构建大型的标记数据集往往不可行。因此，设计一种学习方法，仅利用少量带标签的示例就可以成功学习识别新任务是一项重要的研究挑战。

自监督学习技术定义了仅使用未标记数据就可以制订的前置任务，因此为解决这些前置任务而训练的模型可用于解决其他感兴趣的下游任务，如图像识别等。半监督学习试图从未标记的样本和标记的样本中学习，通常假定它们是从相同或相似的分布中采样的。可采用不同方法对未标记数据结构获得不同的信息。

用于评估半监督学习算法的标准协议的工作原理如下：从标准标记数据集开始，只保留该数据集上的一部分标签(如 10%)，将其余的视为未标记数据。深度神经网络半监督学习的许多初步结果都基于生成模型，如降噪自动编码器、变分自动编码器和生成对抗网络。最近的一系列研究表明，通过对未标记数据增加一致性正则化损失，标准基线的结果得到了改善，这些一致性正则化损失度量了在扰动的未标记数据点上所做的预测之间的差异。在测量这些扰动之前，通过平滑预测可以显示出其他改进。这类方法包括 π 模型、时间集合和虚拟对抗训练等。半监督学习的另外一种重要方法(即在深度神经网络和其他类型的模型中均显示出成功的方法)是伪标签。伪标签是一种简单的方法，它仅在标记的数据上训练模型，然后对未标记的数据进行预测，之后使用未标记数据点的预测类别扩大其训练集，最后使用这个放大的标记数据集重新训练模型。而条件熵最小化鼓励所有未标记的样本对某类做出有信心的预测。

自监督半监督方法(S^4L)聚焦于半监督图像分类问题。形式上，假设数据会在图像和标签上生成联合分布 $P(X, Y)$。学习算法可以访问已标记的训练集 D_l(这个训练集从 $P(X, Y)$中被独立同分布采样)和一个未标记的训练集 D_u(从边缘分布 $P(X)$中被独立同分布采样)，如图 16.16 所示。

在这个方法中考虑的半监督方法具有以下形式的学习目标：

$$\min_{\theta}[L_l(D_l, \theta)+w L_u(D_u, \theta)] \tag{16-11}$$

其中，L_l是数据集中所有标记图像的标准交叉熵分类损失，L_u是在无监督图像上定义的损失，w 是非负标量权重，θ 是$f_\theta(\cdot)$模型的参数。这里学习目标可以扩展到多个无监督的损失。比如，自监督学习任务可以是旋转、裁减、随机水平镜像和 HSV 颜色随机化这些任务中的一个组合。

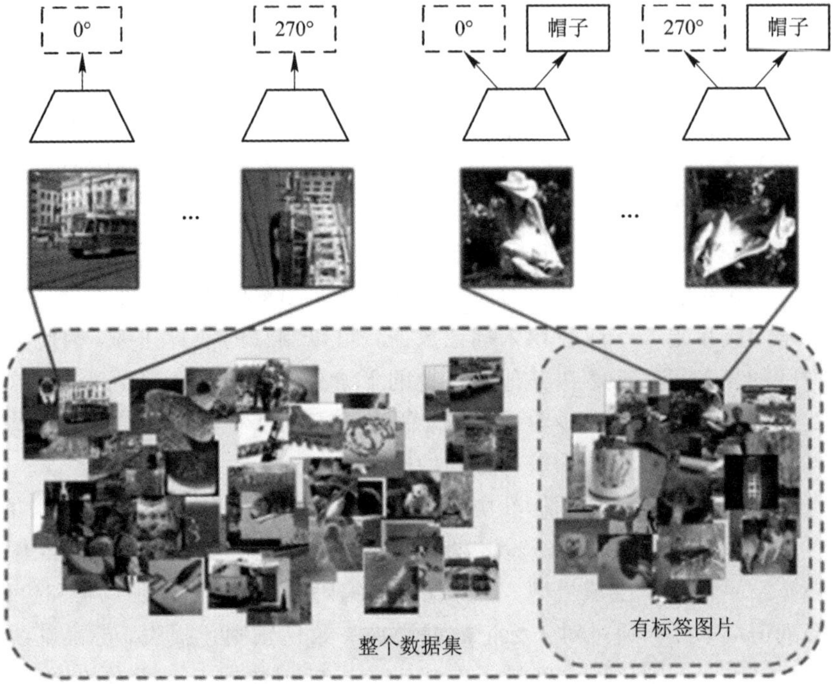

图 16.16　一种自监督半监督方法 S^4L-Rotation 示意图

需要注意的是，自监督半监督学习的目标函数(式(16 - 11))实际上是使用随机梯度下降或其变体进行优化，而随机梯度下降或者其变体使用小批量数据来更新参数 θ。在这种情况下，有监督的小批量大小 x_1，$y_1 \subset D_1$和无监督的小批量大小 $x_u \subset D_u$的大小可以任意选择。在S^4L 算法中，默认采用相同大小的小批量这个最简单的选择。

自监督半监督学习算法通过运用预测图像旋转和预测示例这两个突出的自监督技术，在具有挑战性的 ILSVRC - 2012 数据集上展现出了非常不错的表现。

S^4L - Rotation 旋转自监督的关键思想是旋转输入图像，然后预测这些旋转图像的旋转角度。损失定义为

$$L_{\text{rot}} = \frac{1}{|R|} \sum_{r \in R} \sum_{x \in D_u} L(f_\theta(x^r), r) \tag{16 - 12}$$

式中，R 是 4 个旋转角度的集合，x^r是图像 x 经过旋转 r 角度后得到的，$f_\theta(\cdot)$是一个带有参数 θ 的模型，L 是交叉熵损失。这导致了一个 4 类分类问题。在单步的优化过程中，我们总是应用和预测在一个小 batch 中每张图片的所有四个旋转。

我们还将自监督的损失应用于每个小批量中的有标记图像。由于在这种情况下我们处理旋转的有监督图像，因此建议对这些图像也应用分类损失。当只有少量标记的图像可用

时，这可以视为在方案中对模型进行正则化的另一种方法。

S^4L - Exemplar 示例自监督的思想是学习一种视觉表示，该视觉表示对于各种图像变换都是不变的。具体来说，我们使用裁减、随机水平镜像和 HSV 空间颜色随机化来在一个小批处理中生成每个图像的 8 个不同实例，并且将 L_u实现为具有软裕度的批处理硬三元组损失。这鼓励相同图像的转换具有相似的表示，相反，而不同图像的转换具有不同的表示。和旋转自监督学习类似，L_u被用在每张图片的 8 个实例上。

S^4L 框架可用于将任何自监督方法转变为半监督学习模型，弥合了自监督学习和半监督学习之间的差距。通过实例化S^4L - Rotation 和S^4L - Exemplar 这两种方法表明，它们在具有挑战性的数据集 ILSVRC - 2012 上的性能表现与半监督方法相比具有竞争优势。而且进一步证明，S^4L 方法是对现有半监督技术的补充。

本章小结

本章主要介绍自监督学习的相关知识，主要从自监督学习概述、自监督学习的主要方法以及自监督学习的应用扩展等方面进行讲解。

在介绍自监督学习概述时，介绍了自监督学习提出的背景、前置任务的设计和下游任务的应用场景。现代计算机视觉系统在图像识别、目标检测、语义图像分割等多种具有挑战性的计算机视觉基准上表现出了优异的性能。它们的成功取决于可以获得大量附加注释的数据，但这些有标注的数据耗时且代价高。因此，为了在无须任何人工注释标签的情况下从未标记数据中学习图像特征，产生了自监督学习的思想。自监督学习的思想非常简单，就是输入的是一堆无监督的数据，但是通过数据本身的结构或者特性等，人为构造出标签。有了伪标签之后，就可以与监督学习一样进行训练了。在前置任务训练完成后，学习到的参数将用于预训练的模型，并通过微调转移到其他下游计算机视觉任务。

自监督学习有三种方法：基于对比的自监督学习方法、基于上下文的自监督学习方法、基于时序的自监督学习方法。基于对比的自监督学习方法是目前自监督学习领域用得最多的方法之一，目前来说它的性能是非常强的。它的主要思想是通过构建正样本和负样本，度量正负样本的距离来实现自监督学习。基于上下文和基于时序的自监督学习方法分别利用的是图像的上下文特征和视频的时序特征等。总之，这些方法的思想就是如何设计一个前置任务，人为地构造伪标签，让网络模型学习到很好的表征。学习到的参数能够使模型的泛化性能很好，并且能够在不同的下游任务中取得不错的效果。

自监督学习的应用扩展包括自监督辅助的知识蒸馏和自监督半监督学习。前者将自监督学习用作辅助任务，使学生模型能够从教师模型的自监督预测中捕获到更丰富的结构化知识，而这些知识是无法通过单个任务充分捕获的。这种结构化的知识不仅可以提高整体的蒸馏性能，还可以使学生模型正则化，以便更好地概括样本少且噪声大的场景。后者将自监督学习技术应用于半监督学习，通过有监督的交叉熵分类损失和自监督的损失一同优化整个模型，从而达到比只用半监督学习更好的效果。

综上所述，面对现实生活中有标注的数据少而代价高，无标注的数据多而易获取，自监督学习技术在将来的计算机视觉领域一定会大放异彩。

习　题

1. 请简述自监督学习的定义、特点与意义。
2. 请简述并思考自监督、半监督、弱监督、无监督和有监督的区别与联系。
3. 请简述自监督学习中常见的学习方法、主要流程及相应的应用进展。
4. 请自行查阅并拓展写出两个自监督学习的应用并简述它们的工作原理。
5. 请自行查阅并拓展学习自监督学习的相关文献，总结最新的进展和方法。

参考文献

[1] GIRSHICK R, DONAHUE J, DARRELL T, et al. Rich feature hierarchies for accurate object detection and semantic segmentation[C]//Proceedings of the IEEE Conference on Computer Vision and Pattern Recognition, 2014: 580 - 587.

[2] GIRSHICK R. Fast R-CNN[C]//Proceedings of the IEEE International Conference on Computer Vision, 2015: 1440 - 1448.

[3] LONG J, SHELHAMER E, DARRELL T. Fully convolutional networks for semantic segmentation[C]//Proceedings of the IEEE Conference on Computer Vision and Pattern Recognition, 2015: 3431 - 3440.

[4] VINYALS O, TOSHEV A, BENGIO S, et al. Show and tell: a neural image caption generator[C]//Proceedings of the IEEE Conference on Computer Vision and Pattern Recognition, 2015: 3156 - 3164.

[5] KRIZHEVSKY A, SUTSKEVER I, HINTON G E. Imagenet classification with deep convolutional neural networks[J]. Advances in Neural Information Processing Systems, 2012, 25: 1097 - 1105.

[6] SIMONYAN K, ZISSERMAN A. Very deep convolutional networks for large-scale image recognition[J]. arXiv: 1409.1556, 2014.

[7] SZEGEDY C, LIU W, JIA Y, et al. Going deeper with convolutions[C]//Proceedings of the IEEE Conference on Computer Vision and Pattern Recognition, 2015: 1 - 9.

[8] HE K, ZHANG X, REN S, et al. Deep residual learning for image recognition[C]//Proceedings of the IEEE Conference on Computer Vision and Pattern Recognition, 2016: 770 - 778.

[9] DENG J, DONG W, SOCHER R, et al. Imagenet: a large-scale hierarchical image database[C]//2009 IEEE Conference on Computer Vision and Pattern Recognition, 2009: 248 - 255.

[10] TRAN D, BOURDEV L, FERGUS R, et al. Learning spatiotemporal features with 3d convolutional

networks[C]//Proceedings of the IEEE International Conference on Computer Vision, 2015: 4489 - 4497.
[11] ZHANG R, ISOLA P, EFROS A A. Colorful image colorization[C]//European Conference on Computer Vision. Springer, Cham, 2016: 649 - 666.
[12] PATHAK D, KRAHENBUHL P, DONAHUE J, et al. Context encoders: feature learning by inpainting[C]//Proceedings of the IEEE Conference on Computer Vision and Pattern Recognition, 2016: 2536 - 2544.
[13] NOROOZI M, FAVARO P. Unsupervised learning of visual representations by solving jigsaw puzzles[C]//European Conference on Computer Vision. Springer, Cham, 2016: 69 - 84.
[14] MISRA I, ZITNICK C L, HEBERT M. Shuffle and learn: unsupervised learning using temporal order verification[C]//European Conference on Computer Vision. Springer, Cham, 2016: 527 - 544.
[15] GOODFELLOW I J, POUGET-ABADIE J, MIRZA M, et al. Generative adversarial networks[J]. arXiv: 1406.2661, 2014.
[16] VONDRICK C, PIRSIAVASH H, TORRALBA A. Generating videos with scene dynamics[C]// NIPS, 2016.
[17] LI D, HUNG W C, HUANG J B, et al. Unsupervised visual representation learning by graph-based consistent constraints[C]//European Conference on Computer Vision. Springer, Cham, 2016: 678 - 694.
[18] LEE H Y, HUANG J B, SINGH M, et al. Unsupervised representation learning by sorting sequences [C]//Proceedings of the IEEE International Conference on Computer Vision, 2017: 667 - 676.
[19] REN Z, LEE Y J. Cross-domain self-supervised multi-task feature learning using synthetic imagery[C]// Proceedings of the IEEE Conference on Computer Vision and Pattern Recognition, 2018: 762 - 771.
[20] LI Y, PALURI M, REHG J M, et al. Unsupervised learning of edges[C]//Proceedings of the IEEE Conference on Computer Vision and Pattern Recognition, 2016: 1619 - 1627.
[21] ARANDJELOVIC R, ZISSERMAN A. Look, listen and learn[C]//Proceedings of the IEEE International Conference on Computer Vision, 2017: 609 - 617.
[22] SAYED N, BRATTOLI B,OMMER B. Cross and learn: cross-modal self-supervision[C]//German Conference on Pattern Recognition. Springer, Cham, 2018: 228 - 243.
[23] AGRAWAL P, CARREIRA J, MALIK J. Learning to see by moving[C]//Proceedings of the IEEE International Conference on Computer Vision, 2015: 37 - 45.
[24] LIN T Y, MAIRE M, BELONGIE S, et al. Microsoft coco: common objects in context[C]// European Conference on Computer Vision. Springer, Cham, 2014: 740 - 755.
[25] MCCORMAC J, HANDA A, LEUTENEGGER S, et al. Scenenet rgb-d: can 5m synthetic images beat generic imagenet pre-training on indoor segmentation [C]//Proceedings of the IEEE International Conference on Computer Vision, 2017: 2678 - 2687.
[26] DALAL N, TRIGGS B. Histograms of oriented gradients for human detection[C]//2005 IEEE Computer Society Conference on Computer Vision and Pattern Recognition (CVPR'05). IEEE, 2005, 1: 886 - 893.
[27] SÂNCHEZ J, PERRONNIN F, MENSINK T, et al. Image classification with the fisher vector:

theory and practice[J]. International Journal of Computer vision, 2013, 105(3): 222 - 245.

[28] VILLEGAS R, YANG J, HONG S, et al. Decomposing motion and content for natural video sequence prediction[C]//5th International Conference on Learning Representations(ICLR), 2017.

[29] VONDRICK C, SHRIVASTAVA A, FATHI A, et al. Tracking emerges by colorizing videos[C]// Proceedings of the European Conference on Computer Vision (ECCV), 2018: 391 - 408.

[30] DOERSCH C, GUPTA A, EFROS A A. Unsupervised visual representation learning by context prediction [C]//Proceedings of the IEEE International Conference on Computer Vision, 2015: 1422 - 1430.

[31] GIDARIS S, SINGH P, KOMODAKIS N. Unsupervised representation learning by predicting image rotations[C]//ICLR, 2018.

[32] HJELM R D, FEDOROV A, LAVOIE-MARCHILDON S, et al. Learning deep representations by mutual information estimation and maximization [C]//International Conference on Learning Representations, 2018.

[33] MISRA I, ZITNICK C L, HEBERT M. Shuffle and learn: unsupervised learning using temporal order verification[C]//European Conference on Computer Vision. Springer, Cham, 2016: 527 - 544.

[34] SERMANET P, LYNCH C, CHEBOTAR Y, et al. Time-contrastive networks: self-supervised learning from video[C]//2018 IEEE International Conference on Robotics and Automation (ICRA), 2018: 1134 - 1141.

[35] WANG X, GUPTA A. Unsupervised learning of visual representations using videos[C]//Proceedings of the IEEE International Conference on Computer Vision, 2015: 2794 - 2802.

[36] HE K, FAN H, WU Y, et al. Momentum contrast for unsupervised visual representation learning [C]//Proceedings of the IEEE/CVF Conference on Computer Vision and Pattern Recognition, 2020: 9729 - 9738.

[37] CHEN T, KORNBLITH S, NOROUZI M, et al. A simple framework for contrastive learning of visual representations[C]//International Conference on Machine Learning(PMLR), 2020: 1597 - 1607.

[38] ROMERO A, BALLAS N, KAHOU S E, et al. Fitnets: hints for thin deep nets[J]. arXiv: 1412.6550, 2014.

[39] ZAGORUYKO S, KOMODAKIS N. Paying more attention to attention: Improving the performance of convolutional neural networks via attention transfer[J]. arXiv: 1612.03928, 2016.

[40] YIM J, JOO D, BAE J, et al. A gift from knowledge distillation: Fast optimization, network minimization and transfer learning[C]//Proceedings of the IEEE Conference on Computer Vision and Pattern Recognition, 2017: 4133 - 4141.

第17章 迁移学习

世界万物皆有共性，合理地找到它们之间的相似性，然后利用已有知识进行学习预测往往会取得事半功倍的效果。例如，已经会编写 Java 程序，就可以类比着来学习 C＋＋编程；已经会打羽毛球，就可以类比着来学习打网球；已经学会了国际象棋，通过观摩较少的棋局就可以学会中国象棋；如果最近河南的气温渐渐转凉，那么就可以推测出与河南接壤的陕西的气温也将渐渐转凉；等等。这些事实都依据的是活动间极高的相似性。同理，生活中常用的“举一反三”“触类旁通”“照猫画虎”等也很好地利用了相关活动间的相似性，而有效地利用这种知识迁移的学习模式将是本章讨论的重点内容。

17.1 迁移学习概述

目前，数据挖掘和机器学习已经在许多工程领域取得了显著的成功，比如分类、回归和聚类。然而，许多机器学习方法只有在一个共同的假设前提下才能很好地工作，即训练数据和测试数据必须来自相同的特征空间并且具有相同的分布。当分布发生变化时，大多数统计模型需要使用新收集的训练样本进行重建。然而，在许多实际应用中，重新收集所需要的训练数据并重建模型需要花费高昂的代价，甚至是不可能的。如果能降低和减小重新收集训练数据的需求和代价，将会取得良好的理论与实际效益。在这种情况下，任务之间进行知识的迁移或者迁移学习将变得十分必要。

顾名思义，迁移学习的本质就是对知识进行迁移，它通过分析数据、任务、模型之间的相似性，将在一个领域获取的知识信息应用到另一个领域的问题中，是一种学习的思想和模式。迁移学习作为机器学习的一个重要学习模型，侧重于从已有数据中挖掘相关知识，并将其应用到新的问题中。以网页文档分类为例，其目的是把给定的网页文档分类到几个之前定义的类别中。在网页文档中，标记的样本可能是通过之前手工标注获得的与之类别信息相关联的大学网页。对于一个新建网站上的分类任务，其数据特征或数据分布可能不同，可能会出现标记训练样本缺失的问题。因此可能无法将之前在大学网站上学习到的网页分类器直接应用到新网站上。在这种情况下，如果能够将已有的分类知识迁移到新的领域的问题中，则将对新问题的学习很有帮助。

17.1.1 迁移学习的历史

传统的数据挖掘和机器学习算法通过使用之前收集到的带标记的数据或者不带标记的数据进行训练，进而对将来的数据进行预测。半监督分类通过利用大量未标记数据和少量已标记的样本数据，解决了由于标记数据过少而无法构建一个良好分类器的问题。虽然目前已经有人关于不完美数据集对监督学习和半监督学习的不同影响进行了一些研究，但是大部分研究都是在标记样本和未标记样本属于相同分布的前提下进行的。相比之下，迁移学习允许数据集的域、任务以及分布是不同的。现实中有许多迁移学习的例子。例如，如果你已经学会了辨认苹果，那么辨认梨子就容易了；学会电子琴将有助于学习钢琴；等等。

实际上，自 1995 年以来，迁移学习以不同的名字(学会学习、终身学习、知识迁移、归纳学习、多任务学习、知识整合等)受到了越来越多的关注。其中，与迁移学习密切相关的是多任务学习，它试图同时学习多个不同的任务。多任务学习的一个经典方法是揭示使得每个任务都受益的共同(潜在)特征。在 2005 年，美国国防高级研究计划局的信息处理技术办公室的广泛机构公告提出了迁移学习的新任务——系统能够识别在之前任务中学习的知识和技能并具有应用到新任务的能力。在这个定义中，迁移学习旨在从一个或多个源任务中提取知识，并应用到目标任务中。与多任务不同，迁移学习不是同时学习源任务和目标任务，而是更多关注于目标任务。值得注意的是，在迁移学习中源任务和目标任务的角色不再是对称的。图 17.1 展示了传统机器学习和迁移学习的学习过程之间的不同。传统的机器学习技术试图从头学习每个任务；而迁移学习在目标任务缺少高质量的训练数据时，试图将一些先前任务的知识迁移到目标任务。

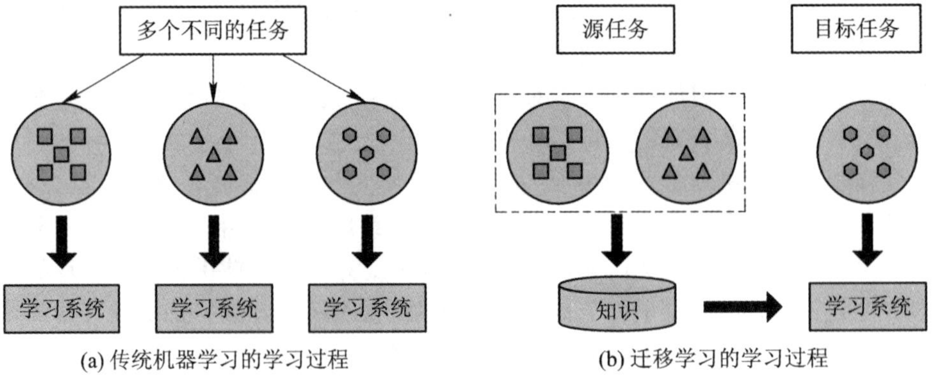

图 17.1 传统机器学习和迁移学习的学习过程

17.1.2 迁移学习的本质

在介绍迁移学习的分类之前，下面首先对涉及的基本概念及其数学描述进行介绍。迁移学习涉及两个基本概念：领域(Domain)和任务(Task)。通常采用$\Delta=\{\Xi, P(\boldsymbol{X})\}$来表示领域，采用$T=\{\Psi, f(\cdot)\}$来表示任务。其中，$\Xi$表示数据的特征空间，$P$表示一个概率分布，$\boldsymbol{X}$表示一个领域的数据，$\Psi$表示一个标签空间，$f(\cdot)$表示一个学习函数。特别地，因为涉及迁移，所以对应于两个基本的领域——源域(Source Domain)和目标域(Target Domain)。源域(Δ_S)就是有知识、有大量数据标注的领域，是要迁移的对象；目标域(Δ_T)就是最终要赋予知识、赋予标注的对象。相应地，对应领域中的源域和目标域，任务的类别空间也被划分为对应源域的类别$\boldsymbol{\Psi}_S$和对应目标域的类别$\boldsymbol{\Psi}_T$。简单来讲，迁移学习的本质就是知识从源域迁移到目标域的过程。有了领域和任务的定义，下面就可以对迁移学习进行形式化定义。

给定源域Δ_S和任务T_S，目标域Δ_T和任务T_T，迁移学习(Transfer Learning)旨在利用Δ_S和T_S中的知识去改进目标域Δ_T中的预测函数$f(\cdot)$。其中，$\Delta_S \neq \Delta_T$或者$T_S \neq T_T$。

在迁移学习中，主要研究了三个问题：迁移什么，如何迁移以及何时迁移。“迁移什么”提出了哪部分知识可以跨领域或跨任务转移的问题。有些知识是特定于单个领域或任务的，而有些知识在不同领域间可能是通用的，因此它们可以用来提高目标域或目标任务的性能。在发现哪些知识可以迁移之后，需要开发学习算法来迁移这些知识，这就是“如何迁移”。“何时迁移”提出了哪些情况下需要进行迁移学习。虽然利用有益信息进行知识迁移能够有效提高学习性能，但是也存在一些失败的迁移学习，如东施效颦、邯郸学步等。当获取的源域和目标域之间的相似性不合理时，强行迁移可能会损害目标域的学习性能，这就是负迁移现象。在什么情况下迁移更加有益是非常关键的问题。目前大部分有关迁移学习的研究都关注于“迁移什么”和“如何迁移”，隐含地假设源域和目标域彼此相关。然而如何避免负迁移是一个很重要的问题，未来人们会更加关注这个问题。根据目前已有的迁移学习方法，可大致将迁移学习划分如下：

1. 根据源域和目标域分类

根据源域和目标域的不同情况，可将迁移学习分为三类，分别是归纳式迁移学习(Inductive Transfer Learning)、直推式迁移学习(Transductive Transfer Learning)和无监督迁移学习(Unsupervised Transfer Learning)。

1) *归纳式迁移学习*

当源域中有大量标签数据时，归纳式迁移学习与多任务学习类似。然而，归纳式迁移学习通过从源任务迁移知识来实现目标任务的高性能，而多任务学习试图同时学习目标任务和源任务。当源域中没有可用的标签数据时，归纳式迁移学习相当于自学习。在自学习中，源域和目标域之间的标签空间可能不同，这意味着源域的辅助信息不能直接使用。因此，自学习类似于源域中没有可用的标签数据的归纳式迁移学习。

2）直推式迁移学习

在直推式迁移学习中，源任务和目标任务相同，但源域和目标域是不同的。在这种情况下，目标域中没有可用的标签数据，而源域中有许多标签数据。此外，根据源域和目标域之间的不同情况，直推式迁移学习可以进一步分为以下两种情况进行讨论：① 源域和目标域之间的特征空间不同，即 $\Xi_{S} \neq \Xi_{T}$；② 特征空间相同，即 $\Xi_{S} = \Xi_{T}$，但边缘分布概率不同，即 $P(\boldsymbol{X}_{S}) \neq P(\boldsymbol{X}_{T})$。

3）无监督迁移学习

无监督迁移学习集中解决目标域中的无监督学习任务，如聚类、降维和密度估计等。在这种情况下，训练中的源域和目标域都没有可用的标记数据。

2. 根据迁移知识的形式分类

根据迁移知识的形式，也可将迁移学习分为以下几种：基于实例的迁移学习、基于特征的迁移学习、基于参数的迁移学习和基于关系的迁移学习。

1）基于实例的迁移学习

该类方法假设源域中的某些数据可以对其重新加权，且将加权样本重新用于目标域的学习。此类方法适用于源域和目标域相似度较高的情况。

2）基于特征的迁移学习

该类方法利用跨域传输的知识并被编码到学习的特征表示中，利用共有的特征进行知识迁移，进而提高目标域的学习性能。

3）基于参数的迁移学习

该类方法假设源任务和目标任务可共享模型参数或先验分布，通过共享源域和目标域模型之间的某些参数来实现迁移学习的效果。此类方法目前在深度学习中应用广泛，能通过共享网络参数有效提高目标域网络的学习性能。

4）基于关系的迁移学习

该类方法通过在源域和目标域之间建立映射来实现迁移学习的效果。简言之，该法就是挖掘与利用源域和目标域之间的关系来进行类比迁移。例如，生物病毒传播可以类比为网络病毒传播，师生关系可以类比为上下级关系，等等。

17.2 迁移学习

迁移学习的目的是解决学习任务中目标域标记样本数量很少甚至可能没有的问题。根据迁移知识的形式不同，迁移学习可以分为基于实例的迁移学习、基于特征的迁移学习、基于参数的迁移学习和基于关系的迁移学习。下面将介绍这几种常用的迁移学习。

17.2.1 基于实例的迁移学习

基于实例的迁移学习是指在源域和目标域的分布不同的情况下，在源域中依然存在部分数据适合被利用并有益于目标域的学习。简言之，通过在源域中找到与目标域相似的数据，对数据的权值进行调整，将这些数据与目标域的数据进行匹配，然后进行训练学习并获得适用于目标域的模型。如图 17.2 所示，源域中存在不同种类的动物，如猫、兔子、狗等，而目标域中仅有狗这一种类别，明显可看出源域中类别属于狗的样本与目标域的样本具有更高的相似性，通过提高源域中这些相似的数据权重将有利于目标域的学习。那么，如何对这些相似的或者有益的样本进行加权成为迁移学习中一个重要的问题。目前，主要有以下两种方法：

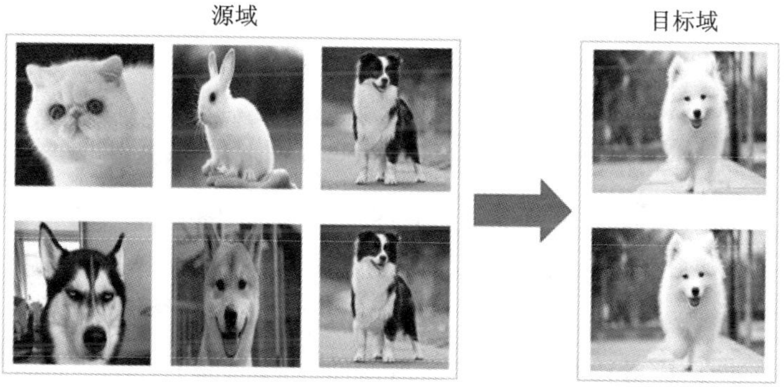

图 17.2　基于实例的迁移学习

基于实例的迁移学习根据不同域任务的条件概率是否相同，可以分为归纳式和非归纳式。如果不同域之间的条件概率是相同的，则称为基于实例的非归纳式迁移学习，主要通过核平均匹配以及函数估计等方法来学习权重；反之，如果不同域之间的条件概率是不同的，则属于基于实例的归纳式迁移学习。目前主要采用以下两种方法来学习权重。

第一种是基于 Boosting 的迁移学习算法，其目的是通过迭代更新其权重来识别具有误导性的源域实例。Boosting 算法的核心思想是将多个弱学习器组合成一个强分类器。目前使用较多的基于 Boosting 的迁移学习算法是 TrAdaBoost 算法，该算法是 Dai 等人在 2007 年提出的，它是第一个基于实例的归纳迁移学习算法。

在 TrAdaBoost 算法中，通常假设源域和目标域的分布是不同的，但其数据的特征维数和标签空间是相同的。鉴于源域和目标域数据分布的差异，源域中存在部分有益于目标域学习的数据，也存在一些无益甚至有害的数据。因此，通过 TrAdaBoost 算法能够在迭代中对源域数据进行加权，增加有益数据，同时降低无益数据对目标域学习的作用，进而提高目标域的学习性能。具体算法流程如下：

算法 17.1 TrAdaBoost 算法

输入：源域数据集 Δ_S 与目标域数据集 Δ_T 组成的训练数据集 Δ

$\boldsymbol{W}^1=(w_1^1,\ w_2^1,\ \cdots,\ w_{m+n}^1)$，其中 $w_i=\begin{cases}1/m & i=1,\ 2\cdots,\ m \\ 1/n & i=m+1,\ \cdots,\ m+n\end{cases}$

for $t=1,\ 2,\ \cdots,\ N$

计算权重分布 $P^t=\dfrac{\boldsymbol{W}^t}{\sum\limits_{i=1}^{n+m} w_i^t}$

在 Δ 上训练得到分类器 h_t：$X \rightarrow Y$，$Y \in \{0,\ 1\}$

计算 h_t 在 Δ_T 上的分类错误率 $\varepsilon_t=\sum\limits_{i=m+1}^{n+m} \dfrac{w_i^t\,|h_t(x_i)-c(x_i)|}{\sum\limits_{i=n+1}^{n+m} w_i^t}$

计算权重系数 $\beta=1/(1+\sqrt{2\ln\dfrac{m}{N}})$ 与 $\beta_t=\varepsilon_t/(1-\varepsilon_t)$

更新权重 $w_i^{t+1}=\begin{cases}w_i^t\beta^{|h_t(x_i)-c(x_i)|} & i=1,\ 2,\ 3,\ \cdots,\ m \\ w_i^t\beta_t^{-|h_t(x_i)-c(x_i)|} & i=m+1,\ m+2,\ \cdots,\ m+n\end{cases}$

输出：分类器 $h_f(x)=\begin{cases}1 & \sum\limits_{t=\lceil N/2\rceil}^{N}\ln(1/\beta_t)\,h_t(x) \geqslant \dfrac{1}{2}\sum\limits_{t=\lceil N/2\rceil}^{N}\ln(1/\beta_t) \\ 0 & \text{其他}\end{cases}$

其中，$c(x_i)$ 是样本 x_i 所属的类标签，$\boldsymbol{W}^1$ 为初始的权重向量，m 为源域数据集 Δ_S 的样本数量，n 为目标域数据集 Δ_T 的样本数量。

实际上，TrAdaBoost 算法可看作 AdaBoost 算法的拓展，TrAdaBoost 借鉴了 AdaBoost 的策略来更新目标域中分类错误的示例，但是使用与 AdaBoost 不同的策略来更新源域中分类错误的源示例。当然，TrAdaBoost 算法也存在一定的不足。例如，它被用来处理对称的二分类问题，不能适应正负样本比例不协调的使用场景，当正负样本比例不协调或者处理多类别的分类问题时需要对算法进行改进；当源域的数据与目标域数据的相关性不强时，该算法会产生负迁移现象。

另一种基于实例的归纳迁移学习方法是通过生成模型为目标域生成新的实例，从而学习出精确的目标域预测模型。这种生成模型通常需要足够的源域数据和少量的目标域数据作为输入。总之，基于实例的迁移学习方法简单，容易实现，但较为注重源域与目标域之间的相似性。若二者的相似性较高，则可以通过较低的时间复杂度获取更好的学习效果；若二者的相似性较低，则往往会造成负迁移现象。

17.2.2 基于特征的迁移学习

在许多真实场景中，源域数据和目标域数据无法实现较高的相似或相同的分布。如

图 17.3 所示，在基于特征的迁移学习中，需要从源域和目标域中的特征出发，考虑数据样本中潜在的共同特征。值得注意的是，特征并不受目标域和源域的限制，也可引入辅助特征进行学习。此类方法的核心在于寻找更好的特征表示，从而达到提高学习性能的目的。

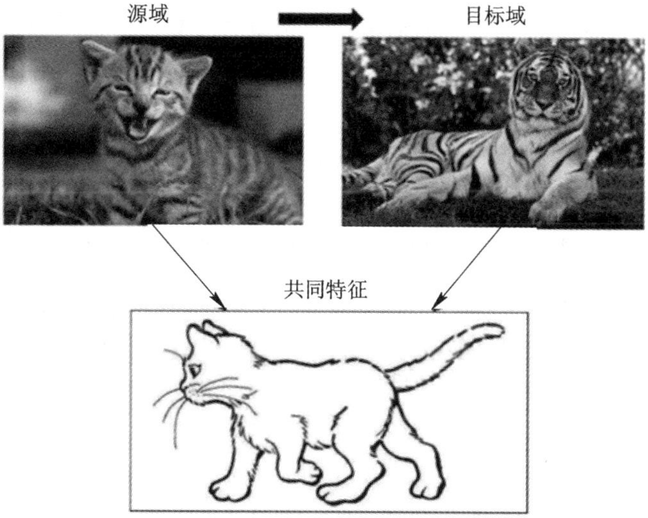

图 17.3 基于特征的迁移学习

对于不同类型的源域数据，寻找"好的"特征表示的策略是不同的。如果源域中有大量标记数据，则可以使用监督学习方法构造特征表示，这类似于多任务学习领域的共同特征学习。如果源域中没有标记数据，则采用无监督学习方法来构造特征表示。基于有监督的特征迁移学习类似于多任务学习，通过分析源任务和目标任务的共有特征，将其在多个任务中联合优化，同时提高多任务的学习性能。该方法的基本思想是：首先学习出一个目标域与源域相关任务共享的特征表示，然后利用这个特征表示来提高每个任务的学习性能。特别地，在特征学习过程中，挖掘源域与目标域的共同特征可被转化为最优化问题来进行求解。

不同于有监督的特征迁移学习，在无监督的特征迁移学习中源域的数据样本是没有标记的。在这种情况下，迁移学习与自学习相似。鉴于其是无监督学习，因此学习问题的研究重点是如何从源域数据中提取对目标域学习有益的特征。该方法的基本思想是：采用无监督的方式获取源域和目标域数据相关联或相似度较高的特征集合作为目标域数据特征进行学习，该特征包含两个领域的所有特征值，因此比仅从目标域数据获取的特征更丰富。此外，为了保证更好的学习性能，可对目标域的数据集进行预处理，如给予数据样本对应的伪标签等，再对所标记的特征集进行处理和关联分析，通过不断交替寻优最终获得最优的特征空间。

需要注意的是，基于特征的迁移学习方法和基于实例的迁移学习方法的不同之处是：基于特征的迁移学习需要进行特征变换将源域和目标域的数据变换到同一特征空间进行学习，而基于实例的迁移学习从源域数据中找出相似的或有益的数据用于目标域的学习。

17.2.3 基于参数的迁移学习

基于参数的迁移学习方法也叫基于模型的迁移方法，该方法从源域和目标域中找到它们之间共享的模型参数或经验知识，以实现迁移。这种迁移方法假设源域中的数据与目标域中的数据可以共享一些模型的参数，也就是将之前在源域中通过大量数据训练好的模型应用到目标域上进行预测。基于模型的迁移学习方法比较直接，其优点是可以充分利用模型之间存在的相似性，缺点在于模型参数不易收敛。例如，利用成千上万个图像来训练好一个图像识别的系统，当遇到一个新的图像领域问题的时候，就不用再去找几千几万个图像来训练了，只需要把原来训练好的模型迁移到新的领域，在新的领域往往只需几万张图片，同样可以得到很高的精度，如图 17.4 所示。

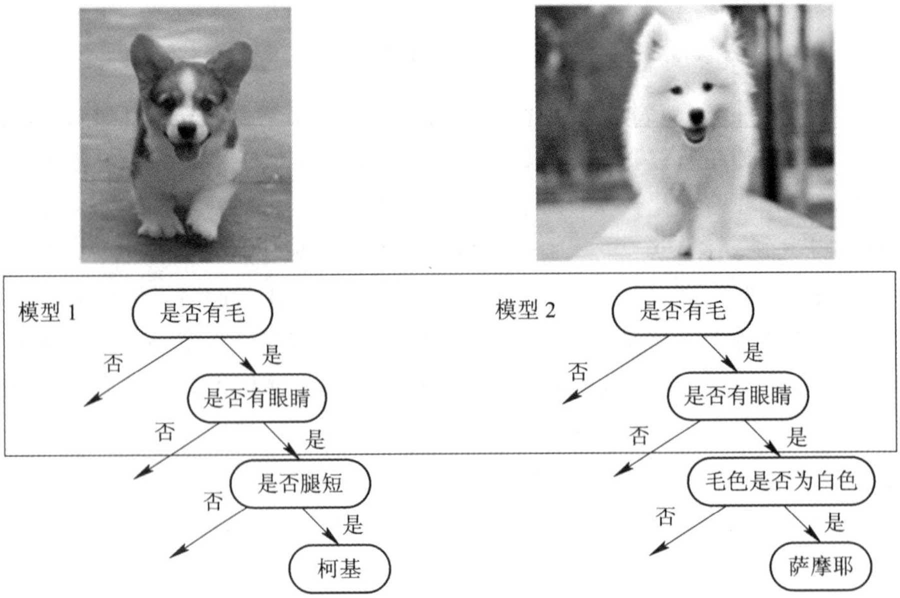

图 17.4　基于参数的迁移学习

大多数基于参数的迁移学习方法都假设相关任务的个体模型应该共享一些参数或超参数的先验分布。先验分布是指在看到任何结果之前对一些不确定事件的概率的判断。先验知识可以帮助我们在做决策之前有一个更好、更高效的评估。在实际应用中，如果能够将一些先验知识应用到一个任务中，那么即使这个任务只有少量的训练数据，也能够得到一个令人满意的模型。目前我们可以将基于参数的迁移学习分为两类：基于共享模型的迁移学习和基于正则化的迁移学习。

基于共享模型的迁移学习目前主要是利用高斯过程和贝叶斯模型的先验知识来进行迁移学习。Lawrence 等人提出了一种建立在高斯过程(Gaussian Process，GP)基础之上的多任务信息向量机(Multi-Task Informative Vector Machine，MT-IVM)算法，该算法通过在多任务上利用高斯过程的特性来实现多个任务之间知识共享的学习。Bonilla 等人在 GP 环境中的多任务学习的基础之上提出使用一个自由形态的协方差矩阵来建模任务间的依赖关系。其中，GP 先验用于归纳任务之间的相关性。此外，Evgeniou 等人基于分层贝叶斯思想提出了一种规则化框架并成功应用于迁移学习之中以解决多任务学习的问题。该方法假设特征对每个任务的支持向量机都可以分为两个术语：一个是关于任务的通用术语，另一个是任务特定术语。每个任务都可以分为两部分：一部分是所有任务的共有部分，另一部分是某一个任务的专有部分。这种方法在样本量较大、源域与目标域较为单一的情况下效果较好。

基于正则化的迁移学习方法主要将共享知识通过正则化进行迁移。许多研究探索了如何利用正则化来传递源域和目的域之间的知识。通常情况下，一个模型中正则化的标准形式为

$$\widetilde{J}(\theta;\ \boldsymbol{X},\ \boldsymbol{y})=J(\theta;\ \boldsymbol{X},\ \boldsymbol{y})+\alpha\Omega(\theta) \tag{17-1}$$

其中，J 是原始目标函数，$\widetilde{J}$ 是目标函数，$\Omega(\cdot)$是正则化项，α 是权重。

Evgeniou 和 Pontil 提出模型参数可以分解为两部分，分别为特定任务部分和任务不变部分。目标域和源域模型参数可以建模为

$$\theta_{\mathrm{s}}=\theta_0+\nu_{\mathrm{s}} \tag{17-2}$$

$$\theta_{\mathrm{t}}=\theta_0+\nu_{\mathrm{t}} \tag{17-3}$$

其中，θ_0为任务无关参数，代表任务的不变特征，是基于参数的迁移学习中被迁移的部分；ν_{s}和 ν_{t}是特定任务参数，需要在特定的数据上进行学习。可以利用源模型中的任务不变参数来提高目标模型的泛化性能。

17.2.4 基于关系的迁移学习

基于关系的迁移学习方法与上述三种方法具有截然不同的思路。该方法侧重于源域和

目标域样本之间的关系。若两个域相似，则它们之间会共享相似关系，并将源域中学习到的逻辑网络关系应用到目标域上来进行迁移，如生物病毒传播规律到计算机病毒传播规律的迁移，如图 17.5 所示。

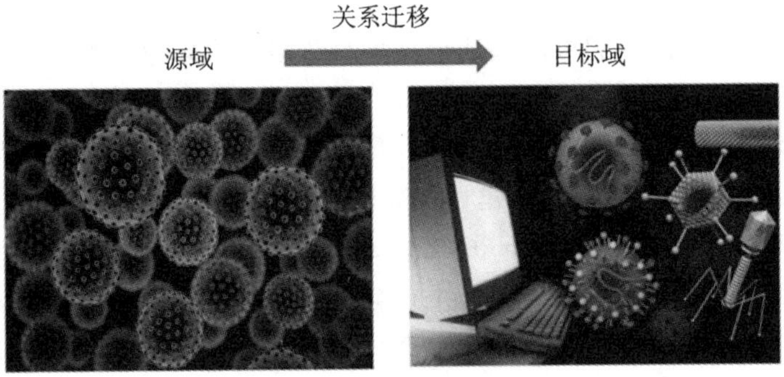

图 17.5　基于关系知识的迁移学习

目前，基于关系的迁移学习有两种机制：一种是基于一阶关系的迁移学习；另一种是基于二阶关系的迁移学习。一阶关系假设两个关系域是相关的，那么它们可能在跨域传输的数据实例之间共享一些相似的关系。二阶关系则假设两个相关的关系域共享一些相似的通用结构规则，这些规则可以从源域中提取出来，然后在目标域上使用。目前已有的方法主要是采用马尔可夫网络实现迁移。例如，Mihalkov 提出了一种通过自动映射和修订算法进行的迁移(Transfer via Automatic Mapping And Revision，TAMAR)，用马尔可夫逻辑网络(Markov Logic Network，MLN)在关系领域上迁移关系知识。该方法的动机是：如果两个域彼此相关，那么可能存在将实体及其关系从源域连接到目标域的映射。TAMAR 算法首先构造一个基于加权的对数似然度的从源域到目标域的映射，然后在目标域进行一阶修正(First Order Revision of Theories from Examples，FORTE)，修改后的 MLN 被用作目标域的关系模型来使用。Davis 等人提出了一种基于二阶马尔科夫逻辑的迁移关系知识的学习方法。这种方法的基本思想是通过反相马尔科夫链的形式推导出源域中某一实例的架构，从而进一步在目标域中获取这个实例的公式。

四种迁移方式中，基于实例的迁移学习算法是最直观的，可以通过对源域样本进行重加权和将目标域样本结合来改善目标域的学习性能。但是，值得注意的是，当源域样本数据较少时，其数据偏差较大可能会对迁移效果产生一定的负面作用。基于参数的迁移学习和基于关系的迁移学习分别为两种迁移思路：前者注重学习任务的整体相似性，源域和目标域具有不同分布，但具有相似的知识和特性；而后者假设源域和目标域相互独立，但具有统一的样本分布。共享属性的迁移学习更侧重于源域和目标域任务的相似性，忽略了对样本属性的归纳，那么当样本较少且共享属性不明显时该方法并不合适。基于特征的迁移学习侧重于获得能够对源域和目标域进行表示的最优属性，强调域与域之间的映射关系，并不局域于某个指定的域，因此比其他三种迁移方式更实用。

17.3 深度迁移学习

深度学习的概念是由 Hilton 等人于 2006 年初次提出的。近些年，深度学习在各个领域大放异彩，成为人工智能领域的热门研究之一。深度学习的主要思想是模拟人类大脑的神经结构，希望机器能够像人一样将接收的数据进行处理，实现过程是通过多个非线性层对数据进行特征抽取。深度卷积网络目前已在语音、图像识别等任务中展现出了突破性的成果，应用数量呈爆炸式增加，目前被大量应用在无人驾驶汽车、癌症检测、人工智能(Artificial Intelligence，AI)游戏等实际问题中。

如前所述，迁移学习能够通过充分利用过期数据，保证目标模型具有更好的效果，从而降低了新目标任务中收集数据的成本。它充分利用源域数据训练得到的参数和模型，将其用在另外一个具有共同因素但又不同的目标域，从而对之前学习到的知识进行充分利用。目前，深度学习中的神经网络占据了主导地位，随着深度神经网络在图像、语音识别领域的优秀表现，深度神经网络的迁移学习也慢慢成为了迁移学习中的研究热点。深度神经网络的迁移是应用目标数据在相似领域中经过大量数据训练的深度学习模型，根据目标要求对模型中学习的架构和参数进行微调，构建满足要求的深度神经网络。它的主要流程如图 17.6 所示。

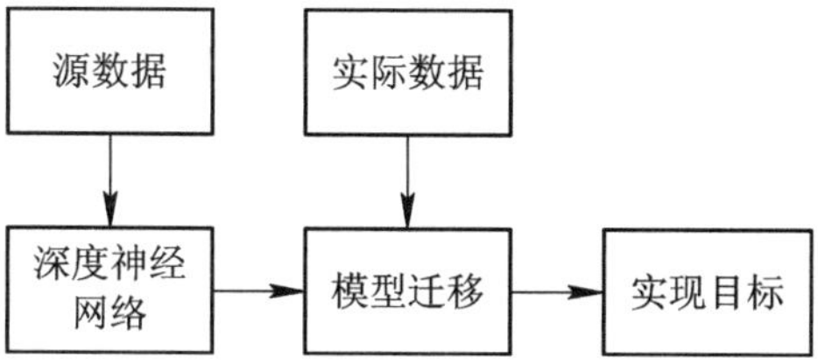

图 17.6　深度神经网络的迁移学习

17.3.1 基于网络的深度迁移学习

基于网络的深度迁移学习是指将源域中预先训练好的部分网络(包括其网络结构和连接参数)重新使用，将其转换为目标域中使用的深层神经网络的一部分。它基于这样一个假设：神经网络与人脑的处理机制相似，是一个迭代的、连续的抽象过程。网络的前几层可以看作一个特征提取器，所提取的特征是通用的。基于网络的深度迁移学习示意图如图 17.7 所示。首先，在源域中使用大规模训练数据集训练网络；然后，基于源域预训练的部分网络被迁移到为目标域设计的新网络中；最后，它就成了在微调策略中更新的子网络。

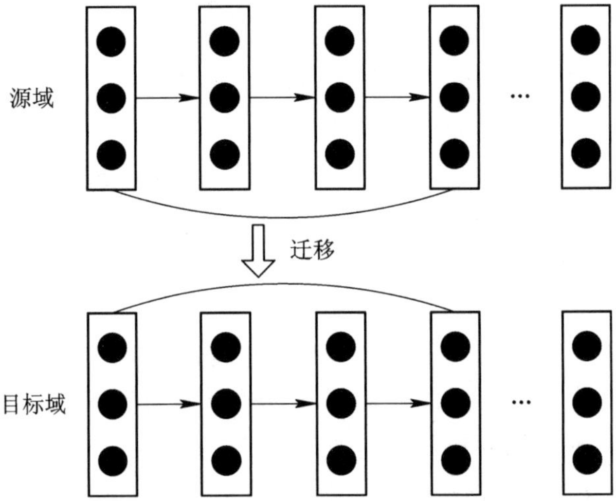

图 17.7　基于网络的深度迁移学习

一般而言，深度神经网络前面几层学习到的是通用的特征，随着网络层次的加深，后面的网络更偏重学习任务特定的特征。那么应用到迁移学习上时如何决定该迁移哪些层、固定哪些层呢？来自康奈尔大学的 Jason Yosinski 等人进行了深度神经网络可迁移性的研究，其目的就是要探究上面提到的问题。实验结果指出，神经网络的前 3 层基本都是通用特征，进行迁移的效果比较好，深度迁移网络中加入微调后，效果提升比较大，可能比原网络的效果还好。实验结果还指出了网络结构和可迁移性之间的关系，证明某些模块可能不会影响域内准确性，但会影响可迁移性，并指出哪些特征在深层网络中可以迁移，哪种网络更适合迁移。实验得出的结论是 LeNet、AlexNet、VGG、Inception、ResNet 在基于网络的深度迁移学习中是很好的选择。

最简单基于网络的深度迁移学习是微调(Finetune)，主要是利用别人已经训练好的网络微调，然后针对自己的任务进行调整。其好处是不用完全重新训练模型，从而提高了效率。微调主要包括参数或者全连接层神经元个数的变动，需要针对自己的任务，固定原始网络的相关层，修改网络的输出层，以使结果更符合需求。当目标域的数据集数量很小时，我们可以仅仅改变最后一层全连接层的神经元的个数；当目标域的数据集数量很大时，我们可以选择训练网络模型的后几层参数。下面讲述一个采用 VGG16 来实现简单的迁移学习的案例。

VGG 网络是由 Oxford 的 Visual Geometry Group 提出的。该网络获得了 2014 年 ImageNet 大型视觉识别挑战比赛的亚军和定位项目的冠军，其主要工作是证明了增加网络的深度能够在一定程度上影响网络最终的性能。VGG 有两种结构，分别是 VGG16 和 VGG19，两者并没有本质上的区别，只是网络深度不一样。

与 AlexNet 网络相比，VGG 网络的一个改进是采用连续的几个 3×3 的卷积核代替 AlexNet 中的较大卷积核，如 11×11。对于给定的感受野(与输出有关的输入图片的局部大小)，采用堆积的小卷积核优于采用大的卷积核，因为多层非线性层可以增加网络深度来保证学习更复杂的模式，而且代价比较小。简单来说，在 VGG 中，使用了 3 个 3×3 卷积核来代替 7×7 卷积核，使用了 2 个 3×3 卷积核来代替 5×5 卷积核，这样做的主要目的是在保证具有相同感知野的条件下提升网络的深度，在一定程度上提升神经网络的效果。VGG16 包括 5 个卷积组和 3 个全连接层，5 个卷积组分别有 2，2，3，3，3 个卷积层，因此网络共有 16 层。网络结构如图 17.8 所示。

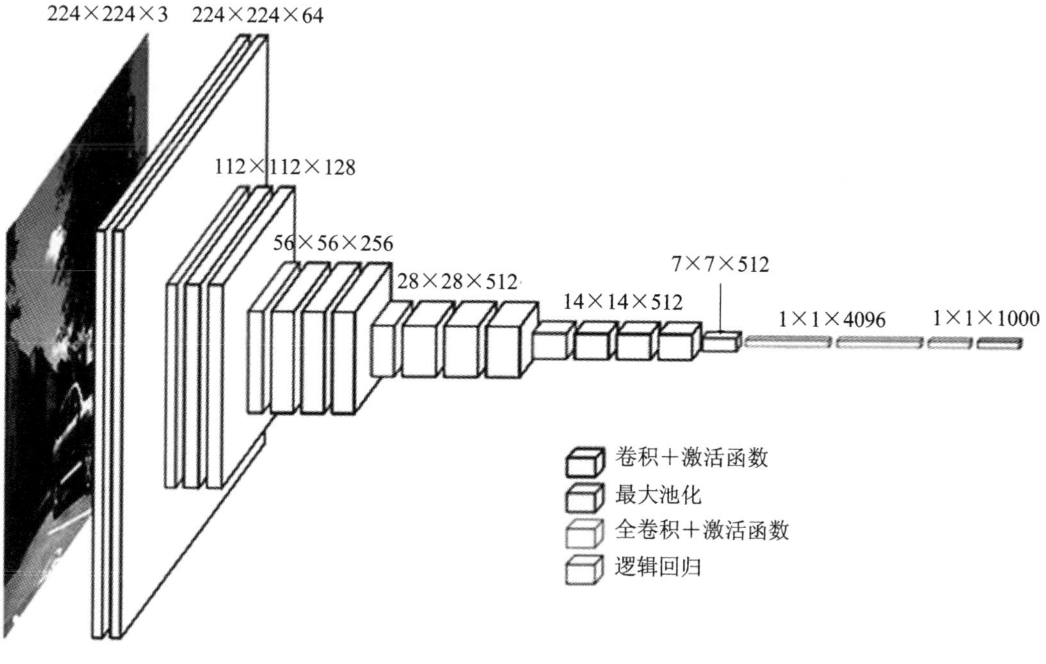

图 17.8 VGG16 网络结构图

这里用到的数据集是 Food-5K 数据集，包括训练集、验证集、测试集三个子包，分别有 3000、1000、1000 张图片，食物和非食物各占一半。通过简单移除全连接层，添加一组自定义的全连接层就可以实现对新数据集的分类。具体做法是：冻结预训练好的除了顶层的 VGG16 网络的权重参数，只训练自定义的全连接层，将新的模型和权重分别保存，经过两轮训练，训练集上的准确率就可以达到 97%，验证集上达到 99%。可以看出，采用预训练好的网络是比较复杂的，如果直接拿来从头开始训练，则时间成本会非常高昂。将此网络进行改造，固定前面若干层的参数，只针对目标任务，微调后面的若干层，这样网络的训练速度会极大地加快，而且对提高任务的表现也具有很好的促进作用。微调实现简单，模型的泛化能力很强，节省了时间成本，但也存在不足之处：无法处理训练数据和测试数据分布不同的情况，而在实际应用中存在这一现象。

17.3.2 基于生成对抗网络的深度迁移学习

生成对抗网络(Generative Adversarial Networks，GAN)是目前人工智能领域最炙手可热的概念之一。由此发展而来的对抗网络也成了提升网络性能的利器，被成功引入若干领域并发挥重要的作用。著名的围棋程序 AlphaGo 战胜人类顶级选手李世石引起了人们对深度学习的广泛关注，而 AlphaGo 中的策略网络(Policy Network，PN)在训练过程中正是采取了两个网络相互对抗的方式，最终的策略网络获得棋局状态之后才能返回相应的策略和对应回报，并用博弈回报的期望函数的最大化作为最后的目标函数。本节介绍深度对抗网络用于解决迁移学习问题方面的基本思路以及代表性研究成果。

生成对抗网络模型包含两部分：一部分是生成网络(Generative Network)，负责生成尽可能以假乱真的样本，被称为生成器(Generator)；另一部分是判别网络(Discriminative Network)，负责判断样本是否真实，被称为判别器(Discriminator)。该模型通过生成器和判别器之间的互相博弈来实现对抗训练，最终生成器能够生成拟合真实数据的分布的样本，以至于判别器也无法正确区分生成数据和真实数据。生成对抗网络的结构如图 17.9 所示。

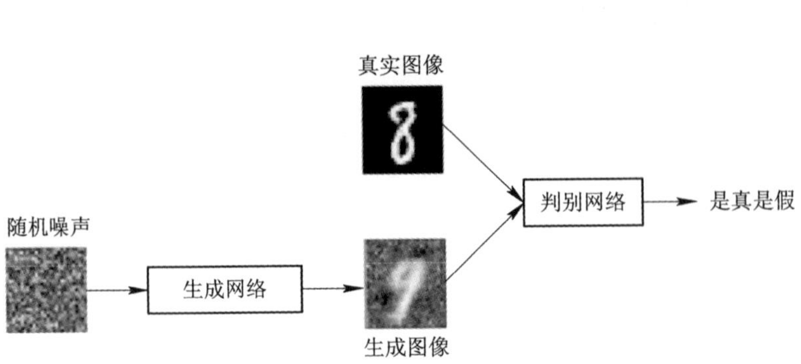

图 17.9 生成对抗网络的结构

假设使用微分函数 D 和 G 来分别表示判别器和生成器，它们的输入分别为真实数据 x 和随机变量 z。$G(z)$为由 G 生成的尽量服从真实数据分布的样本。如果判别器的输入来自真实数据，则标注为 1；如果输入样本为 $G(z)$，则标注为 0。网络的目标函数为

$$\min_{G}\max E_{x\sim P_{\text{data}}}\log[D(x)]+E_{z\sim P_z}\log[1-D(G(z))] \tag{17-4}$$

式(17-4)是一个最大最小优化问题，先优化 D，再优化 G，本质上是两个优化问题，拆解后得到下面两个公式：

优化 D：

$$\max_{D}V(D, G)=E_{x\sim P_{\text{data}}}\log[D(x)]+E_{z\sim P_z}\log[1-D(G(z))] \tag{17-5}$$

优化 G：

$$\max_{G}V(D, G)=E_{x\sim P(z)}\log[1-D(G(z))] \tag{17-6}$$

这两个优化模型合并起来，就构成了网络的最大最小目标函数，既包含了判别模型的优化，同时也包含了生成模型的以假乱真的优化。

目前，基于生成对抗网络的深度迁移学习大致可分为两类：第一类是基于样本的对抗迁移学习，其可通过生成模型对目标域数据进行生成。对抗学习可以在源域和目标域样本之间建立完全无监督的对应关系，将已知标记的源域样本“翻译”到目标域，同时保留其对应标签。第二类是基于特征的对抗迁移学习，其通过对抗学习找到源域和目标域中具有对抗性目标的共同特征空间。对抗性领域适应学习一个有标记的源域数据和未标记的目标域的判别分类器，而对抗性特征学习则集中在自学学习环境中，用大量未标记的源域数据构造高层表示，然后用有限的标记学习一个分类器。

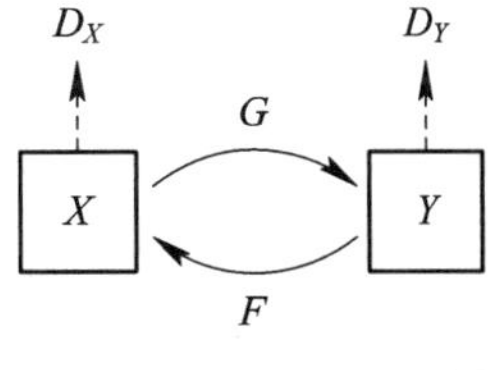

图 17.10　CycleGAN 网络框架

在目标域中，有标签的数据通常很难获取，同时其标记成本也很高，通过生成模型则可以解决这一难题，生成有标签的目标域数据。目前主要有两种模型：第一种是从源域数据到目标域数据的映射，用于生成有标签的目标域数据；另一种模型是在两个域之间建立双向映射。处理双向映射的经典模型是 CycleGAN。其网络架构如图 17.10 所示。该模型主要包括两个生成器和两个判别器。如图 17.10 所示，两个分布为 X、Y，生成器 G、F 分别是 X 到 Y 和 Y 到 X 的映射，两个判别器D_X、D_Y可以对转换后的图片进行判别。需要注意的是，需要用数据集中其他图来检验生成器，以防止 G 和 F 过拟合。例如，想把一个小狗照片转化成梵高风格，如果没有 cycle-consistency loss，则生成器可能会生成一张梵高的真实画作来骗过 D_X，而无视输入的小狗数据。

基于特征的对抗迁移学习是将源域和目标域中的数据映射到共享空间，然后利用两个域的数据来完成学习任务。此时，生成器的作用将不再是生成新样本，而是提取特征，通过不断学习领域数据的特征，使得判别器无法对两个领域进行区分。那么，原来的生成器也被称为特征提取器。深度对抗网络的损失由网络训练的损失l_c和领域判别损失l_d两部分构成，即

$$l=l_c(D_s,\ y_s)+\lambda l_d(D_s,\ D_t) \tag{17-7}$$

Yaroslav 等人首先在神经网络的训练中加入了对抗机制，他们提出的网络称为域对抗神经网络(Domain-Adversarial Neural Network，DANN)，网络架构如图 17.11 所示。该网络主要有三部分：第一个是共享的特征提取器 G，用于对两个分布X_s和X_t进行特征提取，得到h_s和h_t；第二个是对源域数据进行分类的分类器 C，用于对提取的特征h_s进行分类，得到标签 $\hat{y}_s$，使其尽可能接近正确标签y_s，得到损失l_c；第三个是对两个域进行分类的判别器 D，用于尽可能区分数据来自哪个域，得到领域对抗损失l_d。DANN 的主要学习目标是：生成的特征尽可能帮助区分两个领域的特征，同时判别器无法对两个领域的差异进行判别。通常领域对抗损失函数表示为

$$I_d=\max\left[-\frac{1}{n}\sum_{i=1}^{n}\tau_d^i(W,\ b,\ u,\ z)-\frac{1}{n'}\sum_{i=n+1}^{N}\tau_d^i(W,\ b,\ u,\ z)\right] \tag{17-8}$$

通过最大化领域判别损失l_d，可使特征分布具有域不变性，同时最小化源域的分类错误，确保所学习的特征具有可识别性，特征提取器、标签预测器和域分类器形成竞争关系。

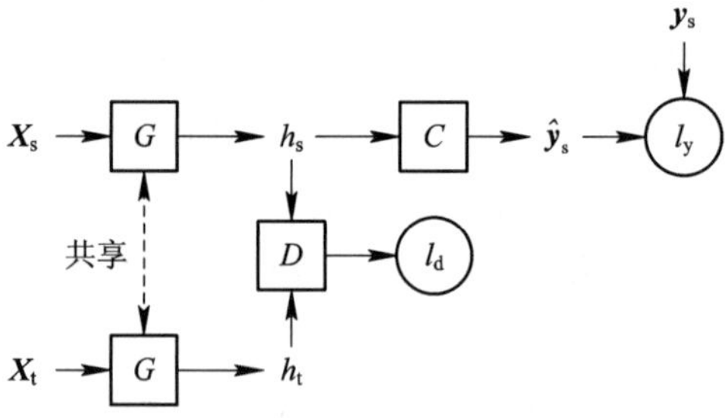

图 17.11　DANN 网络框架

17.4　迁移学习的应用

近年来，迁移学习技术已经成功运用于各类领域，这些领域包括但不限于计算机视觉、文本分类、行为识别、自然语言处理、室内定位、视频监控、舆情分析、人机交互等。图 17.12

展示了迁移学习潜在的应用领域。下面针对当前的一些研究热点，对迁移学习在这些领域的应用场景进行简单介绍。

(a) 语料匮乏条件下不同语言的相互翻译学习

(b) 不同视角、不同背景、不同光照的图像识别

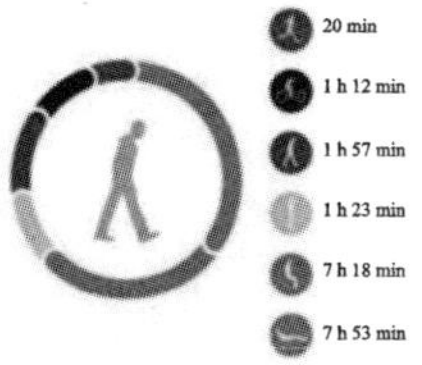

(c) 不同用户、不同设备、不同位置的行为识别

(d) 不同领域、不同背景下的文本翻译、舆情分析

(e) 不同用户、不同接口、不同情境的人机交互

(f) 不同场景、不同设备、不同时间的室内定位

图 17.12　迁移学习的应用

1. 生物信息学与生物成像

在生物学中，许多实验不仅代价高，数据也非常少，如医生试图使用计算机发现潜在疾病的生物成像实验。当前，迁移学习越来越多地被用来将知识从一个领域迁移到另一个领域，以解决生物学中获取标记数据成本高的难题。

在生物医学图像分析中，一个难题是收集新的数据来识别指定疾病，如从医学图像中识别癌症的类型等。这类识别需要大量的训练数据，然而获得这些数据通常非常昂贵，因为它们需要专家标记。此外，预训练模型和未来模型的数据往往来自不同的分布。这些问题激励着许多研究工作应用迁移学习将预训练模型迁移到新的任务中。可以预见，迁移学习在那些不易获取标注数据的领域将会发挥越来越重要的作用。

2. 图像理解

从物体识别到行为识别的许多图像理解任务需要大量标记数据来训练模型，然而当计算机视觉情况稍微有变化(如从室内到室外，从静止摄像机到移动摄像机)时，模型需要适应新的情况。迁移学习就是解决这些适应问题的常用技术。室内定位与传统的室外用的 GPS 定位不同，它通过 WiFi、蓝牙等设备研究人在室内的位置。不同用户、不同环境、不同时刻采集的信号分布不同。图 17.13 展示了不同时间、不同设备的 WiFi 信号变化。

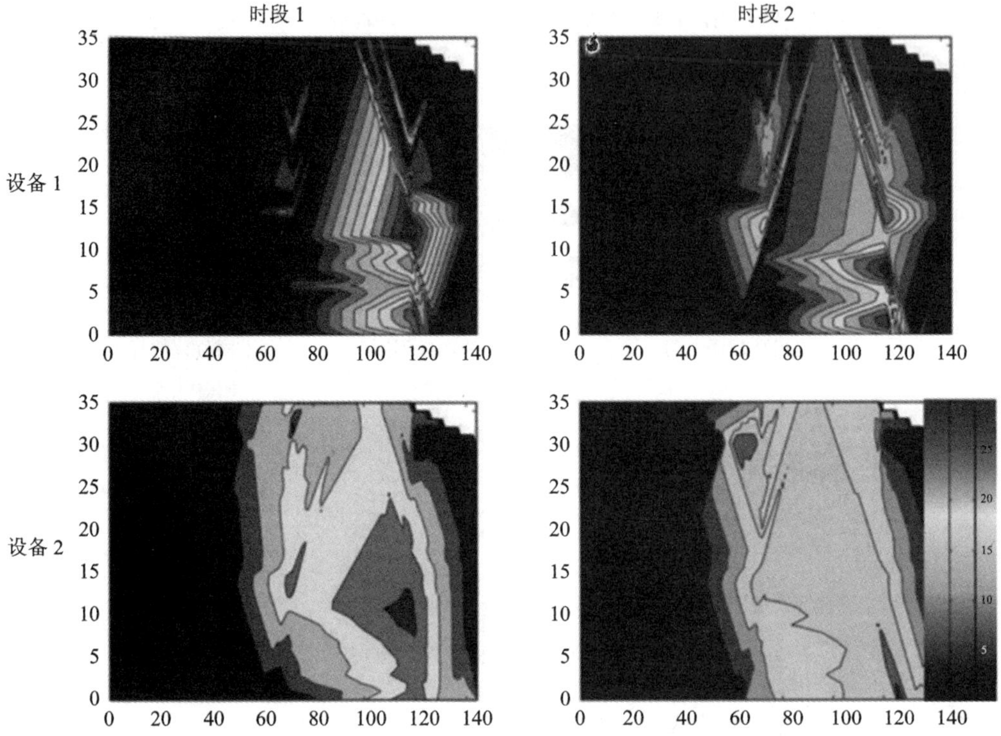

图 17.13　室内定位由于时间和设备变化导致的信号变化

3. 文本挖掘

文本挖掘是迁移学习算法的一个很好的应用。文本挖掘旨在从文本中发现有用的结构知识，并应用于其他领域。在文本挖掘的所有问题中，文本分类的目标是用不同的类标签来标记新的文本文档。典型的文本分类问题是情感分类。在线论坛、博客、社交网络上有大量用户生成的内容，这些内容对总结消费者对产品和服务的意见非常重要。然而，在不同的领域(如不同类型的产品)中，不同类型的在线网站和不同的行业，用户可能会用不同的词语表达他们的意见。因此，在一个领域训练的情感分类器在其他领域可能表现不佳。在这种情况下，迁移学习就可以帮助一个训练有素的分类器适应其他不同的领域。

4. 推荐系统

在通常情况下，由于冷启动问题(简单来说就是在推荐过程中没有足够的信息对用户进行可靠的推荐)，在线产品推荐系统难以建立。如果可以发现领域之间的相似性，并将一个成熟领域的推荐模型应用到新的领域，就可以缓解这个问题，从而节约时间和资源，使原本不可能完成的任务成功完成。

本章小结

本章主要讨论了迁移学习的相关内容，简单介绍了迁移学习的历史和本质，重点对迁移学习和深度迁移学习进行了讲解。其中，迁移学习主要从四个方面讨论，即基于实例的迁移学习、基于特征的迁移学习、基于参数的迁移学习和基于关系的迁移学习，简要叙述了各种方法的基本原理和代表性算法。基于实例的迁移学习方法是最直观、最直接的。基于特征的迁移学习方法则试图寻找一个优化的特征对源域或目标域进行表示，比其他三种方法更为灵活。深度迁移学习是近年来的研究热点，本章主要将其分为两点(基于网络的深度迁移学习和基于生成对抗网络的深度迁移学习)，讲解了二者用于解决迁移学习问题的基本思路以及代表性研究成果。本章最后对迁移学习的一些应用进行了简单介绍。

习　　题

一、判断题

1. 当分布发生变化时，只有少部分统计模型需要使用新收集的训练样本进行重建。（　　）

2. 机器学习是迁移学习的一个重要分支。（　　）

3. 迁移学习的核心问题是找到新问题与原问题的相似性。（　　）

4. 迁移学习同时学习源任务和目标任务，而多任务更多地关注目标任务。（　　）

5. 根据源域和目标域的不同情况，可将迁移学习分为三类，分别是归纳式迁移学习、直推式迁移学习和无监督迁移学习。（　　）

二、选择题

1. 根据源域和目标域的不同情况，可以将迁移学习分为(　　)三类。

A. 归纳式迁移学习　　B. 无监督迁移学习

C. 基于实例的迁移学习　　D. 直推式迁移学习

2.下面(　　)描述成功的迁移学习。

A. 举一反三　　B. 东施效颦

C. 照猫画虎　　D. 触类旁通

三、简答题

1. 试简述你对迁移学习的理解。

2. 迁移学习主要研究了哪三个问题？

3. 分类准则不同，迁移学习的分类结果也不同，请至少举两种分类方式。

4. 试举出一个常见的迁移学习应用实例。

四、编程题

1. 编程实现通过微调 VGG16 网络对 CIFAR10 数据集进行分类。

2. 利用 DANN 网络实现 MNIST 和 MNIST-M 数据集迁移训练。

参考文献

[1] WU X, KUMAR V, QUINLAN J R, et al. Top 10 algorithms in data mining[J]. Knowledge and Information Systems, 2008, 14(1): 1-37.

[2] YANG Q, WU X.10 challenging problems in data mining research[J].International Journal of Information Technology and Decision Making, 2006, 5(4): 597-604.

[3] 王晋东. 迁移学习简明手册[J].中国科学院计算技术研究所，2019.

[4] YIN X, HAN J, YANG J, et al.Efficient classification across multiple database relations: a crossmine approach[J].IEEE Trans. Knowledge and Data Eng., 2006, 18(6): 770-783.

[5] KUNCHEVA L I, RODRŁGUEZ J J.Classifier ensembles with a random linear oracle[J]. IEEE Trans. Knowledge and Data Eng., 2007, 19(4): 500-508.

[6] BARALIS E,CHIUSANO S,GARZA P.A lazy approach to associative classification[J].IEEE Trans. Knowledge and Data Eng., 2008, 20(2): 156-171.

[7] THRUN S,PRATT L.Learning to Learn[M]. Kluwer Academic Publishers, 1998.

[8] WEISS K,KHOSHGOFTAAR T M,WANG D.A survey of transfer learning[J].Journal of Big Data, 2016, 3(1).

[9] DAI W,YANG Q,XUE G,et al.Self-taught clustering[C]//Proc. 25th Int'l Conf. Machine Learning, 2008: 200-207.

[10] WANG Z,SONG Y,ZHANG C.Transferred dimensionality reduction[C]//Proc. European Conf. Machine Learning and Knowledge Discovery in Databases (ECML/PKDD'08), 2008: 550-565.

[11] 邢丽茹.基于实例的归纳式迁移学习研究[D]. 沈阳：辽宁大学，2017.

[12] DAI W,YANG Q,XUE G,et al.Boosting for transfer learning[C]//Proc. 24th Int'l Conf. Machine Learning, 2007: 193-200.

[13] CHENG Y,CAO G,WANG X.Weighted multi-source tradaboost[J].Chinese Journal of Electronics, 2013, 22(3): 505-510.

[14] FREUND Y,CHAPIRE R E.A decision-theoretic generalization of on-line learning and an application

to boosting[J].Journal of Computer and System Sciences, 1997, 55(1): 119 - 139.

[15] 刘萌.基于特征的归纳式迁移学习方法研究[D]. 哈尔滨：哈尔滨工程大学，2012.

[16] ARGYRIOU A, EVGENIOU T, PONTIL M.Multi-task feature learning[C]//Proc. 19th Ann. Conf. Neural Information Processing Systems, 2007: 41 - 48.

[17] ARGYRIOU A, MICCHELLI C A, PONTIL M, et al. A spectral regularization framework for multi-task structure learning[C]//Proc. 20th Ann. Conf. Neural Information Processing Systems, 2008: 25 - 32.

[18] LEE S I, CHATALBASHEV V, VICKREY D, et al.Learning a meta-level prior for feature relevance from multiple related tasks[C]//Proc. 24th Int'l Conf. Machine Learning, 2007: 489 - 496.

[19] RAINA R, BATTLE A, LEE H, et al. Self-taught learning: transfer learning from unlabeled data [C]//Proc. 24th Int'l Conf. Machine Learning, 2007: 759 - 766.

[20] LAWRENCE N D, PLATT J C. Learning to learn with the informative vector machine[C]//Proc. 21st Int'l Conf. Machine Learning, 2004.

[21] BONILLA E, CHAI K M, WILLIAMS C. Multi-task gaussian process prediction[C]//Proc. 20th Ann. Conf. Neural Information Processing Systems, 2008: 153 - 160.

[22] SCHWAIGHOFER A, TRESP V, YU K. Learning gaussian process kernels via hierarchical bayes [C]//Proc. 17th Ann. Conf. Neural Information Processing Systems, 2005: 1209 - 1216.

[23] EVGENIOU T, PONTIL M. Regularized multi-task learning[C]//Proc. 10th ACM SIGKDD Int'l Conf. Knowledge Discovery and Data Mining, 2004: 109 - 117.

[24] YANG Q, ZHANG Y, DAIW Y, et al. Transfer Learning[M]. New York: Cambridge University Press, 2020.

[25] MIHALKOVA L, HUYNH T, MOONEY R J. Mapping and revising markov logic networks for transfer learning[C]//Proc. 22nd Assoc. for the Advancement of Artificial Intelligence (AAAI) Conf. Artificial Intelligence, 2007: 608 - 614.

[26] RICHARDSON M, DOMINGOS P. Markov logic networks[J]. Machine Learning J., 2006, 62(1/2): 107 - 136.

[27] RAMACHANDRAN S, MOONEY R J. Theory refinement of bayesian networks with hidden variables [C]//Proc. 14th Int'l Conf. Machine Learning, 1998: 454 - 462.

[28] DAVIS J, DOMINGOS P. Deep transfer via second-order markov logic[C]//Proc. Assoc. for the Advancement of Artificial Intelligence (AAAI'08) Workshop Transfer Learning for Complex Tasks, 2008.

[29] HINTON G E, OSINDERO S, THE Y W. A fast learning algorithm for deep belief nets[J]. Neural Computation, 2006, 18(7): 1527 - 1554.

[30] 李年华.深度神经网络的迁移学习关键问题研究[D]. 成都：电子科技大学，2018.

[31] 王平.基于深度卷积网的迁移学习技术研究[D]. 大连：大连交通大学，2016.

[32] HUANG J T, LI J, YU D, et al. Cross-language knowledge transfer using multilingual deep neural network with shared hidden layers[C]//In: Acoustics, Speech and Signal Processing (ICASSP), 2013: 7304 - 7308.
[33] LONG M, ZHU H, WANG J, et al. Unsupervised domain adaptation with residual transfer networks [J]. In: Advances in Neural Information Processing Systems, 2016: 136 - 144.
[34] OQUAB M, BOTTOU L, LAPTEV I, et al. Learning and transferring mid-level image representations using convolutional neural networks[C]//In: Computer Vision and Pattern Recognition (CVPR), 2014: 1717 - 1724.
[35] ZHU H, LONG M, WANG J, et al. Deep hashing network for efficient similarity retrieval[C]//In: AAAI, 2016: 2415 - 2421.
[36] TAN C, SUN F C, KONG T, et al. A survey on deep transfer learning[J]. arXiv: 1808.01974v1, 2018.
[37] YOSINSKI J, CLUNE J, BENGIO Y, et al. How transferable are features in deep neural networks[J]. In Advances in Neural Information Processing Systems, 2014: 3320 - 3328.
[38] SIMON K, ZISSERMAN A. Very deep convolutional networks for large-scale image recognition[C]// ICLR, 2015.
[39] KRIZHEVSKY A, SUTSKEVER I, HINTON G E. Imagenet classification with deep convolutional neural networks[C]//LSVRC, 2010.
[40] GOODFELLOW I, POUGET-ABADIE J, MIRZA M, et al. Generative adversarial nets[J]. In: Advances in Neural Information Processing Systems, 2014: 2672 - 2680.
[41] 臧文化.基于生成对抗网络的迁移学习算法改进研究[D].成都：电子科技大学，2018.
[42] ZHU J Y, PARK T, ISOLA P, et al. Unpaired image-to-image translation using cycle-consistent adversarial networks[C]//ICCV, 2017.
[43] GANIN Y, VICTOR L. Unsupervised domain adaptation by backpropagation[C]//ICML, 2015.
[44] DAI W Y, XUE G R, YANG Q. Co-clustering based classification for out-of-domain documents[C]// Proceedings of the 13th ACM SIGKDD international, 2007: 210 - 219.

第18章 自动机器学习

为特定任务构造一个高质量的机器学习或深度学习系统不仅需要耗费大量时间和资源，而且在很大程度上需要专业的领域知识。为了使机器学习技术更易于应用，减少对经验丰富的领域专家的需求，自动机器学习(Automated Machine Learning，AutoML)成为了工业界和学术界关注的热点。本章将主要围绕自动机器学习基础、自动机器学习的数据准备、模型生成、模型评估以及经典的神经架构搜索(Neural Architecture Search，NAS)算法展开介绍。

18.1 自动机器学习基础

18.1.1 初识自动机器学习

米歇尔(Michell)在其著名的《机器学习》一书中以这样一句话开头："自从计算机发明以来，我们就一直在想，计算机是否可以用来学习。如果我们能理解如何通过编程让他们学会用经验自动改进，那么影响将是巨大的。"这项探索为数十年前的计算机科学带来了一个新的研究领域，即机器学习。

但是，目前成功的机器学习应用远非完全自动化，而大多通过经验自动改进，其模型是由专家通过反复试验设计的，这意味着即使是专家也需要大量资源和时间才能构建性能良好的模型。为了减少庞大的开发成本，研究人员提出了实现整个机器学习流程自动化的想法，即自动机器学习(AutoML)。如果我们能让人从这些机器学习设计工作中解放出来，那么就可以更快地构建机器学习解决方案，有效地验证和测试已构建的解决方案的性能，并使专家们更加关注具有更多应用价值和实用价值的问题。这将使机器学习更容易在现实世界中使用，并将机器学习引入一个新的阶段。

受自动化和机器学习的启发，本节将定义什么是 AutoML，并解释 AutoML 的核心目标。

自动机器学习是自动化和机器学习的交集，是两个领域相互作用的产物。这两个领域的结合已成为近年来的热门研究课题，这是我们在以下内容中定义 AutoML 的主要基础。

1. 定义 1(ML)

机器学习(ML)是由 E、T 和 P 指定的一种计算机程序。如果一个计算机程序可以使用

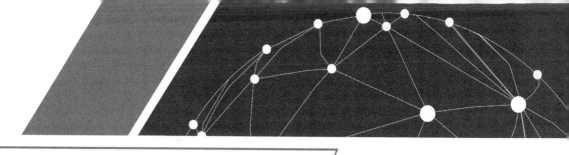

P 来衡量性能，且其性能可以通过输入数据 E 和某些种类的构造特征 T 改良，那么它就被认为可以从输入数据 E 中学习到可以改良性能 P 的构造特征 T。

从这个定义中我们可以看到，AutoML 本身也是一个在输入数据(即 E)和给定任务(即 T)上具有良好泛化性能(即 P)的计算机程序。然而，传统的机器学习研究多集中在学习方法的发明和分析上，而不关心这些方法的配置是否容易。比如，最近的研究趋势是从简单模型到深度模型，这些模型可以提供更好的性能，但也很难配置。相反，AutoML 强调如何使用和控制简单的学习方法。

由上述内容可以看出，AutoML 不仅要具有良好的学习性能(从机器学习的角度来看)，还要求在减少人工干预的情况下实现这种性能(从自动化的角度来看)。

2. 定义 2(AutoML)

自动化机器学习(AutoML)试图在有限的计算预算范围内代替人类来识别适合机器学习的计算机程序(由定义 1 中的 E、T 和 P 指定)的(部分或全部)配置。

从上面的讨论中我们可以看到，尽管需要良好的学习性能，但 AutoML 要求以自动方式获得这种性能。这就设置了 AutoML 的三个主要目标：

(1) 良好的性能：可以在各种输入数据和学习任务上实现良好的泛化性能；

(2) 减少人工参与：可以自动完成机器学习方法的配置；

(3) 高计算效率：该程序可以在有限的预算内返回合理的输出。

一旦实现了以上三个目标，我们就可以跨组织快速部署机器学习解决方案，快速验证和测试已部署解决方案的基线性能，并让人类更多地关注真正需要人类参与的问题。

18.1.2 自动机器学习的构成

在经典机器学习中，人类通过操作特征工程、模型选择和算法选择大量参与到学习方法设计中。因此在机器学习实践中，人类承担了大部分的劳动和知识密集型工作。但是，在 AutoML 中，所有这些都可以由计算机程序完成。

完整的 AutoML 系统可以动态组合各种技术，以形成易于使用的端到端 ML 流程体系(如图 18.1 所示)。目前，许多 AI 公司已经创建并公开共享了这样的系统(如 Google 的 Cloud AutoML)，以帮助几乎没有 ML 知识的人构建高质量的定制模型。

AutoML 流程包含多个过程：数据准备、特征工程、模型生成和模型评估。模型生成可以进一步分为搜索空间和优化方法。搜索空间定义了 ML 模型的设计原理。该原理可以分为两类：传统 ML 模型(如 SVM 和 KNN)和神经体系结构。优化方法分为超参数优化(HPO)和架构优化(AO)，其中前者指与训练相关的参数(如学习率和批量大小)，而后者指与模型相关的参数(如神经架构的层数和 KNN 的近邻数)。NAS 由三个重要模块组成：神经体系结构的搜索空间、AO 方法和模型评估方法。NAS 的目的是通过从预定义的搜索空间中选择和组合不同的基本操作来搜索具有鲁棒性且性能良好的神经体系结构。

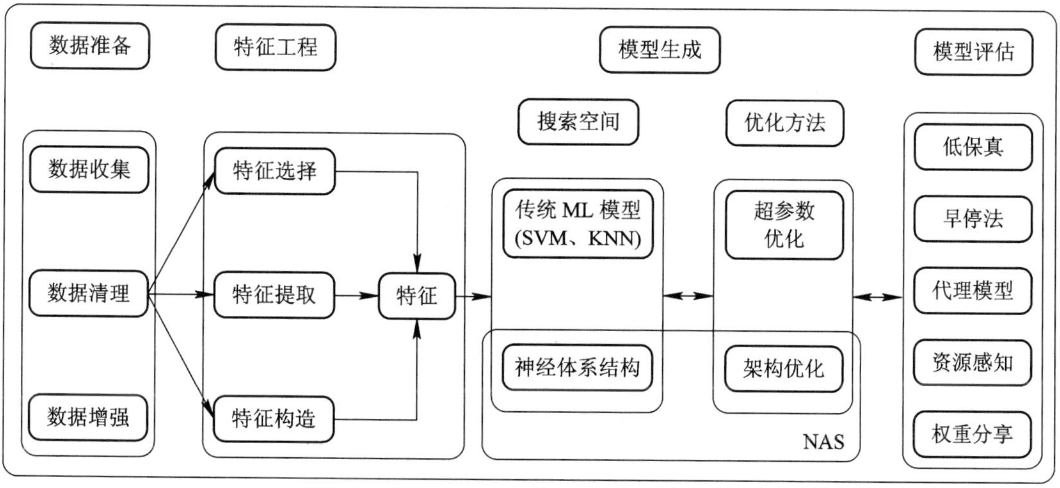

图 18.1　AutoML 流程概述

18.2　数据准备

ML 管道化的第一步是数据准备。图 18.2 展示了数据准备流程。由图 18.2 可以看出，应从三个方面概括数据准备工作：数据收集、数据清理和数据增强。数据收集是构建新数据集或扩展现有数据集的必要步骤。数据清理过程用于过滤嘈杂的数据，因此不会影响后续模型训练。数据增强在增强模型鲁棒性和改善模型性能方面起着重要作用。

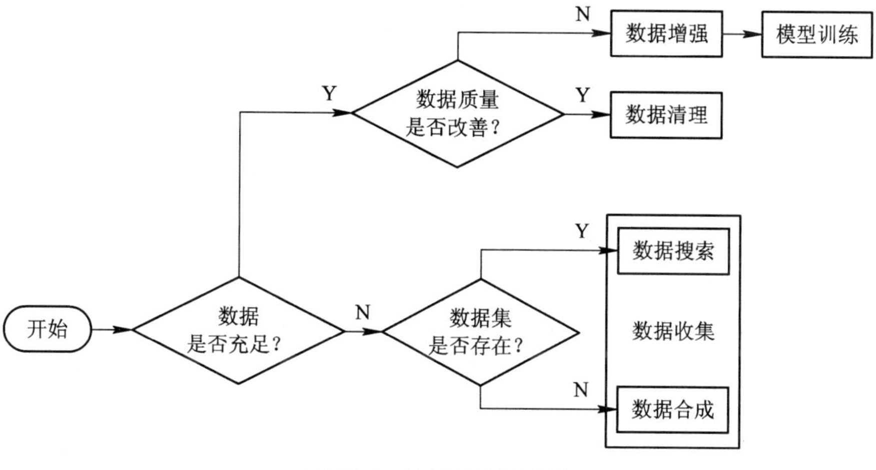

图 18.2　数据准备流程图

18.2.1 数据收集

目前，ML 的深入研究已达成共识，即必须有良好的数据。因此出现了许多开放数据集。在 ML 研究的早期开发了手写数字数据集，即 MNIST。之后还开发了一些更大的数据集，如 CIFAR-10、CIFAR-100 和 ImageNet。

然而对于某些特定的任务(如与医疗或其他私人事务相关的任务)，通过上述方法找到一个合适的数据集通常是很困难的。针对这一问题，提出了两种方法：数据搜索(Data Searching)和数据合成(Data Synthesis)。

数据搜索是指基于互联网通过搜索网络数据直接收集数据集。在此过程中需要过滤不相关的数据。数据合成可以使用尽可能与真实世界匹配的数据模拟器，或者使用生成对抗网络(Generative Adversarial Networks，GAN)来合成数据。

18.2.2 数据清理

收集的数据中不可避免地会有噪声，噪声会对模型的训练产生负面影响。因此，如有必要，则必须执行数据清理这一过程。传统上，数据清理需要专业知识，但接触专家的机会有限，而且费用高昂。因此，数据清理的工作正从众包(Crowdsourcing)转向自动化。传统的数据清理方法适用于固定数据集。但是，现实世界中每天都会产生大量数据。换句话说，如何在连续过程中清理数据成为值得研究的问题，对于企业而言更是如此。

18.2.3 数据增强

在某种程度上，数据增强(Data Augmentation，DA)也可以被视为数据收集的工具，因为它可以基于现有数据生成新数据。此外，DA 也作为一种正则化函数来避免模型训练的过度拟合而受到越来越多的关注。因此，我们将 DA 作为数据准备的一个独立部分进行详细介绍。

对于图像数据，仿射变换包括旋转、缩放、随机裁剪和反射(reflection)；弹性变换包含对比偏移、亮度偏移、模糊和通道混洗等操作；高级变换包括随机擦除、图像融合、剪切和混合等。基于神经的变换可以分为三类：对抗性噪声(Adversarial Noise)、神经式变换(Neural Style Transfer)和 GAN 技术。对于文本数据，可以通过同义词插入或先将文本翻译成外文，再将其翻译回原始语言来扩充。

上述增强技术仍然需要人工选择增强操作，然后针对特定任务形成特定的 DA 策略，这需要大量的专业知识和时间。最近研究人员提出了许多方法来搜索不同任务的增强策略。AutoAugment 是一项开创性的工作，它通过使用强化学习来自动搜索最佳 DA 策略。但是 AutoAugment 的效率不高，因为一次增强搜索将花费近 500 个 GPU 小时。为了提高搜索效率，研究人员随后使用不同的搜索策略提出了许多改进的算法，如基于梯度下降的方法、基于贝叶斯优化的方法、在线超参数学习(Online Hyper-Parameter Learning)的方法、基于贪婪搜索和随机搜索的方法等。

18.3 模型生成

一旦获得特征，我们就需要找到一个模型来预测标签。模型生成包含两个部分：选取一些分类器，设置相应的超参数。在这个 AutoML 设置中，任务是自动选择分类器并设置其超参数，以获得良好的学习性能。如图 18.1 所示，两个部分分别是搜索空间和优化方法。搜索空间定义了可以设计和优化的模型结构。模型的类型大致可分为两类：一类是传统的 ML 模型，如支持向量机(Support Vector Machine，SVM)、K 近邻模型(K-Nearest Neighbors，KNN)和决策树(Decision Tree，DT)；另一种是深度神经网络(DNN)。在优化方法方面超参数设置可以分为两类：一类是用于训练的超参数，如学习率和每批次数量；另一类是用于模型设计的超参数，如 KNN 的近邻数或 DNN 的层数。

18.3.1 传统模型

前述章节中已经提出了许多分类方法，如树分类器、线性分类器、核函数等。每种分类器在使用数据建模时都有自己的优缺点。表 18.1 列出了在 Scikit-Learn 中实现的一些现成的分类器。由表 18.1 可以看出，每个分类器都具有不同的超参数。传统上来说，不同分类器及其超参数的选择通常是根据自己的经验以试错的方式来决定的。一般来说，超参数可以是离散的，如 KNN 中的近邻数，也可以是连续的，如 logistic 回归中的惩罚值。

表 18.1 Scikit-Learn 中的示例分类器及其超参数

示例分类器	超参数数量		
	总计	离散	连续
自适应提升算法	4	1	3
伯努利朴素贝叶斯	2	1	1
决策树	4	1	3
梯度提升算法	6	0	6
KNN	3	2	1
线性 SVM	4	2	2
核 SVM	7	2	5
随机森林	5	2	3
逻辑回归	10	4	6

在进行模型选择时，候选分类器及其对应的超参数构成了搜索空间。这种选择的基本原理是：只有在考虑了相应分类器的情况下，我们才需要确定超参数。

18.3.2 NAS

NAS 目标是搜索适合学习问题的良好的深度网络体系结构，其特点主要有三个：首先，NAS 本身是当前具有良好前景的研究课题，目前已有诸多研究论文发表；第二，深度网络的应用领域相对清晰，即从低语义水平的数据(如图像像素)中学习；最后，由于应用领域是明确的，因此特定领域的网络体系结构可以满足其学习目的，其中特征工程和模型选择均由 NAS 完成。

图 18.3 给出了 NAS 流程，它分为以下三个方面：搜索空间、架构优化(AO)和模型评估。

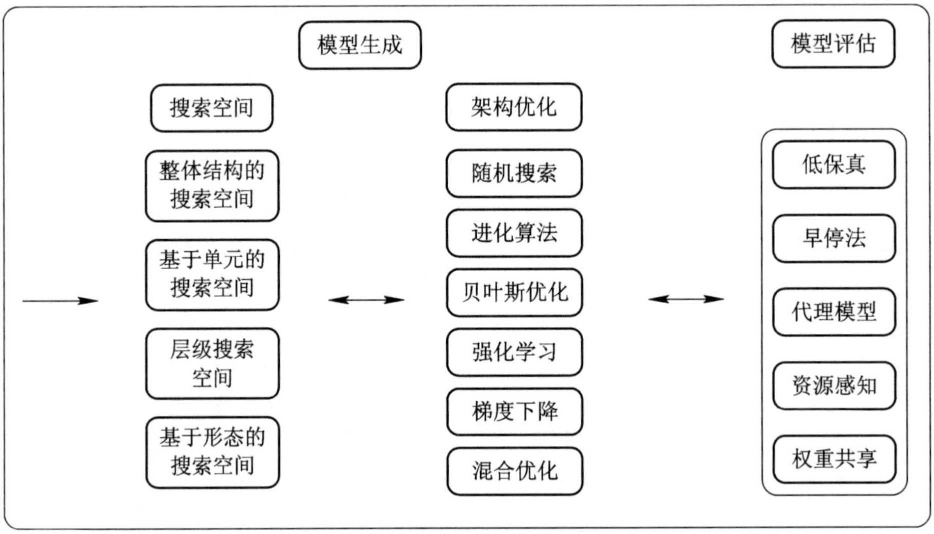

图 18.3　NAS 流程

本节主要介绍 NAS 搜索空间。

神经结构可以表示为有向无环图(Direct Acyclic Graph，DAG)，它由有序节点 Z 和连接节点对的边组成，其中每个节点表示张量 $\boldsymbol{z}$，每条边表示从一组候选操作集合 O 中选择的操作集合 o。每个节点的入度数随搜索空间的设计而变化。由于计算资源的限制，为入度设置了最大阈值 N。这里我们假设节点的索引从 1 开始，给出节点 k 处的计算公式：

$$\boldsymbol{z}^{(k)}=\sum_{i=1}^{N} o^{(i)}(\boldsymbol{z}^{(i)}) \quad o^{(i)} \in O \tag{18-1}$$

候选操作集合 O 主要包括原始操作，如卷积、池化、激活函数、跳跃连接、级联和加法。此外，为了进一步提高模型的性能，许多 NAS 方法都使用一些高级的人工设计模块

(如深度可分离卷积、空洞卷积等模块)进行原始操作。如何选择和组合这些操作因设计搜索空间而异。换句话说，搜索空间定义了架构优化算法可以探索的结构范式，因此设计一个好的搜索空间是一个很有前途但具有挑战性的问题。一般而言，良好的搜索空间有望消除人为偏见，并且具有足够的灵活性，以覆盖更广泛的模型架构。

1. 整体结构的搜索空间

整体结构神经网络的空间是最直观的搜索空间之一。图 18.4 展示了整体结构模型的两个简化示例。这些模型是通过堆叠预定数量的节点而构建的，其中每个节点代表一个层并具有指定的操作。最简单的结构是图 18.4(a)所示的模型，而图 18.4(b)所示的模型则相对复杂，因为它允许有序节点之间存在任意跳跃连接，并且这些连接在实践中已被证明是有效的。尽管整个结构易于实现，但它有几个缺点。例如，模型越深，泛化能力越好，但是寻找这样一个深层网络过程烦琐且计算量大。此外，所生成的架构缺乏可移植性，即在小型数据集上生成的模型可能不适合较大的数据集，需要为较大的数据集生成新模型。

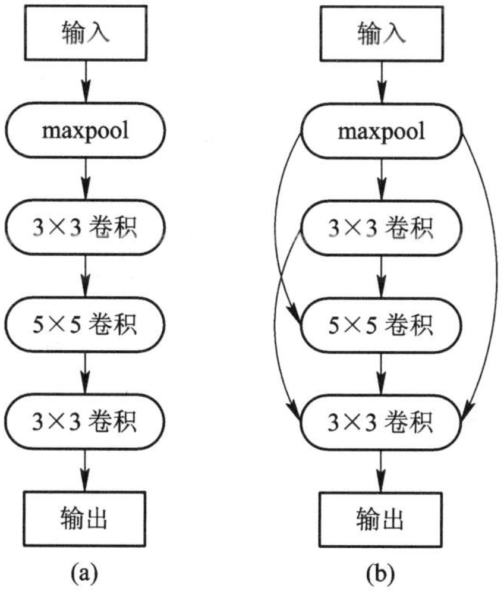

图 18.4　整体结构模型的两个简化示例

2. 基于单元的搜索空间

为了使生成的模型具有可移植性，许多文献提出了基于单元的搜索空间，其中神经结构由固定数量的重复单元结构组成。这种设计方法基于以下观察：许多性能良好的人工设计的模型也是通过堆叠固定数量的模块来构建的。ResNet 系列通过堆叠更多瓶颈模块来构建许多变体，如 ResNet50、ResNet101 和 ResNet152。这个重复的模块被称为单元。

图 18.5(a)提供了一个基于单元的神经网络的示例。该网络由两种单元组成，即标准单元和还原单元。因此，搜索完整的神经体系结构的问题就简化为在基于单元的搜索空间中

搜索最佳单元结构。大多数工作的内部单元结构的设计范例参考了 Zoph 等人的工作成果 NASNet(见 18.5.1 节)，这是最早提出的基于单元的搜索空间的探索。图 18.5(b)显示了标准单元结构的示例。每个单元包含 B 个块(此处 $B=2$)，每个块具有两个节点。我们可以看到块中的每个节点可以被分配不同的操作，并且可以接收不同的输入。块中两个节点的输出可以通过加法或级联操作进行组合，因此，每个块都可以由五元素元组表示，即(I_1，I_2，O_1，O_2，C)。其中，I_1，$I_2 \in I_b$，表示该块的输入；O_1，$O_2 \in O$，指定对输入的操作；$C \in C$，描述如何组合O_1和O_2。当块被排序时，块b_k中节点的候选输入I_b的集合包含前两个单元的输出以及同一单元的所有先前块$\{b_i, i<k\}$的输出。在默认情况下，整体模型的第一个单元的前两个输入被设置为图像数据。

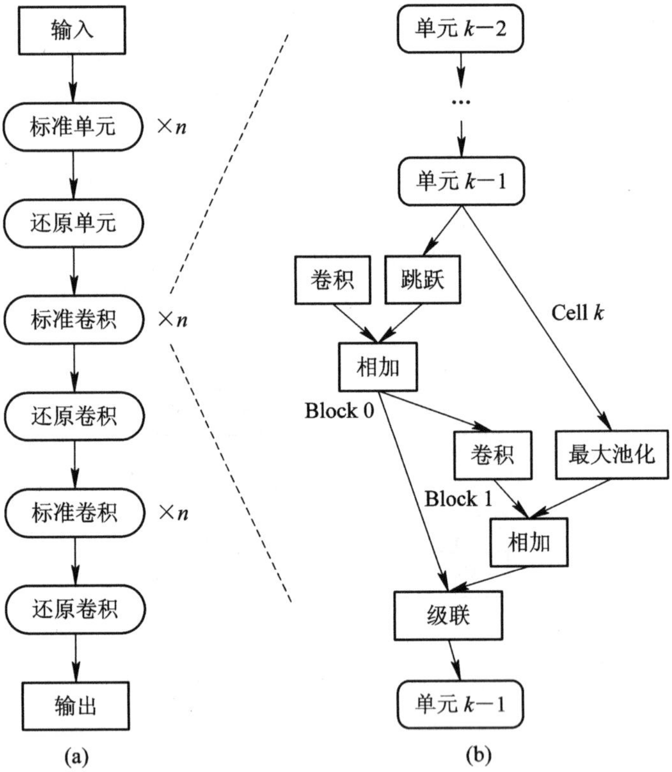

图 18.5 一个基于单元的神经网络的示例与一个标准单元结构的示例

在实际执行中，有一些重要的细节需要注意。首先，对于不同的输入，通道的数目可能不同。一个常用的解决方案是在每个节点的输入张量上执行校准操作，以确保所有输入具有相同数量的通道。校准操作通常使用 1×1 卷积滤波器，这样就不会改变输入张量的大小。其次，如上所述，块中节点的输入可以来自前两个单元或同一单元内的前两个块，因此，单元的输出必须具有相同的空间分辨率。如果输入/输出分辨率不同，则校准操作的步长为 2，否则为 1。另外，所有模块的步长为 1。

搜索单元结构比搜索整体结构更有效。为了说明这一点，假设有 M 个预定义的候选操作，整体结构和基于单元的结构的层数均为 L，单元中的块数为 B，那么，可能的整体结构数为

$$N_{\text{entire}}=M^{L}\times 2^{\frac{L\times(L-1)}{2}} \tag{18-2}$$

可能的像元数为$[M^{B}\times(B+2)!]^{4}$，但是有两种单元(即标准单元和还原单元)，因此基于单元的搜索空间的最终大小为

$$N_{\text{cell}}=[M^{B}\times(B+2)!]^{4} \tag{18-3}$$

显然，搜索整体结构的复杂度随层数成倍增长。为了进行直观比较，我们将式(18-2)和式(18-3)中变量的值设置为文献中的典型值，即 $M=5$，$L=10$，$B=3$，则 $N_{\text{entire}}=3.44\times10^{20}$，远大于 $N_{\text{cell}}=5.06\times10^{16}$。

值得注意的是，基于单元的搜索空间的 NAS 方法通常包括两个阶段：搜索和评估。具体而言，首先选择搜索阶段中表现最佳的模型，然后在评估阶段对该模型进行从头训练或微调。但是，两个阶段之间的模型深度存在很大的差距。如图 18.6(a)所示，对于 DARTS(见 18.5.3 节)，在搜索阶段生成的模型仅由 8 个单元组成，以减少 GPU 内存的消耗，而在评估阶段，单元数量扩展到 20 个。搜索阶段为浅层模型找到了最佳的单元结构，但这并不意味着它在评估阶段仍适合深层模型。换句话说，简单地添加更多的单元可能会损害模型性能。为了弥合这一差距，Chen 等人提出了一种基于 DARTS 的改进方法，即渐进 DARTS(Progressive-DARTS，P-DARTS)，该方法将搜索阶段分为多个阶段，并在每个阶段结束时逐渐增加搜索网络的深度，从而缩小了搜索和评估之间的差距。但是，在搜索阶段增加单元数可能会带来较大的计算开销。因此，为了减少计算量，P-DARTS 通过搜索空间近似方法将候选操作的数量从 5 逐渐减少到 3 和 2，如图 18.6 所示。实验结果显示，P-DARTS 在 CIFAR-10 的测试数据集上获得了 2.50%的错误率，优于 DARTS 的 2.83%的错误率。

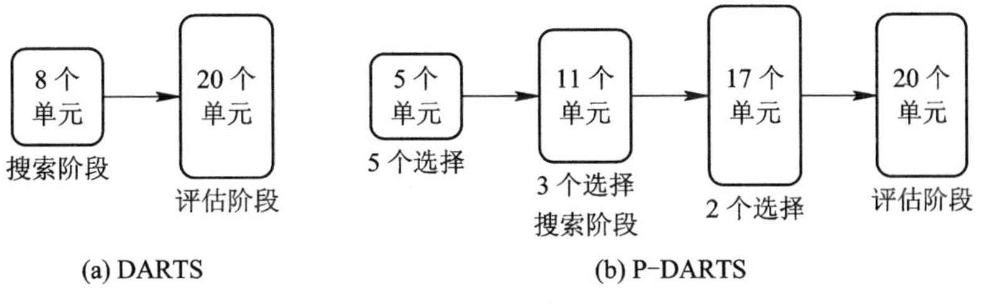

图 18.6　DARTS 和 P-DARTS 之间的差异

3. 层级搜索空间

基于单元的搜索空间使生成的模型具有可移植性，大多数基于单元的方法遵循两级层级结构：内部是单元级，为单元中的每个节点选择操作和连接；外部是网络级，控制着空间分辨率的变化。然而，这些方法只关注单元层，而忽略了网络层。如图 18.5 所示，每当固定数量的标准单元格被堆叠时，添加一个还原单元，特征图的空间维度将减半。为了共同学习可重复单元和网络结构的良好结合，Liu 等人定义了网络级架构的一般表述，如图 18.7 所示(图 18.7 中，开头的三个空心圆点表示固定的“干”结构，每个实心圆点是一个单元结构，箭头表示最终选择的网络级结构)。从图 18.7 中可以复制许多现有的良好网络设计。通过这种方式，我们可以充分探索网络中不同数量的通道以及每个图层的特征图的大小。

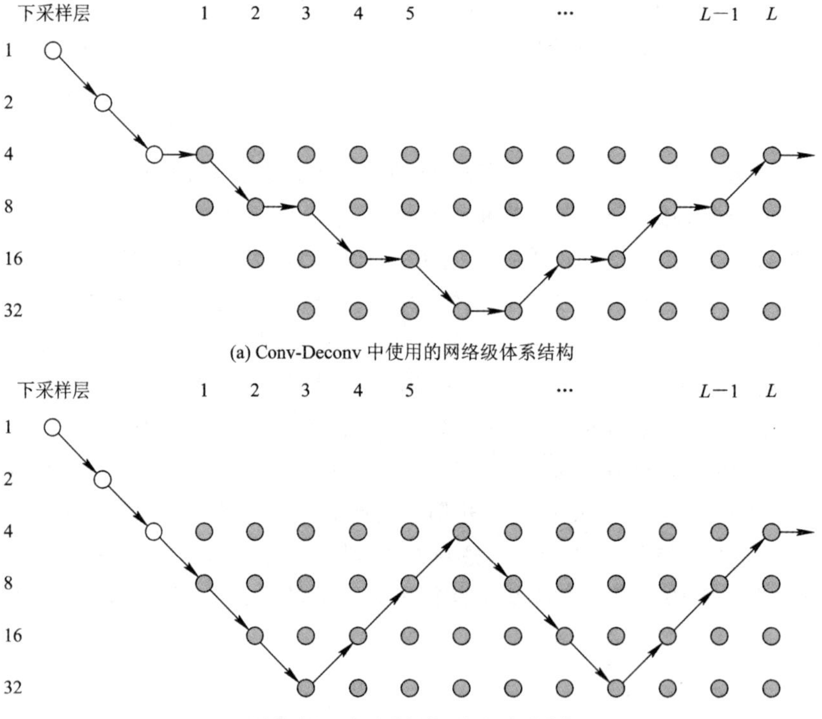

(a) Conv-Deconv 中使用的网络级体系结构

(b) 堆叠沙漏网络中使用的网络级体系结构

图 18.7　网络级搜索空间

在单元级别，单元中的块数(B)仍然是手动预定义的，并且在搜索阶段是固定的。换句话说，B 是一个新的超参数，它需要通过人工输入进行调整。为了解决这个问题，Liu 等人提出了一种新颖的分层遗传表示体系(Hierarchical Genetic Representation Scheme)，通过迭代合并低层单元来生成高层单元。如图 18.8 所示，一级单元可以是一些原始操作，如

1×1 卷积、3×3 卷积和 3×3 最大池化。一级单元是二级单元的基本组成部分。然后，用二级单元作为原始操作生成三级单元。最高层级的单元是一个与整个架构相对应的单一模块。此外，更高层级的单元由可学习的邻接上三角矩阵 $\boldsymbol{G}$ 定义，其中 $G_{ij}=k$ 表示在节点 i 和 j 之间执行第 k 次运算 O_k。例如，图 18.8(a)中的二级单元由矩阵 $\boldsymbol{G}$ 定义，其中 $G_{01}=2$，$G_{02}=1$，$G_{12}=0$(索引从 0 开始)。该方法可以发现更多类型的单元结构，具有更复杂和更灵活的拓扑结构。同样，Liu 和 Zoph 等人同时提出了渐进式 NAS(Progressive NAS，PNAS)来逐步搜索单元(见 18.5.2 节)，从最简单的只有一个块的单元结构开始，然后通过添加更多可能的块结构来扩展到更高层级的单元。此外，PNAS 通过使用代理模型在每个单元构建阶段从搜索空间预测 top-k 个有希望的块，从而提高了搜索效率。

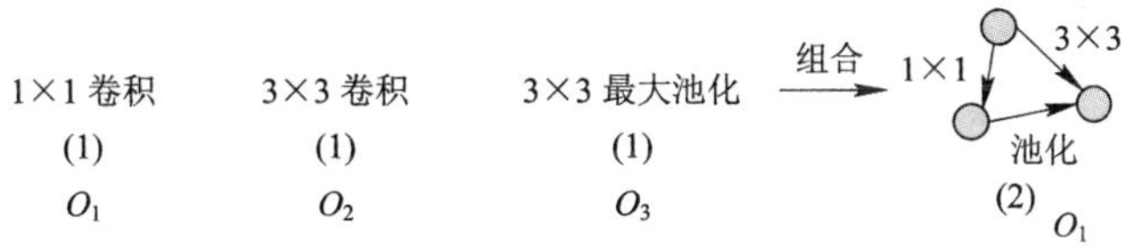

(a) 一级原始操作被组装到二级单元中

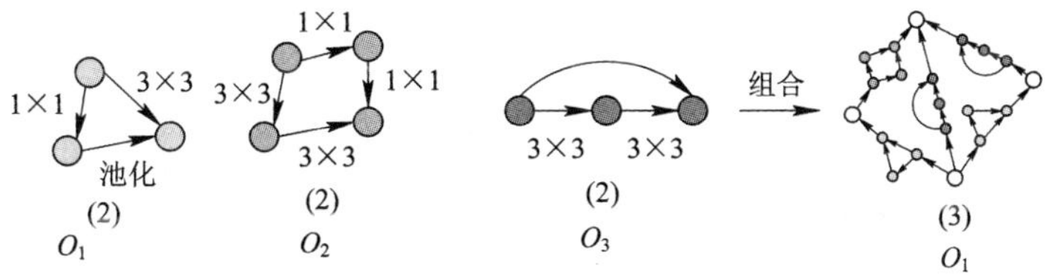

(b) 二级单元被视为原始操作，并被组合为三级单元

图 18.8　三级层级结构表示形式的示例

对于 HierNAS 和 PNAS，一旦搜索到一个单元结构，就会在网络的所有层中使用，这会限制层级的多样性。此外，许多搜索到的单元结构是复杂且分散的，这不利于实现高精度和低延迟。为了缓解这两个问题，Tan 等人提出了 MnasNet，它使用新颖的分解层级搜索(Factorized Hierarchical Search，FHS)空间为最终网络的不同层级生成不同的单元结构，即 MBConv。图 18.9 展示了 MnasNet 的分解层级搜索空间。该网络由预定义数量的单元结构组成。每个单元具有不同的结构并包含可变数量的块，其中每个块在同一单元中具有相同的结构，但与其他单元中的块结构不同。由于可以在模型性能和延迟之间实现良好的平衡，因此许多后续工作也引用了此设计方法。值得注意的是，由于计算量大，因此大多数可微的 NAS(DNAS)工作(如 DARTS)首先在代表数据集(如 CIFAR10)上搜索良好的单元结构，然后将其传输到更大的目标数据集(如 ImageNet)上。Han 等人提出了 ProxylessNAS，它可以使用 BinaryConnect 直接在目标数据集和硬件平台上搜索神经网络，从而解决了高内存消耗问题。

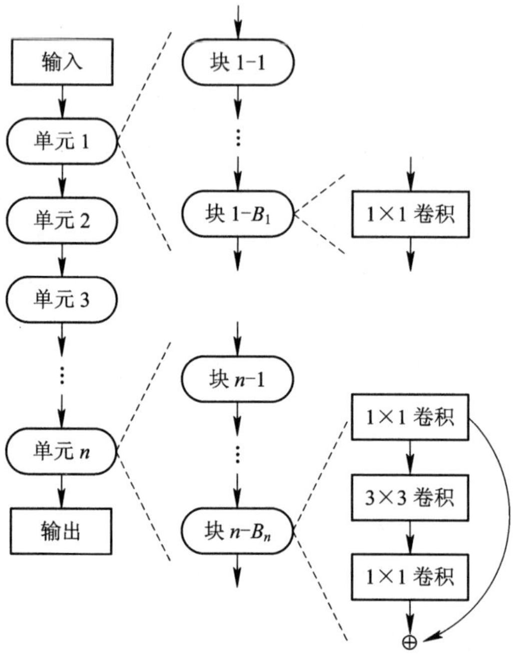

图 18.9 MnasNet 的分解层次搜索空间

4. 基于形态的搜索空间

Chen 等人提出了 Net2Net 技术，通过在神经网络层之间插入本征形态（Identity Morphism，IdMorph）变换，在现有网络的基础上设计新的神经网络。IdMorph 变换是功能可保持的（Function Preserving），有两种类型：深度 IdMorph 变换和宽度 IdMorph 变换。IdMorph 变换使得用更深或更宽的等效模型替换原始模型成为可能。

但是，IdMorph 变换仅限于宽度和深度的更改，并且只能分别修改宽度和深度，其本征层的稀疏性可能会造成一些问题。因此，研究人员提出了一种改进的方法，即网络变形（Network Morphism），它允许子网络从其已进行良好训练的父网络继承所有知识，并在较短的训练时间内继续发展为更强健的网络。具体而言，与 Net2Net 相比，网络变形具有以下优点：① 它可以嵌入非本征（Non Identity）层并处理任意非线性激活函数；② 它可以在单个操作中同时执行深度、宽度和内核大小变形，而 Net2Net 只能分别考虑深度和宽度的变化。实验结果表明，网络变形可以极大地加速训练过程，其训练时间仅为原来的 VGG16 的 1/15，并取得了更好的效果。

随后的几项研究工作都是基于网络变形的。例如，Jin 等人提出了一个框架，该框架使贝叶斯优化能够指导网络形态进行有效的神经体系结构搜索。Wei 等人通过将卷积层变形为神经网络的任意模块，进一步改进了网络变形。另外，Tan 和 Le 提出了 EfficientNet，它重新检验了模型缩放对卷积神经网络的影响，并证明了仔细平衡网络深度、宽度和分辨率可以带来更好的性能。

18.3.3 模型优化

机器学习的最后步骤模型评估是最耗时的步骤，通常需要进行优化。对于经典学习模型，优化不是问题，因为它们通常采用凸损失函数，并且从各种优化算法中得到的性能几乎相同。因此，效率是选择优化算法的重点。

但是，随着学习方法变得越来越复杂，如从 SVM 到深度网络，优化不仅是计算预算的主要消耗者，对学习性能也有很大的影响。因此，算法选择的目标是自动找到优化算法，使效率和性能达到平衡。在本节中，我们讨论优化器的基本技术。这里有三个重要问题：

(1) 优化器可以在哪种搜索空间上运行？

(2) 需要什么样的反馈？

(3) 在找到一个好的配置之前，需要生成/更新多少个配置？

前两个问题确定了可用于优化程序的技术类型，最后一个问题阐明了技术的效率。尽管效率是 AutoML 中的主要问题，但在本节中，我们并不基于此对现有技术进行分类。这是因为搜索空间非常复杂，其中每种技术的收敛速度都难以分析。我们主要从以下两个方面介绍优化方法：架构优化和超参数优化。

1. 架构优化

定义搜索空间后，我们需要搜索性能最佳的体系结构，这个过程称为体系结构优化(Architecture Optimization，AO)。传统上，神经网络的体系结构被视为一组静态超参数，这些超参数是根据在验证集上观察到的性能进行调整的。但是，此过程高度依赖人类专家，并且需要大量时间和资源进行反复试验。因此，研究人员提出了许多 AO 方法，以使人们摆脱烦琐的过程，并自动搜索新颖的体系结构。

1) 进化算法

进化算法(EA)是一种通用的基于种群的元启发式优化算法(Metaheuristic Optimization Algorithm，MOA)，它从生物学进化中汲取了灵感。与穷举法等传统优化算法相比，进化算法是一种成熟的全局优化方法，具有较高的鲁棒性和广泛的适用性。它可以有效地解决传统优化算法难以解决的复杂问题，而不受问题性质的限制。

不同的 EA 可能使用不同类型的编码方案来表示网络。编码方案有两种类型：直接编码和间接编码。直接编码是一种广泛使用的方法，用于明确指定网络类型。例如，遗传 CNN 将网络结构编码为固定长度的二进制字符串，如 1 表示两个节点已连接，0 表示未连接。尽管可以很容易地执行二进制编码，但是其计算空间是节点数目的平方，并且节点数目是固定长度的，可通过手动预定义。为了表示可变长度神经网络，直接无环图(DAG)的编码成为一个很有前途的解决方案。例如，Suganuma 等人使用笛卡尔遗传规划(Cartesian Genetic Programming，CGP)编码方案来表示神经网络，该神经网络由定义为 DAG 的子模块列表构建。增广拓扑神经进化(NEAT)使用直接编码方案，其中每个节点和每个连接都被存储。间接编码指定生成规则以构建网络并允许生成更紧凑的表示。细胞编码(Cellular Encoding，CE)就是利用网络结构间接编码来生成系统的。CE 将一组神经网络编码为一组标记树，并且基于简单的图语法规则生成。近年来，一些研究使用间接编码方案来表示网络。

如图 18.10 所示，典型的进化算法包括以下四个步骤：

(1) 选择。选择包括从所有生成的网络中选择一部分进行交叉，其目的是保持良好的神经体系结构，同时消除较弱的神经体系结构。选择网络的策略有三种。第一种是适应度选择，即网络被选择的概率与其适应度成正比。第二种是等级选择，类似于适应度选择，但是网络的选择概率与其相对适应度成正比，而不是其绝对适应度。第三种方法是比赛选择，即在每次迭代中，从总体中随机选择 k 个(比赛规模)网络，并根据其性能进行排序，然后以概率 p 选择最佳网络，以 $p\times(1-p)$的概率选择次优网络，依次类推。

(2) 交叉。选择后，每两个网络都会被选择以生成一个新的后代网络，并继承其每个父母的遗传信息的一半。该过程类似于在生物繁殖和交叉过程中发生的基因重组。交叉的特定方式有所不同，取决于编码方案。在二进制编码中，网络被编码为线性的比特串，其中每个比特代表一个单位，因此两个父级网络可以通过单点或多点交叉进行组合。

(3) 突变。由于父母的遗传信息被下一代复制和继承，因此会发生基因突变。点突变是使用最广泛的操作之一，它随机且独立地转换每个比特的组成。

(4) 更新。完成上述步骤，可以生成许多新的网络。鉴于计算资源的限制，必须删除其中的一些网络。在随机选择的两个网络中移除性能最差的网络，或者删除最旧的网络，即更新。

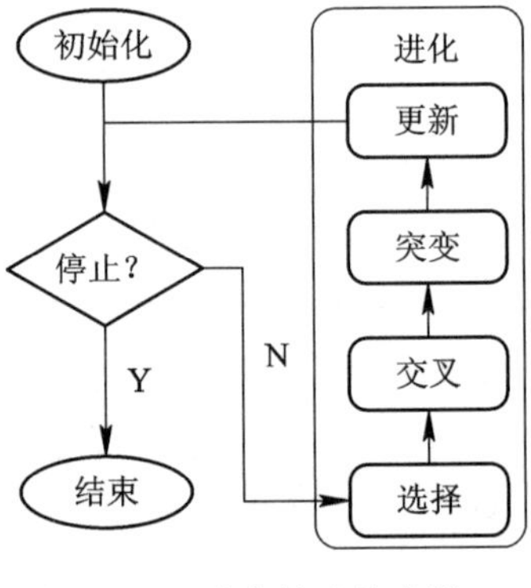

图 18.10 进化算法的步骤

2) 强化学习

Zoph 等人最早将强化学习(Reinforcement Learning，RL)用于神经结构搜索的研究。图 18.11 概述了基于 RL 的 NAS 算法。代理通常是递归神经网络(RNN)，在每个步骤 t 执行操作 A_t，从搜索空间中采样新架构，以接收状态 S_t 的观测值以及来自环境的奖励 R_t 来更新代理的采样策略。环境是指使用标准的神经网络训练程序来训练和评估代理生成的网络，然后返回相应的结果(如准确性)。许多后续方法使用此框架，但是具有不同的代理策略和神经体系结构编码。Zoph 等人首先使用策略梯度算法训练代理，然后顺序采样字符串以编码整个神经体系结构。在后续工作中，他们使用近端策略优化(Proximal Policy Optimization，PPO)算法更新代理。MetaQNN 提出了一种基于 Q 学习、ε 贪婪探索策略和经验重演的元建模算法，以顺序搜索神经结构。

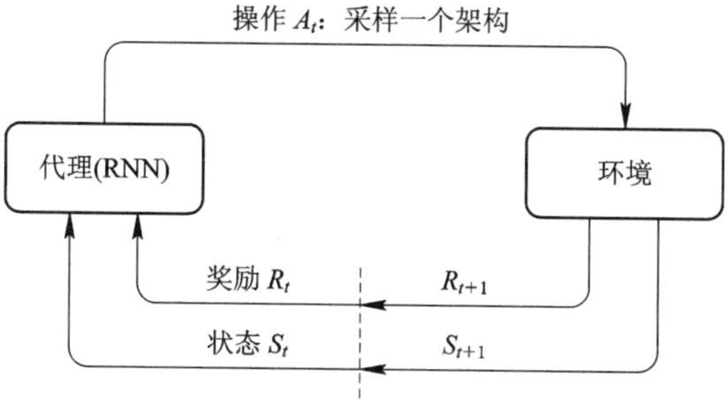

图 18.11　基于 RL 的 NAS 算法

尽管上述基于 RL 的算法在 CIFAR-10 和 Penn TreeBank(PTB)数据集上都取得了 SOTA 结果，但它们花费了大量的时间和计算资源。BlockQNN 提出了一种分布式异步框架和一种早期停止策略，在 20 小时内只用一个 GPU 就完成了搜索。高效神经体系结构搜索(Efficient Neural Architecture Search，ENAS)的效果更好，它采用了一种参数共享策略，其中所有子结构都被视为超级网络的子图，这使得这些体系结构能够共享参数，从而无须从头开始训练每个子模型。因此，ENAS 使用一个 GPU 在 CIFAR-10 数据集上搜索最佳体系结构只花了大约 10 小时。

3）梯度下降

前面的搜索策略是从一个离散的搜索空间中采样神经体系结构。以前神经网络架构的主流搜索方法是强化学习和进化学习。它们的搜索空间都是不可微的，DARTS 提出了一种可微的方法，可以用梯度下降来解决架构搜索的问题，所以在搜索效率上比之前不可微的方法快几个数量级。可以这样通俗地理解：DARTS 对之前不可微的方法定义了一个搜索空间，神经网络的每一层可以从搜索空间中选一种构成一个神经网络，运行该神经网络的训练结果，不断测试其他神经网络组合。这种方法从本质上来说是从很多组合中尽快搜索到效果很好的一种。但是这个过程是黑盒，需要大量的验证过程，所以需要较高的时间代价。

DARTS 作为一个开创性的算法，提出通过使用 softmax 函数放宽离散空间，在连续和可微的搜索空间上搜索神经体系结构。它把搜索空间连续松弛化，将每个操作边看成所有子操作的混合(softmax 权值叠加)，联合优化，更新子操作混合概率上的边超参(即架构搜索任务)和与架构无关的网络参数。在联合优化过程中将梯度下降应用于单步优化参数权重，加快搜索网络收敛，再用优化后的参数权重求解操作权重。该方法开创性地用梯度下降来解决架构搜索的问题，在使效率快了几个数量级的同时取得了良好的搜索效果。

但DARTS方法有一个明显的缺陷，在训练阶段使用浅网络结构来搜索最佳的单元，但在验证阶段，之前在浅网络中搜索得到的最优单元在深网络中可能就不是最优的。这阻碍了可微的结构搜索向更加复杂的视觉任务发展。P-DARTS解决了这个缺陷。

4）基于代理模型的优化

另一种体系结构优化方法是基于代理模型的优化（Surrogate Model-Based Optimization，SMBO）算法。SMBO的核心在于：它通过反复记录过去的评估结果来建立目标函数的代理模型，并使用代理模型来预测最有前途的体系结构。这类方法可以大大缩短搜索时间，从而提高效率。

基于代理模型的优化算法可大致分为贝叶斯优化方法（包括高斯过程（Gaussian Process，GP）、随机森林（Random Forests，RF）、树状结构Parzen估计方法（Tree-structured Parzen Estimator，TPE））和神经网络。

贝叶斯优化（BO）是超参数优化最流行和最完善的方法之一。最近，许多后续工作努力将这些SOTA BO方法应用于架构优化。例如，在一些研究中将生成的神经体系结构的验证结果建模为高斯过程，指导寻找最佳的神经体系结构。但是基于GP的贝叶斯优化方法的缺点在于：推理时间随着样本数量以三次方缩减，并且不善于处理可变长度神经网络。Camero等人提出了三种固定长度编码方案，通过采用随机森林作为代理模型来解决可变长度问题。

一些研究使用神经网络作为代理模型，而不是使用BO。例如，在PNAS和EPNAS中推导出了LSTM作为代理模型来逐步预测可变大小的体系结构。同时，Nao使用了一种更简单的代理模型，即多层感知器（MLP）。与PNAS相比，Nao在CIFAR-10上的效率更高，效果更好。

5）网格搜索和随机搜索

网格搜索（GS）和随机搜索（RS）都是简单的优化方法，并且已应用于多项NAS研究。例如，在MnasNet中，单元和块的数量是手动预定义的。其中，$N_{\text{cell}} \times N_{\text{blocks}}$是搜索的块结构。显然，$N_{\text{cell}} \times N_{\text{blocks}}$设置得越大，搜索的空间越大，需要的资源就越多。对SOTA NAS方法和随机搜索进行有效性比较，结果表明，随机搜索是具有竞争力的NAS的基础。具体来说，具有提前停止策略的随机搜索的性能与ENAS的相同，ENAS是基于强化学习的经典NAS方法。

6）混合优化方法

上述架构优化方法各有优缺点。进化算法是一种成熟的全局优化方法，具有很强的鲁棒性。然而，进化算法需要大量的计算资源，其进化操作（如交叉和突变）是随机进行的。虽然基于RL的方法（如ENAS）可以学习复杂的体系结构模式，但是RL-agent的搜索效率和稳定性并不能得到保证，因为 RL-agent 需要尝试大量的动作来获得积极的回报。基于梯度下降的方法(如 DARTS)通过将分类候选操作放宽为连续变量，大大提高了搜索效率。然而，本质上，它们都是从超级网络中寻找子网络，这限制了神经结构的多样性。因此，一些科研人员提出结合不同的优化方法来获取它们的最佳结构。

(1) EA+RL。Chen 等人将强化突变整合到进化算法中，避免了进化的随机性，提高了搜索效率。另一个并行开发的类似方法是进化神经混合代理(Evolutionary-Neural hybrid Agents，Evo-NAS)，它同时吸收了基于强化学习的方法和进化算法的优点。Evo-NAS 代理的变异由 RL 训练的神经网络指导，可以有效地探索广阔的搜索空间并有效采样网络结构。

(2) EA+GD。最具代表性的是 Yang 等人结合进化算法和基于梯度下降的方法的改良算法。该算法在一个超级网络中共享参数，并在某些训练代数内对训练集进行调整。然后种群和超级网络直接遗传给下一代，大大加速了进化过程。

(3) EA+SMBO。Sun 等人使用随机森林作为替代指标来预测模型性能，从而加快了进化算法的适应性评估。

(4) GD+SMBO。与 DARTS 不同(DARTS 学习候选操作的权重)，Nao 提出了一种变分自动编码器来生成神经体系结构，并进一步构建回归模型作为替代方案来预测所生成体系结构的性能。具体来说，编码器将神经体系结构的表示映射到连续空间，然后预测器网络将神经体系结构的连续表示作为输入并预测相应的准确性。最后，解码器用于从连续的网络表示中得出最终的体系结构。

2. 超参数优化

大多数 NAS 方法在整个搜索阶段都对所有候选架构使用相同的超参数集，因此在找到最有前途的神经架构之后，有必要重新设计一组超参数，并使用这组超参数来进行重新训练或调整架构。目前某些超参数优化(Hyper-Parameter Optimization，HPO)方法(如贝叶斯优化和进化优化)已在 NAS 中应用，下面仅简要介绍这些方法。常用的超参数优化方法包括网格搜索、随机搜索、贝叶斯优化、基于梯度的优化、进化优化和基于总体的优化。

1) 网格搜索和随机搜索

图 18.12 显示了网格搜索(Grid Search，GS)和随机搜索(Random Search，RS)之间的区别：GS 将搜索空间划分为固定的间隔，并在评估所有点后选择性能最佳的点；RS 从随机绘制的一组点中选择最佳点。图 18.12 中，$g(x)$(深灰部分)中的参数相对重要，而 $h(y)$(浅灰部分)中的参数则不重要。在一个网格搜索中，9 个试验只覆盖三个不同的重要参数值；而随机搜索可以探索 g 的 9 个不同值。因此，随机搜索比网格搜索更有可能找到参数的最佳组合。

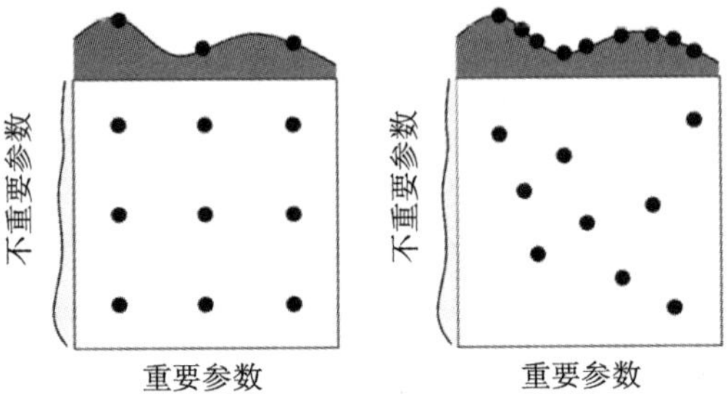

图 18.12　优化二维空间函数 $f(x, y)=g(x)+h(y)\approx g(x)$ 的 9 个试验中的网格搜索和随机搜索

GS 非常简单，自然支持并行实现，但是当超参数空间非常大时，由于试验次数随着超参数维数的指数增长而呈指数级增长，因此它的计算成本很高，效率很低。为了缓解这一问题，Hsu 等人提出由粗到细的网格搜索，即首先检查粗网格以定位一个好的区域，然后在所识别的区域上实施更精细的网格搜索。Hesterman 等人提出了一种收缩网格搜索算法。该算法首先计算网格中每个点的可能性，然后生成一个以最大似然值为中心的新网格。新网格中的点间距减少到旧网格中的点间距的一半。执行上述迭代过程，直到结果收敛到局部最小值为止。

尽管理论和经验都表明随机搜索比网格搜索更实用和有效，但是随机搜索并不能保证最优。这意味着尽管搜索时间越长，找到最佳超参数的可能性就越大，但是它将消耗的资源越多。Li 和 Jamieson 等人提出了超参数优化算法，以在超参数的性能和资源预算之间进行权衡。在训练过程结束之前，超参数优化算法会将有限的资源(如时间或 CPU)分配给最有希望的超参数，其方法是在训练过程结束之前连续丢弃最差的配置。

2) 贝叶斯优化

贝叶斯优化(Bayesian Optimization，BO)是对求解代价昂贵的黑盒函数进行全局优化的有效方法。

BO 是基于代理模型的优化(SMBO)方法，该方法建立了从超参数到在验证集上评估的客观指标的概率模型映射。它很好地平衡了探索(评估尽可能多的超参数集)和开发(将更多资源分配给那些有前途的超参数)之间的平衡。

SMBO 算法提出在初始时需要预定义几个输入，包括评估函数 f、搜索空间 Θ、获取函数 S、概率模型 M 和记录数据集 D。具体来说，D 是记录了许多样本对(θ_i, y_i)的数据集，其中 $\theta_i\in\Theta$ 表示采样的神经体系结构，y_i 是采样的神经体系结构的评估结果。初始化后，SMBO 的步骤如下：

(1) 调整概率模型 M 以适应记录数据集 D。

(2) 利用获取函数 S 从概率模型 M 中选择下一个有前途的神经网络结构。

(3) 所选神经结构的性能将由 f 来评估，这是一个昂贵的步骤，因为它要求在训练集上训练神经网络并在验证集上对其进行评估。

(4) 通过添加一对新的结果(θ_i，y_i)来更新记录数据集 D。

将上述四个步骤重复执行 T 次，其中 T 需要根据总时间或可用资源指定。BO 方法的常用代理模型是高斯过程(GP)、随机森林(RF)和树状结构 Parzen 估计方法(TPE)。GP 是最受欢迎的代理模型之一。RF 可以处理较大的空间，并且可以更好地扩展到多个数据样本。此外，Falkner 和 Klein 等人提出了一种基于 BO 的超参数优化(BOHB)算法，该算法结合了基于 TPE 的 BO 和 Hyperband 的优势，因此比标准 BO 方法具有更好的性能。此外，FABOLAS 是一种更快的 BO 程序，它将验证损失和训练时间映射为与数据集大小相关的函数，即在逐渐增大的子数据集上训练生成模型。结果，FABOLAS 比其他 SOTA BO 算法快 10～100 倍，并且可以确定最有希望的超参数。

3) 基于梯度的优化

另一种 HPO 方法是基于梯度的优化(Gradient-based Optimization，GO)算法。与上述黑盒 HPO 方法(如 GS、RS 和 BO)不同，GO 算法使用梯度信息优化超参数，大大提高了 HPO 的效率。Maclaurin 等人提出了一种可逆动态存储方法，通过梯度信息有效地处理了数千个超参数。但是，优化过多的超参数在计算上具有挑战性。为了缓解这个问题，采用近似梯度信息而不是真实梯度来优化连续超参数，在这种情况下，可以在训练模型收敛之前更新超参数。Franceschi 等人研究了反向传播和正向传播的 GO 方法。反向传播方法不需要可逆动力学，而它需要存储整个训练过程以计算关于超参数的梯度。前向传播方法通过实时更新超参数克服了这个问题，并被证明可以显著提高大型数据集上 HPO 的效率。Chandra 提出了基于梯度的多元优化器，该优化器不仅可以优化常规超参数(如学习率)，还可以优化优化器的超参数(如 Adam 优化器的矩阵系数 β_1、β_2)。

18.4 模型评估

一旦生成了新的神经网络，就必须对其性能进行评估。一种直观的方法是训练网络使其收敛，然后评估其性能。但是，此方法需要大量时间和计算资源。目前研究人员已经提出了几种加速模型评估过程的算法。

18.4.1 低保真

由于模型训练时间与数据集和模型的大小、高度相关，因此可以以不同方式加速模型评估。首先，可以减少图像的数量或图像的分辨率(就图像分类任务而言)。例如，FABOLAS 在训练集的一个子集上训练模型，以加速模型估计。在 T.Mitchell 所著论著中提供了 ImageNet64×64 及其变体 32×32、16×16，而这些较低分辨率的数据集可以保留与原始 ImageNet 数据集相似的特征。其次，可以通过减小模型来实现低保真模型评估，如通过每层使用较少的滤波器进行训练。此外，Zela 等人从经验上证明，在短时间或长时间的训练后，性能之间的相关性很弱，因此证实了无须长时间搜索网络配置。

18.4.2 权重共享

一旦一个网络被评估，它就会被舍弃。因此，权重共享技术被用来加速 NAS 的进程。例如，Wong 和 Lu 等人提出了迁移神经自动机器学习，即利用先前任务的知识来加速网络设计。ENAS 在子网络之间共享参数，使得网络设计比文献[2]提出的快约 1000 倍。基于网络变形的算法也可以继承以前架构的权重，单路径 NAS 使用单路径过参数化 ConvNet，用共享卷积核参数对所有架构决策进行编码。

18.4.3 代理模型

基于代理的方法是另一种功能强大的工具，其功能类似于黑盒的功能。通常，一旦获得一个良好的近似值，就可以找到直接优化原始昂贵目标的配置。例如，渐进神经体系结构搜索(PNAS)引入了代理模型来控制搜索方法。尽管已证明 ENAS 的效率很高，但 PNAS 的效率更高，因为 PNAS 评估的模型数量是 ENAS 评估的模型数量的 5 倍多，而 PNAS 的总计算速度比 ENAS 的快约 8 倍。但是，当优化空间太大而难以量化，并且每个配置的评估都非常昂贵时，基于代理的方法不适用。Luo 等人提出了 SemiNAS，这是一种半监督的 NAS 方法。该方法利用大量未标记的架构来进一步提高搜索效率，所生成模型的精度不需要在训练模型后进行评估，只需要通过控制器来预测其精度。

18.4.4 早停法

早停法首先用于防止经典 ML 过度拟合。最近的几项研究中使用了这种方法，通过停止在验证集上预测性能较差的评估来加速模型评估。例如，可以通过提出的一种学习曲线模型预测网络的性能。该模型是从文献中选择的一组参数曲线模型的加权组合。此外，有文献提出了一种用于早停的方法，该方法基于快速计算梯度的局部统计信息，不再依赖于验证集，并且允许优化器充分利用所有训练数据。

18.4.5 资源感知

早期的 NAS 研究更加关注寻找可实现更高性能(如分类精度)的神经体系结构，而不论相关的资源消耗(即 GPU 的数量和所需的时间)如何。许多后续研究都在研究资源感知算法，以权衡性能与资源预算。为此，这些算法将计算成本 α 作为资源约束添加到损失函数中。这些算法的计算成本的类型不同，可能是：① 参数规模；② 乘法累加(MAC)操作的数量；③ 浮点运算(FLOP)的数量；④ 实际延迟。例如，MONAS 将 MAC 视为约束，并且由于 MONAS 使用基于策略的强化学习算法进行搜索，因此可以将约束直接添加到奖励函数中。MnasNet 提出了一种自定义的加权函数，以近似帕累托最优解：

$$\underset{m}{\text{maxmize}}\text{ACC}(m)\times\left[\frac{\text{LAT}(m)}{T}\right]^{w} \tag{18-4}$$

式中，LAT(m)表示在目标设备上测得的推理延迟；T 是目标延迟；w 是权重变量，定义为

$$w=\begin{cases}\alpha & \text{LAT}(m)\leqslant T\\ \beta & \text{其他}\end{cases} \tag{18-5}$$

其中，α 和 β 的推荐值均为 -0.07。

就可微神经体系结构搜索(DNAS)框架而言，约束条件(即损失函数)应可微。为此，FBNet 使用延迟查找表模型(Latency Lookup Table Model，LLTM)，根据每个操作的运行时间来估计网络的总体等待时间。损失函数定义为

$$L(\alpha,\theta_\alpha)=\text{CE}(\alpha,\theta_\alpha)\cdot\alpha\log\log(\text{LAT}(\alpha))^{\beta} \tag{18-6}$$

其中，CE(α，θ_α)表示权重为 θ_α 的架构 α 的交叉熵损失。像 MnasNet 一样，该损失函数具有两个需要手动设置的超参数：α 和 β 分别控制损失函数的大小和延迟。在 SNAS 中，所生成子网络的时间成本与 one-hot 随机变量为线性关系，从而确保了资源约束的可微性。

18.5 经典 NAS 算法

18.5.1 NASNet

NAS 方法是最早提出的基于单元搜索空间的算法(此处 NAS 指本节的搜索方法)。NAS 的问题在于速度太慢，直接将它用在 ImageNet 这样的大型数据集上是不可行的。因此希望通过合理设计搜索空间，从而学得一个较为通用的结构，即在小数据集上学得的网络结构能够迁移到大数据集上。

这项工作的主要贡献是设计了一个新的搜索空间，这样在 CIFAR-10 数据集上找到的最佳架构可以扩展到更大、更高分辨率的图像数据集。这个搜索空间即为 NASNet 搜索空间。NASNet 搜索空间的灵感来自于这样一个认识：CNN 的结构通常与重复模块有关，这些模块通常是卷积滤波器组、非线性激活和残差连接的组合，以获得性能较优的结果(如 Inception 和 ResNet 模型中存在的重复模块)。这些观察结果表明，控制器 RNN 可能预测以这些基序表示的通用卷积单元。然后可以将该单元串联堆叠，以处理任意空间维度和滤波深度的输入。

在 NASNet 方法中，卷积网络的总体架构是手动确定的。它们的结构是由卷积单元重复多次组成的，每个卷积单元具有相同的结构，但参数权重不同。为了为任何尺寸的图像构建可伸缩的体系结构，当将特征图作为输入时，我们需要两种类型的卷积单元来提供两个主要功能：① 返回相同尺寸特征图的卷积单元；② 返回高度和宽度减少为原来的 1/2 的特征图的卷积单元。分别将第一类和第二类卷积单元命名为标准单元和还原单

元，标准单元的输出保留与输入相同的空间尺寸，通常根据实际需求手动设置标准单元的重复次数。还原单元紧随标准单元之后，并具有与标准单元相似的结构。但是区别在于：该还原单元的输出特征图的宽度和高度是输入单元的一半，通道数是输入的两倍。这种设计方法遵循手动设计神经网络的常规做法。与整体结构的搜索空间不同，基于单元的搜索空间构建的模型可以通过简单添加更多单元而扩展为更大的模型，无须重新搜索单元结构。许多方法还通过实验证明了在基于单元的搜索空间中生成的模型具有可移植性，因为基于 CIFAR-10 构建的模型也可以取得与在 ImageNet 上 SOTA 人工设计的模型相当的结果。

这些结构由控制器 RNN 搜索。在定义的搜索空间中搜索单元的结构。在该搜索空间中，每个单元都将两个初始隐藏状态I_1和I_2作为输入，它们是前两个较低层或输入图像中两个单元的输出。给定这两个初始隐藏状态，控制器 RNN 递归地预测卷积单元的其余结构(见图 18.13)。控制器对每个单元的预测分为 B 个块，其中每个块具有 5 个预测步骤，这些预测步骤由 5 个不同的 softmax 分类器进行。

(1) 从前两个单元或从先前的块中创建的一组隐藏状态中选择一个隐藏状态。

(2) 从第(1)步中选择相同的操作来选择第二个隐藏状态。

(3) 选择一个操作应用于在步骤(1)中选择的隐藏状态。

(4) 选择一个操作应用于在步骤(2)中选择的隐藏状态。

(5) 选择一种方法来组合步骤(3)和(4)的输出以创建新的隐藏状态。

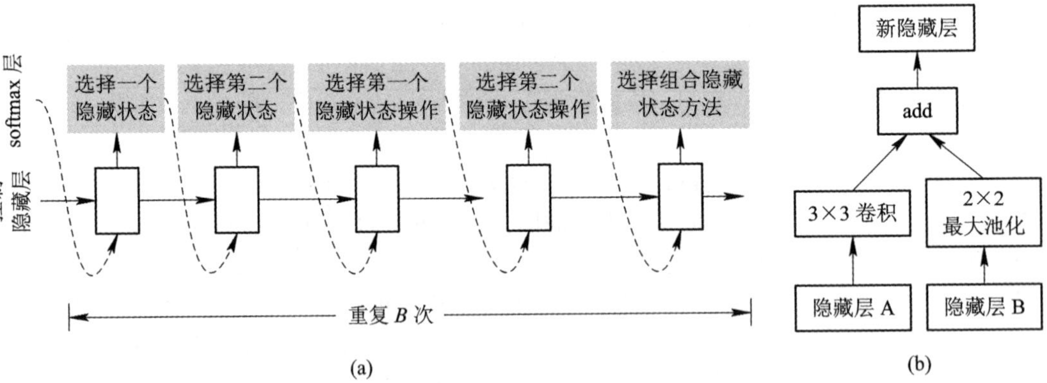

图 18.13　NASNet 块的搜索流程

在步骤(5)中，控制器 RNN 选择一种方法来组合两个隐藏状态：① 两个隐藏状态之间的逐元素加法；② 沿着滤波器维度的两个隐藏状态之间的级联。最终将卷积单元中生成的所有未使用的隐藏状态沿通道连接在一起，以提供最终的单元输出。

在这里使用了强化学习的优化方法，也可以使用随机搜索来搜索 NAS 搜索空间中的体系结构。在随机搜索中可以从均匀分布中对决策进行采样，而不是从控制器 RNN 中的

softmax 分类器中对决策进行采样。

简而言之，NASNet 的主要贡献如下：

（1）首次提出了单元搜索；

（2）重新设计了搜索空间，以便 AutoML 找到最佳层并灵活进行多次堆叠来创建最终网络；

（3）在 CIFAR-10 上执行了架构搜索，并将学到的最好架构转移到 ImageNet 图像分类和 COCO 目标检测中；

（4）使用 RNN 采样网络并通过强化学习进行优化。

18.5.2 PNAS

约翰斯·霍普金斯大学刘晨曦博士和 Alan Yullie 教授，以及 Google AI 的李飞飞、李佳等多名研究人员提出了渐进式神经网络结构搜索技术(PNAS)。之前的 NAS 工作可以大致分为两个方面。首先是强化学习。在神经结构搜索中需要选择很多元素，如设置输入层和层参数，设计整个神经网络的过程可以看作一系列动作，动作的奖赏就是在验证集上的分类准确率。通过不断对动作更新，可以学习到越来越好的网络结构。其次是一些进化算法。这一大类方法的主要思路是：用一串数定义一个神经网络结构，比如用一串二进制码定义一种规则来表达特定的神经网络连接方式，最开始的码是随机的，从这些点出发可以做一些突变，甚至在两个数串(拥有较高的验证准确率)之间做突变，经过一段时间就可以提供更好的神经网络结构。目前这类方法的最大问题在于对算力的要求特别高，因此若继续扩展 NAS，则用强化学习的方法是不现实的。

PNAS 既不是基于强化学习的，也不属于进化算法。首先搜索可重复的单元(可以看作残差块)，若搜索到性能良好的单元，则可以自由选择其叠加方式，形成一个完整的网络。这样的策略在残差网络中已经出现过多次。当确定了单元结构后将其叠加成一个完整的网络，一个网络通常由这三个要素来确定：单元的结构，单元重复的次数 N，每一个单元中的卷积核个数 F。为了控制网络的复杂度，N 和 F 通常由手工设计。可以理解为：N 控制网络的深度，F 控制网络的宽度。

在本节的搜索空间中，每个单元由五个块组成，块结构与图 18.13(b)所示的结构相同。每块可能的输入为：① 前一个单元的输出；② 前前一个单元的输出；③ 当前单元的当前块前的所有输出。搜索空间如图 18.14 所示。

• 3×3 深度可分离卷积	• 本征映射
• 5×5 深度可分离卷积	• 3×3 平均池化
• 7×7 深度可分离卷积	• 3×3 最大池化
• 1×7 后接 7×1 卷积	• 3×3 空洞卷积

图 18.14　PNAS 的搜索空间

在这个搜索空间下，尽可能有效地学习到一个性能较好的单元，这样就能叠加起来成为一个完整的网络。而包含 5 个块的单元有着巨大的搜索空间，无论是强化学习还是基于进化算法，都是直接搜索，需要极高的时间代价。PNAS 中采用了渐进式的搜索方法，即训练和评估当前有 b 个块的单元，然后根据其中最好的 K 个单元来枚举 $b+1$ 个块，之后去训练和评估。

而实际上，这个算法是不能真正奏效的。这是因为对于一个合理的 K（如 10^2），需要训练的子网络就高达 10^5个，此运算量已经超过了以往的方法。因此，本节将一个 LSTM 网络用作准确率预测器，它可以不用训练和测试，而是只通过观察数串，就能评估一个模型是否是有潜力的。在不同的块中可以使用同一个预测器，具体过程为：首先训练并评估当前 b 个块的 K 个单元，然后通过这些数据的表现来更新准确率预测器，使准确率预测器更精确，借助预测器识别 K 个最有可能的 $b+1$ 个块。这样学出来的结果可能不是最正确的，却是一个合理的拟合结果。

实验分为两个过程：一个在搜索过程中，另一个在搜索之后。在搜索过程中，使用 CIFAR-10 这个相对较小的数据集，每个子网络训练的 epoch 都设置为 20，K 取为 256，N 为 2，F 为 24，这些参数都是相对较小的。在搜索之后，在 CIFAR-10 和 ImageNet 上进行测试，使用更长的 epoch 和更大的 N、F。这个工作的目的是加速 NAS 的过程。

大多数现存的神经网络搜索方法都有很高的算力需求，由此产生了高昂的时间代价，PNAS 试图加速这个过程。其思路的核心在于：将单元从简单到复杂推进，加之比 NASNet-A 更紧致的搜索空间，PNAS 找到了一个可比的单元，只用了 1280 个子模型，而不是 20 000 个。这使得 AutoML 可以用到更多有挑战的数据集上。

18.5.3 DARTS

DARTS 提出通过使用 softmax 函数放宽离散空间，在连续和可微的搜索空间上搜索神经体系结构：

$$\bar{o}_{i,j}(x)=\sum_{k=0}^{K}\frac{o^k(x)}{\sum_{l=0}^{K}\exp(a_{i,j}^l)} \tag{18-7}$$

其中，$\bar{o}_{i,j}(x)$是一组操作对应权重的加权总和，$o(x)$表示对输入 x 进行的运算，$a_{i,j}^k$表示一对节点(i, j)之间的运算$o^k(x)$的权重，K 是预定义的候选操作的数量。放宽之后，将搜索架构的任务转换为神经架构 $\boldsymbol{\alpha}$ 和该神经架构权重 $\boldsymbol{\theta}$ 的联合优化。

通过前面定义的搜索空间，我们的目的是通过梯度下降优化 $\boldsymbol{\alpha}$ 矩阵。我们把神经网络原有的权重称为 $\boldsymbol{\theta}$ 矩阵。为了实现端到端的优化，我们希望同时优化两个矩阵以使结果变好。上述两层优化是有严格层次的，为了使两者都能同时达到优化，一个朴素的想法是：在

训练集上固定 $\boldsymbol{\alpha}$ 矩阵的值，然后梯度下降 $\boldsymbol{\theta}$ 矩阵的值，在验证集上固定 $\boldsymbol{\theta}$ 矩阵的值，之后梯度下降 $\boldsymbol{\alpha}$ 的值，循环往复，直到这两个值都比较理想。需要注意的是，验证集和训练集的划分比例是 1∶1，因为对于 $\boldsymbol{\alpha}$ 矩阵来说，验证集就是它的训练集。这表明这是一个双层优化问题。训练和验证损失分别用L_{train}和L_{val}表示。因此，可以得出总损失函数：

$$\begin{cases}\min\limits_{\alpha} L_{\text{val}}(\boldsymbol{\theta}^*, \boldsymbol{\alpha}) \\ \text{s.t. } \boldsymbol{\theta}^* = \arg\min\limits_{\theta} L_{\text{train}}(\boldsymbol{\theta}, \boldsymbol{\alpha})\end{cases} \tag{18-8}$$

如果严格按照以上公式来实现，则为了更新 $\boldsymbol{\alpha}$ 矩阵，需更新 $\boldsymbol{\theta}$ 矩阵，而 $\boldsymbol{\theta}$ 矩阵的更新过于耗时。下面使用一种简化后的操作计算 $\boldsymbol{\alpha}$ 矩阵的梯度：

$$L_{\text{val}}(\boldsymbol{\theta}^*(\boldsymbol{\alpha}), \boldsymbol{\alpha}) \approx \nabla_\alpha L_{\text{val}}(\theta - \xi\, \nabla_w L_{\text{train}}(\boldsymbol{\theta} - \boldsymbol{\alpha}), \boldsymbol{\alpha}) \tag{18-9}$$

其中，ξ 是内部优化一步的学习率。通过简单一步训练调整 $\boldsymbol{\theta}$ 来近似$\boldsymbol{\theta}^*(\boldsymbol{\alpha})$，不需要训练至收敛来求解内部优化，可将搜索效率提升数十倍。

图 18.15 给出了 DARTS。其中，单元由 N(此处 $N=4$)个有序节点组成，节点z^k(k 从 0 开始)连接到节点z^i，$i \in \{k+1, \cdots, N\}$。每个边缘 $e_{i,j}$ 上的操作最初是候选操作的混合，每个候选操作的权重均相等。因此，神经体系结构 α 是一个超级网络，它包含所有可能的子神经体系结构。在搜索结束时，最终的体系结构是通过保留所有混合操作的最大权重运算得到的。图 18.15(a)中，数据只能从较低级别的节点流到较高级别的节点，并且边缘上的操作最初是未知的；图(b)中，每个边上的初始操作是候选操作的混合，每个候选操作的权重相等；图(c)中，每个操作的权重是可学习的，范围是 0～1，对于以前的离散采样方法，权重只能是 0 或 1；图(d)中，在每个边缘上通过保留最大权重值操作来构造最终的神经体系结构。

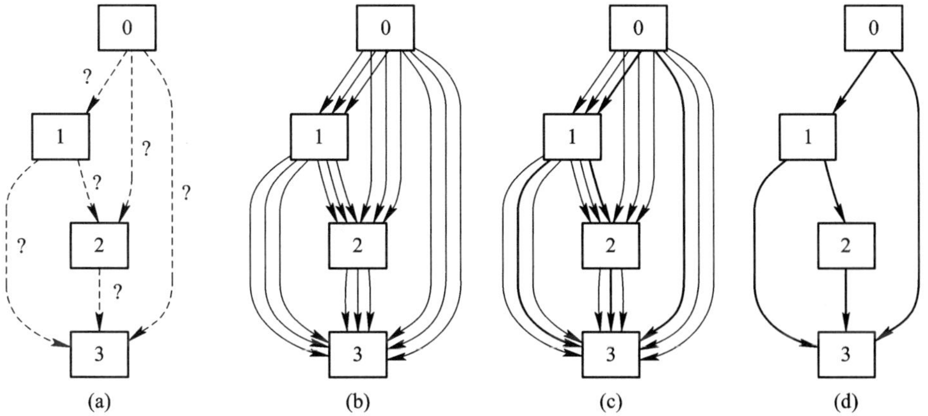

图 18.15　DARTS

尽管 DARTS 大大缩短了搜索时间，但它仍存在一些问题。DARTS 在搜索阶段生成的模型仅由 8 个单元组成，以减少 GPU 内存的消耗，而在评估阶段，单元数量扩展到 20 个。搜索阶段为浅层模型找到了最佳的单元结构，但这并不意味着它在评估阶段仍适合深层模型。这阻碍了可微的结构搜索向更加复杂的视觉任务发展。

本章小结

目前，AutoML 是一个非常复杂的问题，也是一个非常活跃的研究领域，而 AutoML 中的许多新机遇和新问题尚未发现。近年来，许多专注于 AutoML 的论文出现在各种会议和期刊上。在工业上，也出现了许多 AutoML 产品。例如，NAS 内置于 Google 的 Cloud 中，可帮助设计用于计算机视觉应用程序的深度网络。所有这些产品都大大减少了客户为实际应用部署机器学习方法的工作。在本章中，我们讨论了现有 AutoML 方法的一些开放问题，并提出了一些未来的研究方向。

由于广泛而复杂的搜索空间以及代价高昂的评估策略，AutoML 可能会非常消耗资源，因此，需要开发更有效的技术。可以通过为优化器提出算法(在达到良好性能之前采样较少的配置)或为评估器设计更好的方法(可以用更少的时间提供更准确的评估)来实现更高的效率。

在某些搜索空间中，原始操作可以粗略地分为池化和卷积。尽管这些搜索空间已被证明可以有效地生成性能良好的神经体系结构，但它们都基于人类的知识和经验，不可避免地引入了人为的偏差，因此仍然没有脱离人类的设计范式。如何设计一个更通用、更灵活且没有人为偏差的搜索空间，以及如何基于该搜索空间发现新颖的神经体系结构将具有挑战性。

此外，由 NAS 算法设计的模型在图像分类任务(CIFAR-10 和 ImageNet)中已达到与手动设计模型相当的结果。最近的许多研究也将 NAS 应用于其他 CV 任务。但是，就 NLP 任务而言，大多数 NAS 研究仅在 PTB 数据集上进行实验。此外，一些 NAS 研究还尝试将 NAS 应用于其他 NLP 任务。但是，NAS 设计的模型和人工设计的模型之间仍然存在很大的差距。因此，与 NLP 任务专家设计的模型相比，NAS-NLP 还有很长的路要走。

尽管 AutoML 算法可以比人类更有效地找到有价值的配置设置，但仍缺乏科学证据来解释为何目前的性能设置更好。因此，提高 AutoML 的数学可解释性也是未来重要的研究方向。

NAS 已被证明可以有效地在许多开放数据集上搜索有前途的架构。这些数据集通常用于研究。因此，大多数图像都具有良好的标签。但是，在现实世界中，数据不可避免地包含噪声(如标签错误和信息不足)。更糟糕的是，数据可能被修改为具有精心设计的噪声的对抗性数据。深度学习模型很容易被对抗性数据愚弄，NAS也是如此。因此当前有一些研究致力于增强NAS对对抗数据的鲁棒性。大多数AutoML算法仅专注于解决一些固定数据集上的特定任务。但是，高质量的AutoML系统应该具有终身学习的能力，即它可以有效地学习新数据和记住旧知识。

在本章中，我们对现有的AutoML方法进行了系统回顾。首先根据ML流程对AutoML的研究进行了详细而系统的叙述，涉及的范围为从数据准备到模型评估。然后深入讨论了NAS的不同研究方向并介绍了一些经典NAS算法。最后简要回顾了AutoML的历史并展示了有希望的未来方向。

习　题

1. 请概述自动机器学习的目的与流程。
2. 请简述数据准备、特征工程、模型生成与模型评估的作用。
3. 请列举几个提取特征的方法。
4. 请简述NASnet、PNAS和DARTS等方法的联系与区别。
5. DARTS是NAS中效率较高且效果较好的搜索技术，近期诸多NAS技术是在此算法基础上改进而成的，请对此代码进行调试。代码链接为 https://github.com/quark0/darts。

参考文献

[1] LECUN Y, BOTTOU L, BENGIO Y, et al. Gradient-based learning applied to document recognition [J]. Proceedings of the IEEE, 1998, 86(11): 2278-2324.

[2] CUBUK E D, ZOPH B, MANE D, et al. Autoaugment: learning augmentation strategies from data [C]//Proceedings of the IEEE/CVF Conference on Computer Vision and Pattern Recognition, 2019: 113-123.

[3] CHOLLET F. Xception: deep learning with depthwise separable convolutions[C]//Proceedings of the IEEE Conference on Computer Vision and Pattern Recognition, 2017: 1251-1258.

[4] YU F, KOLTUN V. Multi-scale context aggregation by dilated convolutions[J]. arXiv:1511.07122, 2015.

[5] HU J, SHEN L, SUN G. Squeeze-and-excitation networks[C]//Proceedings of the IEEE Conference on Computer Vision and Pattern Recognition, 2018: 7132-7141.

[6] ZOPH B, VASUDEVAN V, SHLENS J, et al. Learning transferable architectures for scalable image recognition[C]//Proceedings of the IEEE Conference on Computer Vision and Pattern Recognition, 2018: 8697-8710.

[7] LIU H, SIMONYAN K, YANG Y. Darts: differentiable architecture search[J]. arXiv:1806.09055, 2018.

[8] CHEN X, XIE L, WU J, et al. Progressive differentiable architecture search: Bridging the depth gap between search and evaluation[C]//Proceedings of the IEEE/CVF International Conference on Computer Vision, 2019: 1294 - 1303.

[9] LIU C, ZOPH B, NEUMANN M, et al. Progressive neural architecture search[C]//Proceedings of the European Conference on Computer Vision (ECCV), 2018: 19 - 34.

[10] TAN M, LE Q. Efficientnet: rethinking model scaling for convolutional neural networks[C]//International Conference on Machine Learning(PMLR), 2019: 6105 - 6114.

[11] REAL E, AGGARWAL A, HUANG Y, et al. Regularized evolution for image classifier architecture search[C]//Proceedings of the AAAI Conference on Artificial Intelligence, 2019, 33(01): 4780 - 4789.

[12] LI L, TALWALKAR A. Random search and reproducibility for neural architecture search[C]//Uncertainty in Artificial Intelligence(PMLR), 2020: 367 - 377.

[13] PEDREGOSA F. Hyperparameter optimization with approximate gradient[C]//International Conference on Machine Learning(PMLR), 2016: 737 - 746.

[14] CHRABASZCZ P, LOSHCHILOV I, HUTTER F. Adownsampled variant of imagenet as an alternative to the cifar datasets[J]. arXiv: 1707.08819, 2017.

[15] ZOPH B, LE Q V. Neural architecture search with reinforcement learning[J]. arXiv: 1611.01578, 2016.